高等学校城乡规划学科专业指导委员会　编

2012-2015

大学生城市设计课程 | 优秀获奖作业集

高等学校城乡规划学科专业指导委员会　编

中国建筑工业出版社

图书在版编目（CIP）数据

2012-2015大学生城市设计课程优秀获奖作业集 / 高等学校城乡规划学科专业指导委员会编. —北京：中国建筑工业出版社，2016.9
ISBN 978-7-112-19873-3

Ⅰ.①2… Ⅱ.①高… Ⅲ.①城 市 规 划 – 建 筑 设 计 – 作 品 集 – 中 国 – 现 代
Ⅳ.①TU984.2

中国版本图书馆CIP数据核字（2016）第220367号

责任编辑：杨　虹
责任校对：陈晶晶　李美娜

2012-2015大学生城市设计课程优秀获奖作业集
高等学校城乡规划学科专业指导委员会　编
*
中国建筑工业出版社出版、发行（北京西郊百万庄）
各地新华书店、建筑书店经销
北 京 嘉 泰 利 德 公 司 制 版
北京方嘉彩色印刷有限责任公司印刷
*
开本：880×1230毫米　1/16　印张：17　字数：490千字
2016年9月第一版　　2017年6月第二次印刷
定价：**110.00**元
ISBN 978-7-112-19873-3
　　　　（29378）

版权所有　翻印必究
如有印装质量问题，可寄本社退换
（邮政编码 100037）

编委会

主　编：唐子来　沈中伟　饶小军　冷　红　张　明

副主编：毛其智　石　楠　石铁矛　赵万民　毕凌岚　陈燕萍
　　　　赵天宇　周　婕　王　兰

编委会成员（按姓氏笔画排序）：
　　　　王世福　王向荣　叶裕民　冯　月　吕　飞　吕　斌
　　　　朱文健　华　晨　刘一杰　刘博敏　孙施文　运迎霞
　　　　杨新海　张军民　张忠国　陆　明　陈　宇　陈燕萍
　　　　林从华　袁奇峰　徐建刚　唐由海　黄亚平　黄明华
　　　　董　慰　辜智慧　储金龙

序言

改革开放以来，我国经历了世界历史上规模最大和速度最快的城镇化进程。城市发展取得了举世瞩目的成就，但也面临着日益严峻的挑战。2015年12月的中央城市工作会议标志着我国城市发展进入了新时期。中央城市工作会议提出：要建设和谐宜居、富有活力、各具特色的现代化城市；要在规划理念和方法上不断创新，增强规划的科学性和指导性；要加强城市设计，留住城市特有的地域环境、文化特色、建筑风格等"基因"。

在我国城市发展的新时期，城乡规划学科需要不断创新，探讨城乡规划思想、理论、方法和技术，并且培养高质量的城乡规划专业人才，这是城乡规划学科发展的核心使命。为了进一步推动城市设计教学和人才培养，2015年7月，建筑学、城乡规划学、风景园林学三个专业指导委员会联合召开了高等学校城市设计教学研讨会。

高等学校城乡规划学科专业指导委员会的主要职责是对于城乡规划学科的专业教学和人才培养进行研究、指导、咨询、服务，为此需要建立信息网络、营造交流平台、编制指导规范。每年一度的高等学校城乡规划学科专业指导委员会年会（2016年开始更名为"中国高等学校城乡规划教育年会"）是全国城乡规划教育工作者的盛会，大学生城市设计课程作业交流和评优则是历届年会的重要议程之一。

本书收集了2012–2015年高等学校城乡规划学科专业指导委员会年会大学生城市设计课程作业交流的优秀获奖作品，将会成为城乡规划学子的有益读物，也为城市设计教学提供了一个交流平台。

高等学校城乡规划学科专业指导委员会愿意与全国各地的规划院校携手努力，继续为中国的城乡规划教育事业作出积极贡献。在此，我谨向先后参与初评和终评工作的众多评委、为本书出版而辛勤付出的各届年会承办单位和出版机构表示诚挚的谢意！

高等学校城乡规划学科专业指导委员会主任委员

唐建

2015 年 12 月

前言

　　城市设计是关于城镇空间环境艺术品质的重要的空间创造活动，涉及从宏观到微观多个尺度的空间层次。城市设计的品质对于一个城镇的环境营造具有至关重要的作用——优秀的城市设计所发挥的作用绝对不仅仅是城镇空间本身的美化，而能够全面促进城镇相应功能的优化，使得城镇机能全面提升。从而赋予相应城市空间独特的魅力，成为城镇特质的重要组成部分。

　　因为之前长达近百年的城镇建设相对停滞造成的巨大空间需求，所以20世纪80年代以来，中国全面、快速的城镇化过程中，城镇建设活动在这一过程中更强调追求建设速度。这种优先弥补建设总量不足的状况下，除了一些具有特殊意义的区域，大多数城镇建设对于空间品质的要求并不高。加之，这一城镇化过程也同时是中国建筑界、城市规划界、风景园林界历经多年封闭内向发展转向开放的过程，突然面对外来设计思潮冲击，难免"食洋不化"，由此在设计层面未能全面对城镇自身的地域环境特点、空间文化特质和优秀建筑传统风貌进行正确的认知。与此同时，追求建设量、建设速度和地产经济效益的开发活动对待原有城镇空间简单粗暴，不当"旧改"使得"千城一面"成为一种普遍的城镇空间现象。城镇空间多样性和功能活力的丧失，成为令众人痛心的遗憾。

　　2015年12月的中央城市工作会议标志着我国城市发展进入新时期，"存量优化"时代来临使得对城镇空间品质提升成为今后城镇空间建设工作的重心。中央城市工作会议提出：要建设和谐宜居、富有活力、各具特色的现代化城市；要在规划理念和方法上不断创新，增强规划的科学性和指导性；要加强城市设计，留住城市特有的地域环境、文化特色、建筑风格等"基因"。城市设计将在今后一段时间内成为城镇空间品质综合优化的重要依据。

　　大量的城市工作需要优质的人才，针对新的人才培养需求，2015年7月，建筑学、城乡规划学、风景园林学三个专业指导委员会联合召开了高等学校城市设计教学研讨会。以推动城市设计高端人才的创新培养模式研究。2015年9月高等学校城乡规划学科专业指导委员会年会在我校召开，业界专家云集，对如何加强新时期城市设计的教育工作进行了深入探讨。

　　高等学校城乡规划学科专业指导委员会自2003年起，就专门针对城乡规划专业学生开展"城市设计"竞赛。其目的在于通过"城市设计"学生作业的交流和评优，提升全国城乡规划专业"城市设计"课程的总体教学质量——强化培养学生运用空间设计手法，解决相应问题的能力。历经十余年的积累，已经沉淀了一批优秀的学生作业作品。本作业集选取2012-2015年间高等学校城乡规划学科专业指导委员会年会大学生城市设计课程作业交流的优秀获奖作品结集出版。这本作业集不仅能够为学生的课程学习提供很好的参考，同时也是各个参赛院校城市设计课程教学经验交流的平台。它是近年来众多参与竞赛的各个院校师生和评委共同的智慧结晶。我谨在此为向为此作业集出版付出努力的人们表达诚挚的敬意，同时也为高等学校城乡规划学科委员会对我院的信任表示深深谢意！

西南交通大学建筑与设计学院院长

2016年1月

目录

2015　社会融合，多元共生

一等奖

容汇贯通——集体选择理论指导下的南京花露岗地块城市设计 /012
合舟共创——杨浦滨江船厂周边地区城市设计 /018
循脉——扶风城隍庙地段更新改造设计 /024
藏生大千——香格里拉独克宗古城灾后重建与更新规划 /031

二等奖

老屋"红"巷　话时光——黄山祁门县城祁山街区城市设计 /038
微＋围城——寿县古城南门历史地段城市设计 /042
胡同趣哪儿——带动共享共生的长辛店历史地段城市设计 /046
街·巷·院——福州市上下杭传统风貌街区城市设计 /050
微·合——泉州古城西街片区更新活化设计 /054
多元·激活·再生——汉阳工业历史文化核心区再造 /060
冰雪融城——基于寒地融雪体系下的阿尔山市东沟里城市设计 /064
酒香四溢　触发·互动——多元互动效应引导下的参与式啤酒街更新改造城市设计 /068
雨井烟垣印桃花——基于"博弈论"的苏州古城区介质性空间设计 /072
城源复睦　窑厢呼应——多重融合激活策略引导下的米脂老城保护更新规划 /076
日新粤彝——基于文化生态原理的传统岭南村落适应性城市设计 /081

2014　回归人本，溯源本土

二等奖

CLOT四位一体——基于大运河申遗背景下河南道口镇历史地段城市设计 /090
运河边上的 故城·故院·故土——以产城一体化为指导的杨柳青古镇保护与提升设计 /094
开窗纳山水　归本栖乡愁——集美大社村更新设计 /098
存量挖潜，"老"有所为——松溉古镇更新设计 /102
依山就势　和谐共生——郑州方顶传统村落保护与更新设计 /106
溯归泮水·薄采其菁——基于低碳理念与客家村落文化更新的综合功能区城市设计 /110
故土难离——历史城区改造的"非驱逐性"解法 /114
山水乡野·街肆邻里——柞水县凤凰古镇更新规划 /118
铆城　连街——多重铆点耦合效应引导下的旧城改造城市设计 /122
突围·计——集美源大社村更新活化设计 /126
水厝循源 /130
城市缝合——深圳南园路地段城市设计 /134

2013　美丽城乡，永续规划

一等奖

穿越城北旧事　彰显美丽盘州——贵州省盘县城关镇馆驿坡历史街区城市设计　/142

龙门浩月：寻回老街遗失的记忆——重庆龙门浩历史街区城市设计　/148

濠镜新续——澳门内港地区城市设计　/154

半——时空交织的传统水乡古镇城市设计　/160

二等奖

混序味道——耀州古城文庙街区更新城市设计　/166

拼贴——会泽古城更新策略与规划设计　/170

合轨今昔——济南铁路大厂工业遗址改造更新　/174

环流新肌——基于水敏性城市设计下的工业船厂更新　/178

共潮生——基于渗析扩散理论的天津国际海员服务区更新设计　/182

反"哺"归"源"——新型城镇化引导下的城市滨水区更新改造设计　/186

环水而栖，生态游埠——双向激活效应引导的复合型城市码头更新设计　/191

疍村鸣曲　咸水双栖——基于生态修复与文化传承的疍民社区改造设计　/196

山水绿径·慢道探古——基于慢行导向（CPO）概念的传统旅游城镇更新设计　/200

彩墨金泽——江南水乡古镇永续发展的规划策略探索　/204

2012　人文规划，创意转型

一等奖

RE ATP——能量·激活·复苏　/210

缘波映坞　浔水而渔——多点触媒联动效应引导下的生态CRD功能区城市设计　/216

THE C&R　廊桥遗梦——首钢工业区改造滨水区城市规划设计　/222

二等奖

溶解城市——济南洪家楼片区城市设计　/228

孝·道——南京大报恩寺周边地段孝文化主题街区城市设计　/232

文化船承——北固山文化传承与空间改造　/236

奇点——鼓浪屿内厝澳片区保护与更新规划设计　/240

最后1公里——蟠龙古镇保护性城市设计　/244

汞都耀景　别有洞天——贵州省万山特区中国汞都资源枯竭型城市绿色复兴　/248

蒙太奇·时空间——米轨昆明火车北站段城市更新设计　/252

疏密之间·紧凑社区——基于"拥挤度"理论的常州东坡公园南侧地块老社区再设计　/256

蔓·步——济南商埠区更新城市设计　/260

梦工场——洛阳铜加工厂片区城市设计　/264

深情故里　润物丰年——岵山镇和塘古街地段城市设计　/268

后记　/272

一、2015 年度城市设计作业竞赛征集公告主要内容

高等学校城乡规划学科专业指导委员会 2015 年年会主题为："城乡包容性发展与规划教育"，因此，城市设计竞赛主题为"社会融合、多元共生"。大会要求参赛者以独特、新颖的视角解析主题的内涵，以全面、系统的专业素质进行城市设计。

1. 设计主题

各学校可围绕主题："社会融合、多元共生"，制定教学任务书和教学大纲，设计者自定规划基地及设计主题，构建有一定地域特色的城市空间。

2. 成果要求

（1）用地规模：10-30 公顷。

（2）设计要求：紧扣主题、立意明确、构思巧妙、表达规范，鼓励具有创造性的思维与方法。

（3）表现形式：形式与方法自定。

（4）每份参评作品需提交：

展板文件：设计作业 JPG 格式电子文件 1 份，共四张。图幅设定为 A1 图纸（84.1cm×59.4cm），应保证出图精度，分辨率不低于 300DPI（勿留边，勿加框）。

网评文件：设计作业 PDF 格式电子文件 1 份（4 页，文件量大小不大于 10M，文字图片应清晰）。

设计任务书及教学大纲 DOC 格式电子文件各 1 份。

参赛证明 PDF 文件，包括指导老师和参赛学生的信息，每份参赛作业一份。需加盖学院或系所公章。

（5）设计任务书的内容要求及教学大纲质量、大纲与设计作业的一致性、设计作业质量均作为评选内容。

3. 参评要求

（1）参与者应为我国高等院校城乡规划专业（原城市规划专业）的高年级（非毕业班）在校本科生，每份参评方案的设计者不超过 2 人。

（2）参评作品必须为参评学生所在学校本学年的一份正式规划设计的课程作业。

（3）参评作品和教学大纲中不得包含任何透露参评者及其所在学校的内容和提示。

（4）每个学校报送的参评作品不得超过 3 份。

（5）参评作品必须附有加盖公章的正式函件扫描件（JPG 或者 PDF 格式），与参赛作品同时提交至相应网址，恕不接受个人名义的参评作品。

二、2015 年度城市设计作业竞赛获奖状况及点评

2015 年共征集城市设计作业 216 份。参照征集公告要求，对参赛学生的专业、参赛学校投送作业的数量以及参赛作业是否透漏信息进行了审查，剔出 2 份不合格作业，最终共有 214 份作业进入评选环节。

参赛作业一共经过两轮评选，第一轮为网评，第二轮为会评。第一轮由专指委委员、各大设计院总工和高校资深教授构成的网评专家组对作业进行网上双盲评选。参与网络评审的 72 位专家需要从选题、分析、设计和表达四个方面对作品进行详细品评。最终筛选出 86 份作业进入第二轮会评。第二轮会评于 2015 年 9 月 23 日在西南交通大学建筑与设计学院美术馆展厅开展。由毛其智教授担任组长，石楠、吕斌、孙施文、刘博敏、杨新海、袁奇峰、黄明华、赵炜共 9 位教授组成的评审组对入围的 86 份作品进行现场品评。在经过专指委全体会议的审核后，2015 年度城市设计竞赛最终评选出：一等奖 4 份，二等奖 11 份，三等奖 20 份，佳作奖 51 份。

1. 网评要求

网评各个方面的考评比例及具体要求如下：

选题（10%）：包括竞赛题目的背景，用地规模，题目的难度。

分析（25%）：题目的理解，对题目所可能涉及的自然（地形、地质、水系、植被、景观等要素），社会（人口构成、目标人群行为特点、人群关系、社会结构、矛盾与冲突等要素），经济（经济环境构成、产业发展、产业结构等要素）、历史文化（历史沿革、文化特色等要素）及既有建成环境中问题与挑战（交通、市政、建筑环境、绿化等要素）的系统分析。

设计（45%）：方案理念的生成是否切题；方案是否合理解决了相关问题，尤其是作品前期分析中所反映的各种问题与挑战的呼应（如生态、功能、交通、社会交往等）；方案的空间造型和空间组织能力；方案的空间艺术特质；方案的建设可行性。

表达（20%）：图面表达的艺术性和规范性。包括色彩、构图、表达深度和技术语言的规范使用等方面。

2. 会评点评

本年度各校选送作品延续了近几年城市设计作业评优环节的良好表现。参评作品选题丰富、关注当前理论前沿与社会热点，选题涉及旧城更新、城市生态优化、工业遗存改造、美丽乡村、互联网＋、创客空间等多个方面。大多数参评作业完成度较好，很多作品展现了较为完整的设计思路和较为成熟的设计技巧。参赛各类学校校际间水平进一步接近。

三、2015 年度城市设计作业竞赛获奖状况及点评

存在的一些问题：

（1）作品程式化、模式化、套路化。很多作业的选题与切入点虽有特色，但设计思路往往受到过去获奖作品的影响，最终方案的整体效果欠佳。

（2）现状信息表达不完整、交通组织混乱、功能组织随意、基本指标计算错误等问题。

（3）过于注重图面的表现效果，追求新、奇、特、炫，忽略对城市设计目标深层次的思考与探索。图面表达受过去获奖作品影响，普遍存在过度表达的现象。

（4）部分作业图面综合表现能力有待提高，希望指导教师能进一步强化学生空间组织和表达能力的训练。

专指委组织竞赛评优目的在于促进各校校际教学交流，从参赛作品体现出的问题指导相应课程的教学工作。基于本次竞赛的作品状况，建议应加强设计构思的技术生成逻辑和空间秩序的教学指导。同时应强调规划设计图纸表达的规范性、严谨性。

获奖情况

一等奖 4 份，二等奖 11 份，
三等奖 20 份，佳作奖 51 份。

一等奖

作品名称	院校	学生	指导教师
容汇贯通——集体选择理论指导下的南京花露岗地块城市设计	南京工业大学	陈森、张策	黎智辉、方遥、赵和生
合舟共创——杨浦滨江船厂周边地区城市设计	同济大学	唐思远、朱明明	匡晓明
循脉——扶风城隍庙地段更新规划设计	西安建筑科技大学	寇德馨、张嘉辰	尤涛、周志菲
藏生大千——香格里拉独克宗古城灾后重建与更新规划	云南大学	葛瑜婷、唐爽	李晖、高进、张云徽

二等奖

作品名称	院校	学生	指导教师
老屋"红"巷 话时光——黄山祁门县城祁山街区城市设计	安徽建筑大学	陈武烈、李曼	杨新刚、肖铁桥、于晓淦、汪勇政
微＋围城——寿县古城南门历史地段城市设计	安徽建筑大学	吴军、张秀鹏	杨新刚、肖铁桥、于晓淦、杨婷
胡同趣哪儿——带动共享共生的长辛店历史地段城市设计	北京林业大学	王芳、杨青清	李翅、董晶晶、徐桐
街·巷·院——福州市上下杭传统风貌街区城市设计	福建工程学院	郑青青、王瑜	龚海刚、杨芙蓉、黄莉芸
微·合——泉州古城西街片区更新活化设计	华侨大学	祁祥熙、陈凯鹭	潘华、林翔、李泽云

作品名称	院校	学生	指导教师
多元·激活·再生——汉阳工业历史文化核心区再造	华中科技大学	王磊、张凌浩	贾艳飞、任绍斌、何依
冰雪融城——基于寒地融雪体系下的阿尔山市东沟里城市设计	内蒙古工业大学	叶攀、杨孝增	张立恒、胡晓海、邢建勋
酒香四溢 触发·互动——多元互动效应引导下的参与式啤酒街更新改造城市设计	青岛理工大学	李瑞雪、陈阳	张洪恩、孙旭光、刘敏、祁丽艳
雨井烟垣印桃花——基于"博弈论"的苏州古城区介质性空间设计	苏州科技学院	陈圆佳、杨紫悦	金英红、王雨村、郑皓、于淼、顿明明
城塬复睦 窑厢呼应——多重融合激活策略引导下的米脂老城保护更新规划	天津大学	赵雨飞、李渊文	曾鹏、陈天、蹇庆鸣、张赫
日新粤彝——基于文化生态原理的传统岭南村落适应性城市设计	天津大学	董韵笛、奚雪睛	侯鑫、曾鹏、蹇庆鸣、闫凤英

三等奖

作品名称	院校	学生	指导教师
月泛书乡——文化空间消费视角下的宁波月湖地段城市设计	沈阳建筑大学	周正、高杨	张海青、张蔷蔷、袁敬诚、关山、蔡新冬、黄木梓
城池闲梦，乡愁一脉——扬州南门外斜街城市设计	安徽建筑大学	江新、孙锦旭	吴强、于晓淦、张磊、杨婷
感知城市	北方工业大学	刘璐、朱柳慧	李婧、姬凌云、梁玮男、任雪冰
山水之间 古厝洋房——烟台山历史风貌区线性空间设计	福州大学	曾任其、谭倩	彭琳、赵立珍、樊海强、缪建平、刘淑虎
空间正义目标下的城中村改造——构筑"P2P"多元提升的互助家园	四川大学	邵雨倩、王玥晗	陈春华、孙音、陈鸿
生生不息—重庆永川桂山公园地块城市可持续更新	重庆大学	刘昊翼、张岚珂	刑忠、郭剑锋、魏皓严、黄瓴、赵强
古市融新——上下杭历史街区城市设计	福州大学	张桂玲、梁甜荔	刘淑虎、樊海强、赵立珍、缪建平、彭琳
厝洛屿共——基于子整体理论下的泉州乌屿岛边缘渔村有机更新设计	沈阳建筑大学	白东宇、曹儒蛟	蔡新冬、黄木梓、张海青、张蔷蔷、袁敬诚、关山
城市片断的复归—基于介入理论对合肥钢铁厂工业区的循环利用	合肥工业大学	孔祥川、王慧翔	冯四清、宋敏、宣蔚
斗阵——厦门集美岑头社活化设计	华侨大学	施祺、陈国强	林翔、李泽云、潘华
再生长社区——基于新陈代谢理论的南京市三步两桥地块更新设计	南京工业大学	纪雨含、姚振同	方遥、黎智辉、叶如海
针灸激活 - 大栅栏传统街区多元复兴	北方工业大学	修琳洁、李丹	于海漪、许方、王卉、王雷
超脱众品、化育群生——基于形态区域化的新密市超化镇传统街区城市设计	郑州大学	汪峰、李良玉	曹坤梓、韦峰、汪霞
穿行沔水·网织生活——汉中勉县江滨北路沔水湾地段城市设计	西安建筑科技大学	韩会东、朱乐	陈超、林晓丹
山城遗韵	西南交通大学	傅廉蔺、王练	左辅强、高伟、袁红
"忆"脉"镶"城——基于 LID 理念的城市近郊乡村聚落更新设计	河北工业大学	陈莹、王守妍	孔俊婷、李蕊
泽汇古郡 点活潮城——潮州古城太平路街区城市更新与设计	厦门大学	肖颖禾、杨彬如	洪文迁、常玮
温故织新——陕西华阴西岳庙地段更新发展规划	西安建筑科技大学	张琳、刘星	李小龙
穿街引巷，缝合断裂社区	同济大学	戴晓晖、童明	李伟、吴卓烨
致青春	广东工业大学	陈子润、陈晔龙	庄雪芳、葛润南

容江贯通

众人之需 内外之谊
各方之利 古今之情

——集体选择理论指导下的南京花露岗地块城市设计

学生：陈森、张策　　指导教师：黎智辉、方遥、赵和生

【理念引入】

集体选择理论源自经济学，意思为：在面对共同利益时，各方"集体"无可避免地陷入一种非合作利益博弈的初始状态，不科学的决策引发这些"集体"激烈争端而寸步难行。

为了解决此问题，不同集团的成员聚集在一起决定他们共同关心的事情，使事情的发展满足多方利益。

【理念思考】

当城市中土地处于转型期，多重利益主体的异向选择构成的"困境"时，集体选择理论提供了一种解脱这个困境的思维方式和机制建议。

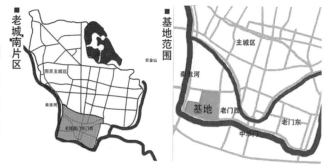

产权关联集体　管理者　商人　城南人　游客　南京人　手工艺人

【设计流程分析】

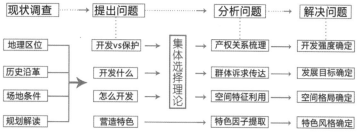

现状调查 → 提出问题 → 分析问题 → 解决问题

地理区位	开发vs保护		产权关系梳理	开发强度确定
历史沿革	开发什么	集体选择理论	群体诉求传达	发展目标确定
场地条件	怎么开发		空间特征利用	空间格局确定
规划解读	营造特色		特色因子提取	特色风格确定

【区位分析】

老城南片区

基地范围

【历史沿革】

六朝　唐朝　明代　清代　近代　建国　至今

公元345-公元687　公元618-公元907　公元1368-公元1644　公元1368-公元1644　公元1336-公元1912　1949-2011　2011-2013

【场地条件】

建筑高度分析
1-2F
3-4F
5-20F

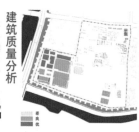
建筑质量分析
差
良
优

建筑年代分析
民国之后
民国时期
民国之前

道路系统分析
城市次干道
城市支路
居住区道路
历史街巷

名木古树分析
古树

【规划与实施】

【2011年南京老城南历史城区保护规划与城市规划】

【2012年实景图】

【2013年南京门西鸣羊街以西地块修建性详细规划规划公布稿】

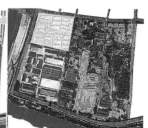
【2015年实景图】

梨花院落溶溶月，
柳絮池塘淡淡风。
晏殊

【胡家花园】	规划扩建 ——VS—— 施工停滞一年 ——→ 规划开放 ——VS—— 大门紧闭
【凤凰台】	规划新建 ——VS—— 拆迁建筑受阻 ——→ 规划新建 ——VS—— 建筑未撤离
【特色厂房】	修缮展览 ——VS—— 暴力改建招商 ——→ 拆除违建 ——VS—— 中止招商闲置
【传统民居】	评定拆除 ——VS—— 户主申诉 ——→ 重新评定 ——VS—— 遭到非法拆除

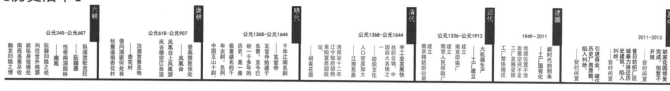

主要矛盾：保护的愿景和开发的现实

【土地流转历程】

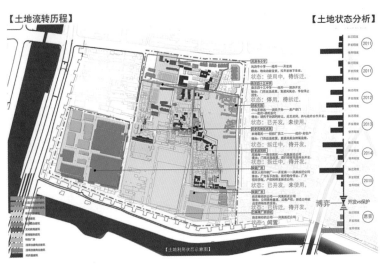

【土地状态分析】

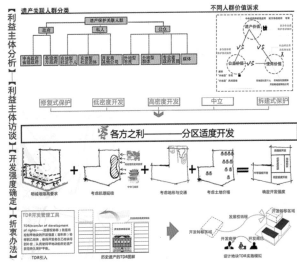

遗产关联人群分类　　不同人群价值诉求

利益主体分析 / 利益主体访谈 / 开发强度确定 / 折衷办法

修复式保护　低密度开发　高密度开发　中立　拆建式保护

容 各方之利——分区适度开发

明城墙隔离高要求 ＋ 考虑肌理缓解 ＋ 考虑地形与交通 ＋ 考虑土地价格 ＝ 确定开发度

TDR开发管理工具

TDR(transfer of development of rights)——发展权转移

TDR引入　　历史遗产的TDR图解　　设计地块TDR实施模拟

博弈　开发vs保护

【土地利用状态示意图】

【发展目标】

STEP1 上位规划

STEP2 周边环境用地评定

用地类型	个数	用地面积	密度等级
5min车程范围内			
居住	10	42.5ha	
商业	3	0.3ha	●●●
旅游			
公共空间	1	0.02ha	●
社区服务			
5-10min车程范围内			
居住	7	60.8ha	
商业	1	1.2ha	●●●
服务	1		●●
公共空间	1	2.2ha	●●
社区服务	3	3ha	●●

用地需求度　公共空间／社区服务／旅游／商业

STEP3 选择主体多元视角分析

选择主体	门西印象	价值诉求	应对措施
城南人	故园乡土	故里情怀	还愿修旧沉思之所　街巷肌理重构,日常生活重现
手工艺人	古韵新作	明烛震尘	容载创造演绎之居　传授展览空间
游客	只闻其名	不见其貌	唤我历史记忆之址　标志建筑重现,多样游憩体验
南京人	墙角宝地	开发荒芜	予设公共交流之地　减少时间成本,建立城墙公园
开发商	潜力商业	利润可观	权衡商业利益,提高城市活力
管理者	金陵一角	潜力巨大	固雅遗产公益之梦　塑造公共空间,注重遗产改造

STEP4 功能定位初步假设

综合基地周边用地类型、密度及需求程度,并结合当地选择主体意识,初步假设其功能。

旅游　公共空间　文化　博物馆　艺术沙龙　集会　party

STEP5 特色因子潜力分析

城墙　胡家花园　凤凰台　历史建筑　工厂遗址　杏花村

STEP6 发展目标确定

历史资源为依托,以传统江南园林为主题的集现代商业、历史街区及文化创意为一体的**城市公共空间**

园林　传统　科技　工业　历史

众人之需——地块活动选择

【诉求满足策略】

诉求 I : 公共遗产之梦	诉求 II : 繁华商贾之息	诉求 III : 怀旧沉思之所	诉求 IV : 历史记忆之址	诉求 V : 公共游憩之地	诉求 VI : 创造演绎之居
选择主体: 管理者	选择主体: 开发商	选择主体: 城南人	选择主体: 游客	选择主体: 南京人	选择主体: 手工艺人
策略: 开放胡家花园,塑造公共空间	策略: 集中商业开发,特色商街重现	策略: 街巷肌理重构,日常生活重现	策略: 标志建筑重现,多样游憩体验	策略: 减少时间成本,建立城墙公园	策略: 片区艺术作坊,传授展览空间

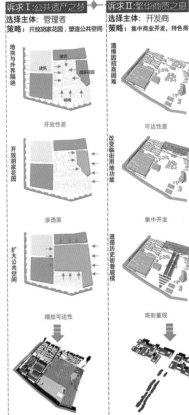

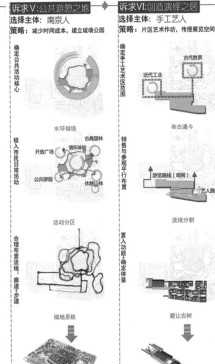

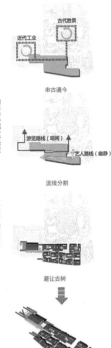

地块与外界隔绝　开放性差　开放胡家花园　渗透面　扩大公共空间　增加可达性

酒博园招商困难　可达性差　改变临街用地功能　集中开发　遵循历史街巷规模　商街重现

现存历史展居　良莠不齐　筛选保留建筑　加固修缮　织补街区基道模　重构肌理

轴线串联

绿地系统

避让古树

昔 古今之情 —— 古今轴线串联+历史建筑功能置换

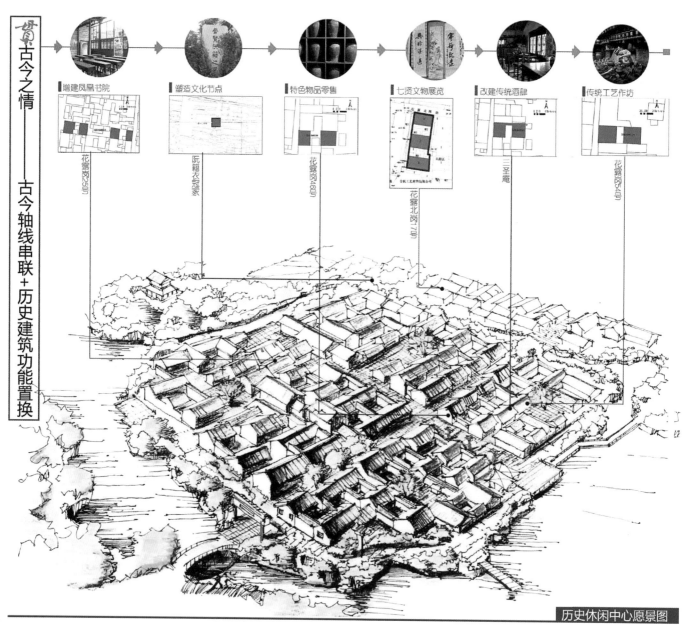

增建凤凰书院　塑造文化节点　特色物品零售　七贤文物展览　改建传统酒肆　传统工艺作坊

花露冈50号　阮籍衣冠冢　花露冈46号　花露北冈7号　三圣庵　花露冈54号

历史休闲中心愿景图

【方案分析图】

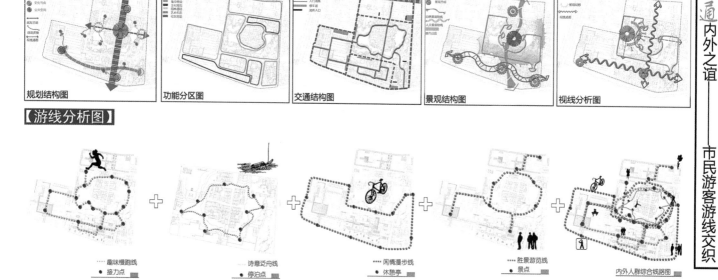

规划结构图　功能分区图　交通结构图　景观结构图　视线分析图

逋 内外之谊 —— 市民游客游线交织

【游线分析图】

······ 趣味慢跑线　　······ 诗意泛舟线　　······ 闲情漫步线　　······ 胜景游览线　　内外人群综合线路图
● 接力点　　　　● 停泊点　　　　● 休憩亭　　　　● 景点

设计说明

被誉为南京最后一片"活化石"——城南花露岗地块是本设计的所选地块。相传，"牧童遥指杏花村"诗句中，那片云蒸霞蔚的杏林曾在这里。还有基本消失的"明代十八坊"和众多古刹、名人古迹等众多文化遗址令人思绪万千。"金陵为山水之窟，其西南隅尤佳"南京建都后，门西一带还生活过众多文人雅士、高门士族。如陆机、阮籍、韩熙载、胡恩燮等，六朝以来，这一带的园林别墅，像酒楼一样多得数不清。而如今，诸多利益驱动的多方竞争下，导致该地块开发与保护的矛盾凸显。

本设计针对该地块的主要矛盾，利用集体选择理论，通过多方开发与保护的博弈，提出较为平衡的解决办法。旨在作为南京传统风貌最完整、历史遗存最丰富的地区，与东门差异化发展，将打造市民城市公共空间，并利用"历史、文化、旅游"特色，将杏花村、凤凰台、瓦官寺——重现，营造城南静谧的桃花源。

技术经济指标

项目名称	数据指标
规划总用地	29.1hm²
新建项目用地	11.2hm²
总建筑面积	192630m²
容积率	0.67
绿地率（含水体）	51.2%
建筑限高	21m
建筑密度	38.1%
地上机动车位	170

【总平面图】：1:1500

印刷体验馆　音乐下沉广场　厂房舞台　纺织体验区　露天小品广场　商业中心　露天小品酒广场　凤凰台　艺术家作坊　阮籍墓　社区中心　城墙博物馆　七贤坊　室内运动营　瓦官寺　园林精品酒店　园林休闲区　仓顶大井

【鸟瞰图】

城墙　酒博览广场　杏酒园　艺术作坊　门西广场　凤凰台　花窑阁　园林酒店　闲适林　胡家花园　古瓦官寺　观景亭

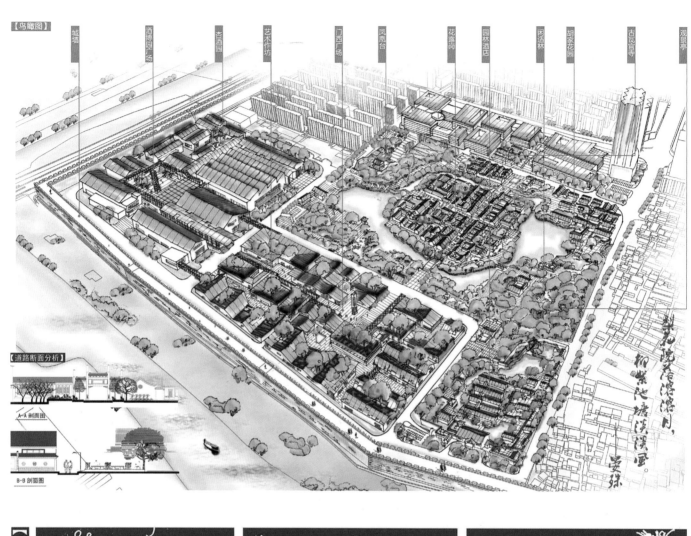

【道路断面分析】

A-A 剖面图

B-B 剖面图

【小透视】

【人群活动】

上班族

工作、办公--特色办公空间，传统院落结合

休闲娱乐--具有地域特色的休闲娱乐空间

休息--配套休息空间，满足不同休息需求

游客

参观--开敞开放活力四射的高级公共空间

购物--多层级高品质传统＆现代购物环境

餐饮--多层级、高品质室内外就餐环境

拍照留念--环境优美幸福洋溢的历史街区

【地块断面分析】

明城墙　改造厂房　艺术作坊　文化展示廊　雕塑景观　酒博园　景观广场　城市公园　杏花桥　书院

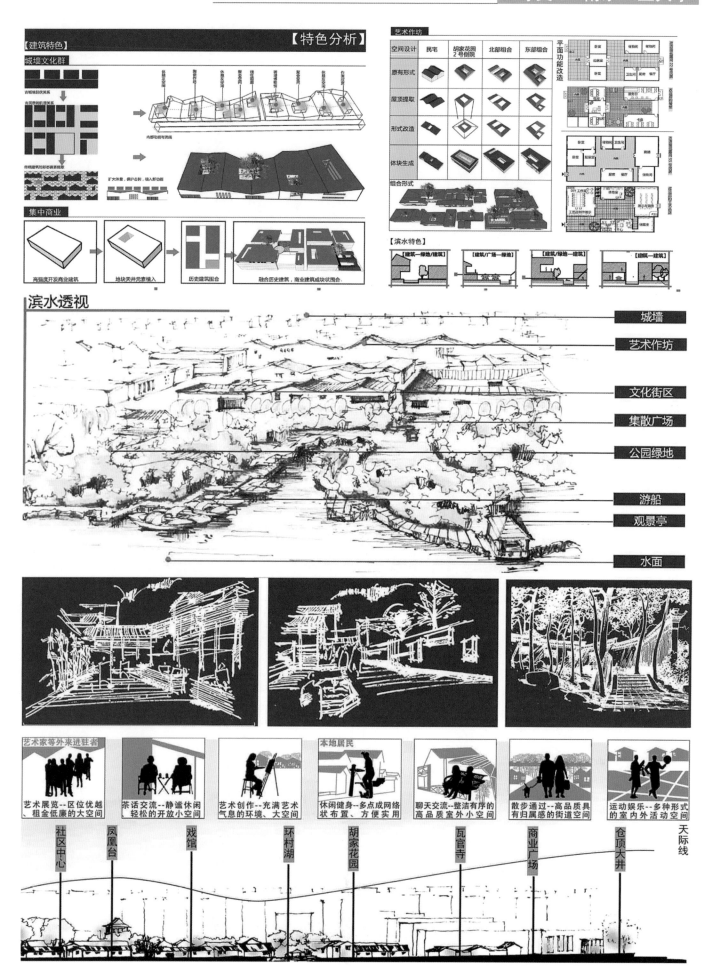

【特色分析】

【建筑特色】

城墙文化群

集中商业

艺术作坊

滨水特色

滨水透视

- 城墙
- 艺术作坊
- 文化街区
- 集散广场
- 公园绿地
- 游船
- 观景亭
- 水面

艺术家等外来进驻者　　本地居民

艺术展览--区位优越、租金低廉的大空间
茶话交流--静谧休闲轻松的开放小空间
艺术创作--充满艺术气息的环境、大空间
休闲健身--多点成网络状布置、方便实用
聊天交流--整洁有序的高品质室外小空间
散步通过--高品质具有归属感的街道空间
运动娱乐--多种形式的室内外活动空间

社区中心　凤凰台　戏馆　环村湖　胡家花园　瓦官寺　商业广场　仓顶大井　天际线

合舟共创

杨浦滨江船厂周边地区城市设计

学生：唐思远、朱明明　　指导教师：匡晓明

主题释义：

社会融合

多元共生

1. 老房＋新建筑
2. 老船坞＋新用途
3. 老工业遗迹＋新滨水空间
4. 老功能＋新活力
5. 创新功能植入
6. 新老功能空间混合

合舟共创

1. 时间之河	2. 空间之河	3. 创业之舟
联系过去 传承历史	开放滨江 合众共赏	聚集人才 扶持初创
厘清现实 继往开来	把握船坞 空间共享	交流互动 众筹共创
展望未来 延续文脉	步行空间 宜人尺度	大众创新 合舟共创

现状分析：

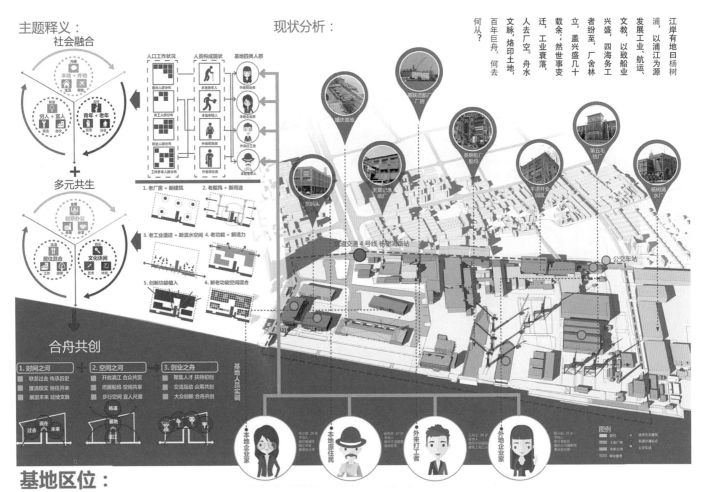

江岸有地曰杨树浦，以浦江为源发展工业、航运、文教，以致船业兴盛，四海务工者纷至，厂舍林立，盖兴盛几十载矣。然世事变迁，工业衰落，人去厂空。余土地，百年巨舟，何去何从？

基地区位：

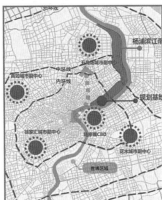

区位分析：基地位于城市中心与五角场副中心之间。既处于城市核心商业带内也处于杨浦滨发展带中。

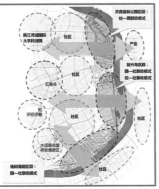

三区联动：基地所处的杨浦区倡导在科技、经济、人才领域之间的互动发展，贯彻"知识杨浦"的方针。

道路交通：基地道路紧邻大连路快速路与杨树浦城市主干道；北侧地铁站吸引大量人流。

周边发展：基地东侧为北外滩 CBD；北侧大连路知识研发总部同时紧邻提蓝桥历史风貌保护区；沿江所处黄浦江两岸发展带；周边多元共存，机遇丰富。

埠 ——— 百年杨浦 水脉遗存：

城市滨水发展	1880 因水而生	1940 因水而兴	2010 因水而达	2015 因水而变	？
	1880 因水而生，滨江发展从渔村的聚居点起源。	1940 因水而兴，滨江功能不断演化为商贸中心。	2010 因水而达，滨江两岸世博会全国瞩目、世界闻名。	2013 年 因水而变，滨江迎来临江工业区的转型发展。	滨江未来如何发展？

舟 ——— 产业核心 退二进三：

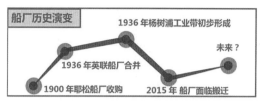

船厂历史演变
- 1900 年耶松船厂收购
- 1936 年英联船厂合并
- 1936 年杨树浦工业带初步形成
- 2015 年船厂面临搬迁
- 未来？

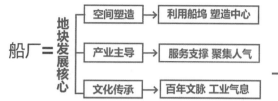

船厂 ＝ 地块发展核心

空间塑造 →	利用船坞 塑造中心
产业主导 →	服务支撑 聚集人气
文化传承 →	百年文脉 工业气息

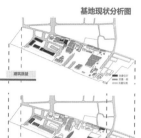

基地现状分析图
- 建筑质量
- 建筑保留
- 建筑高度
- 绿化交通
- 用地规划图
- 用地界限

人 ——— 社会分异 创业转型：

基地产业构成
- 75% 工业制造业（衰败）
- 15% 服务服务业（低迷）
- 10% 创新产业（新兴）

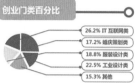

创业门类百分比
- 26.2% IT 互联网类
- 17.2% 婚庆策划类
- 18.8% 服装设计类
- 22.5% 工业设计类
- 15.3% 其他

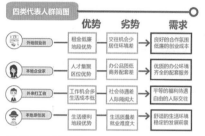

四类代表人群简图

	优势	劣势	需求
外地创业者	租金低廉 地段优势	交往机会少 居住环境差	良好的合作氛围 低廉的创业成本
本地企业家	人才聚集 区位优势	办公品质低 商务配套差	优质的办公环境 齐全的配套服务
外来打工者	工作机会多 生活成本低	社会待遇差 人际隔阂大	平等的福利待遇 自由的人际交往
本地原住民	生活便利 地段优势	生活质量差 就业难度大	舒适的生活环境 稳定的发展前景

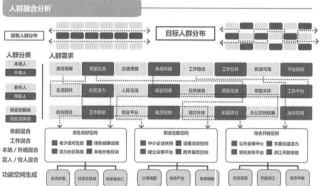

人群融合分析

现有人群分布　　目标人群分布

人群分类：本地人、外地人、老年人、年轻人、创业初期者、创业成熟者

年龄混合、工作混合、本地/外地混合、富人/穷人混合

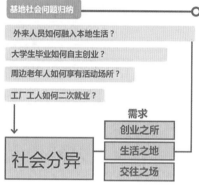

基地社会问题归纳
- 外来人员如何融入本地生活？
- 大学生毕业如何自主创业？
- 周边老年人如何享有活动场所？
- 工厂工人如何二次就业？

社会分异 — 需求
- 创业之所
- 生活之地
- 交往之场

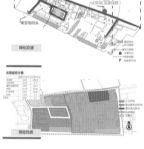

杨浦滨江与船坞核心

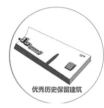
优秀历史保留建筑

保留特色工业厂房

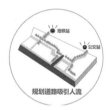
规划通路吸引人流

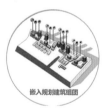
嵌入规划建筑组团

基地整体空间组合

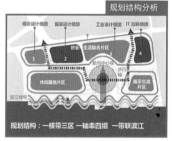
规划结构分析

规划结构：一核带三区 一轴串四组 一带联滨江

城市设计框架

用地规划图

建筑高度分析

系统分析图：

设计目标
- 多元人群融合的创意集聚区
- 复合功能共生的创新活力带

多元创意人群 + 复合创意功能

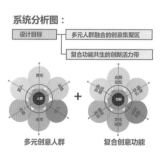
步行系统分析

车行系统分析

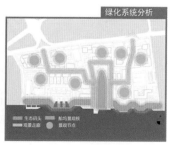
绿化系统分析

设计手法—大而化小

多元人群与复合功能的空间整合

创意办公场所
展示交流中心
生活居住组团
文化休闲场所
公共服务平台

交流互动
创业孵化
居住生活
展品展示
文化创意
创意体验
休闲服务
商务办公

辅助功能

设计手法

- 建筑改造策略
  保留工业建筑遗存，功能转换保存记忆。
- 记忆拼贴策略
  把工业代表性要素与新的建筑空间粗接组合。
- 社交活化策略
  将现有隔绝滨江由封闭转为开放姿态。

基地原有肌理 | 梳理原有建筑空间肌理延续利用历史遗存空间

基地现有肌理 | 新老建筑肌理融合一体突出主要步行街道界面提升滨江公共开放程度

对位 | 新建筑提取世博水门肌理让新老建筑对位呼应。

切割 | 矩形体块切顶成院，与旧有厂房形态呼应。

嫁接 | 滨江老厂房体量庞大，通过分割成小体块空间、嫁接新建筑部分与其浑然一体。

围合 | 打破单一建筑围合界面，新老建筑共同围合。

嵌套 | 小体块空间嵌套入大体块，内部功能多样化。

架构 | 破除大体量建筑庞大体积感，留下架构部分释放底部穿廊。

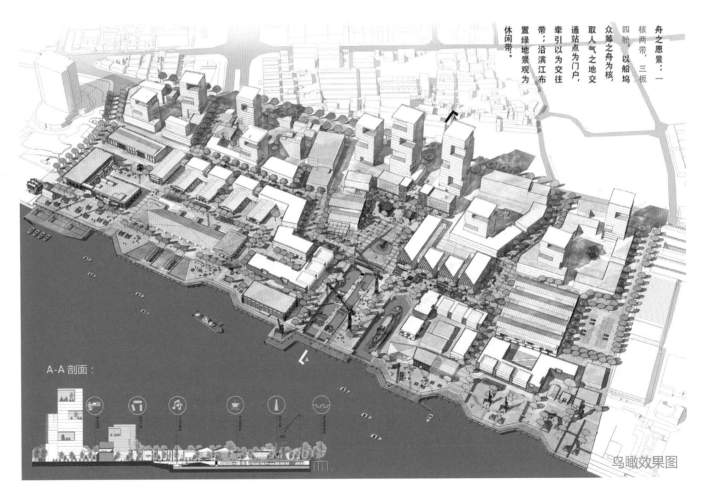

A-A 剖面：

鸟瞰效果图

舟之愿景：一核两带，三板四舱。以船坞取人气之地交众筹之舟为核，通站点为门户，牵引以为交往带；沿滨江布置绿地景观为休闲带。

系统空间格局

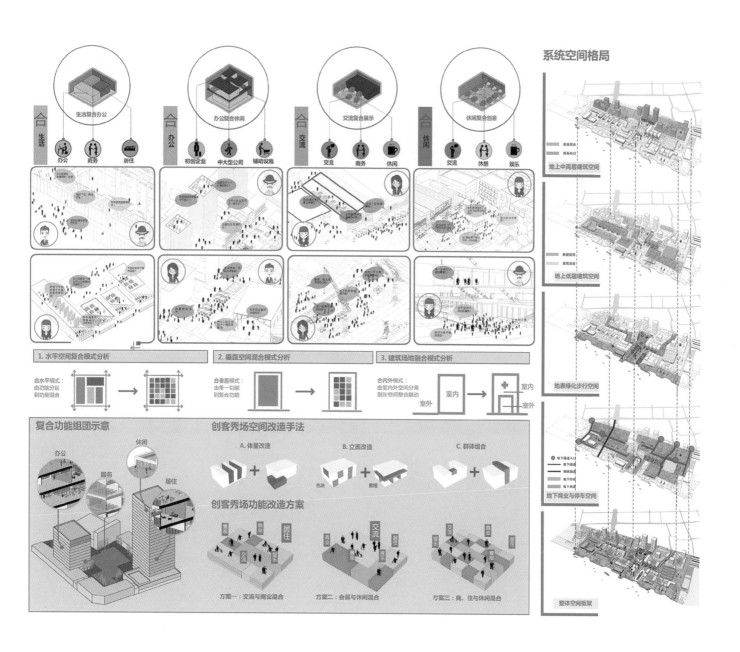

1. 水平空间复合模式分析
2. 垂直空间混合模式分析
3. 建筑场地融合模式分析

复合功能组团示意

创客秀场空间改造手法

A. 体量改造　　B. 立面改造　　C. 群体组合

创客秀场功能改造方案

方案一：交流与商业混合　　方案二：会展与休闲混合　　方案三：商、住与休闲混合

地上中高层建筑空间
地上低层建筑空间
地表绿化步行空间
地下商业与停车空间
整体空间框架

场地设计剖面：

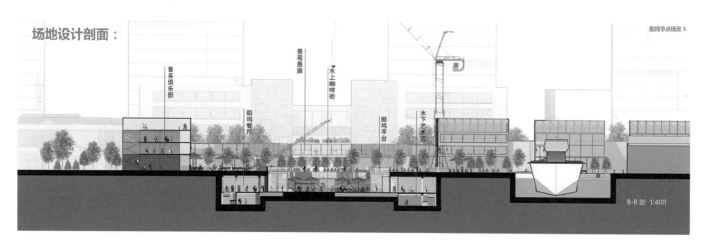

船坞节点场景 3

B-B 剖 1:400

合众共创，同舟共生。舟为载体为文脉，舟交；人为主体生活创业社交，人为主体为活力，创造激活空间。合舟创业，创意待劳，以逸啡，谈笑而创意生。合舟交往，多元共生。

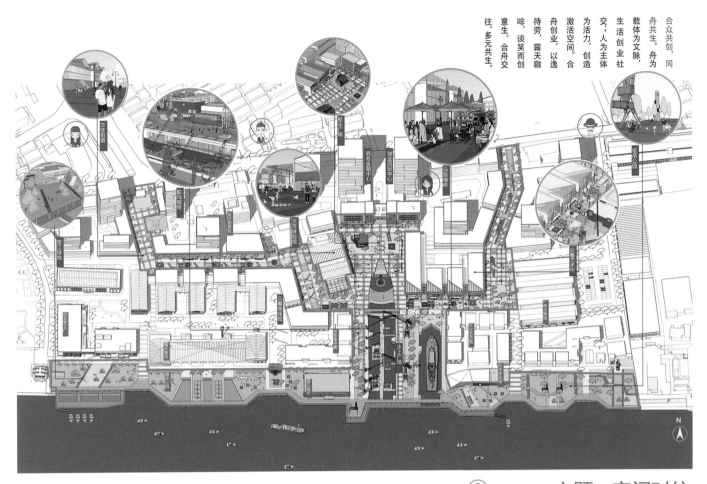

流线分析：

特色步行线路

青年之路

设计之路

创意之路

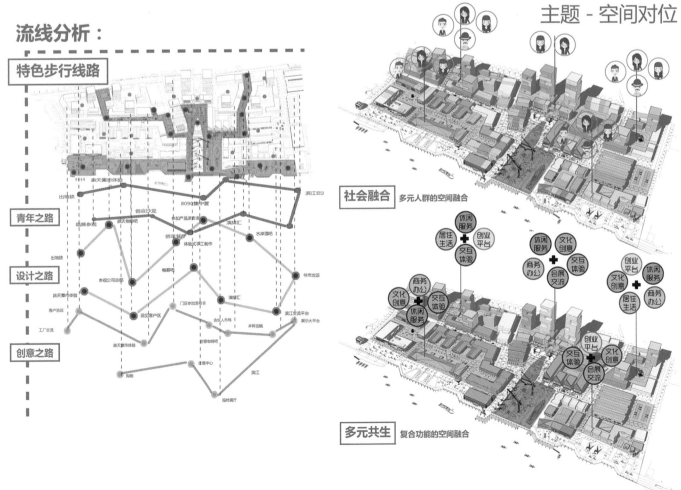

主题 - 空间对位

社会融合 多元人群的空间融合

多元共生 复合功能的空间融合

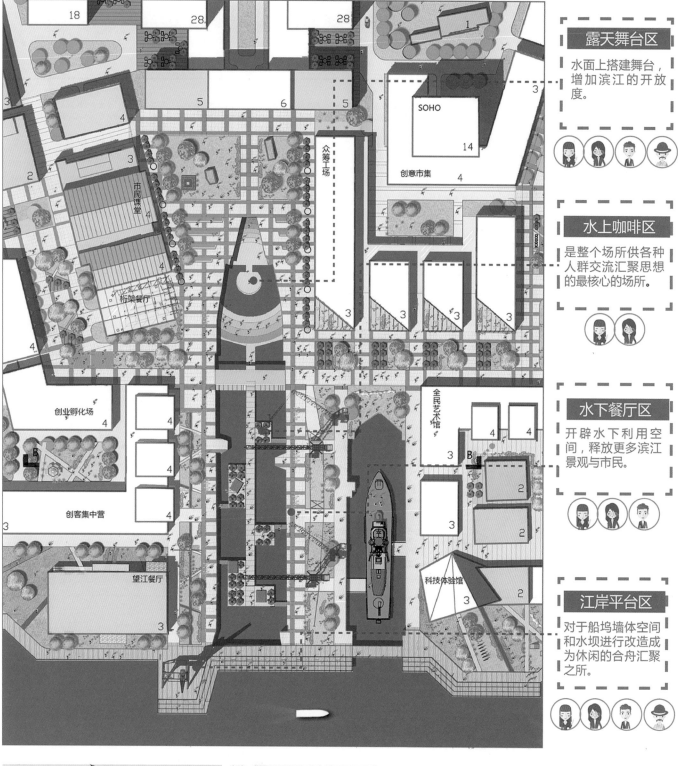

露天舞台区

水面上搭建舞台，增加滨江的开放度。

水上咖啡区

是整个场所供各种人群交流汇聚思想的最核心的场所。

水下餐厅区

开辟水下利用空间，释放更多滨江景观与市民。

江岸平台区

对于船坞墙体空间和水坝进行改造成为休闲的合舟汇聚之所。

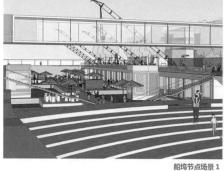

船坞节点场景 1

船坞节点场景 2

船坞节点场景 3

循脉 扶风城隍庙地段更新改造设计 THE RENEWAL DESIGN IN FUFENG CHENGHUANG TEMPLE DISTRICT

学生：寇德馨、张嘉辰   指导教师：尤涛、周志菲

设计理念

背景

扶风县城分为老城区与新区两部分，目前由于老城区功能相对齐全，虽空间拥塞但已充满，新区发展建设趋势强劲，但发展尚不成熟，人口仍主要集中在老城。

未来随着新区建设的不断完善，将对老城发展活力造成冲击和影响。因此如何通过旧城功能的合理疏解，使城市文脉及人脉得以保留，使老城重新恢复活力，成为彰显地域文化与特色的重要区域。充分发挥老城文化优势与旅游发展潜力，再现昔日山水古城繁华景象是我们设计的重点。

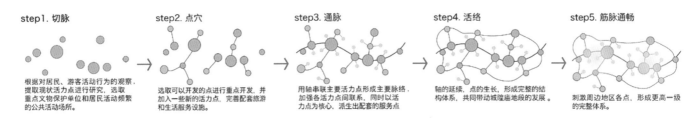

step1. 切脉
根据对居民、游客活动行为的观察，提取现状活力点进行研究，选取重点文物保护单位和居民活动频繁的公共活动场所。

step2. 点穴
选取可以开发的点进行重点开发，并加入一些新的活力点，完善配套旅游和生活服务设施。

step3. 通脉
用轴串联主要活力点形成主要脉络，加强各活力点间联系，同时以活力点为核心，派生出配套的服务点。

step4. 活络
轴的延续，点的生长，形成完整的结构体系，共同带动城隍庙地段的发展。

step5. 筋脉通畅
刺激周边地区各点，形成更高一级的完整体系。

工作框架

社会发展分析

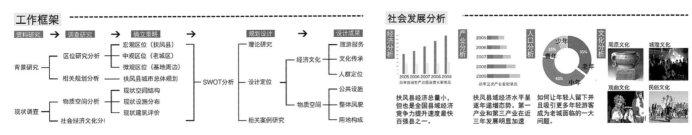

扶风县经济总量最小，但也是全国县域经济竞争力提升速度最快百强县之一。

扶风县域经济发展水平逐年递增趋势。第一产业和第三产业在近三年发展明显加速

如何让年轻人留下并且吸引更多年轻游客成为老城面临的一大问题。

设计思路

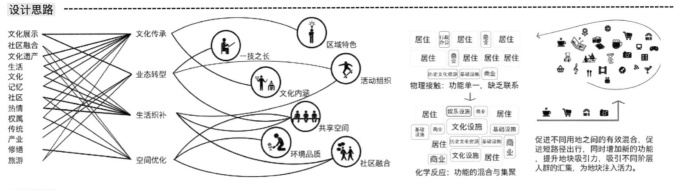

物理接触：功能单一，缺乏联系

化学反应：功能的混合与集聚

促进不同用地之间的有效混合，促进短路径出行，同时增加新的功能，提升地块吸引力，吸引不同阶层人群的汇集，为地块注入活力。

SWOT分析

S—优势

1.扶风老城历史悠久，拥有深厚的历史人文底蕴。
2.城隍庙是基地内的重要节点，对居民而言，它是生活中的重要场所，对外地人而言，它是了解扶风文化的重要景点，具有观赏性。同时，老城内还有温家大院等景点。
3.扶风老城有独具特色的西府文化，在美食、戏曲等方面都有独特的地域性。
4.老城每年两次的大型庙会，不仅会有扶风人在此集聚，同时也能吸引大量的游客。

W—劣势

1.老城形成较早，服务设施落后，服务能力较差。
2.老城对年轻人缺乏吸引力，更多年轻人选择外出务工，人口流失严重。
3.扶风新区的建设，将县城人口、县城财政、公共服务设施等都分散到新区，消弱了老城活力。

O—机遇

1.周边诸多景点能吸引大量人流，扶风在地理位置极具优势，是否能吸引这些游客来到扶风。
2.扶风新区及周边地区现代化的发展，对比出老城的传统。这种原汁原味的地域特色文化能否作为卖点吸引游客。

T—挑战

1.在法门寺周边已存在一些体现关中民俗特色的旅游服务景点，可能与老城之间存在同种商业类型间的竞争。如何在同类竞争中突显？

区位分析

扶风县位于素有"青铜器之乡"之称的陕西省宝鸡市，城隍庙地段位于扶风县城老城中部、飞凤山脚下，东邻七星河，面积约15.9公顷。

山水格局

城南的飞凤山，山岭东西舒展，状如翱翔之凤，头朝北而尾向南，如凤引颈而鸣，是当地著名的扶风"八景"之首，最高处约60米。

韦河由西东去，七星河由北南下，两水相会呈"人"字，向东南注入漆水河，扶风老城正处于人字的交汇点。

基地现状综合评价图

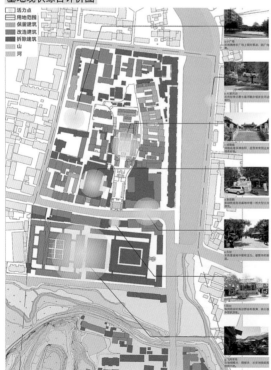

总体规划解读

城区空间结构规划

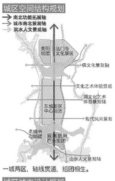

一城两区，轴线贯通，组团相生。

城区城市设计框架

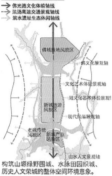

构筑山塬绿野围城、水脉田园织城、历史人文荣城的整体空间环境意象。

老城区用地改造方式

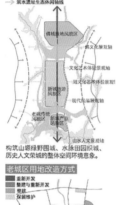

规划重点对老城区居住用地、历史文化地段、设施建设、景观环境进行整治更新。

建筑评价

建筑质量

一类建筑多为公共建筑；二类建筑多为多层住宅和商业建筑；三类建筑多为低层住宅和小型商业；四类建筑多为低层民居。

- 一类建筑质量
- 二类建筑质量
- 三类建筑质量
- 四类建筑质量

建筑结构

砖石结构多为一些建筑质量较差的民居，多分布在基地北侧；混凝土结构多为一些公共建筑和建筑质量较好的住宅，多分布在基地南侧。

- 混凝土结构
- 砖石结构

建筑风貌

基地建筑整体风貌较差，缺乏独特性，不能体现当地的历史文化特色。相比之下风貌较好的是具有当地特色的民居和市场。

- 一级风貌建筑
- 二级风貌建筑

建筑高度

城隍庙地区建筑高度较低，以底层为主，庙与山之间保持视线通廊；多层多为新建住宅和办公建筑，多分布在基地四周。

- 一级风貌建筑
- 二级风貌建筑

屋顶形式

多层建筑以平屋顶为主；低层建筑以坡屋顶为主，两种屋顶形式分布相互混杂。

- 坡屋顶
- 平屋顶

建筑色彩

建筑色彩较为杂乱，主要分为深灰、浅灰、砖红和土黄四种颜色，其中以灰色为主。

- 深灰色
- 浅灰色
- 砖红色
- 土黄色

问题综述

功能单一

基地内地块以居住和商业两种功能为主，零星夹杂一些公共服务设施用地，功能太过单一。

分区混乱

基地从南到北依次为以山体绿地为主的静区、以市场为主的动区、以居住为主的静区和以城隍庙为主的动区，动静分区混杂，相互影响。

视线遮挡

基地南面环山，东面邻水，山——水——庙三点存在视觉三角形关系。现状由于建筑的遮挡，水与庙、山之间的视线通廊基本不存在。

游线单一

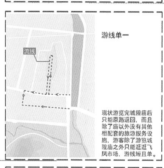

现状游线逛完城隍庙后只能原路返回，而且除了庙以外没有其他相配套的旅游服务设施，游客除了游览城隍庙之外只能逛逛飞凤市场，游线短且单。

交通拥堵

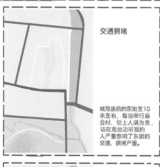

城隍庙前的东街宽10米左右，每当举行庙会时，台上人满为患，站在戏台边听观戏的人严重影响了东街的交通，拥堵严重。

缺乏活力

现状活力点只有城隍庙和飞凤市场，能进行公共活动的场所也只有电影院和小广场，整个地块缺乏活力，没有形成起一系一种合的空间秩序。

总平面1:1000

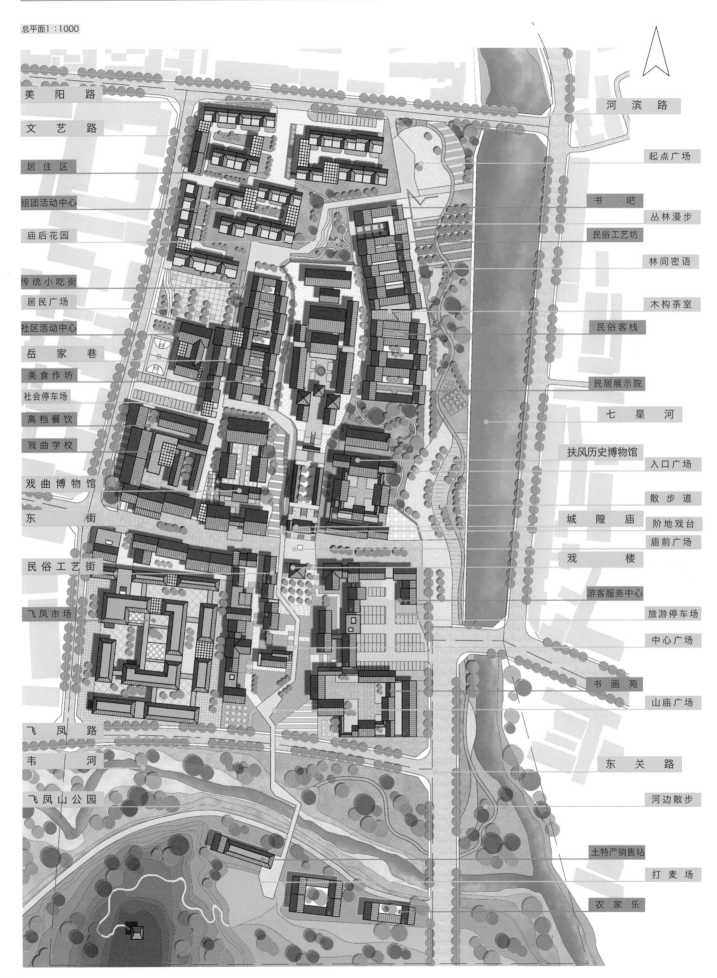

美阳路

文艺路

居住区

组团活动中心

庙后花园

传统小吃街

居民广场

社区活动中心

岳家巷

美食作坊

社会停车场

高档餐饮

戏曲学校

戏曲博物馆

东　街

民俗工艺街

飞凤市场

飞凤路

韦河

飞凤山公园

河滨路

起点广场

书吧

丛林漫步

民俗工艺坊

林间密语

木构茶室

民俗客栈

民居展示院

七星河

扶风历史博物馆

入口广场

散步道

城隍庙

阶地戏台

庙前广场

戏楼

游客服务中心

旅游停车场

中心广场

书画苑

山庙广场

东关路

河边散步

土特产销售站

打麦场

农家乐

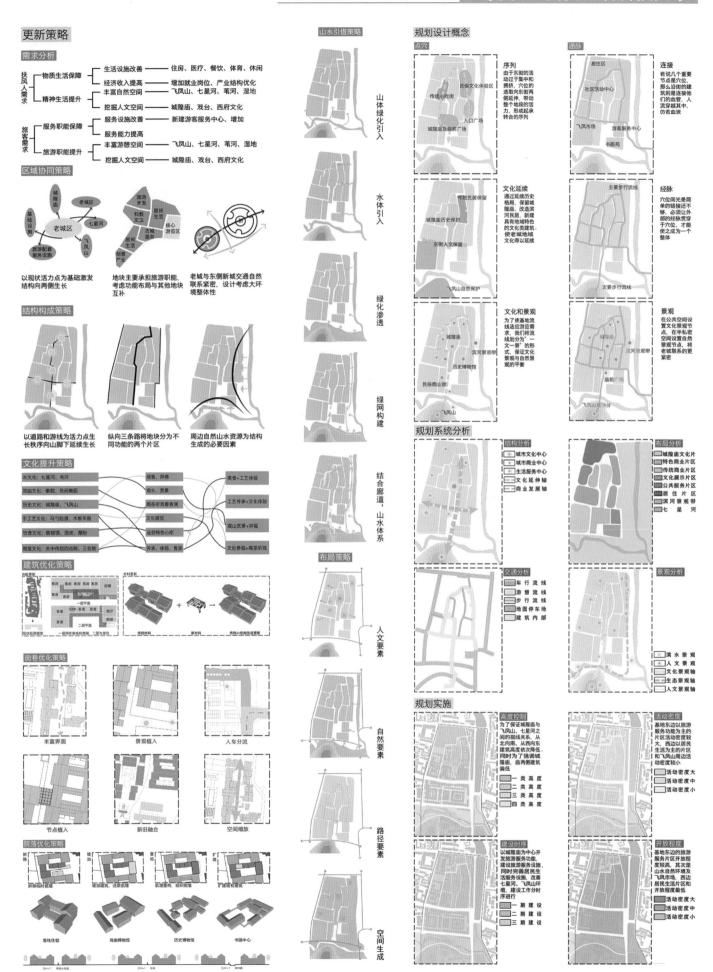

更新策略

需求分析

扶风人需求
- 物质生活保障
  - 生活设施改善 —— 住房、医疗、餐饮、体育、休闲
  - 经济收入提高 —— 增加就业岗位、产业结构优化
- 精神生活提升
  - 丰富自然空间 —— 飞凤山、七星河、苇河、湿地
  - 挖掘人文空间 —— 城隍庙、戏台、西府文化

旅客需求
- 服务职能保障
  - 服务设施改善 —— 新建游客服务中心、增加
  - 服务能力提高
- 旅游职能提升
  - 丰富游憩空间 —— 飞凤山、七星河、苇河、湿地
  - 挖掘人文空间 —— 城隍庙、戏台、西府文化

区域协同策略

以现状活力点为基础激发结构向两侧生长

地块主要承担旅游职能，考虑功能布局与其他地块互补

老城与东侧新城交通自然联系紧密，设计考虑大环境整体性

结构构成策略

以道路和游线为活力点生长秩序向山脚下延续生长

纵向三条路将地块分为不同功能的两个片区

周边自然山水资源为结构生成的必要因素

文化提升策略

水文化：七星河、屯河
戏曲文化：秦腔、民间戏曲
历史文化：城隍庙、飞凤山
手工艺文化：马勺脸谱、木板年画
饮食文化：鹿糕馍、面皮、醋粉
院落文化：关中传统四合院、三合院

建筑优化策略

街巷优化策略

丰富界面 | 景观植入 | 人车分流
节点植入 | 新旧融合 | 空间缩放

院落优化策略

客栈住宿 | 双曲博物馆 | 历史博物馆 | 书画中心

山水引借策略

山体绿化引入 | 水体引入 | 绿化渗透 | 绿网构建 | 结合廊道，山水体系

布局策略

人文要素 | 自然要素 | 路径要素 | 空间生成

规划设计概念

点穴

序列
由于东街的活动过于集中和拥挤，穴位的选取向向东街两侧延伸，带动整个地块的活力，形成起承转合的序列

通脉

连接
若说几个重要节点是穴位，那么沿街的建筑则是连接他们的血管，人流穿行其中，仿若血液

文化延续
通过延续历史格局，保留城隍庙、改造滨河民居、新建具有地域特色的文化类建筑，使老城地区文化得以延续

经脉
穴位间光是简单的链接还不够，必须让外部的经络贯穿于之中，才能使之成为一个整体

文化和景观
为了使基地流线适应游览需求，我们将流线划分为一文一景的形式，保证文化景观与自然景观的平衡

景观
在公共空间设置文化景观节点，在半私密空间设置自然景观节点，将老城联系的更紧密

规划系统分析

结构分析
- 城市文化中心
- 城市商业中心
- 生活服务中心
- 文化延伸轴
- 商业发展轴

布局分析
- 城隍庙文化片
- 特色商业片区
- 传统商业片区
- 文化展示片区
- 公共服务片区
- 居住片区
- 滨河景观带
- 七星河

交通分析
- 车行流线
- 游憩流线
- 步行流线
- 地面停车场
- 建筑内部

景观分析
- 滨水景观
- 人文景观
- 文化景观轴
- 生态景观轴
- 人文景观轴

规划实施

高度控制
为了保证城隍庙与飞凤山、七星河之间的视线关系，从北向南、从西向东建筑高度依次降低，同时为了强调城隍庙，庙两侧建筑偏低
- 一类高度
- 二类高度
- 三类高度
- 四类高度

活动密度
基地东边以旅游服务功能为主的片区活动密度较大，西边以居民生活为主的片区和飞凤山周边活动密度较小
- 活动密度大
- 活动密度中
- 活动密度小

建设时序
以城隍庙为中心开发旅游服务功能，建设旅游服务设施，同时完善居民民生生活服务设施，改善七星河、飞凤山环境，建设工作分时序进行
- 一期建设
- 二期建设
- 三期建设

开放程度
基地东边的旅游服务片区开放程度较高，其次是山水自然环境及飞凤山市场，西边居民生活片区和开放程度最低
- 活动密度大
- 活动密度中
- 活动密度小

人群行为引导

人群行为流线引导

居民活动路线单一明确 + 游客活动路线追求完整 = 路线有机串联形成完整流线

人群流向关联引导

流线景致策划

扶风八景

飞凤呈秀 绿帆传新 贤山胜景 杏林霞彩 椤林烟气 揽翠映壁 流泉晓钟

1 2 3 4 5 6 7 8

人群行为需求引导

人群行为流线构想

8:00 10:00 12:00 14:00 16:00 18:00 20:00 22:00

人群需求分析

2.花肆步月
3.食坊流连
1.闻歌起舞
6.城隅夕照
7.小画场沿岸

1.闻歌起舞

民间舞蹈的上演激发了老城的活力，乐声、笑声、掌声此起彼伏，人们忘却烦恼，尽情歌舞，唱响生活之歌。

规划策略

廊道的起点位于内外分区的交点，既方便居民日常活动使用，也是游客体验当地民俗活动的场所。

广场位于三种道路的交点，能够汇集人气，转换交通方式。

2.花肆步月

走过历史气息浓厚的城隍庙，抑或穿过居民小巷，一处小小园林仿佛隔绝于世，园内是幽静美好，皎月初生，杏花洒满地。

规划策略

活力带相连不同功能空间，活动丰富有趣。

3.食坊流连

特色院落式的小吃街传统又充满吸引力，原汁原味的建筑与原汁原味的食材结合，才能激发出食客唇齿间最深处的味蕾。

规划策略

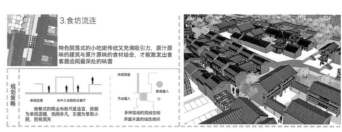

4.作坊体验

特色美食的诱惑只品尝是不够的，在美食作坊观看、参与美食的制作流程，感受传统文化的智慧与奇妙。

规划策略

商业模式规划

断面分析

城隍庙轴线

散步 人群：居民 年龄：中老年
交流 人群：居民 年龄：中老年

飞凤山 生态公园 广场
韦河

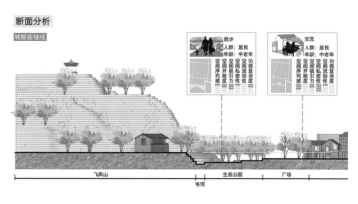

文艺路沿街

运动 人群：居民 年龄：中青年
休憩 人群：居民 年龄：中老年
茶话娱乐 人群：居民 年龄：中老年

居佳小区 居民广场 社区活动中心 停车场

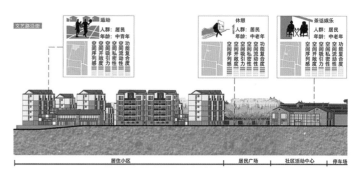

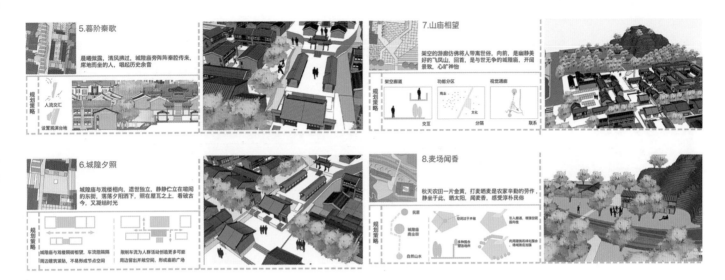

5. 暮阶秦歌

晨曦微露，清风拂过，城隍庙旁阵阵秦腔传来，席地而坐的人，唱起历史杂音。

规划策略 人流交汇

设置观演台地

7. 山庙相望

架空的游廊仿佛将人带离世俗，向前，是嵋静美好的飞凤山，回首，是与世无争的城隍庙，开阔景致，心旷神怡。

架空廊道 功能分区 视觉通廊

交互 分隔 联系

6. 城隍夕照

城隍庙与戏楼相向，遗世独立，静静伫立在暗间的东街，落落夕阳西下，照在屋瓦之上，看破古今，又凝结时光。

规划策略 城隍庙与戏楼隔街相望，车流阻隔着周边建筑磁斥，不易形成节点空间

限制车流为人群活动创造更多可能 周边让出开敞空间，形成庙前广场

8. 麦场闻香

秋天农田一片金黄，打麦晒麦是农家辛勤的劳作，静坐于此，晒太阳，闻麦香，感受淳朴民俗。

规划策略 民居 城隍庙商业街 自然山水

空间过于开敞 引入廊道，增强空间向心性

多种组合，塑造地貌 利用廊道街绿化围合场地提高紧凑度

循脉 扶风城隍庙地段更新规划设计 THE RENEWAL DESIGN IN FUFENG CHENGHUANG TEMPLE DISTRICT

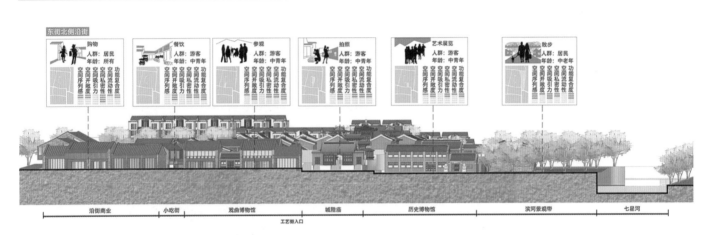

东街北侧沿街

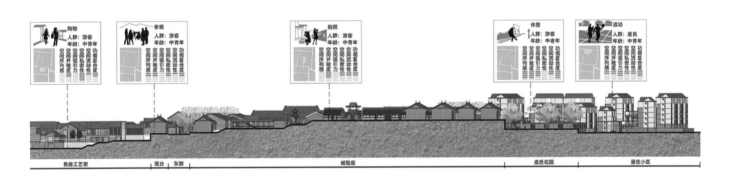

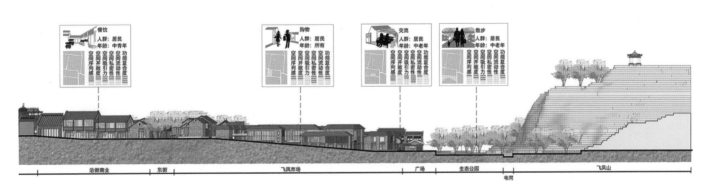

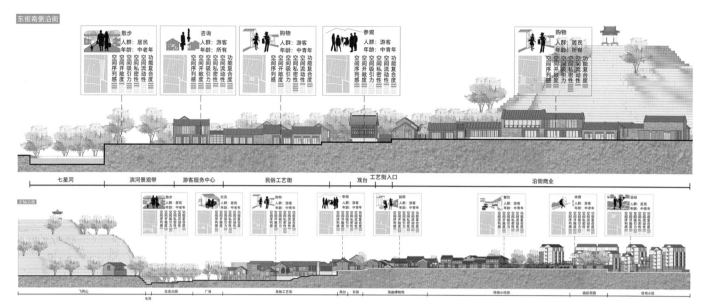

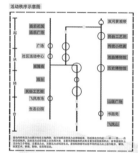

设计说明

基地位于扶风县老城中部偏东，以城隍庙为中心的约16公顷的范围内。通过对城隍庙地段的"诊脉"，找到地段的问题所在，运用"点穴"、"通脉"、"活络"的设计手法解决问题，最后达到"经脉通畅"的"治疗效果"。

具体来说，通过对基地的调研，发现主要问题是基地缺乏活力，同时存在功能单一、分区不明确等问题，对此我们以寻找现状活力点入手，对其进行完善，并设置新的活力点；当活力点具有一定规模时用轴串联起来加强各点的联系，同时也为居民游客营造一些引导路径，便于其进行方便、舒适的活动。

经济技术指标：
用地面积：15.9公顷
总建筑面积：33.24公顷
容积率：2.0
绿化率：20%

藏生大千 ॥ དཔལ་བཙན་ཆེན། —— 香格里拉独克宗古城灾后重建与更新规划

学生：葛瑜婷、唐爽　　指导教师：李晖、高进、张云徽

区位分析

地理区位

独克宗古城位于中国云南省迪庆州，是香格里拉市的发展雏形，位于城市东南。藏语的发音意为"建在石头上的城堡"和"月光城"。

旅游区位

独克宗古城位于大香格里拉旅游区南部，是藏族聚居的滇藏茶马古道重镇，具有丰富的宗教旅游资源、少数民族旅游资源和茶马古道文化旅游资源。

交通区位

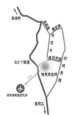

独克宗古城距离迪庆香格里拉机场约2千米，紧靠G217国道，与城市主要道路相接，交通便利。古城出入口多布置于达瓦路、环城东路等城市干道。

历史沿革

军事堡垒　　古道重镇　　宗教中心　　旅游景点

业态产业演替

产业细分

第一产业以高原农牧业为主，有牦牛、青稞等特产。

第二产业以手工艺、绿色食品、有色金属加工为主。

第三产业以旅游业为核心，同时发展商贸、物流等。

城市产业

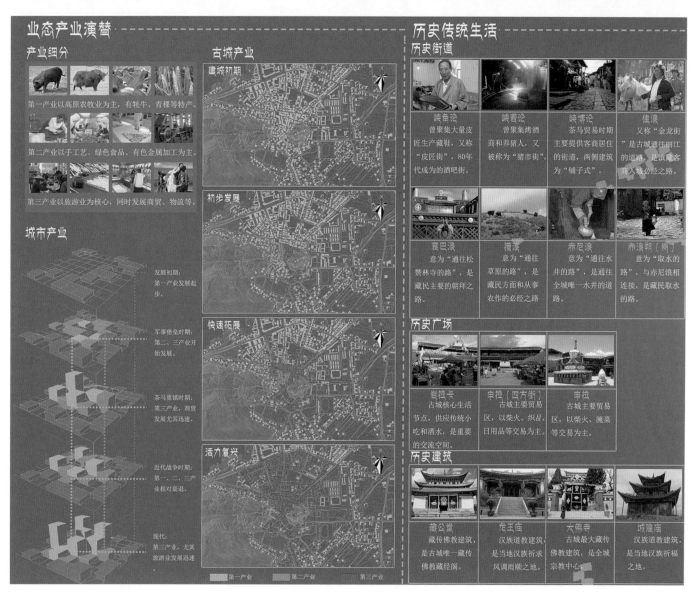

发展初期： 第一产业发展起步。

军事堡垒时期： 第二、三产业开始发展。

茶马重镇时期： 第三产业、商贸发展尤其迅速。

近代战争时期： 第一、二、三产业相对衰退。

现代： 第三产业，尤其旅游业发展迅速。

古城产业

建城初期

初步发展

快速拓展

活力复兴

▢ 第一产业　▢ 第二产业　　第三产业

历史传统生活

历史街道

峡角论
曾聚集大量皮匠生产藏鞋，又称"皮匠街"，80年代成为的酒吧街。

峡若论
曾聚集烤酒商和养猪人，又被称为"猪市街"。

峡博论
茶马贸易时期主要提供客商居住的街道，两侧建筑为"铺子式"。

佳滚
又称"金龙街"是古城通往丽江的道路，是滇藏客商入城必经之路。

褒巴浪
意为"通往松赞林寺的路"，是藏民主要的朝拜之路。

菏滚
意为"通往草原的路"，是藏民方面和从事农作的必经之路。

赤尼滚
意为"通往水井的路"，是通往全城唯一水井的道路。

赤滚朗（阳）
意为"取水的路"，与赤尼浪相连接，是藏民取水的路。

历史广场

岩茸卡
古城核心生活节点，供应传统小吃和酒水，是重要的交流空间。

申拉（四方街）
古城主要贸易区，以柴火、织品、日用品等交易为主。

申拉
古城主要贸易区，以柴火、腌菜等交易为主。

历史建筑

藏公堂
藏传佛教建筑，是古城唯一藏传佛教藏经阁。

龙王庙
汉族道教建筑，是当地汉族祈求风调雨顺之地。

大佛寺
古城最大藏传佛教建筑，是全城宗教中心。

城隍庙
汉族道教建筑，是当地汉族祈福之地。

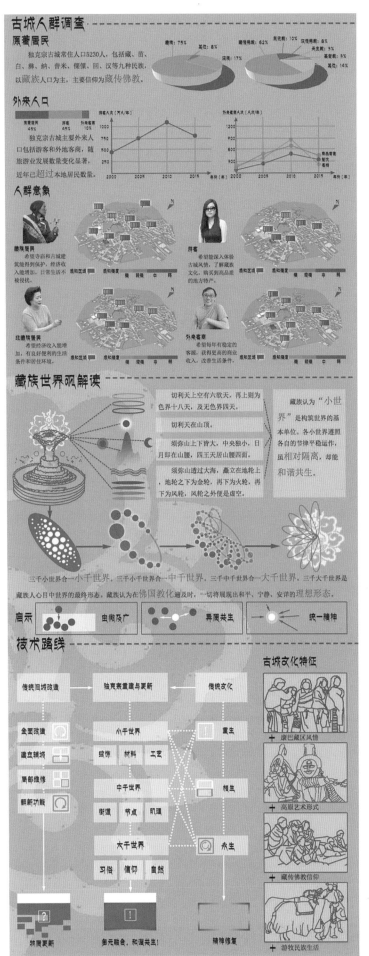

古城人群调查

原著居民

独克宗古城常住人口5230人，包括藏、苗、白、彝、纳、普米、傈僳、回、汉等九种民族，以藏族人口为主，主要信仰为藏传佛教。

藏族：75%　其他：8%　滇族：17%
藏传佛教：52%　东巴教：10%　汉传佛教：8%　天主教：3%　基督教：9%　其他：14%

外来人口

流动居民 4%　居民 居民 外来客商 10%

独克宗古城主要外来人口包括游客和外地客商，随旅游业发展数量变化显著，近年已超过本地居民数量。

人群意象

藏族居民
希望寺庙和古城建筑得到保护，经济收入能增加，日常生活不被侵扰。

游客
希望能深入体验古城风情，了解藏族文化，购买到高品质的地方特产。

非藏族居民
希望经济收入能增加，有良好便利的生活条件和居住环境。

外来客商
希望每年有稳定的客源，获得更高的商业收入，改善生活条件。

藏族世界观解读

切利天上空有六欲天，再上则为色界十八天，及无色界四天。

切利天在山顶。

须弥山上下皆大，中央独小，日月即在山腰，四王天居山腰四面。

须弥山透过大海，嬴立在地轮上，地轮之下为金轮，再下为火轮，再下为风轮，风轮之外便是虚空。

藏族认为"小世界"是构筑世界的基本单位。各小世界遵照各自的节律平稳运作，虽相对隔离，却能和谐共生。

三千小世界合一小千世界，三千小千世界合一中千世界，三千中千世界合一大千世界。三千大千世界是藏族人心目中世界的最终形态，藏族认为在佛国教化遍及时，一切将展现出和平、宁静、安详的理想形态。

启示
由微及广　　异展共生　　统一精神

技术路线

传统旧城改造 → 独克宗重塑与更新 ← 传统文化

全面改造
建立辅城
局部维修
翻新功能

小千世界 → 重生
纹饰　材料　工艺
中千世界 → 相生
街道　节点　肌理
大千世界 → 永生
习俗　信仰　自然

物质更新　　　多元融合，和谐共生！　　　精神修复

古城文化特征

+ 康巴藏区风情
+ 高原艺术形式
+ 藏传佛教信仰
+ 游牧民族生活

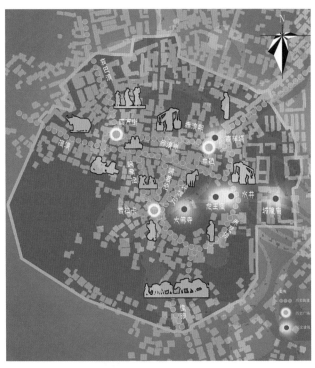

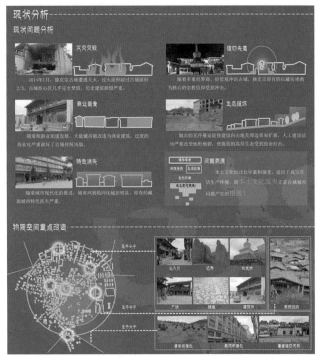

现状分析

现状问题分析

火灾突发
2014年1月，独克宗古城遭遇大火，过火面积超过古城面积2/3，古城核心区几乎完全焚毁，历史建筑损毁严重。

信仰失落
随着多元世界观、价值观冲击古城，独克宗原有的以藏传佛教为核心的宗教信仰受到冲击。

商业喧嚣
随着旅游业加速发展，大量藏房被改造为商业建筑，过度的商业化严重破坏了古城传统风貌。

生态破坏
城市的无序发展促使建设向山地及周边草甸扩展，人工建设活动严重改变地形地貌，使脆弱的高原生态变的岌岌可破。

特色消失
随着城市现代化的推进，城市风貌的同化越加明显，原有的藏族城市特色流失严重。

问题溯源
本土文化经过长年累积流逝，适应于高原生活生产环境，而本土文化流失正是古城城市问题产生的根源！

物质空间重点改造

现状分析

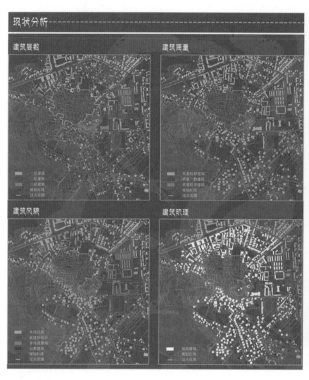

建筑层数　　建筑质量

建筑风貌　　建筑肌理

现状综合评价

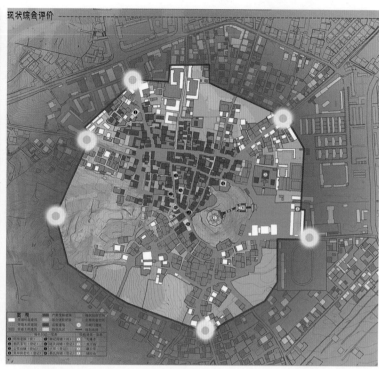

策略解析

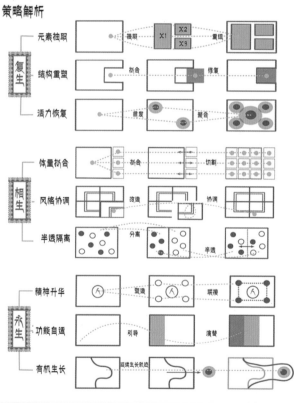

复生
- 元素抽取
- 结构重塑
- 活力恢复

相生
- 体量拟合
- 风格协调
- 半透隔离

永生
- 精神升华
- 功能自适
- 有机生长

生于中干

公共空间优化

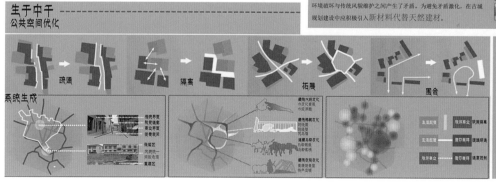

疏通　　隔离　　拓展　　围合

系统生成

生于小干

建筑结构重组

传统色彩应用

民族工艺复兴

唐卡　　沥画　　皮艺　　石刻

铜藏　　纺织　　锻艺　　木藏

外观改造

户型选择

民居建设采用闪片房，松木片瓦顶和白色墙体是其特色结构，一般有三层，一层用以蓄养牲口，二层居住，三层储物。闪片房是典型的独克宗藏族建筑形式，其体量大，结构独特，具有耐寒、抗震、耐火等优势。

主立面图　　一层平面图　　二层平面图　　三层平面图

主立面图　　一层平面图　　二层平面图　　三层平面图

商业建筑采用传统藏房改良后的铺子房建筑，临街面积大，适于商业开发。铺子式藏房主发源于明清茶马交易兴盛时代，提供往来客商居住，是汉藏文化融合的标志。

材质选替换

传统藏族建设会采用许多天然建材，如冷杉、松树、白砂石等，环境破坏与传统风貌维护之间产生了矛盾。为避免矛盾激化，在古城规划建设中应积极引入新材料代替天然建材。

天然建材　　替代材料

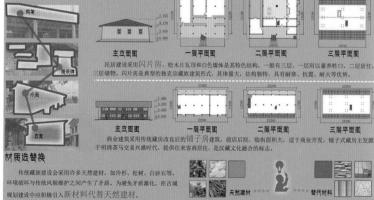

"明清三浪"指峡角论、峡若论和峡博论三条主街，建于明清时代，通过空间改造，引入特色产业，使之成为古城最具活力的区域。

峡角论　　峡若论　　峡博论

藏藏店　　酒店　　酒店　　烤酒屋　　马帮客栈

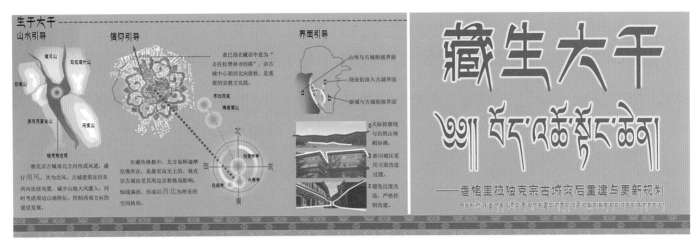

生于大干

山水引导

腊阵山　白石漆什山

立骨山

多尼夜夏叠山　　天堂山

独克崇南古塔

独克宗古城南北方向形成风道，盛行南风，次为北风。古城建筑宜沿东西向连续布置，减少山地大风灌入。同时考虑周边山地特征，控制西南方向的建设发展。

信仰引导

在藏传佛教中，北方是释迦牟尼佛所在，是最至高无上的。独克宗古城由受其周边宗教格局影响，轴线偏西，形成以西北为神圣的空间格局。

宴巴浪在藏语中意为"去往松赞林寺的路"，由古城中心朝西北向放射，是重要的宗教文化线。

界面引导

山体与古城衔接界面

商业街深入古城界面

新城与古城衔接界面

a 天际轮廓线与自然山体相协调。

b 新旧城区采用立面改造过渡。

c 避免过度改造，严格控制改建。

藏生大干

—— 香格里拉独克宗古城灾后重建与更新规划

立面图

总平面图

N

0　25　50　100M

主要技术经济指标

用地面积：28ah　容积率：1.4
建筑面积：190000m²　绿地率：45%
建筑密度：35%　停车位：50个

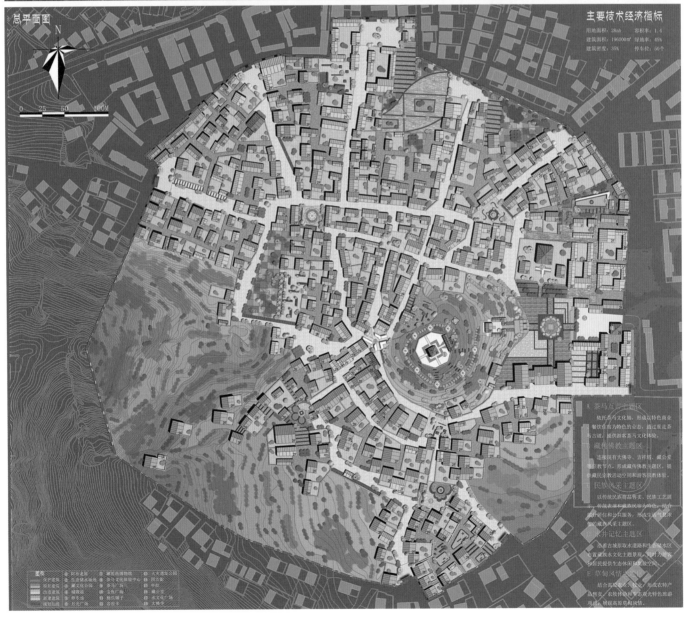

A 茶马互市主题区

依托茶马文化轴，形成以特色商业餐饮为自有特色的业态，再现重走茶马古道，提供游客茶马文化体验。

藏传佛教主题区

连接现有大佛寺、古祥塔、藏公堂等宗教节点，形成藏传佛教主题区，提供藏民宗教活动空间和游客教体验。

民族风采主题区

以传统民居商品售卖、民族工艺展等传统表演和藏族民居拼为特色，结合居住和公共服务，形成生活景象偏的藏族风采主题区。

水井记忆主题区

依着藏族取水道路和生态取水区，营造藏族水文主题景观，同时为游客和居民提供生态休闲和观赏的空间。

E 草甸风情区

结合高原藏族农业，形成农特产品街区，在牧传统田园之旅和观光旅游，可向游客展现高原草甸风情。

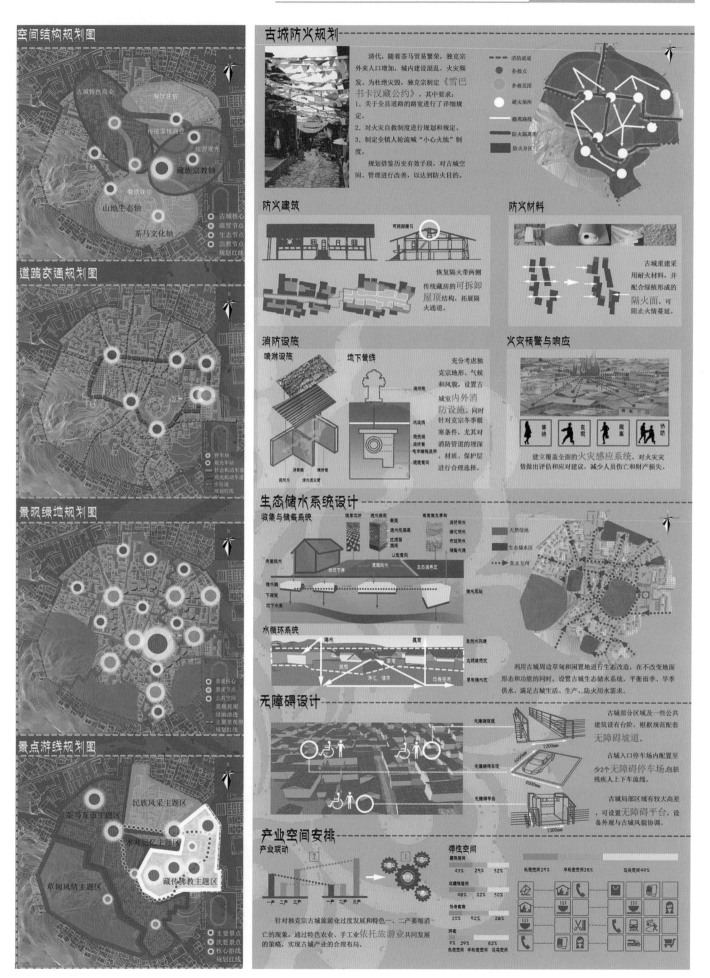

空间结构规划图

古城特色商业
餐饮住宿
传统零售商业
旅游观光
藏族宗教轴
餐饮住宿
山地生态轴
茶马文化轴

- 古城核心
- 商贸节点
- 生态节点
- 宗教节点
- 规划红线

道路交通规划图

- 停车场
- 观光车站
- 社会机动车道
- 观光机动车道
- 步行道
- 规划红线

景观绿地规划图

- 景观核心
- 景观节点
- 公共空间
- 景观视廊
- 绿地渗透
- 主题景观带
- 规划红线

景点游线规划图

民族风采主题区
蒙马互市主题区
水井记忆主题区
草甸风情主题区
藏传佛教主题区

- 主要景点
- 次要景点
- 核心游线
- 规划红线

古城防火规划

清代，随着茶马贸易繁荣，独克宗外来人口增加，城内建设混乱，火灾频发。为杜绝灾毁，独克宗制定《雪巴书卡汉藏公约》，其中要求：
1. 关于全县道路的路宽进行了详细规定。
2. 对火灾自救制度进行规划和规定。
3. 制定全镇人轮流喊诫"小心火烛"制度。

规划借鉴历史有效手段，对古城空间、管理进行改善，以达到防火目的。

- 消防通道
- 扑救点
- 扑救范围
- 避灾场所
- 疏散路线
- 防火隔离带
- 防火分区

防火建筑

恢复隔火带两侧传统藏房的可拆卸屋顶结构，拓展隔火通道。

防火材料

古城重建采用耐火材料，并配合绿植形成的隔火面，可阻止火情蔓延。

消防设施

喷淋设施
地下管线

充分考虑独克宗地形、气候和风貌，设置古城室内外消防设施，同时针对克宗冬季极寒条件，尤其对消防管道的埋深、材质、保护层进行合理选择。

火灾预警与响应

建立覆盖全面的火灾感应系统，对火灾灾情做出评估和应对建议，减少人员伤亡和财产损失。

生态储水系统设计

收集与储备系统

- 天然绿地
- 生态储水区
- 集水方向

水循环系统

利用古城周边草甸和闲置地进行生态改造，在不改变地面形态和功能的同时，设置古城生态储水系统，平衡雨季、旱季供水，满足古城生活、生产、防火用水需求。

无障碍设计

- 无障碍坡道
- 无障碍停车位
- 无障碍平台

古城部分区域及一些公共建筑设有台阶，根据规范配套无障碍坡道。

古城入口停车场内配置至少2个无障碍停车场，包括残疾人上下车流线。

古城局部区域有较大高差，可设置无障碍平台，设备外观与古城风貌协调。

产业空间安排

产业联动

弹性空间

针对独克宗古城旅游业过度发展和特色一、二产萎缩消亡的现象，通过特色农业、手工业依托旅游业共同发展的策略，实现古城产业的合理布局。

ষম্স'শ্রী'ষি'ন্নু'শান'র্দ্রেন'র্দ্র'ঝানম'র্ইন'শান'রিন'র্দ্র'রের্জ'র্দ্রন'ষ্ণন'র্দ্র'র্দ'রেম'রি'শানম'না

节点效果图

大龟山公园　　四方街　　申拉　　金鱼广场

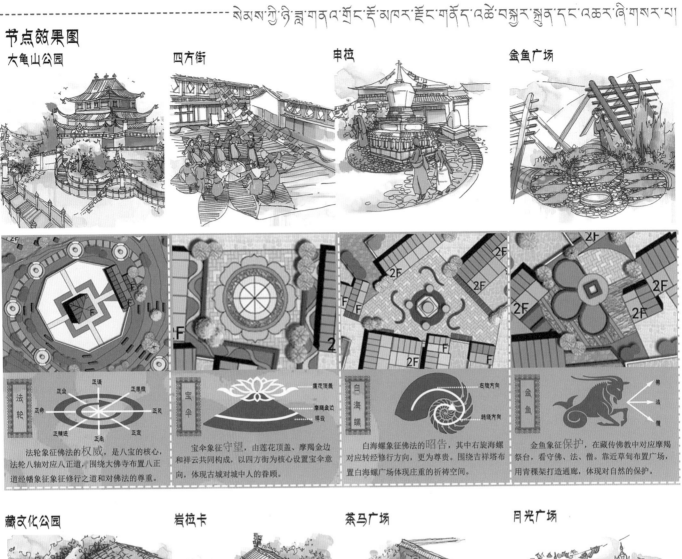

法轮象征佛法的权威，是八宝的核心，法轮八轴对应八正道。围绕大佛寺布置八正道经幡象征象征修行之道和对佛法的尊重。

宝伞象征守望，由莲花顶盖、摩羯金边和祥云共同构成，以四方街为核心设置宝伞意向，体现古城对城中人的眷顾。

白海螺象征佛法的昭告，其中右旋海螺对应转经修行方向，更为尊贵。围绕吉祥塔布置白海螺广场体现庄重的祈祷空间。

金鱼象征保护，在藏传佛教中对应摩羯祭台，看守佛、法、僧。靠近草甸布置广场，用青稞架打造通廊，体现对自然的保护。

藏文化公园　　岩拉卡　　茶马广场　　月光广场

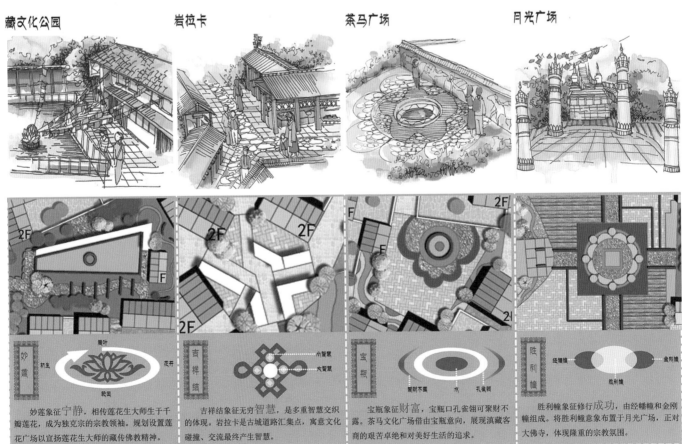

妙莲象征宁静，相传莲花生大师生于千瓣莲花，成为独克宗的宗教领袖。规划设置莲花广场以宣扬莲花生大师的藏传佛教精神。

吉祥结象征无穷智慧，是多重智慧交织的体现。岩拉卡是古城道路汇集点，寓意文化碰撞、交流最终产生智慧。

宝瓶象征财富，宝瓶口孔雀翎可聚财不露。茶马文化广场借由宝瓶意向，展现滇藏客商的艰苦卓绝和对美好生活的追求。

胜利幢象征修行成功，由经幡幢和金刚幢组成。将胜利幢意象布置于月光广场，正对大佛寺，体现隆重的宗教氛围。

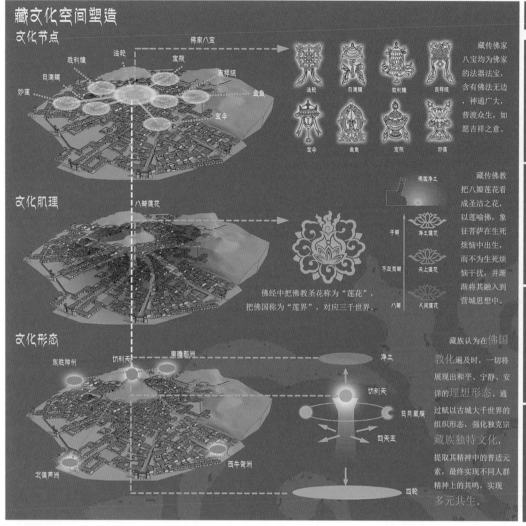

藏文化空间塑造

文化节点

佛家八宝

胜利幢　法轮　宝瓶
白海螺　吉祥结
妙莲　金鱼
宝伞

法轮　白海螺　胜利幢　吉祥结
宝伞　金鱼　宝瓶　妙莲

藏传佛家八宝均为佛家的法器法宝，含有佛法无边，神通广大，普渡众生，如愿吉祥之意。

文化肌理

八瓣莲花

佛国净土

净土莲花　千瓣
天上莲花　不足百瓣
人间莲花　八瓣

藏传佛教把八瓣莲花看成圣洁之花，以莲喻佛，象征菩萨在生死烦恼中出生，而不为生死烦恼干扰，并渐渐将其融入到营城思想中。

佛经中把佛教圣花称为"莲花"，把佛国称为"莲界"，对应三千世界。

文化形态

东胜神州　切利天　南瞻部洲　净土
　　　　　　　　　　切利天
　　　　　　　　　　日月星辰
　　　　　　　　　　四天王
北俱芦洲　西牛贺洲
　　　　　　　　　　四轮

藏族认为在佛国教化遍及时，一切将展现出和平、宁静、安详的理想形态。通过赋予古城大千世界的组织形态，强化独克宗藏族独特文化，提取其精神中的普适元素，最终实现不同人群精神上的共鸣，实现**多元共生**。

空间改造效果

宗教空间

古城原有宗教空间呈散点状分布于古城各重要公共流点，相互间缺乏串联性。

改造后，通过加入风马旗、转经筒等**藏传佛教元素**，结合空间整治，将宗教空间由点及线、由线及面进行拓展，在满足本地藏民礼佛需求的同时，为外来居民和游客提供丰富的藏文化体验空间。

商业空间

古城原有商业空间主要分布于各街巷沿街面，业态类型单一，空间连续性弱，地方特色流失严重。

改造后，通过打造特色生活、生产空间，复兴古城**传统生活和工艺**，积极发展文化体验与物质贸易相结合的藏族特色商业。

入口空间

古城入口空间组织薄弱，缺乏进入感和标志性，对古城空间引导不利。

改造后，通过打造八处传统藏**族入口门楼**，恢复局部古城城墙，强化入口区的形象树立和空间引导功能，突显古城藏族文化特色。

集会空间

传统集市衰退使一些集会空间已失去其本来功能，成为简单交通空间。

改造后，通过引入不同**文化主题和空间景观**，吸引本地居民和外来居民、游客聚集、交流和参与传统活动，形成新的活力点。

鸟瞰效果图

设计说明

藏规划分析重建独克宗古城形态和历史文脉，以保留和修复为基础，植入藏传佛教"大千世界"理念，并规划通过雨燃、重点、示范三处考虑，重点解决传统文化保护与开发这一主要矛盾，重建古城文化景观，塑造古城内核，实现独克宗古城灾后复生，和人群精神相生，和古城精神的永生

老屋"红"巷 话时光 ——黄山祁门县城祁山街区城市设计

学生：陈武烈、李曼　　指导教师：杨新刚、肖铁桥、于晓淦、汪勇政

区位分析与上位规划解读

区位分析 Location

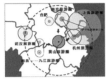

黄山市是我国目前唯一拥有两处世界遗产地的地级市。处于多个旅游圈之间的经济文化交流枢纽大大提高核心地位。各旅游圈之间的经济文化交流将大大量黄山旅游圈在华中地区乃至全国的影响范围。

黄山市位于安徽省最南端皖赣三省结合部，随着我省立体交通网络的逐步建立，黄山将与华东、华中主要城市形成1小时至两小时交通圈。这将进一步刺激短途旅游市场。

祁门位于黄山市城区范围。西距庐山290千米，东北距黄九华山210千米、东北黄山（景区）90千米。地处连接东部旅游圈和西部旅游圈的黄金通道上。祁门旅游系统是"两山一潭"旅游系统的重要组成部分，是黄山旅游的副中心。

地块位于祁门县老城区境内。市中心的东北角，北起邮山路，南至新兴中路，西则祁山公园，东至祁江北路，规划13.1公顷。区内地大部分均为居住用地。存在具有历史意义的历史建筑。是祁门县重要的文化体验旅游区。

上位规划 Master Planning

《黄山市城市总体规划》（2008-2030）规划构成"一群二片两轴"的城镇体系空间结构。
"一群"——黄山南部城镇群
"二片"——环黄山城镇密集区、世界文化遗产地城镇密集区
"两轴"——东西向、南北向两条城镇发展轴

祁门县域内的祁门镇是世界文化遗产地城镇密集区的重要节点。同时祁门县境内的合铜黄高速公路是南北向城镇发展轴。

《祁门县县城总体规划》（2009-2030）
该规划以构建黄山市城市中心为目标，积极推广"祁红"品牌，构建地以山区资源加工和休闲服务为主导的生态型城市。同时打造山水田园城市、以徽派文化为主导的自由型山地城市风貌形象。

祁山东街作为旧城风貌区，应主要反映城市形态的历史演变，合理保护旧城发展。在旧城更新中保护好文物，保持城市旧有的格局，整治沿街立面，延续城市建设与高层建筑，延续城市建筑文脉，保持城市传统景观特色。

城市特色分析

地域特色 Geographical Features

1 建筑特色
徽派建筑集徽州山川风景之灵气，融风俗文化之精华，风格独特，结构严谨且雕刻精湛，具有充分的地方特色以以居民、祠堂和牌坊最为典型，被称为"徽州古建三绝"。典型建筑代表"四水归堂"。

2 民俗文化特色
徽州古戏的民间音乐、等传统戏曲形式代表了徽州文化的艺术成就，傩戏木雕作品更是在全国享有名义。

3 历史名人特色
曾国藩行辕位于祁门县城敦仁里一条深窄的巷弄中，当地人称之为"洪家大屋"，研究徽派建筑的布局和典型特征，创造许多现代生活和时代特征的新的建筑形式。

4 徽商文化特色
徽商作为一个体体文化素质较高的商帮，是古徽州区域的文化呈现，留下了宝贵的物质和精神财富，同时形成了一种徽商精神，树立了一带徽商的形象。

5 祁红文化特色
祁门红茶香气清鲜持久，掌声盛誉，香名远播，又称"群芳最"。相关经典名名：一起成名只为茶，悦来客喜晨茶香。

基地现状调研

基地特征分析 Characteristics

居住 = 拥挤 + 脏乱 + 低层次
拥挤：道路等级低 建筑密度大
脏乱：卫生环境差 建筑形式和结构杂乱
低层次：设施缺乏 制度不完善 城市安全硬件空白

商业 = 规模小 + 冷清 + 低档次
规模小：基地沿路分布 小型商业店面
冷清：商业主要服务县居民
低档次：出售商品杂货里多

老屋 = 历史 + 破败 + 被侵蚀
历史：洪家大屋，燕舍
破败：历史建筑残破 徽州文化散失
被侵蚀：遗留具有历史年代建筑 得不到有效保护和修缮 人为侵占破坏严重

产业 = 品牌 + 衰败 + 利用
品牌：祁红声誉远扬海外 你们祁红红世界有名—邓小平
衰败：产业链断缺 旅游产业开发不足
利用：阊江等自然景观 历史文化传承展现 祁红品牌振兴

图例

基地现状分析 Current situation

现状肌理　用地性质　建筑年代　建筑质量　现状交通　建筑高度

人口与产业 Population and industry

经济产业分析

第一产业	农业 agricultural	林业 forestry	畜牧业 Animal husbandry
第二产业	工业 industry	建筑业 building industry	制造业 manufacturing
第三产业	旅游业 tourism	餐饮业 restaurant	交通运输 transportation	服务业 services

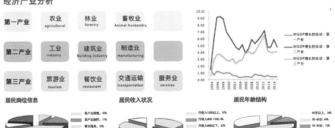

居民岗位信息　居民收入状况　居民年龄结构

安其居
新徽派住宅体现生活发展需求
现代化高品质的住宅、完善的配套服务，打造当代精致生活。

聚其业
创意产业注入体现产业发展需求
融传统、现代、创新产业与地块中，丰富产业结构，增强活力。

乐其俗
地域特色体现文化发展需求
将特色地域文化落实到建筑形态和行为活动中，突出创意主题。

融其绿
自然景观渗透体现生态发展需求
文物保护单位和滨水空间的渗透，符合"环境友好"的时代主题。

问题与对策 Problem and countermeasure

文脉
徽文化的传承不足，历史遗迹分散无保护
对当地的历史文化进行梳理和提炼，并将其激活，将各个历史遗迹进行连通，并与周围建筑进行连通。

建筑
密度高，徽派建筑风格未得到延续
降低基地范围内的建筑密度，提炼徽派建筑的布局和典型特征，创造许多现代生活和时代特征的新的建筑形式。

空间
传统街巷空间、院落空间被破坏
将街巷空间进行梳理和整治，并在现有街巷空间打造新的街巷空间，串联起各个不同的空间节点。

滨水
开放度高，亲水性不足，景观缺乏
沿阊江河两岸，增加公共开放空间节点，打造亲水平台，增加水的活力，丰富滨水区活力，打造适宜人们活动的场所。

功能
活力点不足，产业形式单一
在原有活力点的基础上注入新的活力点，同时将各个功能节点进行连接。实现功能产业的多元复合。

SWOT分析

优势分析 Strengths
1.区位优势：基地滨临阊江，有滨水风景带来得天独厚的自然条件。
2.资源优势：具有深厚历史文化资源和商业氛围。
3.开发潜力优势：地块内多为破旧民房，开发难度小，可发展空间大。

劣势分析 Weaknesses
1.现状杂乱：基地内部建筑的性质不明，交通混乱。
2.传统特色缺失：原有传统在延续不到重视，急需保留和打造城市特色化。
3.空间利用率低：基地现有大量空间利用不足，缺乏公共空间。

机遇分析 Opportunitise
1.机遇Ⅰ：作为城市的中心，良好的城市形象需是城市为一大手段。
2.机遇Ⅱ：人民思想越来越注重精神上的享受，更加利于对历史建筑和非物质文化的保护。
3.机遇Ⅲ：祁门县作为构建黄山市旅游游次中心。

挑战分析 Threats
1.挑战Ⅰ：城市中大量居民迁移住房问题与城市向改造成为一大矛盾。
2.挑战Ⅱ：如何承接祁红的发展以及地区文化特色与地域融合。
3.挑战Ⅲ：城市的活力在于如何营造地块空间特色并建立具有活力的公共活动空间。

城市设计框架

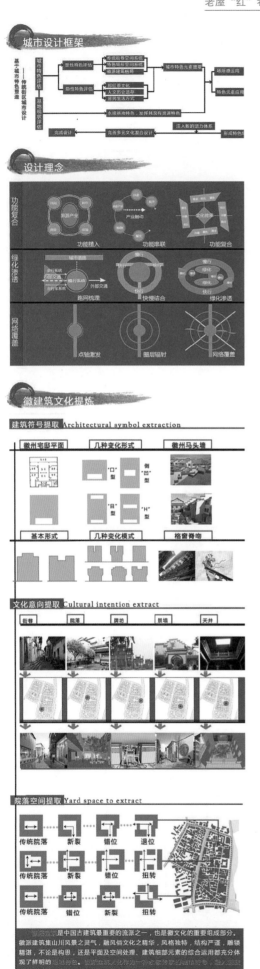

设计理念

徽建筑文化提炼

建筑符号提取 Architectural symbol extraction

文化意向提取 Cultural intention extract

院落空间提取 Yard space to extract

规划目标定位

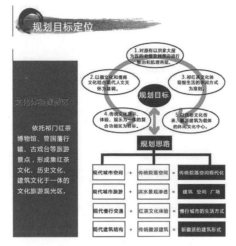

整治改造 Regulation reform

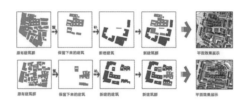

滨水策略 Waterfront strategy

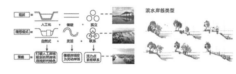

游览路线分析

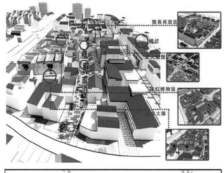

文化历史线：
保护曾国藩行辕等历史建筑，对其进行保护和再利用，充分尊重历史遗迹，并将其打造成为该片区的历史凝聚点，成为该地块的历史凝聚点，成为地块源泉，吸引人流，激活街区活力。

圆河人家美食游线：
沿阊河布置私园式特色酒家与祁门小吃体验馆，发扬祁门食文化，将该区域打造成集民间同对结合茶文化，打造慢节奏的生活方式。

场景再现游线：
沿主轴线打造心衍，再现历史繁荣街景象，设计西区打造创意工坊，结合茶艺、茶工艺展示，并将重要历史事件进行情景再现，打造具有祁门本土特色的古镇文化与现代产业。

地块保持各自主要功能主体与其附属功能整合

更新策略

实施策略 Implementation strategy

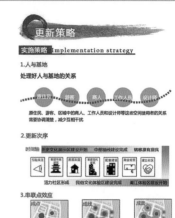

老屋发展策略 Cultural relics

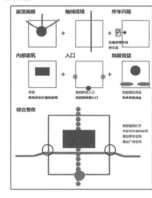

旅游策略 Tourism strategy

地块内独特的徽文化和茶文化是这里的品牌和城市的名片，如何将其共生、融合并且展示出来是我们思考的重点，设计通过功能的整合，将文化融体验、休闲中去，将旅游产业与文化产业融合，通过这种融合，展示当地文化的同时，体现城市特色风貌。

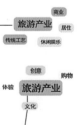

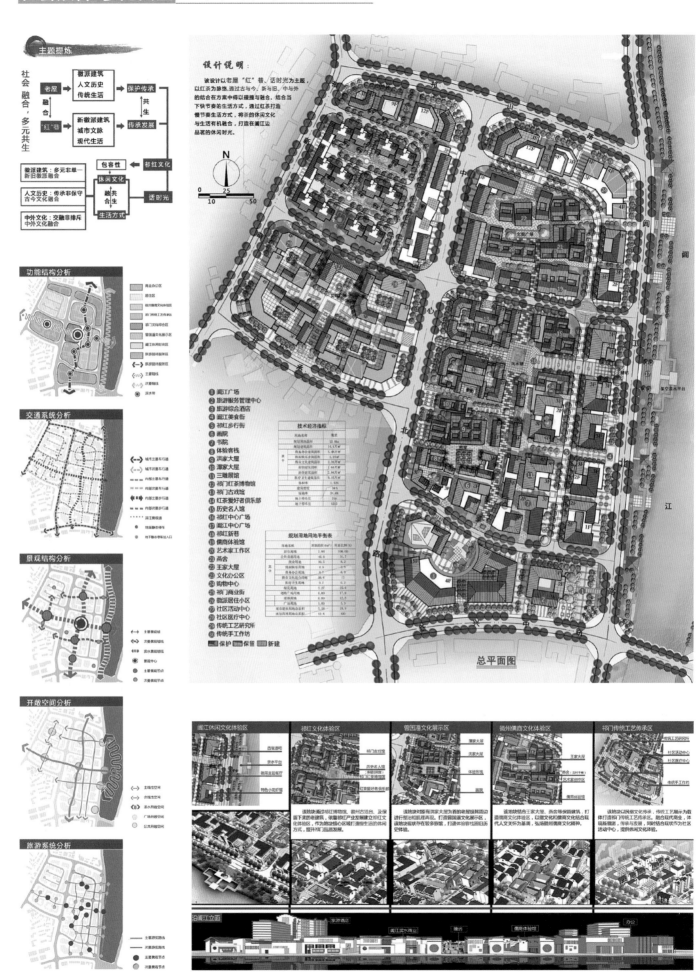

主题提炼

社会融合，多元共生

设计说明：

该设计以老屋"红"巷、话时光为主题，以红茶为脉络，通过古与今、新与旧、中与外的结合在方案中得以碰撞与融合。结合当下快节奏的生活方式，通过红茶打造慢节奏生活方式，将茶的休闲文化与生活有机融合，打造在闽江边品茗的休闲时光。

功能结构分析

交通系统分析

景观结构分析

开敞空间分析

旅游系统分析

① 闽江广场
② 旅游服务管理中心
③ 旅游综合酒店
④ 闽江美食街
⑤ 祁红步行街
⑥ 画院
⑦ 书院
⑧ 体验客栈
⑨ 洪家大屋
⑩ 潭家大屋
⑪ 三融展馆
⑫ 祁门红茶博物馆
⑬ 祁门古戏馆
⑭ 红茶爱好者俱乐部
⑮ 历史名人馆
⑯ 祁红中心广场
⑰ 闽江中心广场
⑱ 祁门新巷
⑲ 儒商体验馆
⑳ 艺术家工作区
㉑ 燕舍
㉒ 王家大屋
㉓ 文化办公区
㉔ 购物中心
㉕ 祁门商业街
㉖ 徽派居住小区
㉗ 社区活动中心
㉘ 社区医疗中心
㉙ 传统工艺研究所
㉚ 传统手工坊

技术经济指标

规划用地平衡表

总平面图

闽江休闲文化体验区 | 祁红文化体验区 | 雪国潘文化展示区 | 徽州儒商文化体验区 | 祁门传统工艺传承区

沿闽江立面

旅游策划

主轴空间序列 The spindle space

[儒商徽梦]

儒商墨客寻源游：

建立儒商文化展览馆、艺术家创作区，及整治民居；以徽商文化为主题，推出系列体验徽商文化体验民俗风情产品；打造多功能的"徽商寻梦"体验区等。

[目连摇篮]

目连戏艺术体验游：

建立以目连戏为主的祁门古戏馆；适时建设目连戏艺术博物馆；结合徽州文化艺术节等节庆活动，营造戏曲文化氛围；邀请戏曲界专家、学者前来考察、旅游。

[飘香祁红]

百年祁红体验游：

建立祁红博物馆，弘扬祁红文化，发展茶乡农家乐，体验茶乡风俗；开发茶厂工业旅游；举办如"祁红文化节等"节庆活动。

[承恩故事]

百年战场体验游：

承恩堂这一组建筑，人称"洪家大屋"，以洪家大屋为首老屋打造曾国藩文化体验区，作为曾经战场指挥应，展示祁门兴衰变化，同时展示徽州民居三雕艺术，打造祁门名片。

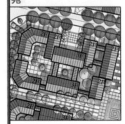

身临"祁"境

秀出"茗"门

特色空间分析 Spatial analysis

街

巷

院

苑

街巷的更新与设计

1．拓宽部分街道地段，满足车行的要求，并设置广场、配以绿化。

2．保留现状的部分建筑，增加现代空间建筑形式，创造出新的街巷空间形式。

巷道的整治与连接

1．改造现状的巷道，提高其可达性；

2．设计新的巷道，解决主要交通的人流集散问题；

3．巷道之间互为联系、有机，并提高巷道的绿化率。

院落的延续与重组

1．改造现状院落，拓宽其中庭规模，提高住户的住宅面积。

2．基于现状建筑的组合情况，将部分围合的建筑改造为院落，使其成为独立的居住单元，并提高院落的绿化率。

庭院的引入与设计

1．整治现状场地中绿化空间，增加其体系感，使其具备传统庭院的空间实质。

2．组团中的庭园设置便于丰富组团中的空间趣味性，也使组团的围合感得以削弱。

设计导则 Design ordinance

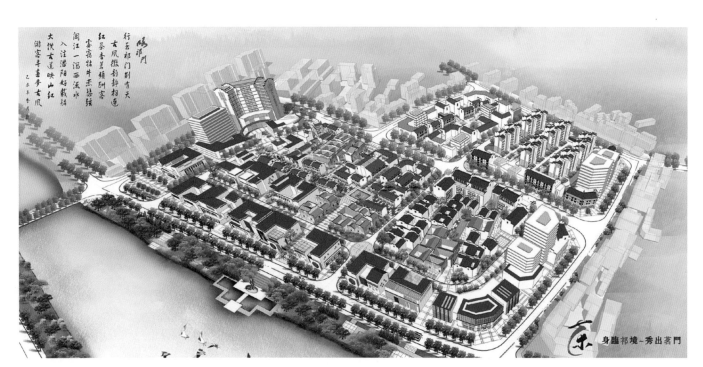

身临祁境～秀出茗門

"突围"之计 "创微"之机 **微+围城** 寿县古城南门历史地段城市设计

学生：吴军、张秀鹏　指导教师：杨新刚、肖铁桥、于晓淦、杨婷

围城心态

"城外的人想进去，城里的人想出来。"
原住民要拆迁，专业人员要保护；
政府要资源调控，开发部门要经济发展；
原住民要完善设施，机关单位要搬出。
······

区域位置分析

1. 寿昌印象

寿县是国家第二批历史文化名城，楚文化故乡，中国豆腐的发祥地，淝水之战古战场，有"地下博物馆"之称。古城位于淮河南岸，四面环水，北与八公山隔淝水相望。

2. 现状发展概述

拆旧仿古，对历史传统保护不力。基础设施建设滞后，生活条件急待改善。新区建设，老城面临人口产业疏解。
——"想出去"

楚国故都，沿淮文化窗。八公拥翠，淝水绕城，山水城格局鲜明。新桥机场，京沪高铁毗邻，交通便利。
——"想进来"

3. 基地区位关系

基地主体位于老城十字大街中心西南侧，内部历史遗存较丰富，传统街巷格局保存完好，功能环境综合较好。在寿县新一轮的古城控规中，将该片区定义为传统文化体验区。

地域文化特色

1. 楚风遗韵 2. 历史遗址 3. 民俗工艺 4. 名人典故 5. 自然风光

相关案例借鉴

1. 国内古城保护开发案例

通过对平遥、凤凰、荆州、丽江等国内历史文化名城的发展分析，总结出如下经验：
1、保护是古城发展的基本出发点，传承价值是古城保护核心；
2、延续传统文化，复兴社区，为历史街区注入活力是古城发展的最终目的；
3、适宜的设施改造是古城发展的基本需求，切合于原有肌理的渐更新建设也是有利于古城价值传承保护的方式；
4、古城保护需循序渐进，快速建设、急于求成极易造成负面效果。

2. 国外古城更新保护案例——巴塞罗那古城

① 老城区的新生：针对治安状况、公共设施建设滞后的情况，划定了城市全面改造区域，较早的设置了一个统一的管理机构。

② 针对每个住户定制方案：不会强制性的让居民离开自己生活的街区，而是妥善安置到过渡两栋政府过好的房子单居住，重新装修。

③ 历史建筑分类对待：明确标出了保护的等级。A级保护其原真性不变。而D级可以改造，但必须要保留很详细的记录。

④ 工业遗址的再利用：改造必须保留历史元素反映该地的活力和新的生命。

上位规划解读

《寿县老城区控制性详细规划》
外迁行政中心，形成以居住和旅游功能为主的城市片区；疏解人口，保护古城，发展旅游。

《寿县历史文化名城保护规划》
古城墙100M范围内建筑限高8M；划定留犊祠巷一状元街历史保护街区并规明确建设控制要求

基地周边关系

SITE 28.7ha

十字大街作为寿县古城整体格局的骨架，聚集着古城内最主要的商业、文化，行政办公服务以及大量历史遗迹等，是古城的核心空间所在。同时，古城南门历史街区的出入口所在——遗迹门（南大门），对于感受古城形象至关重要。

现状综合分析

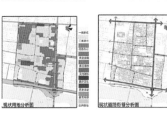 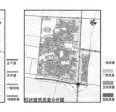 

现状用地分析图　现状道路街巷分析图　现状建筑质量分析图　文物古迹分布图

基地要素分析

问题1

环境，历史，产业，交通，设施，发展，保护，旅游，复兴……各种优势与问题同样错综复杂。我们看似解读到了"城里人想出去，城外人想进来"内涵。然而，解决问题的思路在哪？

发展 经济 宜居

问题2

政府调控社会，经济，生态协调发展？开发部门谋求经济效益最大化？当地居民希望改善生活环境，完善配套服务？

1. 寿县博物馆　2. 真学　3. 清真寺　4. 留犊祠巷　5. 魁台子建筑群　6. 通淝门

 1 用地功能混杂，急需整合
地段内现状用地以居住功能为主，但夹杂着商业、工业用地夹杂其中，造成功能上的相互干扰。

 2 交通体系性差，急需管控
地段内现有的交通体系以无法满足现代化的需求，造成机动化人量占据街巷空间，滞后的管制措施也加剧了内部交通的混乱状况。

 3 文物古迹破败，急需保护
地段内现存大量古建筑群等古迹遗址，如清真寺、八角第建筑群、东十房建筑群等。但现状却已破败不堪，早已失去了应有的功能作用，有的在现实中已难寻踪迹。

 4 公共设施匮乏，急需增补
地段作为古城商业中心和聚居片区，人口稠密，但相对应的基础设施和公共服务设施严重匮乏；设施匮乏，无法满足现代民生活和现代旅游文化需求。

 5 开放空间不足，急需拓展
密集的建设和无序的管理导致地段内空间过于拥挤，必要的绿色公共空间缺乏，无法满足原住民以及外来客空间体验需求。

 6 老龄化与民族融合问题急需关注
新区建设带来的青壮年人口外迁现象，加剧了古城内部的老龄化问题。关注老年人口的社会生活需求应放在重要位置。同时，该地段作为古城内回民聚居之地，三大宗教以及传统儒家思想在此碰撞。

主题概念解析

分析古城围城现状，融合微时代参与，互动，分享理念，以微+围技术提升地段的活力，实现多元要素和谐共生。

"围城"困境 ===> "微+"理念引入 ===> 突破"围城" ===> 融合共生

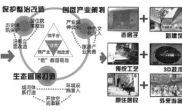

Step1:传统"围"护——传承历史，博弈精神

Step2:突破"围"城——提升活力，创"微"精神

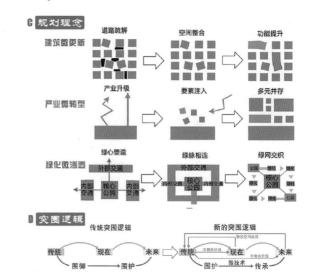

A 规划目标

发展定位：
安徽省特色旅游文化体验区
寿县古城门户形象展示区
寿县古城慢城生活核心区

发展目标：
以清真寺巷—围棋祠巷历史街区为核心，以楚风建筑风貌为特色，文化积淀深厚的传统文化体验区。
以慢城生活为导向，现代化公共服务，配套设施齐全的，现代化商业休闲生活街区。

B 功能定位

慢行生活
在保护本地居民的基础上，疏解人口，更新功能，提升古城品质。

产业配套
依托历史街巷，增加相应的服务配套，聚集商业人气，烘托商业氛围。

文化旅游
充分挖掘楚文化底蕴、山水古城的特色价值，改造慢风貌景观，举行文化活动，打造人文商区。

生态居住
塑造生态环境，植入公共绿地，延续街区绿脉，编织街区绿网。

C 规划理念

建筑微更新：道路疏解 → 空间整合 → 功能提升

产业微转型：产业升级 → 要素注入 → 多元并存

绿化微渗透：绿心塑造 → 绿脉相连 → 绿网交织

D 突围逻辑

传统突围逻辑：传统 → 现在 → 未来，围御 → 围护

新的突围逻辑：传统 → 现在 → 未来，围护 → 微技术 → 传承

突围计—产业微转型

原则一：创微产业转型，历史文化再现

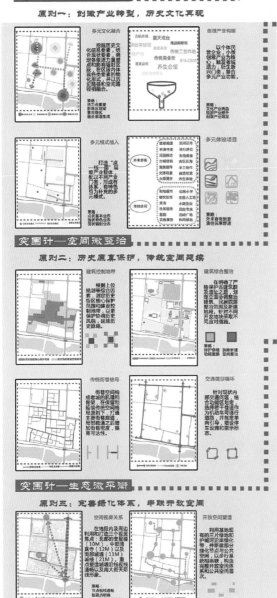

突围计—空间微整治

原则二：历史原真保护，传统空间延续

突围计—生态微平衡

原则三：完善绿化体系，串联开放空间

1.各级道路断面图

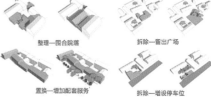

6M 3.6M 5M 3.6M 6M

5.7M 10.5M 6.5M 3.8M 6.3M 5.2M
次要巷道及院落尺度

12M 6.5M 13.5M 8.4M 8.4M
南大街街道尺度

15.7M 2.6M 12M 4M 10.6M
内环路街道尺度

2.民居院落空间重塑示意

整理—围合院落　　拆除—留出广场

置换—增加配套服务　　拆除—增设停车位

3.修配厂厂房改造示意

4.沿街建筑风貌整治示意

1.环古城带景观意向

游船码头
活动广场
亲水平台
自行车道
休闲步道

环古城带将打造沿古城墙及外侧，河道内侧一圈的生态休闲景观带，按照功能分为游船码头，活动广场，亲水平台，自行车道和休闲步道。

2.古城南段城河体系优化示意

现状问题
慢行系统单一
亲水性较弱
活动基础匮乏

更新策略
增设摆渡设施
立体联系
开辟亲水步道
打造游船码头
丰富植被类型

3.公共绿地优化意向

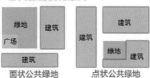

面状公共绿地　　点状公共绿地　　线状公共绿地

4.设施小品配置意向

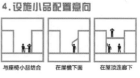

与座椅小品结合　　在屋檐下面　　在屋檐过廊下

方案特色

方案以梳理和延续传统街巷空间为设计脉络，力求构建历史文化资源，创造特色产业。公共开放空间以街巷为串联载体，在古城的原真肌理的前提下，完善各类服务配套，满足居民的现代生活需求；同时以古城镇为载体展示楚国故都风貌，促进对外旅游商业经济的发展，对外展现寿县古城的新气象。

（1）寿县古城内现存的见证空间与街巷街巷格局，文物建筑的历史见证性与原真性图护与传习；

（2）创微产业的引入、微空间的置入与微技术的应用，使老城焕发活力。

（3）现代生活的宜居与旅游文化的经营、游览相融合。

规划系统分析图

功能结构分析

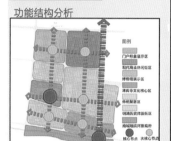

道路街巷系统分析

景观绿化系统分析

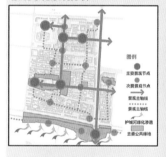

城市设计要素控制

建筑拆建分析

总平面图展示

经济技术指标

项目	数值
规划用地面积	28.7hm²
城规建筑面积	30.45hm²
居住建筑面积	14.25hm²
行政办公建筑面积	30.45hm²
商业建筑面积	6457m²
文化活动建筑面积	12995m²
教育科研建筑面积	8164m²
医疗卫生建筑面积	1420m²
文物古迹建筑面积	8586m²
综合容积率	1.06
建筑密度	41.8%
绿化率	31.5%
地上停车位	188个
地下停车位	

规划用地构成表

用地性质	面积	比例
居住用地	4.23hm²	14.74%
公共管理与公共服务用地	15.59hm²	54.32%
其中 行政办公用地	1.01hm²	3.52%
文化设施用地	3.52hm²	12.26%
教育科研用地	2.52hm²	8.78%
医疗卫生用地	1.42hm²	4.95%
文物古迹用地	1.12hm²	3.90%
商业服务业设施用地	3.24hm²	11.30%
道路及交通设施用地	1.52hm²	5.30%
城市道路用地		
公用设施用地	0.56hm²	1.95%
绿地与广场用地	9.56hm²	33.10%
其中 城市建设用地	7.84hm²	26.80%
城市建设用地	28.7hm²	100%

图例：① 滨河公园 ② 农家坊 ③ 楚风特色小吃街 ■ 历史建筑
② 旅游接待 ⑩ 高档酒馆 ⑭ 楚都精品商业街 ■ 保留建筑
③ 清真寺街 ⑪ 名丰农庄 ⑮ 楚都大剧院 ■ 一般建筑
④ 寿州土特产街 ⑫ 清真主题公园 ⑯ 八公山豆腐制作工坊
⑤ 消心客栈 ⑬ 淮南主养生会所 ⑰ 寿州精品古玩街

分层空间解析

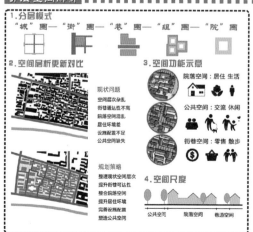

1.分层模式 "城"园—"街"园—"巷"园—"组"园—"院"园

2.空间层析更新对比

现状问题
空间层次杂乱
街巷道达性不高
院落空间混乱
居住环境差
设施配套不足
公共空间缺失

规划策略
整理建筑空间层次
提升街巷可达性
整合院落空间
提升居住环境
完善设施配套
塑造公共空间

3.空间功能示意
院落空间：居住 生活
公共空间：交流 休闲
街巷空间：零售 散步

4.空间尺度
公共空间 院落空间 巷道空间

过程草图展示

城之围
阶段一
依据分区策略
围护历史元素
梳理街主要道路
划分功能分区
联系开放空间

巷之围
阶段二
设计保护网址
深化街巷体系
细化功能组成
完善配套功能

院之围
阶段三
细化设计要素
完善步行节点
深化广场节点
撬融建筑元素
落实民屋整合

点之微
阶段四
量化指标内容
优化屋面形式
细化铺装节点
增加创微技术
进行图纸绘制

鸟瞰效果图

古城青巷觅回游
探源寻味老寿州
绿映楚都风雅
水影寿州人家

设计游线分析

1 活动流线分析

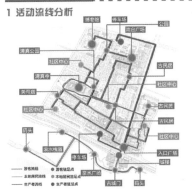

2 旅游路线规划

城市设计导则

1.楚风商业中心导则控制

2.南门入口商业导则控制

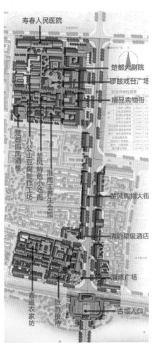

胡同趣哪儿

带动共享共生的长辛店历史地段城市设计

A URBAN DESIGN TO PROMOTE CHANG XINDIAN HISTORIC DISTRICT WHICH IS SHARED AND SYMBIOTIC

学生：王芳、杨青清　　指导教师：李翅、董晶晶、徐桐

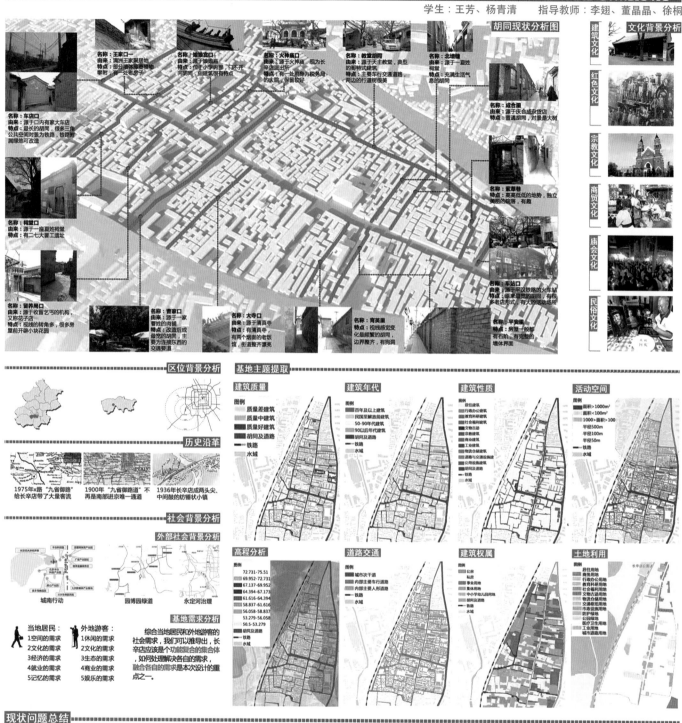

胡同现状分析图

文化背景分析
- 建筑文化
- 红色文化
- 宗教文化
- 商贸文化
- 庙会文化
- 民俗文化

名称：王家口一
由来：满州王家聚居地
特点：部分院落被拆除
要点：有一处老房子

名称：娘娘宫口
由来：源于波姆庙
特点：位于小学旁，打不开
同现状，但建筑很有特点

名称：火神庙口
由来：源于火神庙，现为长
辛店派出所
特点：有一处原为税务局
的水院，保留较好

名称：教堂胡同
由来：源于天主教堂，典型
的哥特式建筑
特点：主要车行交通道路，
两边的行道树很美

名称：北墙缝
由来：源于一因姓
特点：充满生活气
息的胡同

名称：咸合星
由来：源于侠合成杂货店
特点：普通胡同，对景是大树

名称：车店口
由来：源于口内有家大车店
特点：最长的胡同，很多三角
公共空间对景为铁路，铁路对
周绿地可改造

名称：紫草巷
特点：高高低低的地势，独立
美丽的轮廓，有趣

名称：祠堂口
由来：源于一座夏姓祠堂
特点：有二七大罢工遗址

名称：留养局口
由来：源于收留乞丐的机构，
又称石子店
特点：视线的转角多，很多房
屋前开辟小块花园

名称：曹家口
由来：源于一家曹姓的胡同
特点：改道后成
最宽的胡同，主
要为连接东西的
交通要道

名称：大寺口
特点：有清真寺
特点：有两侧御路
广场，街道整齐漂亮

名称：育英里
特点：视线感觉变
化最频繁的胡同，
边界整齐，有狗洞

名称：车站口
由来：源于京汉铁路的火车站
特点：京广平汉铁路的胡同，有很
多老店形式，有大的活动场所

名称：平安里
特点：房屋一般都
有石阶，有完整的
墙体界面

区位背景分析

历史沿革

1975年x路"九省御路"
给长辛店带了大量客流

1900年"九省御路道"不
再是南部进京唯一通道

1936年长辛店成两头尖、
中间鼓的纺锤状小镇

社会背景分析

外部社会背景分析

城南行动　　园博园绿道　　永定河治理

基地需求分析

当地居民：
1 空间的需求
2 文化的需求
3 经济的需求
4 就业的需求
5 记忆的需求

外地游客：
1 休闲的需求
2 文化的需求
3 生态的需求
4 商业的需求
5 娱乐的需求

综合当地居民和外地游客的
社会需求，我们可以推导出，长
辛店应该是个功能复合的集合体，
如何处理解决各自的需求，
融合各自的需求是本次设计的重
点之一。

基地主题提取

建筑质量
图例
- 质量差建筑
- 质量中建筑
- 质量好建筑
- 胡同及道路
- 铁路
- 水域

建筑年代
图例
- 百年以上建筑
- 民国至解放建筑
- 50-90年代建筑
- 90以后建筑
- 胡同及道路
- 铁路
- 水域

建筑性质
图例
- 居住建筑
- 行政办公建筑
- 教育科研建筑
- 社会福利建筑
- 文物建筑
- 商业建筑
- 工业建筑
- 宗教文化设施建筑
- 胡同及道路
- 铁路
- 水域

活动空间
图例
- 面积>1000m²
- 面积<100m²
- 1000>面积>100
- 半径500m
- 半径100m
- 半径50m
- 铁路
- 水域

高程分析
图例
- 72.731-75.51
- 69.952-72.731
- 67.137-69.952
- 64.394-67.173
- 61.616-64.394
- 58.837-61.616
- 56.058-58.837
- 53.279-56.058
- 50.5-53.279
- 胡同及道路
- 铁路
- 水域

道路交通
图例
- 城市次干道
- 内部车行道路
- 内部主要人形道路
- 铁路
- 水域

建筑权属
图例
- 公房
- 私房
- 直管公房
- 小学校及幼儿园用地
- 胡同及道路
- 铁路
- 水域

土地利用
图例
- 居住用地
- 商业用地
- 行政办公用地
- 社会福利用地
- 教育科研用地
- 中小学幼儿园用地
- 文物古迹用地
- 宗教文化设施用地
- 交通设施用地
- 市政设施用地
- 公园绿地
- 防护绿地
- 医疗卫生用地
- 工业用地
- 城市道路用地

现状问题总结

问题与矛盾

活动空间： 场地内公共活动空间严重不足，对于仅有的公共空间
的争抢易引发内部各人群间矛盾

道路交通： 场地内车行道、人行道区分不明显，街道被大量占据，
北部道路宽度较窄，易引发交通堵塞

功能单一： 场地内部商业以蔬果和日常用品为主，对具有地方特
色的饮食、工艺没有展示

文化遗失： 场地内老爷庙、娘娘宫等历史建筑没有得到保护，传
统的庙会等文化活动也没有得到传承，长辛店形象特色无法体现

优势与利用

区位条件： 北部承接园博城市骑行绿道；西部临近李家峪村、麦秀农场。
太子峪中华名枣博览园；东部临近永定河；南部紧靠北京房车博览中心

产业发展： 中关村科技园丰台分园西扩给长辛店的产业带来了一股东风，
对场地内部民俗文化产业的兴起起到了促进作用

自然景观： 场地内是小船状的独特地形；场地外，园博绿道、永定河风光、
铁路绿化；每一样都为场地的景观加分不少

老城特色： 鱼骨状的地形、各类特色胡同是长辛店最具代表性，最有历史
文化内涵的特点

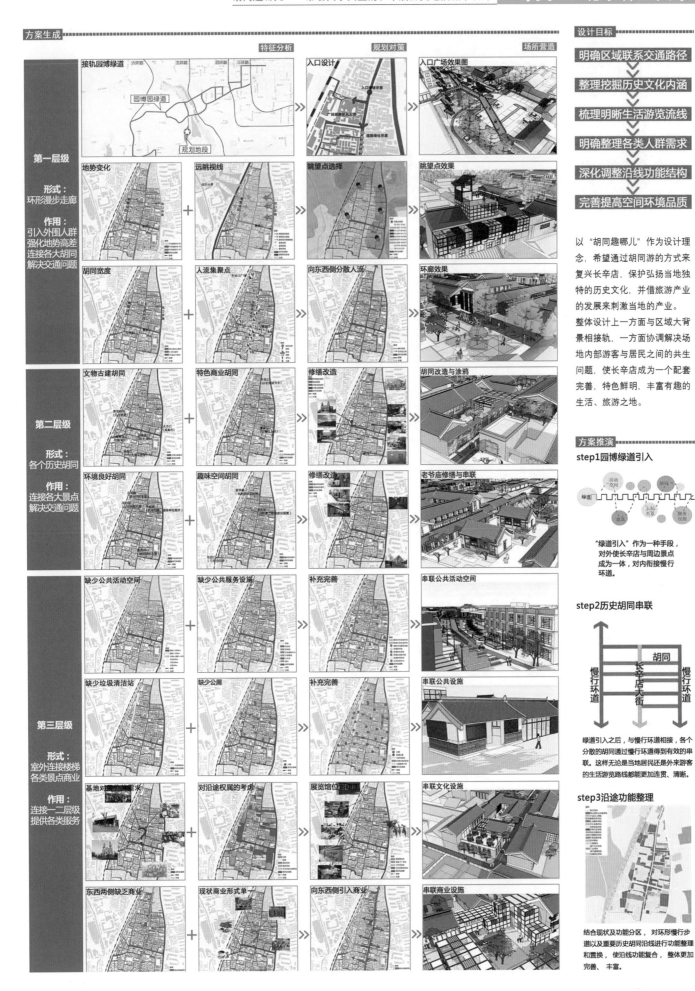

方案生成

| | 特征分析 | | 规划对策 | 场所营造 |

第一层级

形式：
环形漫步走廊

作用：
引入外围人群
强化地势高差
连接各大胡同
解决交通问题

接轨园博绿道 / 地势变化 / 远眺视线 / 眺望点选择 / 眺望点效果

胡同宽度 / 人流集聚点 / 向东西侧分散人流 / 环廊效果

入口设计 / 入口广场效果图

第二层级

形式：
各个历史胡同

作用：
连接各大景点
解决交通问题

文物古建胡同 / 特色商业胡同 / 修缮改造 / 胡同改造与涂鸦

环境良好胡同 / 趣味空间胡同 / 修缮改造 / 老爷庙修缮与串联

第三层级

形式：
室外连接楼梯
各类景点商业

作用：
连接一二层级
提供各类服务

缺少公共活动空间 / 缺少公共服务设施 / 补充完善 / 串联公共活动空间

缺少垃圾清洁站 / 缺少公厕 / 补充完善 / 串联公共设施

基地对外的考虑 / 对沿途权属的考虑 / 展览馆位置确定 / 串联文化设施

东西两侧缺乏商业 / 现状商业形式单一 / 向东西侧引入商业 / 串联商业设施

设计目标

明确区域联系交通路径

整理挖掘历史文化内涵

梳理明晰生活游览流线

明确整理各类人群需求

深化调整沿线功能结构

完善提高空间环境品质

以"胡同趣哪儿"作为设计理念，希望通过胡同游的方式来复兴长辛店，保护弘扬当地独特的历史文化，并借旅游产业的发展来刺激当地的产业。整体设计上一方面与区域大背景相接轨，一方面协调解决场地内部游客与居民之间的共生问题，使长辛店成为一个配套完善，特色鲜明，丰富有趣的生活、旅游之地。

方案推演

step1 园博绿道引入

"绿道引入"作为一种手段，对外使长辛店与周边景点成为一体，对内衔接慢行环道。

step2 历史胡同串联

绿道引入之后，与慢行环道相接，各个分散的胡同通过慢行环道得到有效的串联。这样无论是当地居民还是外来游客的生活游览路线都能更加连贯、清晰。

step3 沿途功能整理

结合现状及功能分区，对环形慢行步道以及重要历史胡同沿线进行功能整理和置换，使沿线功能复合，整体更加完善、丰富。

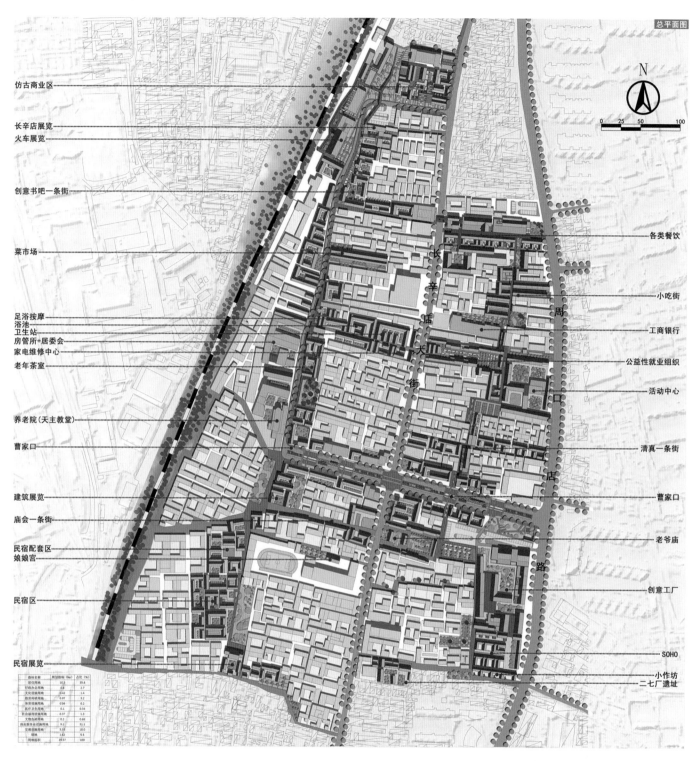

总平面图

仿古商业区

长辛店展览

火车展览

创意书吧一条街

菜市场

足浴按摩
浴池
卫生站
房管所居委会
家电维修中心

老年茶室

养老院（天主教堂）

曹家口

建筑展览

庙会一条街

民宿配套区
娘娘宫

民宿区

民宿展览

各类餐饮

小吃街

工商银行

公益性就业组织

活动中心

清真一条街

曹家口

老爷庙

创意工厂

SOHO

小作坊

二七厂遗址

N

0 25 50 100

便捷的交通体系

复合的步行体系

多元的胡同功能

多元的场所体验

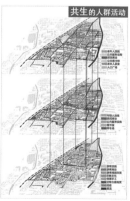

共生的人群活动

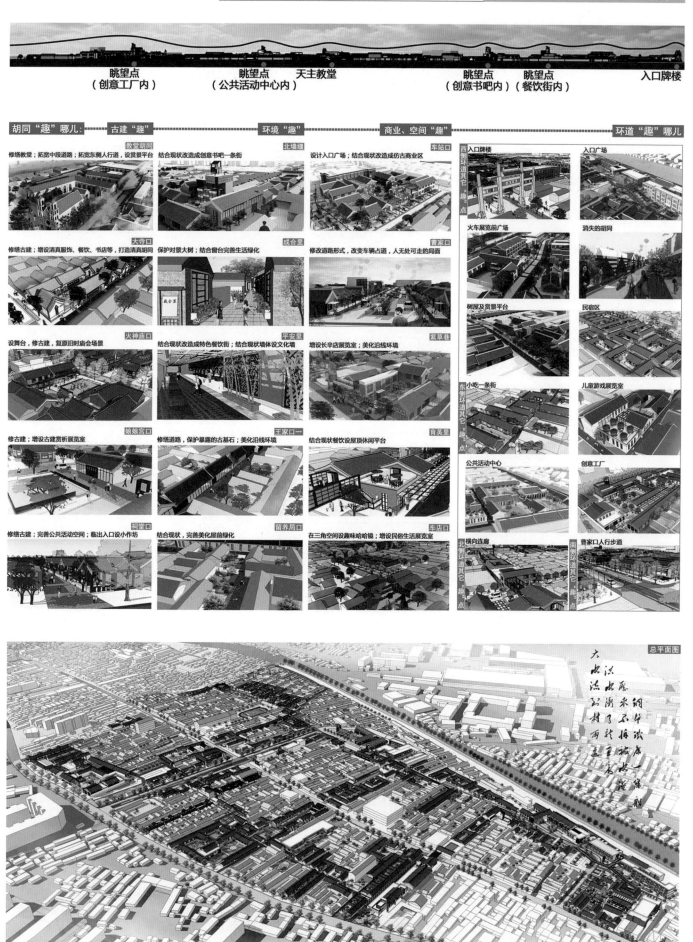

眺望点（创意工厂内）　眺望点（公共活动中心内）　天主教堂　眺望点（创意书吧内）　眺望点（餐饮街内）　入口牌楼

胡同"趣"哪儿：　古建"趣"　环境"趣"　商业、空间"趣"　环道"趣"哪儿

教堂胡同
修缮教堂；拓宽中段道路；拓宽东侧人行道，设赏景平台

北墙缝
结合现状改造成创意书吧一条街

车站口
设计入口广场；结合现状改造成仿古商业区

西侧环道其它"趣"点　入口牌楼

入口广场

大寺口
修缮古建；增设清真服饰、餐饮、书店等，打造清真胡同

成合里
保护对景大树；结合窗台完善生活绿化

曹家口
修改道路形式，改变车辆占道，人无处可走的局面

火车展览前广场

消失的胡同

火神庙口
设舞台，修古建，复原旧时庙会场景

平安里
结合现状改造成特色餐饮街；结合现状墙体设文化墙

张草巷
增设长辛店展览室；美化沿线环境

树屋及赏景平台

民宿区

娘娘宫口
修古建；增设古建赏析展览室

王家口一
修缮道路，保护暴露的古基石；美化沿线环境

菁英里
结合现状餐饮设屋顶休闲平台

东侧环道其它"趣"点　小吃一条街

儿童游戏展览室

祠堂口
修缮古建；完善公共活动空间；临出入口设小作坊

留养局口
结合现状，完善美化屋前绿化

车店口
在三角空间设趣味哈哈镜；增设民俗生活展览室

公共活动中心

创意工厂

北侧环道其它"趣"点　横向连廊

曹家口人行步道

南侧环道其它"趣"点

总平面图

街·巷·院
Street · Lane · Courtyard

福州市上下杭传统风貌街区城市设计
ShangXiaHang Traditional Style Blocks of Urban Design in FuZhou

学生：郑青青、王瑜　　指导教师：龚海刚、杨芙蓉、黄莉芸

区位环境分析

区位概况

建筑风貌分析

周边环境

文化环境

交通环境

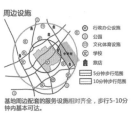
周边设施

商业区位

建筑层数分析

上下杭位于福州城市发展轴保护范围内，拥有浓厚的历史文化底蕴，特有的是商会文化及市井民俗。

上下杭位于福州市中心区，其基地周边交通便利，可达性较好，周边公交线路较齐全。

基地周边配套的服务设施相对齐全，步行5-10分钟内基本可达。

基地周边有中亭街、万宝商业圈，与万达商业圈隔江相望，商业氛围良好。

街巷院现状分析

综合现状分析

建筑年代分析

保护要素分析

建筑质量分析

道路交通分析

高氏文昌阁　采峰别墅　建宁会馆　寿宁会馆　咸康药行　德发京果行　致远药行　福州商务总会旧址　罗氏民居　观音庵　南郡会馆　星安桥　张真君祖殿　永德会馆　陈文龙纪念馆　三通桥

文保单位
西洋立面建筑
传统大厝
过渡期民居　街
柴栏厝　巷
宗教建筑　开敞空间
厂房　周边建筑
现代建筑　水体
乱搭乱建　文保范围
已拆毁　规划范围

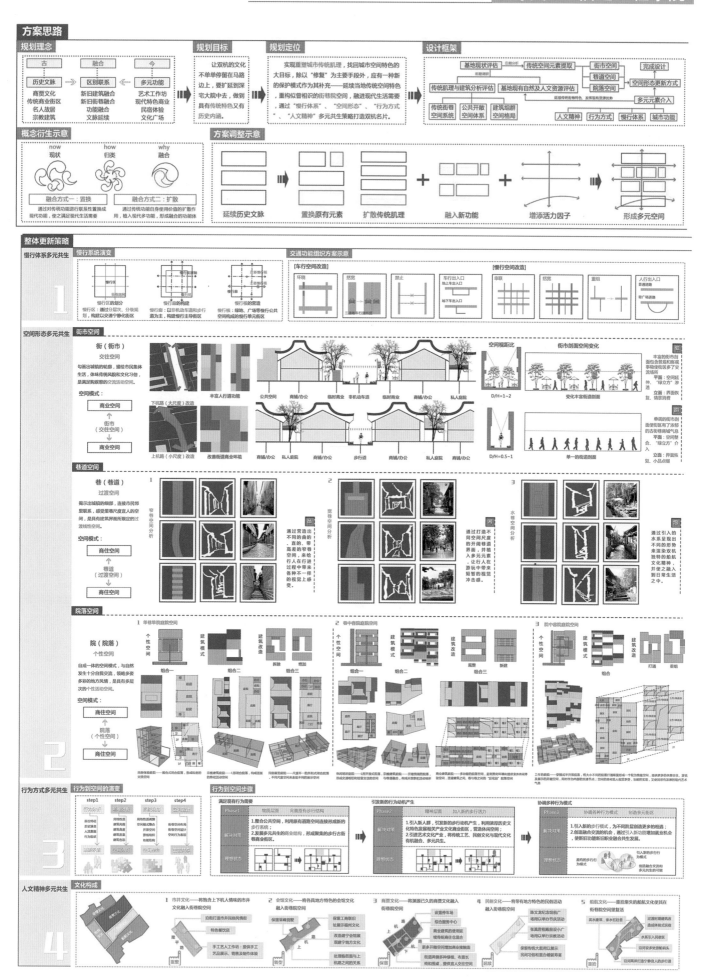

街巷院新生

总平面图

图例说明：
1 高氏文昌阁
2 艺术工作坊
3 建宁会馆
4 栖鸿斌故居
5 室外展览活动广场
6 福州商会旧址/八角亭
7 景观阁楼
8 硬质铺砖广场
9 周宁/寿宁会馆
10 传统商业街区
11 现代商业街区
12 南禹会馆
13 兴安会馆
14 创意酒店
15 旅游服务中心
16 停车场
17 餐饮/咖啡小驻街
18 罗氏绸缎庄
19 民俗工作坊
20 张真君祖庙
21 陈文龙纪念馆
22 滨水餐饮建筑
23 民宿体验区
24 滨水活动广场
25 观音庵
26 法师亭
27 永德会馆
28 艺术街
29 民宿活动中心
30 古榕树

图例
■ 保留建筑
■ 改建建筑
■ 新建建筑

经济技术指标
规划用地面积：17.1ha
建筑占地面积：9.17ha
规划建筑面积：22.05ha
新建建筑面积：7.80ha
改建建筑面积：12.25ha
保留建筑面积：2.00ha
容积率：1.29
建筑密度：0.53
绿化率：30.68%

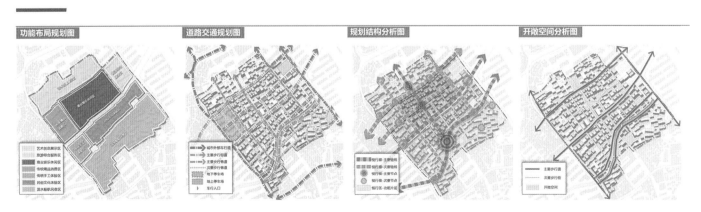

功能布局规划图　　道路交通规划图　　规划结构分析图　　开敞空间分析图

街巷院 "兴" 景象

节点大样

[滨水餐饮建筑] [室外艺术活动展览广场] [台江书院入口景观] [旅游服务中心人口] [滨水船航民宿体验点]

鸟瞰图

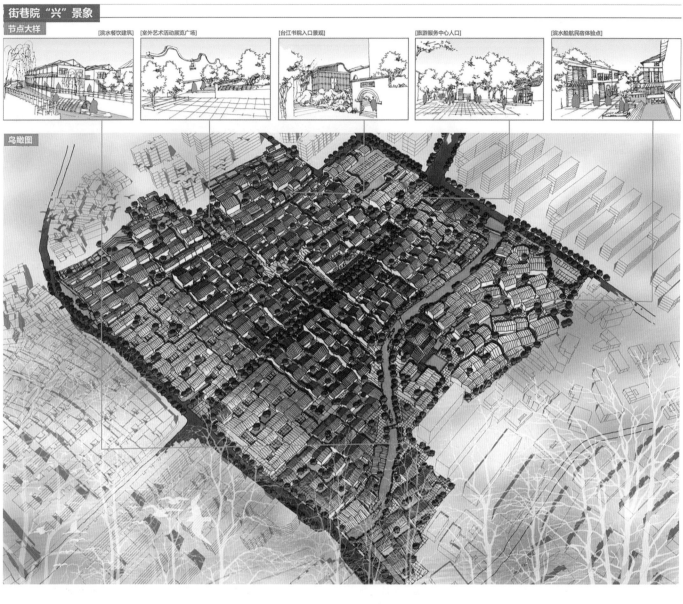

街巷院新景
下杭路节点放大

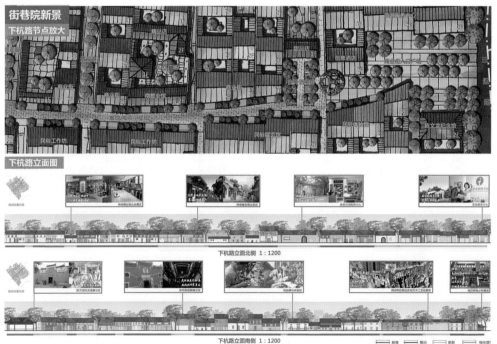

下杭路立面图

下杭路立面北侧 1:1200

下杭路立面南侧 1:1200

下杭路生活街景图

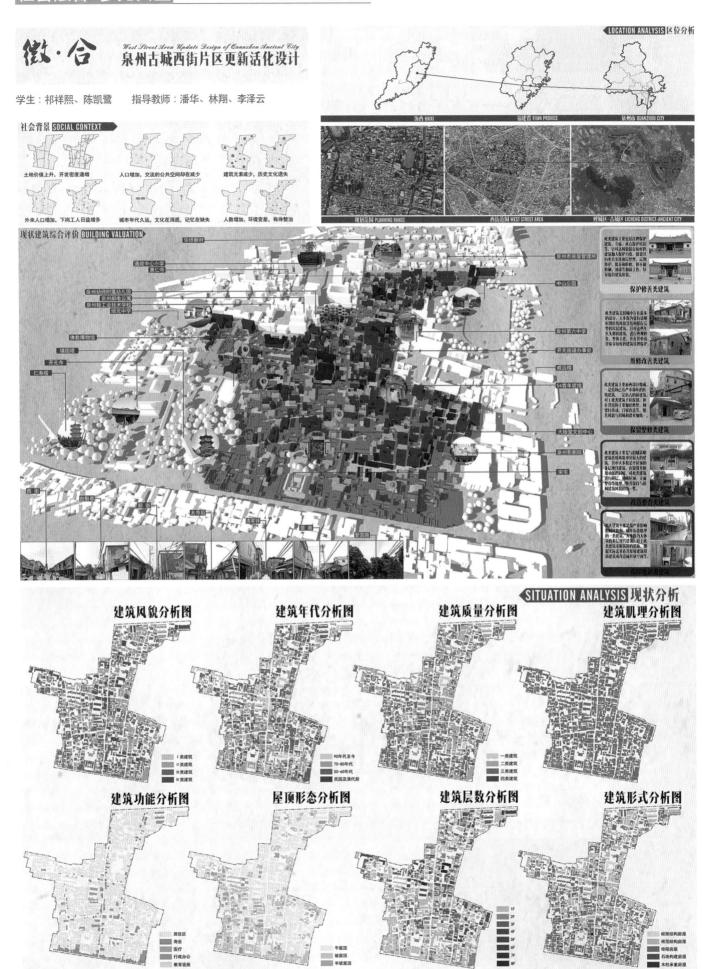

徽·合
West Street Area Update Design of Quanzhou Ancient City
泉州古城西街片区更新活化设计

学生：祁祥熙、陈凯鹭　　指导教师：潘华、林翔、李泽云

社会背景 SOCIAL CONTEXT

土地价值上升，开发密度递增

人口增加，交流的公共空间却在减少

建筑元素减少，历史文化遗失

外来人口增加，下岗工人日益增多

城市年代久远，文化在消逝，记忆在缺失

人数增加，环境变差，有待整治

LOCATION ANALYSIS 区位分析

海西 HAIXI　　福建省 FIJIAN PROVICE　　泉州市 QUANZHOU CITY

规划范围 PLANNING RANGE　　西街范围 WEST STREET AREA　　鲤城区-古城区 LICHENG DISTRICT-ANCIENT CITY

现状建筑综合评价 BUILDING VALUATION

保护修善类建筑

维修改善类建筑

保留整修类建筑

改造整合类建筑

拆除更新类建筑

SITUATION ANALYSIS 现状分析

建筑风貌分析图
- I 类建筑
- II 类建筑
- III 类建筑
- IV 类建筑

建筑年代分析图
- 90年代至今
- 70-80年代
- 50-60年代
- 民国及清代以前

建筑质量分析图
- 一类建筑
- 二类建筑
- 三类建筑
- 四类建筑

建筑肌理分析图

建筑功能分析图
- 居住区
- 商业
- 医疗
- 行政办公
- 教育设施

屋顶形态分析图
- 平屋顶
- 坡屋顶
- 半坡屋顶

建筑层数分析图
- 1F
- 2F
- 3F
- 4F
- 5F
- 6F
- 7F
- 8F

建筑形式分析图
- 框架结构房屋
- 砖混结构房屋
- 砖瓦房屋
- 石木构建房屋
- 木柱承重房屋

道路肌理分析图　　公服设施分布图　　绿地系统分析图

TODAY　相融共生 TOGETHER　HISTORY

现状问题 SITUATION PROBLEM

交通组织 Traffic Organization

片区功能 Regional Function

公共空间 Public Space

建筑现状 Building Status

街巷路较窄，路边有摊贩摆摊，电动车的穿行，巷子非常拥挤。道路上的公交车、私家车、电动车、人群全部混杂在一起，安全感低，交通秩序混乱。

小摊贩经常占据各种街巷空间，原本狭小的空间显得更加拥挤，片区内没有专门的活动场所和商业交易场所。

古城区内的城市空间缺少限定和秩序，空间品质不高，公共空间极少，仅存的开敞空间缺少联系，急需整合改造。

古城区内的建筑大多数年代久远，建筑质量较为老旧，部分建筑已为危房，急需集中整治治修缮。作为泉州古城中心区，建筑风格不够统一，急需整治。

数据研究 DATA RESEARCH

规划区人口构成　本地人口构成　现状功能构成　活动类型分析　活动年龄构成　居民出行方式

游客年龄层分析　游客来源分析　公共空间满意度调查　环境卫生满意度调查　居住质量满意度调查　活动内容满意度调查

活动研究 ACTIVITY RESEARCH

空间活跃度高　　　　空间活跃度低

6:00-8:00　　　11:00-13:00　　　16:00-18:00

POSITION&FUNCTION 定位及功能

规划定位 Planning Position

定位
以居住，文创产业，旅游配套产业为主的复合功能型历史文化街区。

解析
通过对西街片区的准确定位，确定合理的功能，实现功能单一向复合的转换。
以保护历史文化街区的理念指导更新改造，优化周边环境。对路网进行梳理，对原有建筑进行修复、改造与保护。
在对历史街区的完整性与保护性原则下，对部分建筑进行功能置换，引入新的功能，达到活化街区的作用。

规划功能 Planning Function

功能单一 Monotonic Function
现状功能主要以居住为主，以及少量的沿街商业。

功能植入 Function Implant
改变现有功能单一状态，植入新的理念和功能，引入文化创意产业与旅游配套服务产业等多重功能，使地块街区活化新生；

功能复合 Function Complex
多种功能综合交替发展，各种功能空间相互渗透，成为功能复合的核心点与联系点，成为历史街区的一个核心发展区；

居住功能 Residence
原有的居住区的优化整合，创造一个适宜的居住环境。

商务功能 Business
植入文化创意产业，引入文创办公与商业配套设施。

旅游服务配套功能 Tourism Service
对于老旧建筑进行改造或者重建，更新改为为旅游服务配套的旅馆、休闲，商业设施等；

文化功能 Culture
历史街区的定位使其具有文化传承的功能，对具有历史文化的建筑要进行保留与修缮，并对历史文化进行宣传。

社会微合 TINY&INTEGRATION

"微合"，又同"围合"。泉州古城西街片区是我国重点保护的历史街区之一，然而在现代社会，它也成为了与时代脱节的"围城"，既要保护，又要更新，这就如同微创手术一样，在微乎其微的地方动刀以达到最好的效果。对于西街来说，整治街道和建筑，释放开放空间就是最好的更新手段，这也是使古城活化，居民和外来人口相融共生的办法之一。

人口之"微"　西街人口结构复杂，外来打工人口基数大，老年人居多，大都是社会基层和收入微薄的人。应更关注这些弱势群体，让他们能够更好地融入到社区和人群中去。

+

建筑之"微"　西街建筑密度高，建筑质量差，小尺度建筑已然不能够适应现代的生产生活。加固建筑，改造屋顶，统一立面等微调建筑的手段，使建筑空间品质更适合人们生活。

+

空间之"微"　西街外部空间现状是街道狭窄，院落围合感差，开放空间不足，总结来讲就是空间狭小，所以要改造空间，塑造能提供给居民交流的场所。

=

更新之"微"　为了保护古城的肌理，更新不易大拆大建，只能够做适当的调整。梳理街道，修缮建筑，扩张开放空间，以细微的更新手法，重塑西街形态，重兴古城繁华。

文化之"合"　饮食文化，宗教文化，戏剧文化，民俗文化，闽南文化，各类文化在西街碰撞，产生不同的火花，而这些文化的融合，也使西街更加繁荣。

文化交合

+

功能之"合"　改造的建筑加入新的功能，新建的建筑融入新的产业，无论是当地居民的衣食住行，还是新兴的文创业旅游业，都是西街生机勃勃的象征。

功能复合

+

活动之"合"　当地居民饮食起居的日常生活和外来人口的工作和旅行，特色文化使人的活动融合在一起，传统的与现代的，交织成有活力的新生的古城。

活动聚合

=

多元之"合"　无论是空间，还是社会，无论古城肌理，还是人文活动，所有的元素都融合在西街这一片土地，社会融合，多元共生，古城焕发新生。

多元融合

更新策略 UPDATE STRATEGIES

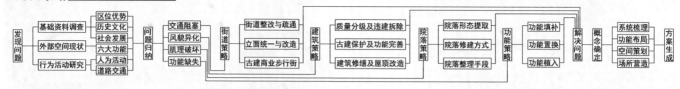

建筑策略 STRUCURE STRATEGY

建筑质量分级与违章建筑拆除

拆除 0% 文保单位
保留改造 80% 原始村庄
整理修复 25% 传统建筑
拆除 50% 改造 50% 现代多层住宅
功能置换 75% 现代公共建筑
拆除改造 100% 工厂厂房

对规划区内的建筑质量进行分级与相应的拆除整修改造。其中对于传统建筑进行小部分修复，现代多层住宅进行拆除与改造，而对于公共建筑进行功能置换，使规划区功能多样化，对工厂厂房进行全部拆除，使风貌统一。

文保建筑保护策略

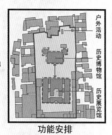

功能安排

建筑风貌

入口设置

地段效益

建筑保护修缮及改造手段

规划区内的部分建筑由于建设年代较近，建筑风格与历史文化街区不够统一，针对这些建筑应该采取改造屋顶形式来统一街区的整体风格。

屋顶改造的方式主要有平屋顶改造成坡屋顶，平屋顶改造成半坡屋顶，坡屋顶形式改造。对于较老的建筑存在有房屋质量的问题时，对屋顶进行更新改造，对建筑立面进行加固改造，建筑与建筑之间的整体风格，屋顶形式应统一。

 木结构
 平屋顶
 平屋顶
 保护建筑
 屋顶形式

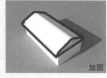 加固
 坡屋顶
 坡屋顶
 修缮
 改造

街道策略 STREET STRATEGY

街道疏通

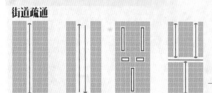

拓宽
对规划范围内的主要道路进行拓宽，保证人车通行顺畅
打通
将规划范围内断头路打通，保证每条街巷的通畅

西街立面改造

改造前 > 改造后

改造前:
1. 建筑立面形式不统一且单调乏味，违建现象严重。
2. 存在大量破旧房屋，立面毁坏严重。

改造后:
1. 立面形式以闽南传统建筑风格为主，根据建筑功能可做适当调整。
2. 建筑立面富有设计感，结合周边建筑功能或当地特色元素进行设计。

古建商业步行街

规划范围外
以西街为主，主要商业类型包括购物，饮食，休闲等。
规划范围内
以装巷为主，进行低密度，改造为主的商业开发模式，主要类型包括旅游配套商业，休闲娱乐和文化街等。

院落策略

拆除
拆除违章搭建和与闽南传统建筑风格不一的建筑；
增补
增补建筑，还原肌理；
重组
肌理重构，组合院子，布置街巷空间；

院落整理手段

保留建筑质量较好，有一定文化价值的院落，对于新建或改造的院落，通过以下四种方式：
1. 断裂：提高院落的开放性
2. 错位：空间缩放富于变化
3. 退位：过渡空间引入
4. 扭转：内外环境融为一体

功能策略 FUNCTION STRATEGY

规划区内的建筑功能主要以居住为主，加上部分小型商业，功能结构较为单一。在对规划区内进行改造更新过程中，主要植入文化创意产业功能与旅游服务配套功能。

近年来，文创产业成为热门产业，该产业功能的植入可以为该区注入生机。作为历史街区，旅游的配套服务产业可以完善该区域的服务设施，为历史街区旅游服务质量与服务效率再提高一个档次。吸引更多的游客，活化整个片区。

集中式住宅
老旧办公楼
传统住宅
小型工厂
老旧住宅
沿街小商铺
小型公共建筑

文创工作室 ▶ 提供艺术创意气息
文创服务中心 ▶ 文创产业相关咨询服务
历史博物馆 ▶ 对当地历史进行展示
文化体验馆 ▶ 文化知识的学习与体验
社区服务中心 ▶ 为社区提供服务与支持
社区活动中心 ▶ 提供社区相关活动场所
旅游服务中心 ▶ 旅游方面的帮助与支持
青年旅社 ▶ 为年轻旅客服务的旅社
主题咖啡店 ▶ 创造休闲娱乐的场所
小商品市场 ▶ 满足游客的购物需求

商务
休闲
活动体验
工作
学习
休息
创作
娱乐
咨询
购物

微·合
West Street Area Update Design of Cuanzhou Ancient City
泉州古城西街片区更新活化设计
总平面图 DESIGN PLAN

总平面图 PLAN DESIGN

N

0 15 45 105

经济技术指标
规划面积 : 15.04ha
容 积 率 : 1.05
建筑密度 : 63.2%
总建筑面积: 183488 ㎡
绿 地 率 : 16.87%

① 文化创意产业中心
② 传统服饰设计工作室
③ 文化设计工作室
④ 文创产业交流中心
⑤ 文创产业展览馆
⑥ 主题咖啡商店
⑦ 小商品展示店
⑧ 茶文化体验馆
⑨ 长廊酒吧
⑩ 历乐中心
⑪ 音乐餐吧
⑫ 旅游产品咨询中心
⑬ 商务酒店
⑭ 旅游文化体验馆
⑮ 旅游商品店
⑯ 传统戏曲体验馆
⑰ 传统建筑展示馆
⑱ 闽南历史博物馆
⑲ 街心公园
⑳ 传统饰品制作体验馆
㉑ 传统美食体验馆
㉒ 传统服饰展示店
㉓ 社区卫生服务中心
㉔ 社区文化馆
㉕ 阅读读书吧
㉖ 咖啡餐吧
㉗ 文化历史交流中心
㉘ 传统文化馆
㉙ 服装饰品店
㉚ 小商品一条街
㉛ 老年活动中心
㉜ 社区阅读馆

图例
■ 保护建筑
■ 新建建筑
■ 修缮及改造建筑
□ 原有建筑
▦ 规划范围

节点放大 NODES DETAILS

古城公园
长廊
商品店

展览馆广场
展览馆

商业街
入口
文创产业园

规划分析图 DESIGN ANALYSIS

规划结构分析

规划形成"一心两轴多节点"的结构。一心指规划区的中心点,提供旅游文创文化等相关服务。两轴指南北向的更新发展轴线和东西向的文化发展轴线。多节点指该规划区内的功能节点与景观节点,具体有文创产业,旅游服务配套,社区活动中心,文化展示等节点。

● 中心点
● 节点
-·- 主要轴线
--- 次要轴线

道路系统分析

规划区内的道路主要分为两类,一类是主要道路,一类是次要道路。主要道路起着联通整个规划片区与外部道路的作用,对部分道路进行拓宽与梳理,保留一定的电动车行空间。次要道路主要联通主要道路与节点空间,对原有道路进行梳理与打通,保证规划区内的道路不会出现断头路。规划区内的道路禁止机动车行,保证人行的舒适与安全。

图例
▬ 主要道路
▬ 次要道路

景观绿化分析

规划区内的景观绿化主要以规划的主要轴线进行布置,轴线的两侧规划若干个景观绿化节点。在公共空间节点留有广场与绿化空间,服务当地居民和游客,增强空间的舒适度,保证每个居住点或者功能区都有一片公共绿化率低的地区,增加景观绿化的种植,并且拆除部分老旧建筑,提取空间作为公共绿地使用。

图例
⬚ 景观轴线
● 景观节点

功能分区分析

规划的功能分区主要分为四个。社区活动区主要为本地居民提供活动的场所和交流的空间。传统居住区为居住集中区,去除其他干扰。旅游服务区主要与旅游相关的相关配套进行功能置换。而文创产业区主要以文化创意产业为核心进行功能置换,为该区域提供更多活力。

图例
⬚ 社区活动区
⬚ 传统居住区
⬚ 旅游服务区
⬚ 文创产业区

功能活动融合 COMMUNICATION

文创商贸融合

在规划区的更新活化中，引入了文化创意产业，增加规划区的功能多样性。在文创商贸路线上，可以在小商品街区上购买当地特色商品或者在咖啡休闲吧里休息娱乐。在文创中心，可以学习文创产业的运作，了解文创产业的运作，鼓励当地居民或者外来人口加入文创产业联盟进行合作。

小商品街区　　商务咖啡吧　　文创中心　　商务酒店

传统文化融合

在规划区所处泉州的历史保护街区，对于历史文化的的传承与发扬是在活化更新中的重要目标。在对老旧房屋的改造中进行功能置换。加入了传统文化相关展馆，让游客和居民可以学习当地传统文化，了解和传播文化精髓。在传统文化的旅游路线上可以收获知识，让传统文化与现代文化交融在一起。

文化展览馆　　休闲广场　　戏曲体验馆　　传统商品街

社区活动融合

社区文化是改造活化更新过程中必不可少的一部分，更新中提供了为社区服务的功能。如社区服务中心为居民提供帮助、社区活动中心为居民提供活动场所，社区文化中心为居民提供学习交流的场所。而社区文化体验之旅可以让游客体验当地居民生活，传统习俗。让游客与本地居民相处更加融洽，提升规划区的活力与丰富度。

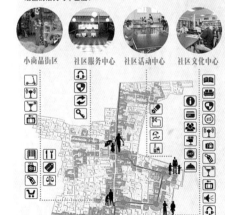

小商品街区　　社区服务中心　　社区活动中心　　社区文化中心

方案演变 PROJECT EVOLUTION

【建筑综合评价及拆除建筑选定】

【建筑拆除，古城新空间产生】

【建筑梳理与改造，功能重置与更新】

【新建筑建造与新功能植入】

改造前后对比分析 TRANSFORM ANALYZE

【内部道路对比】

改造前　　　　改造后

【公共空间对比】

街道细部 DETAILS OF STREET

清军驿街道细部　　3m

裝巷街道细部　　5m

设计说明 DESIGN NOTES

　　泉州是东亚文化之都之一，而西街更是泉州历史的缩影。对于这样一部分敏感而脆弱的古城，最好的办法不是大拆大建，而是保护，保护古城的肌理，保护古城现有的生活元素。在有限的范围内，对规划范围内的道路进行梳理，对古城的建筑进行修缮和保护，对古城内的部分建筑功能进行更新。

　　古城区像现代城市中的一处围城，城市与人口之"微"，文化与活动之"合"。然而，一个古城区若能够重新被激发出新的活力，必然要和当地的产业联系起来。作为中国首批历史文化之一的泉州，能够吸引大批游客的到来，规划范围内的博物馆等具有当地特色的文化建筑和规划范围外的开元寺也是吸引游客的重要景点，结合当地的特色文化，文创产业也将在古城中熠熠发光。

　　老建筑的保护和修缮，新功能的置换和植入，人的流动将是古城新的血液，古城也将因此焕然新生。

整体鸟瞰 PANORAMIC PERPECTIVE

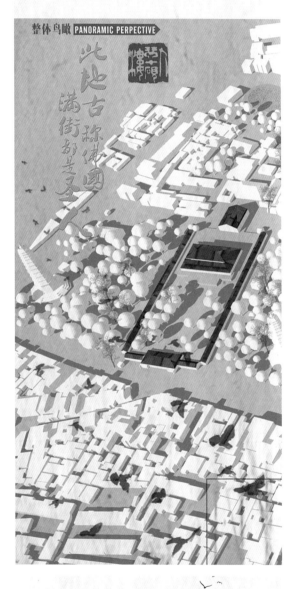

此地古称佛国
满街都是圣人

FUNCTION IMPLANT 功能植入分析

文创产业园

咖啡酒吧一条街

旅游服务中心

社区活动中心

小商品街区

历史风貌展示区

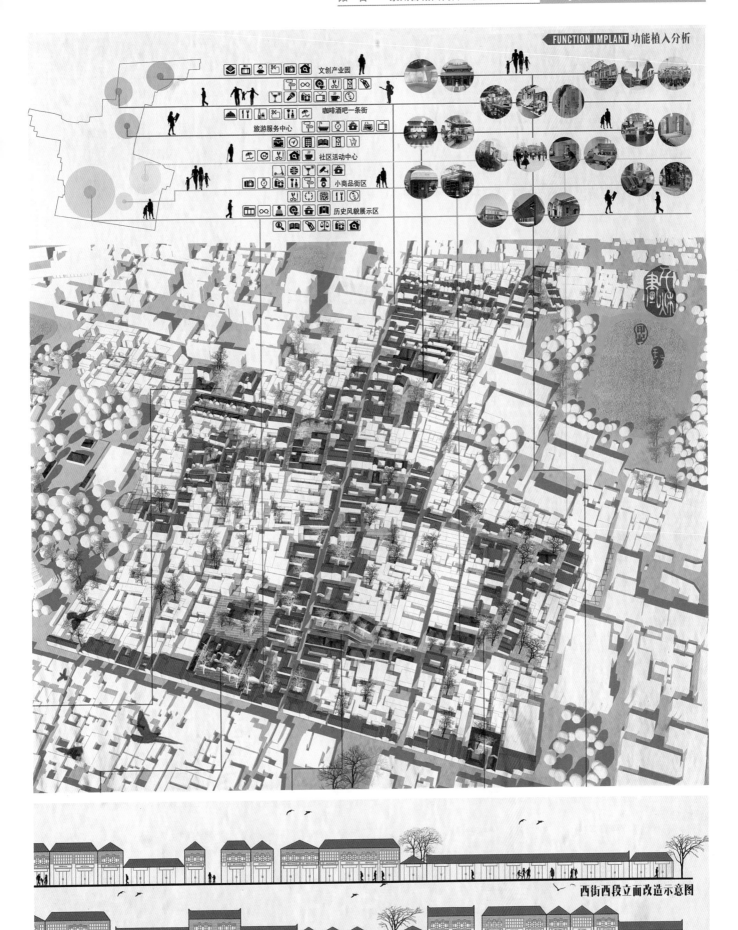

西街西段立面改造示意图

西街东段立面改造示意图

RE · 多元·激活·再生 REACTIVATION ·汉阳工业历史文化核心区再造

学生：王磊、张凌浩　　指导教师：贾艳飞、任绍斌、何依

基地背景： 98年长江洪水之后，武汉市政府斥巨资完成了龙王庙险段及南岸嘴堤防的综合整治工作，并建成连接汉口中心城区的晴川桥，为南岸嘴及龟山以北地区的建设和发展创造了良好的机遇。

该基地主要是研究龟北地区东月湖片工业用地的改造和发展，协调好该地区与城市整体之间的功能布局、空间形态、交通组织以及环境景观等方面的关系，特别是旧工业厂房的利用与武汉工业文化的振兴。

武汉市

九省通衢　　**首义之地**　　**亲民性**
山水城市　　华中地区中心城市
历史文化名城　　**中国工业发祥地之一**

基地现状：

基地于长江、汉水交汇处，地处武汉市城区的中心地带，是三镇鼎立、两江交汇的核心区域。周边交通发达，距汉阳长途客运、傅家坡长途客运、粤汉客运等交通枢纽距离较近。以北通过江汉一桥和汉口硚口区隔汉江相连，以东通过长江一桥与武昌旧城中心区隔长江相连，以西为月湖文化主题公园、琴台大剧院以及汉阳钟家村市级商业中心区。

基地集优越的经济地理位置、交通地理位置、风景地理位置、文化地理位置于一身。

基地内用地多为二、三类工业。建筑陈旧，市政配套设施严重不足，除大片的工业和居住用地外，还有少部分公共设施用地、仓储用地。基地内包括月湖东面的部分水域、工业厂房、部分居住以及由武汉市第三初级中学改建的办公楼。基地所在的南岸嘴及龟北地区一带历史悠久，文物古迹和历史传说众多。其中有影响力和代表性的主要有：张之洞和汉阳铁厂、兵工厂、晴川阁、禹功矶、洗马长街、铁门关、龟山、长江大桥、龟山电视塔等。

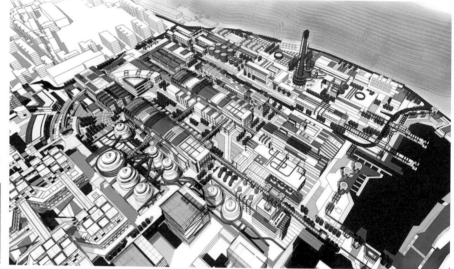

基地区位：

文化区位图：
基地南靠小龟山，西近古琴台，东临晴川阁，跨江便是黄鹤楼；更加值得一提的是，该基地位于张之洞时期的"十里制造工业长廊"上，是武汉工业历史文脉的源头之一。

交通区位图：
基地北面倚靠汉阳路，西面紧靠鹦鹉大道，南面紧挨龟山北路，隔山临近龟山南路。基地西南角有地铁4号线通过，临近地铁站为钟家村站。

商圈区位图：
图中均为武汉市级的商业圈的区位图示，基地地处龟山以北，位于两江三镇交汇处的南岸嘴之上，与汉口的汉正街商圈和汉阳的钟家村商圈呈掎角之势，商业氛围优越。

风景区位图：
基地的风景区位更是得天独厚。首先，基地位于由古琴台、晴川阁和黄鹤楼所构成的武汉三大名胜带之上。其次，由南至北也是有归元禅寺和汉口租界这样的风景名胜。

基地分析：

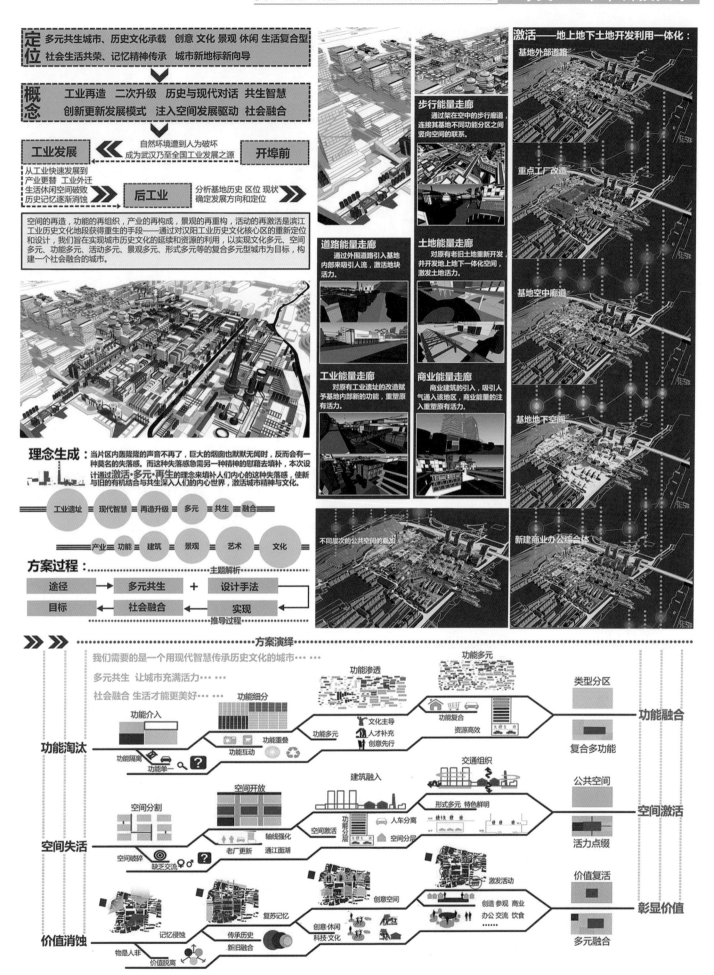

定位 多元共生城市、历史文化承载 创意 文化 景观 休闲 生活复合型
社会生活共荣、记忆精神传承 城市新地标新向导

概念 工业再造 二次升级 历史与现代对话 共生智慧
创新更新发展模式 注入空间发展驱动 社会融合

工业发展 ← 自然环境遭到人为破坏 成为武汉乃至全国工业发展之源 → 开埠前

从工业快速发展到 产业更替 工业外迁 生活休闲空间破败 历史记忆逐渐消蚀 → 后工业 ← 分析基地历史 区位 现状 确定发展方向和定位

空间的再造，功能的再组织，产业的再构成，景观的再重构，活动的再激活是滨江工业历史文化地段获得重生的手段——通过对汉阳工业历史文化核心区的重新定位和设计，我们旨在实现城市历史文化的延续和资源的利用，以实现文化多元、空间多元、功能多元、活动多元、景观多元、形式多元等的复合多元型城市为目标，构建一个社会融合的城市。

理念生成：当片区内轰隆隆的声音不再了，巨大的烟囱也默默无闻时，反而会有一种莫名的失落感。而这种失落感则需另一种精神的慰藉去填补，本次设计通过激活·多元·再生的理念来填补人们内心的这种失落感，使新与旧的有机结合与共生深入人们的内心世界，激活城市精神与文化。

工业遗址 — 现代智慧 — 再造升级 — 多元 — 共生 — 融合

产业 = 功能 = 建筑 = 景观 = 艺术 = 文化

方案过程：.........................主题解析..............................
途径 → 多元共生 + 设计手法
目标 ← 社会融合 ← 实现
.........................推导过程..............................

激活——地上地下土地开发利用一体化：
基地外部道路
重点工厂改造
基地空中廊道
基地地下空间
新建商业办公综合体

步行能量走廊
通过架在空中的步行廊道，连接其基地不同功能分区之间竖向空间的联系。

道路能量走廊
通过外围道路引入基地内部来吸引人流，激活地块活力。

土地能量走廊
对原有老旧土地重新开发，并开发地上地下一体化空间，激发土地活力。

工业能量走廊
对原有工业遗址的改造赋予基地内部新的功能，重塑原有活力。

商业能量走廊
商业建筑的引入，吸引人气通入该地区，商业能量的注入重塑原有活力。

不同层次的公共空间的叠加

方案演绎

我们需要的是一个用现代智慧传承历史文化的城市····
多元共生 让城市充满活力····
社会融合 生活才能更美好····

功能淘汰
功能介入 — 功能细分 — 功能渗透 — 功能多元
功能隔离 功能单一 功能重叠 功能互动
文化主导 人才补充 创意先行
功能复合 资源高效
功能融合
类型分区
复合多功能

空间失活
空间分割 — 空间开放 — 建筑融入 — 交通组织
空间破碎 缺乏交流 轴线强化 老厂更新 通江面湖
空间激活 功能分层 人车分离 空间分层
形式多元 特色鲜明
空间激活
公共空间
活力点缀

价值消蚀
复苏记忆 — 创意空间 — 激发活动
记忆侵蚀 传承历史 新旧融合 创意·休闲 科技·文化
物是人非 价值脱离
创意 参观 商业 办公 交流 饮食 ······
彰显价值
价值复活
多元融合

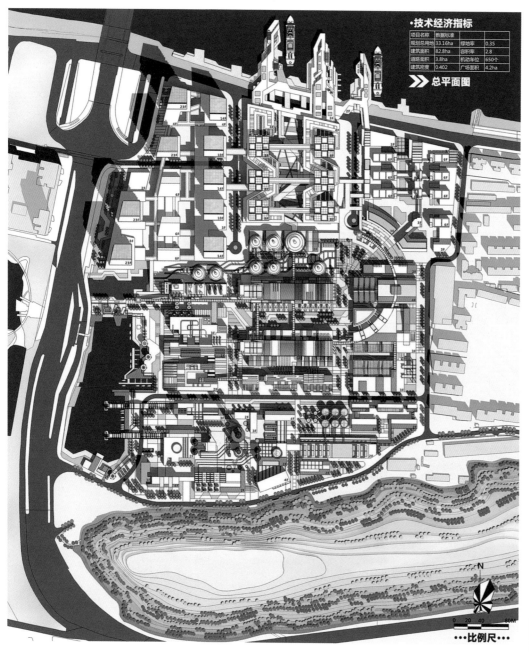

·技术经济指标

项目名称	数据标准		
规划总用地	33.16ha	绿地率	0.35
建筑面积	82.8ha	容积率	2.8
道路面积	3.8ha	机动车位	650个
建筑密度	0.402	广场面积	4.2ha

▶ 总平面图

N

0 20 40 80M

···比例尺···

▶▶ ······系统分析图······

规划结构分析

道路系统分析

绿化系统分析

景观轴线分析

能量激活分析

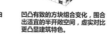

灵感源自于变化多端的魔方，由9×9×4个3.0m方块构成。

凹凸有致的方块组合变化，围合出适宜的半开放空间，虚实对比更凸显建筑特色。

九块虚实结合的方形组合成九宫格屋顶结构，增强建筑统一协调性。

将三个魔方建筑视为一组，置于多层长条形商业之上，形成一定序列感。

三个空中连廊的架设为东西两个建筑增强了立体空间上的联系，更好地融合在一起。

创意码头第一层直接与汉江水相接连，由此可作为亲水游憩和游轮上下的集散场地。

第二层在第一层的基础之上构筑而成，丰富了竖向与横向空间结构，与南侧空中廊道有所对接。

第三层从高度上给予观景者更好的观景高度，同时也考虑到防汛的需求。

第三层的建筑物为游客提供适宜的商业服务，南侧的商业综合体开启了对接。

恰当的构筑物为码头增添了更多灵动的元素，实现三层结构的无缝对接。

建筑细节分析

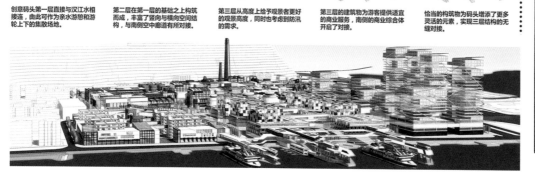

全景鸟瞰图

工厂更新功能板块：　　空间概念示意：　　再造历史记忆空间：　　主体工厂单体改造立面：　　平台展示：

工业展示
工业博物馆　历史美术馆
历史画廊　芳人创作间
丰富层次

创意活动
工业艺术加工　城市滑板
工业大舞台　创新工场
加强联系

休闲娱乐
才技大舞台　咖啡座
传媒影视　创意码头
竖向复合

市民服务
商务综合体　办公立方空间
休闲度假居所　艺术驿站
空间创意

功能重组示意图　多元　融合

功能导入

形式激活

新旧融合

·历史展示长廊　·标志空间节点

·记忆亲水走廊　·工业建筑景观

·工业游乐园地　·特色结构廊架

·亲水工业平台　·创意构筑广场

立面一
立面二
立面三
立面四
立面五
立面六

·流动平台

·展示平台

·创意平台

·长廊建筑空间　·标志延伸景观

063

冰雪融城

Donggou in aershan City based on winter snow-melting system of urban design

基于寒地融雪体系下的阿尔山市东沟里城市设计

学生：叶攀、杨孝增　　指导教师：张立恒、胡晓海、邢建勋

区位分析

基地位于阿尔山市温泉雪街片区东沟里地块，占地面积30公顷左右，处于城市与自然相交汇的区域，具有优越的地理环境特征，良好的自然风貌。阿尔山市位于内蒙古自治区兴安盟西北部，横跨大兴安岭西南山麓，是兴安盟林区的政治、经济、文化中心，是具有寒地地域典型特征的旅游小城镇。

□自治区内区位

□兴安盟区位

□阿尔山市区位

□基地区位

上位规划

阿尔山市地处大兴安岭中段，拥有得天独厚的自然优势，但周边城市的资源禀赋极具相近，哈尔滨市、漠河的冰雪资源旅游开发以及全国较多城市的温泉资源开发导致的同质竞争日趋激烈。应充分挖掘自身资源的同时，最大限度的保护自然环境，就应该将温泉与冰雪旅游资源相结合，而将温泉度假与冰雪娱乐度假于一体的具有北欧风格的"瑞典乐雪天堂度假区"则是最佳选择。

目前，阿尔山市可建设用地中，东沟里地块是位置最好、开发可操作性最强的一块宝地。景观资源独特，特别是区别于周边地区的独特冰雪和温泉双重旅游资源，适于发展高端旅游。规划布局显示基地主要用地性质居住用地与商业用地。

城市文化

生产生活文化

具有音乐、舞蹈、地域美食、刺绣、剪纸、伐木、温泉疗养、摄影、绘画等，从古至今一直在传承中发展创新，焕发新的活力。

冰雪文化

阿尔山全年积雪覆盖长达150天之久。时至今日，出现了各式各样的冰雪运动还有共人们欣赏的雪雕、冰雕冰雪景观。冰雪的使用也逐步增多，人造冰雪也开始慢行起来。

建筑特色

阿尔山有着渊源流长的文化历史，城市建筑文化脉络的演进轨迹依稀可见，现有民居聚落，日式火车站和如今发展盛行的欧式建筑，不同的建筑形式在诉说着不同的历史。

自然特色

阿尔山横跨大兴安岭西南山麓，处于林海雪原的自然景象中，山、林、雪是阿尔山的代言词，且野生动物种类丰富。

现状问题

问题分析　　　解决对策

自然角度： 山体上积雪融成洪水对基地的冲击破坏。

→ 重新建构人为活动空间与自然环境空间的关系，架空建筑基座、空中步道引入与相关排水方式结合。

旅游开发： 城市持续地旅游开发与基地内原著居民的矛盾。

→ 平衡双方的利益的冲突点，在旅游开发的同时保留与优化原住民的生活空间环境。

经济需求： 基地中存在旅游淡旺季问题，冬季旅游人较多，夏季旅游较少。

→ 增加基地内的商业、休闲、娱乐等功能，增加活动种类与季节跨度，吸引不同的人群，创造特色的功能区。

空间需求： 基地内街道、院落空间被破坏，环境质量差，道路系统与相关市政基础设施系统不完善。

→ 重新整合梳理杂乱的空间，改善空间环境质量，完善基地内的基础服务设施。

生态需求： 生态脆弱，基地周边山里植被稀疏，种类较为单一，野生动植物种类数量下降。

→ 从生态的角度，增植被种类，同时使得基地中的建造活动尽可能减少对自然环境的影响。

基地分析

阿尔山
温泉滑雪场

城市社会

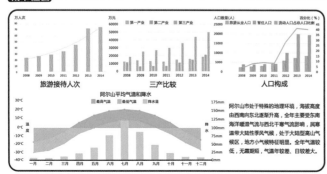

旅游接待人次　　三产比较　　人口构成

阿尔山平均气温和降水

阿尔山市处于特殊的地理环境，海拔高度由西南向东北逐渐升高，全年主要受东南海洋暖湿气流与西北干寒气流影响，属寒温带大陆性季风气候，处于大陆型高山气候区，地方小气候特征明显。全年气温较低，无霜期短，气温年较差、日较差大。

民居空间肌理分析

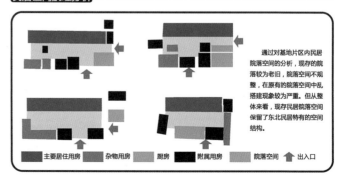

通过对基地片区内民居院落空间的分析，现存的院落较为老旧，院落空间不规整，在原有的院落空间中乱搭建现象较为严重。但从整体来看，现存民居院落空间保留了东北民居特有的空间结构。

主要居住用房　杂物用房　厨房　附属用房　院落空间　出入口

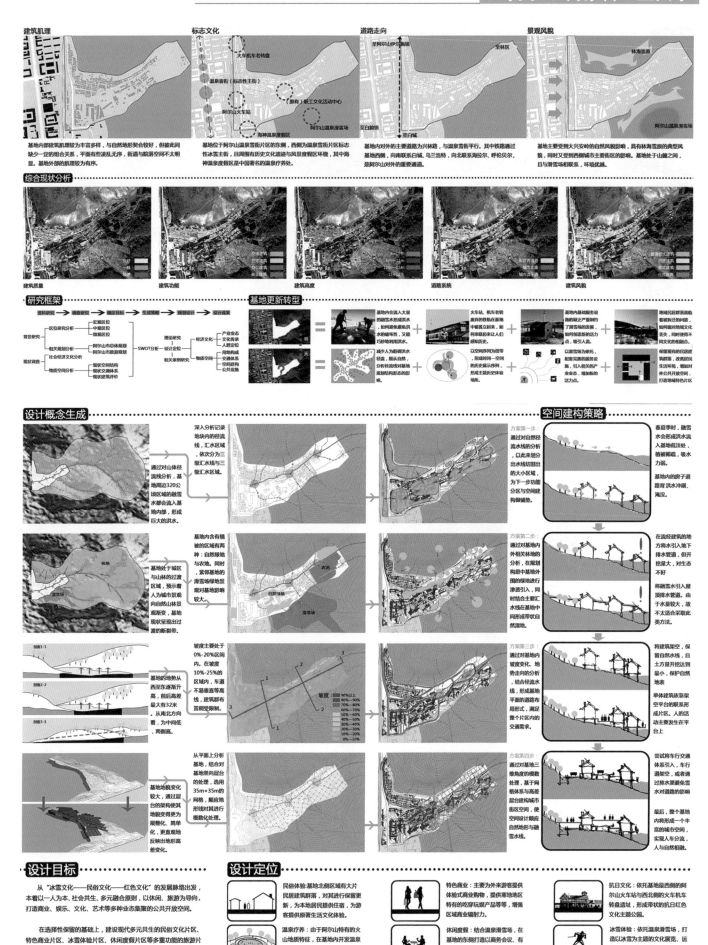

设计目标

从"冰雪文化——民俗文化——红色文化"的发展脉络出发，本着以人为本、社会共生、多元融合原则，以休闲、旅游为导向，打造商业、娱乐、文化、艺术等多种业态集聚的公共开放空间。

在选择性保留的基础上，建设现代多元共生的民俗文化片区、特色商业片区、冰雪体验片区、休闲度假片区等多重功能的旅游片区，提升阿尔山地区的旅游价值。

设计定位

民俗体验: 基地北侧区域有大片民居建筑群落，对其进行保留更新，为本地居民提供住宿，为游客提供源著生活文化体验。

温泉疗养: 由于阿尔山特有的火山地质特征，在基地内开发温泉泉眼，在山林中体验温泉疗养。

特色商业: 主要为外来游客提供体验式商业购物，提供寒地特有的吃喝玩乐产品等，增强区域商业辐射力。

休闲度假: 结合温泉滑雪场，在基地的东侧打造以商务会议、有机农田、山林酒店等主题功能的休闲度假区。

抗日文化: 依托基地最西侧的阿尔山火车站与西北侧的火车机车转盘遗址，形成带状的抗日红色文化主题公园。

冰雪体验: 依托滑雪场，打造以冰雪为主题的文化展览、运动、雕塑、摄影等活动。

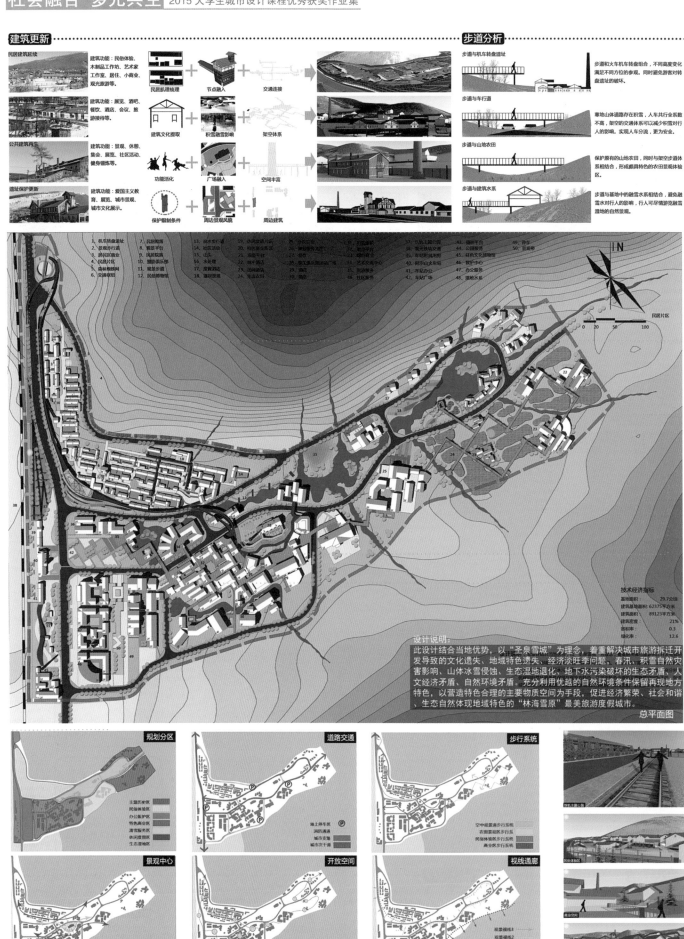

建筑更新

民居建筑延续 建筑功能：民俗体验、木制品工作坊、艺术家工作室、居住、小商业、观光旅游等。
民居肌理梳理 + 节点融入 + 交通连接

建筑功能： 展览、酒吧、餐饮、酒店、会议、旅游接待等。
建筑文化提取 + 积雪融雪影响 + 架空体系

公共建筑再生 建筑功能：景观、休憩、集会、展览、社区活动、健身锻炼等。
功能活化 + 广场融入 + 空间丰富

遗址保护更新 建筑功能：爱国主义教育、展览、城市景观、城市文化展示。
保护限制条件 + 周边景观风貌 + 周边建筑

步道分析

步道与机车转盘遗址
步道和火车机车转盘组合，不同高度变化满足不同方位的参观。同时避免游客对转盘遗址的破坏。

步道与车行道
寒地山体道路存在积雪，人车共行系统不高，架空的交通体系可以减少积雪对行人的影响。实现人车分流，更为安全。

步道与山地农田
保护原有的山地农田，同时与架空步道体系相结合，形成颇具特色的农田景观体验区。

步道与建筑水系
步道与基地中的融雪水系相结合，避免融雪水对行人的影响，行人可尽情游览融雪湿地的自然景观。

设计说明：

此设计结合当地优势，以"圣泉雪城"为理念，着重解决城市旅游拆迁开发导致的文化遗失、地域特色遗失、经济淡旺季问题、春汛、积雪自然灾害影响、山体冰雪侵蚀、生态湿地退化、地下水污染破坏的生态矛盾、人文经济矛盾、自然环境矛盾。充分利用优越的自然环境条件保留再现地方特色，以营造特色合理的主要物质空间为手段，促进经济繁荣、社会和谐、生态自然体现地域特色的"林海雪原"最美旅游度假城市。

总平面图

技术经济指标
基地面积：29.7公顷
建筑基底面积：62375平方米
建筑面积：89123平方米
建筑密度：21%
容积率：0.3
绿化率：12.6

规划分区

道路交通

步行系统

景观中心

开放空间

视线通廊

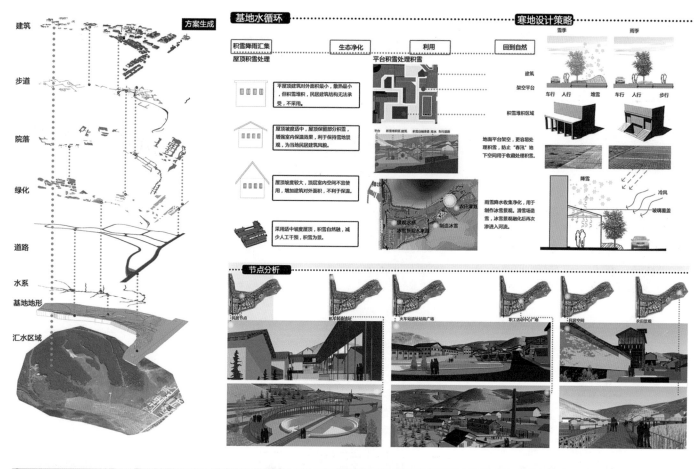

方案生成

建筑
步道
院落
绿化
道路
水系
基地地形
汇水区域

基地水循环

积雪降雨汇集　　生态净化　　利用　　回到自然

屋顶积雪处理　　平台积雪处理积雪

寒地设计策略

节点分析

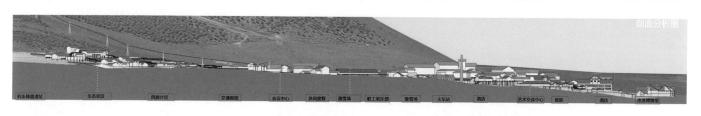

机车转盘遗址　生态农田　民居片区　交通枢纽　会议中心　休闲度假　滑雪场　职工俱乐部　滑雪场　火车站　酒店　艺术交通中心　医院　酒店　皮雕博物馆

剖面分析图

西立面

酒香四溢 触发·互动 INTERACT TRIGGER

多元互动效应引导下的参与式啤酒街更新改造城市设计
THE CITY DESIGN OF URBAN REDEVELOPMENT

学生：李瑞雪、陈阳　　指导教师：张洪恩、孙旭光、刘敏、祁丽艳

区位环境分析

基地区位分析

山东

青岛

基地

青啤一厂

基地位于青岛市市北区，以青啤一厂为中心，承载着浓郁的工业氛围，紧邻台东商圈，近年活力流失，转型需求迫切。

地域特色提取

1.青岛符号：啤酒文化

青岛这座城市的有上百年啤酒历史文化，悠久的发展历程中，青岛啤酒成为国内外久负盛名的名酒，多次获奖，名扬海外。出厂啤酒深受市民和游客喜爱，并且大量产品用于出口。青岛啤酒已成为青岛的代名词之一。

2.崛起见证：青啤一厂

基地内拥有青啤一厂、老厂房和发酵罐等工业建筑。啤酒酿造工艺流线及生产设备将青啤一厂的发展史紧紧锁在了基地内。浓郁的工业气息，青啤文化元素为该地块的激活与重塑提供了更多可能性。
啤酒文化，正是该地块的核心元素，发酵催化看整个基地。
啤酒文化，正是该地块的乳汁元素，发酵催化看整个基地。

3.文化融合：多元特色街

青岛文化挖掘出了丰富的历史文化内涵，构造了广阔的产业发展空间。而走在青岛市影响街上，则让人仿佛置身于富丽堂皇的殿堂。随水经济也在这里重塑展示出蓬勃的发展趋势。
啤酒街与多元特色街的交融，预示了啤酒街良好的发展前景。
啤酒街与多元特色街的交融，预示了啤酒街良好的发展前景。

基地周边环境分析

1.基地位于台东商圈西侧，受到经济、人群辐射影响。

2.规划地铁2号线经过基地并在此设台东站以及利津路站引来大量客流。

3.紧邻婚妙公园，孕育了基地的多元文化的融合。

上位规划解读

青岛啤酒文化休闲商务区是市"十二五"期间重点项目，也是市北区重点谋划建设的集旅游、商业、文化、商务于一体的精品功能区。
商业、文化、商务于一体的精品功能区。

基地现状分析

基地综合现状

基地内啤酒元素丰富，但是青啤一厂的厂房建筑、大型啤酒设备、啤酒仓库、青岛啤酒博物馆等。合理叠加以利用梳理充基地内的青啤文化内涵。

建筑肌理分析

建筑功能分析

主要交通分析

建筑年代分析

基地问题及对策整合

问题分析　　策略分析

厂区封闭
青啤一厂厂内向封闭，与外界隔离。
厂区功能单一、各功能联系以及吸引度低。
大空间封闭，小空间破碎，基地活力流失。

开放活力
青啤一厂打开外围墙，对外开放。产能设备升级、管理改革和更规划改造。
青啤一厂文化街，以青啤文化为主要脉络。
继续挖掘梳理啤酒工业旅游资源，激活基地活力。

流线交织
游客游线与居民流重合，游客多停留在基地外围，严重影响居民生活，内部缺乏引力。

内外分流
挖掘啤酒文化激活点，将基地外部游客带动到基地内部。
激活青啤厂游历点，通过青啤一厂活力触点形成成活力点，串联基地。

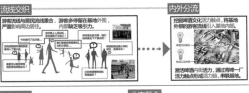

功能缺失
基地内业态单一、产业断裂，预层矛盾分明，不能聚集服务消费人群。
餐饮商业文化功能缺乏，缺乏交融，不足休养。

业态复合
考虑各类所别商业态，引入丰富且差异化的业态吸引人群。
功能复合，以啤酒文化游览活动体系，使基地各部分产生交融。

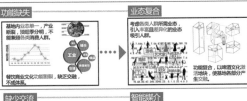

缺少交流
基地内引导性差，游客居民参与互动度低。
各人群之间缺乏互动交流，活力激活缺失。

智能媒介
引入"智能媒介"互动信息引导导游系统，整合发布啤酒文化旅游资讯服务信息。
WIFI接入平台赢得人群融入大游悟参与互动，人人可参与"台中人"。

空间无序
公共空间失秩序，难以吸引人，缺乏吸引力。
功能差，大部分被停车占用，人流无法进入地块内部。

特色引导
打通特色公共空间，定位这块啤酒客厅，突出不同主题，延续啤酒文化。

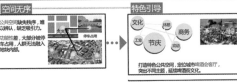

规划定位

啤酒文化休闲商务区规划建设都是以"啤酒文化"为核心，力争使之浓缩这座百年城市的历史文脉，让市民和游客在啤酒品饮和娱乐中感受"永不落幕的啤酒节"。
打造"百年青岛文化瓶窑"，国际都会时尚地标。世界十大啤酒品牌将在商务区内星状布局，各国、各地文化在其中"激情碰撞"。

啤酒节庆广场将定期举办德国周、英国周、美国周、捷克周、巴西周、韩国周、日本周等异域文化展示周，承办各国啤酒节中国分会场，使商务区成为世界啤酒文化博览会。

未来啤酒文化休闲商务区还将对接小港湾蓝色经济区和邮轮母港，构筑大旅游格局，让来自世界各地的游客成为商务区的重要客源。啤酒街也终将脱胎换骨，演变成未来青岛市的城市客厅和文化名片。

面对游客	面对市民
参观	休闲
体验	娱乐
节庆	购物
畅饮	餐饮
特色商业	文化

特色功能区

参与体验式工厂

啤酒工艺商道

工业元素啤酒街

创意市场

智能媒介

德式风情文化街

多元商业街

社会现状分析

街区内各类人群各时段空间分布关系图

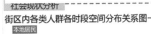
本地居民

游客

综合叠加图

分析：
（1）清晨上下班的居民对旺季时大量人群涌入地块时的造成的交通拥堵表示不满意。
（2）午间想安静休息的居民和在附近参观游览的游客产生冲突。
（3）游客与居民缺乏交流，造成游客距离感与陌生感。

通过调研发现居民日常活动多集中在天幕城西侧的寿光路，以及登州路与台东一路交界处。

游客活动聚集在天幕城，青啤一厂景景点，与台东交界处的商业繁华地，以及辽宁路交通枢纽处。

居民与游客的人流聚集点重合，两种人群在时间与空间上都存在大量冲突与矛盾。

概念的思考

STEP 1---- 什么是社会融合？
是各类人群的融合？多元文化的融合？还是传统与创新融合？
是的，这些都体现着社会的融合，并且均以社会中的人为焦点，令人获得必要的机会与资源，享受社会福利，全面参与经济、社会和文化生活。
而对于以青啤一厂为中心发展起来的啤酒街区，啤酒文化与人的融合凸显了这个地块的价值。
因此，青啤一厂参与体验式改造是我们方案的重点。

STEP 2---- 什么是多元共生？
从共生的意义上讲，其包括三层意义：新生，共同生活，共同升华。
这不仅仅是表面上的共存，而是深层面多元新生融合，并构成一个共同升华的格局。

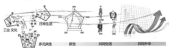

对于啤酒街区，只有多元共生，才能提升活力，激活潜在价值。
因此，多元互动效应是我们方案的核心理念。

STEP 3---- 总结
人们需要一个充满活力与感染力的啤酒街区。它将地块文脉深深融合进人的日常生活，触发人与地块的交流；多元事物的互动不断上演着……

概念的提出

参与式工业催化下的互动效应

在群体心理学中，人们把群体中两个或以上的个体通过相互作用而彼此影响从而联合起来产生增力的现象，称之为耦合效应，也称之为互动效应

空间组织分析

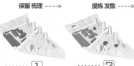

保留 梳理 ---->　　提炼 发散 ---->　　植入 创新 ---->
1　保留厂区主要功能区，梳理地块零散空间。　2　提炼啤酒工业文化，发散至整个基地。　3　将啤酒工业文化地点插入线性空间体系，结合空中运输管道进行工业创新。

互动 整合 ---->　　融合 升华 ---->
4　通过智能啤酒进行人与地块的互动。　5　触发工业元素与生活场景的互动与融合，完成更新设计。

功能体系分析

```
                  ┌── 啤酒
          ┌─售卖──┤
          │        └── 啤酒周边产品
  啤酒工业─┼─展览──            功能升级 ── 触发地块
          │
          └─产业融合
```

空间体系融合

不同的街道形式给予不同的空间体验

外街——街道界面融成一体，包括现代商业，购物中心等，商业氛围浓厚，与周边文化交融，嫁接城市功能组成，相辅相成。

休闲街——主要提供景观与休憩功能，给人在繁华中构造安逸空间。

空中街——主要连接二层连廊，工业体验。屋顶花园打造出一种全新的生态商业感受。

遗址街——通过融入青啤一厂的工业元素，赋予复古的形式，使人充分感受老青岛特有的啤酒文化。

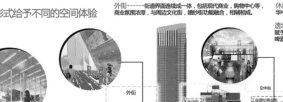

外街　　空中街　　外街

设计策略解析

建立设计框架体系

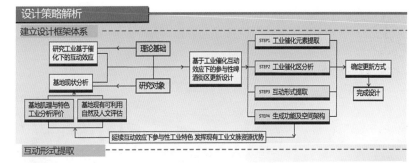

互动形式提取

1 前店后厂　梳理零散布局　增加加工厂元素
2 业态复合　整合杂乱建筑　增加多元业态
3 参观体验　拆除破碎建筑　增加体验平台
4 原厂零售　植入原厂溯源　新建运输管道
5 多元贩售　整理无措空间　多元贩卖元素
6 休闲活动　形成围合空间　布置休闲空间

方案推导

保留改造分析

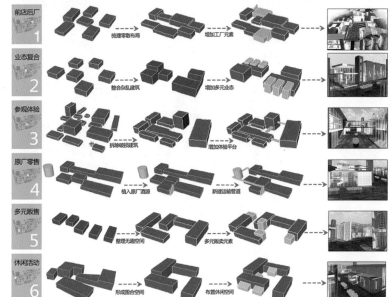

拆除区分析：
1.居住组团：建筑质量较差，周围环境复杂原先为工厂工人宿舍，调研发现，大部分工人都不愿在此居住，没有归属感与认同感，所以考虑拆除。

2.公交公司：地块本身因为工厂出货原因造成交通复杂，公交公司加剧了这一问题，同时现状已部分拆除，所以考虑拆除。

3.啤酒客厅：作为大量游客的集散场地，未能有效引导并合理组织人流，空间被停车占用现象严重，游客以为严重损害了青岛形象，所以考虑拆除。

保留区分析：
1.纺织博物馆：2009年开馆，建成时间短，游客普遍反映良好，是青岛这座城市崛起的见证，是工业旅游的亮点，所以考虑保留。

2.啤酒博物馆：充分展示青啤的发展历史，文化底蕴，为本地块特色旅游核心之一，为国内首家啤酒博物馆，所以考虑保留。

3.部分青啤一厂：厂区内生产流线部分布局合理，且与博物馆紧密联系，工艺技术先进，所以考虑保留。

改造区分析：
1.天幕城：虽然是青岛特色旅游景点，但却缺乏人气，内部照明昏暗，并与周围不融合，我们通过调研发现，游客对这里的体验感十分不好，所以考虑改造。
改造设想：开放空间，使人与人、人与建筑、人与空间进行交流，改造成集聚青岛特色的商业街道。

2.装饰城：建筑体量太大，影响地块整体空间肌理，同时带来许多交通问题，调研发现，建筑周围存在大量灰色空间，有不少建筑工人在此逗留，与游客交流，所以考虑改造。
改造设想：破开建筑，缩小占地面积，重组流线，预留大量地下停车空间。

3.部分青啤一厂：有些建筑形态散乱，并且作为地块重点打造品牌，内部自我封闭，游客无法体验感受青啤文化，所以考虑改造。
改造设想：①整理零散建筑。②开放工厂公共空间，在原有基础上建立二层步行平台和观光廊道。

总平面图

比例：1:2000

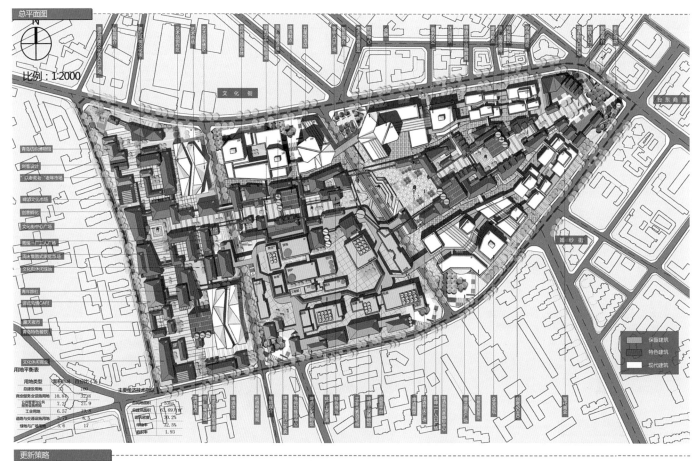

青岛纺织博物馆
贸易设计
"以老卖老"老年市场
啤酒文化市场
创意孵化
文化街中心广场
青啤一厂工人广场
周末集散式家庭市场
文化街休闲漫步
青年旅社
德式风情CAFE
露天夜市
青岛特色餐饮
文化休闲游览

用地平衡表

用地类型	面积(hm²)	百分比(%)
总建设用地		100
商业服务业设施用地	10.8	32.8
公共设施用地	7.2	21.9
工业用地	6.57	19.9
道路与交通设施用地		8.5
绿地与广场用地	5.6	17

用地指标	
总建筑面积	53.69万m²
容积率	1.93
建筑密度	30.2%
绿地率	32.5%

保留建筑
特色建筑
现代建筑

更新策略

1 工厂更新策略

1.1 改造建筑

拆除　增补
拆除杂乱建筑　增加建筑，还原肌理
改造前　改造后

1.2 博物馆扩建
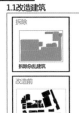
扩大规模
在保留原有博物馆功能基础上沿生产流程扩大规模，使序面连续不间断。
新功能植入
提取工业啤酒元素，创新参与体验功能。
规划后

1.3 工业创新

工厂流线
厂区内部按照啤酒生产工艺顺序合理组织流线。
新建环厂空中步道
步道沟通各节点，是传递啤酒文化的表征，走在其中可以感受到历史的探访。
构筑物更新
改造工业构筑成为青岛地标，传承啤酒文化，创新的能满足不断更新的城市需求。
新建体验廊
廊道与工厂互动，参与体验感受啤酒文化，提供开放观景平台，设休憩停驻空间。
竖向交通独特景观
立体交通解决上下层便捷，也成为独特景观。

2 街道更新策略

2.1 车行街道
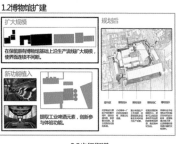
拓宽　新建　打断
拓宽　提升工厂东侧出货道路等级，提高出货率。
新建　工厂与文化创意之间新建一条道路，缓解工厂大量出货压力，同时使生产与商业街的活动不交叉。
打断　取消地块内部零散车行功能，提高地块完整性和利用率。

2.2 步行街道

深入　下穿　连接
人流引入地块内部　人车分行　串联地块
创意文化商业街
结合啤酒文化街并以啤酒景点及散形成的商业街，内部布置艺术市场、老年市场、家庭市场，融合多元人群与文化。
工业遗址商业街

在地块中结合啤酒文脉形成极具工业氛围的商业内街，包括酒吧街，小吃街，厂内直卖新鲜啤酒，各国啤酒等，使人群充分深入地块，参与互动。

3 公共活动策略

3.1 节庆广场
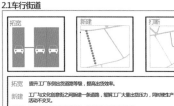
下沉　结合地块　廊架
下沉广场解决人车交叉　引导地块引来人群进入地块　提供休闲空间，引导人群

3.2 入口广场

现状　扩大　规划后
作为大量人群进入地块的首要节点，规划成为极具特色，引导性强的公共空间。
智能媒介
引入创新科技带领人群进入地块感受青岛啤酒文化，手机WIFI可得信息，大屏幕显示信息，使多元信息，多元人群，多元文化通过智能媒介完全融入。

3.3 组团活动
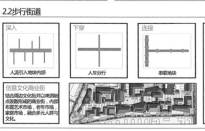
拆除组团旧建筑　重组空间　新建组团

4 流线策略

4.1 人与车
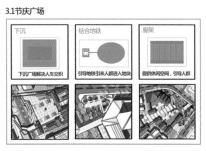
现状　规划后　公交站点
人车交织在地块周围　将人流引入地块内部

4.2 居民与游客
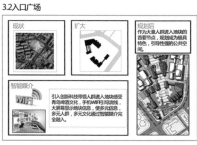
游客　居民　叠加
内循环厂游线　外围重要活动　游客引入内部

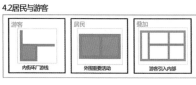

4.3 出货与日常
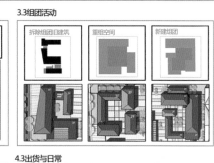
出货　交叉
交叉处采取竖向分层

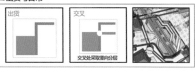

街道空间分析

现代式外街

点式空间
底部架空休闲空间

消防车道流线

次要线性空间
休闲街

主要线性空间
主街

消防车道流线

次要线性空间
休闲街

点式空间
底部架空休闲空间

现代式外街

平面分析

轴线分析

A.啤酒街入口广场
颇具工业气息的入口广场很好地
将人引入地块，使人群进入内街。

B.丰富的工业遗址街内部空间
啤酒触点串联空间使街首活力加强

C.中央下沉节庆广场
下沉广场空间丰富周围空间趣味性。

D.环厂空中步道
使工厂开放，互动性增强，创造
参与式、体验式啤酒工厂。

E.创意文化街
通达直接的街道空间使得内部
连接清断，方便人群的交流。

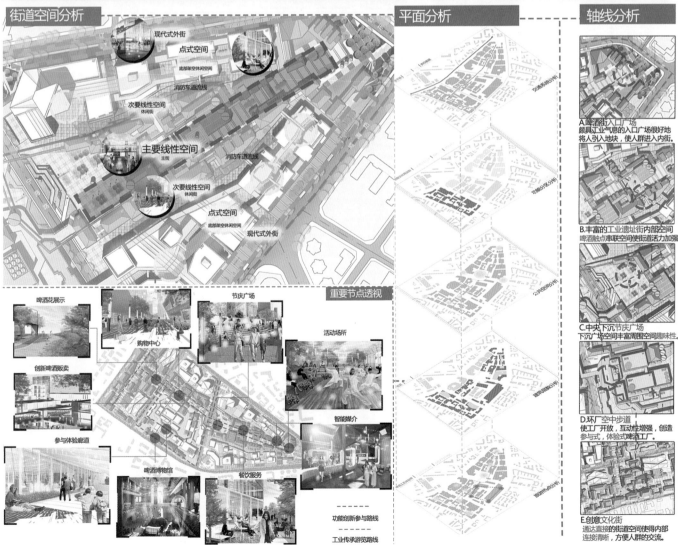

啤酒花展示

购物中心

节庆广场

活动场所

创新啤酒贩卖

参与体验廊道

啤酒博物馆

餐饮服务

智能媒介

重要节点透视

功能创新参与路线

工业传承游览路线

雨井烟垣印桃花

基于"博弈论"
的苏州古城区介质性空间设计

学生：陈圆佳、杨紫悦 指导教师：金英红、王雨村、郑皓、于淼、顿明明

前言：

随着时代的发展，历史街区保护备受国内学术界关注，由于保护与开发过程中利益相关者目标各异，且关系复杂，所以滋生出很多尖锐的矛盾。

本设计基于"博弈论"提出"介质性空间"概念，通过对历史街区植入各类介质性空间要素，化解多重矛盾与冲突以达成各利益主体之间，街区保护和开发之间"合作共赢"的局面。

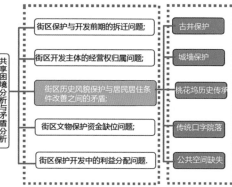

共享困境分析与矛盾分析
- 街区保护与开发前期的拆迁问题；
- 街区开发主体的经营权归属问题；
- 街区历史风貌保护与居民居住条件改善之间的矛盾；
- 街区文物保护资金缺位问题；
- 街区保护开发中的利益分配问题.

- 古井保护
- 城墙保护
- 桃花坞历史传承
- 传统口字院落
- 公共空间缺失

基地区位分析

宏观区位
位于苏州市，临近东海湖，太湖，基地内部水系丰富。

微观区位
基地位于古城区中，交通条件优越便利。

历史街区分布
基地位于桃花坞历史片区中，临近拙政园历史街区等，历史文化底蕴丰富。

古井分布
据介绍，桃花坞历史文化片中拥有古城区最密集的古井，在1.84平方公里的范围内，拥有古井141口。拥有苏州古城"眼睛"的桃花坞古井。

构思分解图

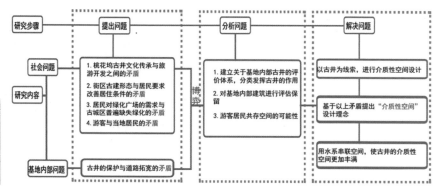

基地问题

肌理
建筑乱搭乱现象严重，原有传统街巷、院落肌理被破坏

道路
街区内部分道路等级无序，道路凹凸不平，城市排水系统、供电系统不完善

环境
街区内建筑密度较高，绿化匮乏，没有提供居民休憩的公共活动场所

院落空间
原为一户居住区的院落现在多为多户使用，基础设施简陋

苏州园林
苏州的古典园林之一，苏式造园手法精妙。旅游量大

吴趋坊街区
苏州具有特色的历史商业街区之一，至今仍保持着活力

基地现状分析

建筑质量分析
基地内部的建筑质量出现了明显的分区现象。
1.新建建筑以及翻修的园林，纪念馆，质量较好。
2.中部的建筑部分质量较差，出现了大量的违章搭建的情况，严重影响古城的现存肌理，急需修整。
3.部分居民楼质量一般。

- 质量好
- 质量一般
- 质量差

年代分析
1.1949年以前基地内部主要为改革前的近代建筑。建筑密度高，街巷空间明显，老旧但有一定的保护价值。
2.1950-1970年代基地内部有居民楼，年代久远，保留价值不高。
3.1980-1990年代基地内部的新造建筑，主要是用于商业。

- 49年以前
- 50-70年代
- 80-90年代

建筑高度分析
基地内部建筑高度以1-2层为主。
1.基地内部大量传统民居，建筑低矮，密度较大，街巷空间明显。
2.基地内部新建居民楼以3-4层为主，密度不大，街巷空间不明显。
3.部分留存厂房为5-6层。

- 1-2层
- 3-4层
- 5-6层

功能分析
基地主要以住宅为主。
1.北部道路为西中市，是著名的历史商业街区。东部为吴趋坊历史商业街区。基地内部有部分商业建筑。
2.基地内部以民居为主。
3.基地内部有苏式园林，是重要的旅游场所。

- 住宅
- 商业
- 园林

内部要素分析

基地内部的幼儿园，盛宣怀故居，龙先甲故居等，由于具有一定的历史价值应予以保留。同时根据年代，风貌等，对部分民居进行保留与改造。

西中市历史商业街 | 吴趋坊历史商业街 | 武安会馆 | 幼儿园 | 苏州园林 | 会计中心 | 盛宣怀故居 | 龙先甲故居 | 白娘子影视基地 | 阊门 | 护城河

商业13%
园林13%
住宅74%

住宅占建筑总面积的74%
商业占建筑总面积的13%
园林占建筑总面积的13%

商业建筑占比小，在设计中，为提升基地的活力，基地中的部分住宅用地将进行功能置换，成为商业用地。这需要我们在设计中重点考虑当地居民的感受。

介质性空间解读

植入

 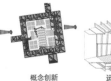 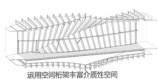

介质性空间元素　　形成以古井为线索的方案　　以功能置换激活地块　　概念创新　　运用空间桁架丰富介质性空间

介质性空间设计的不同阶段

第一阶段　　　　　　　　　　　　　　　　第二阶段

用廊架围合成介质性空间，不同的人群通过不同的方式体验空间，满足空间需求。

改善后的介质性空间不破坏老城风貌，又满足不同人的空间需求。

step1:古建的修缮与城墙保护

基地内遗留很多破败凌乱的民居和艺术创意园区等需要重新梳理的线性空间。

引入水和民俗体验馆串联新旧，使之成为一个完整的体系。

补充博物馆和产业园，增强基地生命力吸引年轻人，为基地引入活力。

古城墙保护两种方法
沿水保护
绿地保护

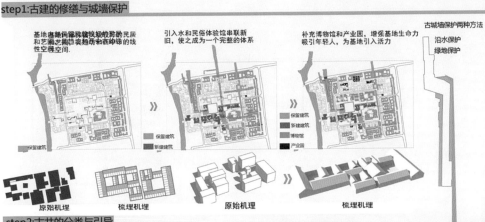

保留建筑
新建建筑
博物馆
产业园

原始机理　　梳埋机理　　原始机理　　梳埋机理

古城墙作为构成地块的线性要素，与平面空间形成呼应。

方案的主要轴线也与古城墙的线性形成呼应

利用墙形成积极空间，使建筑形成一种兼具通过和驻留作用的新空间。

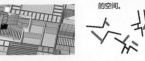

用片墙增加建筑的开敞性，同时也有利于建立更加有集聚效应的空间。

step2:古井的分类与引导

水边的井

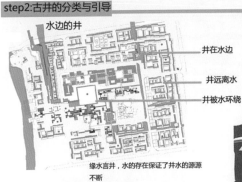

井在水边
井远离水
井被水环绕

缘水言井，水的存在保证了井水的源源不断

街巷中的井

功能：满足本地居民的饮食，休憩，交流等功能。同时满足游客的购物，参观的要求。

古井的分类
按服务范围
公用井
义井
私用井

按年代分类
清代
民国
文革时期
现代

综合评价

引导策略

建立评价体系
建造年代　使用情况　周边控保数量　古井的类型
得出结论
进行分类
井沿框架　井沿步道　井沿水

游览路线

主要步行道
廊架
水流
主要古井
次要步行道
次要古井

step3：地域其他要素

桃花篇

主要轴线用桃花限定出空间，丰富了道路景观

中心广场紧扣每院一桃概念。

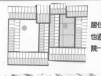

居住建筑也遵循每一院一桃的

船坞篇

在水面大的地方形成船坞，传承桃花坞地区的历史传统和船坞文化

   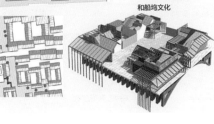

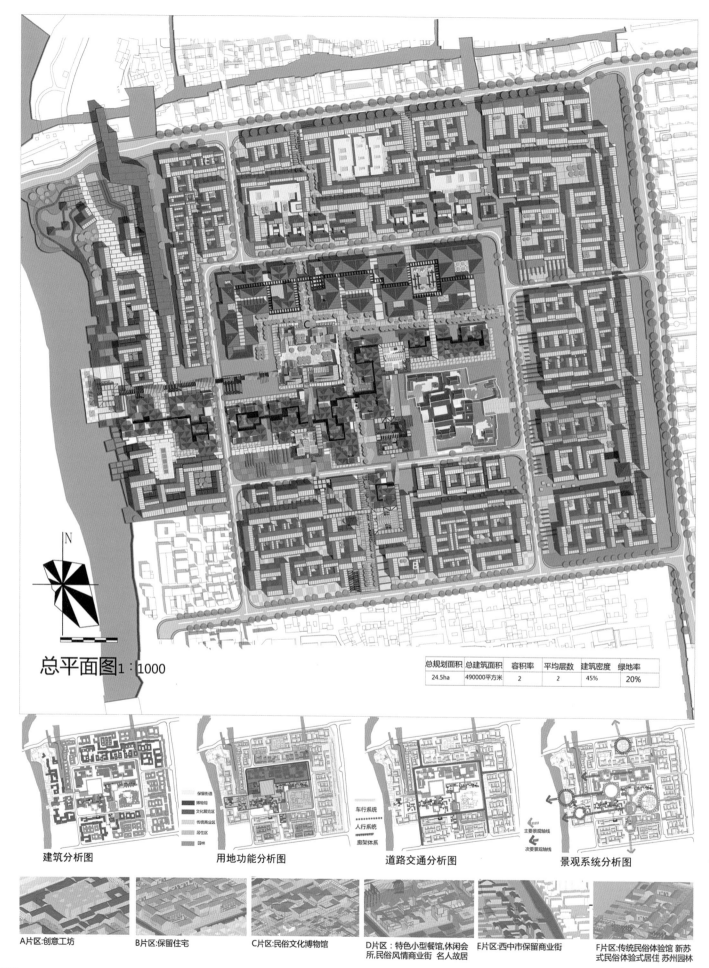

总平面图 1:1000

总规划面积	总建筑面积	容积率	平均层数	建筑密度	绿地率
24.5ha	490000平方米	2	2	45%	20%

建筑分析图　　用地功能分析图　　道路交通分析图　　景观系统分析图

保留街道
博物馆
文化展览区
传统商业区
居住区
园林

车行系统
人行系统
廊架体系

主要景观轴线
次要景观轴线

A片区:创意工坊

B片区:保留住宅

C片区:民俗文化博物馆

D片区:特色小型餐馆,休闲会所,民俗风情商业街 名人故居

E片区:西中市保留商业街

F片区:传统民俗体验馆 新苏式民俗体验式居住 苏州园林

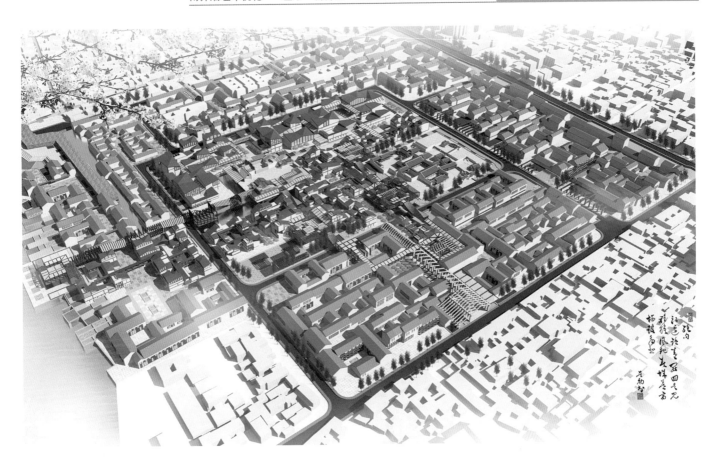

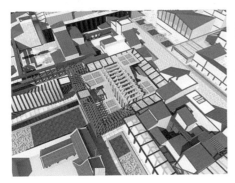

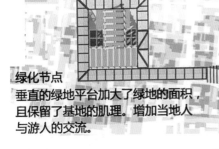
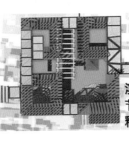

木架节点
节点位于基地的
人行路口前，是
入口廊架的补充

滨水节点
节点位于河流扩大处
释放人们的亲水性

绿化节点
垂直的绿地平台加大了绿地的面积，
且保留了基地的肌理。增加当地人
与游人的交流。

城塬复睦 窑厢呼应
——多重融合激活策略引导下的米脂老城保护更新规划

学生：赵雨飞、李渊文　　指导教师：曾鹏、陈天、蹇庆鸣、张赫

选题思路解析

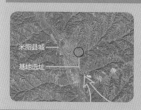

米脂窑洞古城位于陕西省东北部，为陕西省历史文化名城。通过实地调研，提取古城的景观特征、建筑特色、生产生活特色、民俗文化特色等地域特色，针对老城的问题与矛盾，从人群结构、空间肌理和社会、产业结构等方面制定融合和激活策略，实现老年与青年、本地人与旅游者、留守者与归巢者、传统产业与激活产业、地域特色与新建筑形式、空间肌理与新的触媒功能的融合，使基地的自然风貌、传统建筑、人文生活与未来发展结合，实现多重融合、多元共生。

气候特征解析

米脂属中温带半干旱性气候区全年雨量不足气候干燥冬长夏短四季分明日照充沛春季多风。昼夜温差大适宜农作物生长。年平均气温 8.5℃，年平均降雨量 451.6 毫米主要集中在夏季。最大年降雨量 704.8 毫米，最小 186.1 毫米，是黄土高原和中国大陆小杂粮主产区之一。

地域特色解析

1.地景特征

米脂古城地处黄土高原腹地，依山临水，筑于盘龙山、文屏山与无定河、银河、饮马河之间的沃野之上。古城历经千载光阴形成了三个城区。其中"下城"由东西南北四条大街及若干巷弄组成，历史风貌保存较好，是古城的核心区域。

2.建筑特色

街巷布局——基地内窑洞随山就势而建。整个古城区从盘龙山脚下的缓坡到山腰，街巷大多平行于山势的等高线，院落分布于街巷的两测，呈现疏急不等的梯状分布。院落形制——由于地理位置和所处巷道的不同，老城的院落形局更为严谨，形制更为严格。主要模式为四合院、三合院及二者的组合院落。讲究"三明两暗六厢窑"或"五明两暗六厢窑"。

窑洞类型——因地势而呈现不同的窑洞建筑类型。上城依山而势多建靠崖窑，下城多建独立式窑洞院落。建筑装饰——对传统的窑洞院落大多独门独院，建筑装饰表现集中在木雕、砖雕、石雕、门窗、彩绘纹样等，粗犷大方而不失精美这些传统的民间工艺水平很高，是不可再生的艺术。

3.生产生活特色

古城内租客居多，主要以照看租铺谋生，主要经营小饭馆和零售，形式上商住混合，将生产、生活结合，具有浓厚的本土生活气息。

4.民俗文化特色

米脂历史古城悠久，形成了极具地域特色的民俗文化，包括民歌、秧歌、剪纸及石雕等。

基地资源整合

1 区位资源　区位＋交通
基地位于米脂老城区，周边历史资源丰富，紧邻李自成行宫。
基地南侧紧邻城市主干道，交通较为便利。

2 文化资源　古城＋窑洞
基地承载着浓厚的古城文化，有魁星楼、柔远行、凤凰台等历史遗迹。
独特的地理环境使这里形成具有特色的窑洞四合院。

3 历史资源　城墙遗迹＋旧城肌理
基地位于米脂老城区，保留了一些标识性的城墙遗迹。
旧城肌理具有地域特色，建筑依山而建，格局自由。

4 自然资源　山地＋河流
基地周边有三座土山，但是缺少植被，北临翔凤凰山、盘龙山，南临文屏山。
基地周边有河流，回复其生态性，形成沿河景观带。

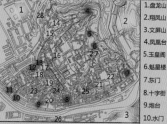

1.盘龙山　2.翔凤山　3.文屏山　4.凤凰台　5.玉皇阁　6.魁星楼　7.东门　8.十字街　9.炮台　10.水门　11.西南楼　12.炮台　13.柔远门　14.平军乐　15.关帝庙　16.城隍庙　17.财神庙　18.关帝庙　19.德良祠　20.三圣庙　21.地藏庵　22.文庙　23.西大街　24.北大街　25.东大街　26.南大街　27.银河　28.饮马河

城市系统分析

功能分析图

道路交通系统

居住区　商住混合区　公共建筑　寺庙建筑　城市主干道　城市支路　城市步行道

建筑存量评估

城市绿地系统

质量较差　质量较好　保存完好　主要绿化核心　次要绿化核心　主要景观视廊　次要景观视廊

公共空间分析

十字街口　公共空间核心

城市竖向标高

0-20m　20-40m　40-60m　60-80m　80-100m

基地特征研究

人群

1.原住民

2.进城务工陪读者

3.季节性归巢者

4.游客

空间

1.缺少公共空间

2.崖壁隔断道路崎岖

3.巷道狭窄商业没落

4.一院多户没有隐私

地域

1.靠崖窑的破败、历史遗存的破坏

2.窑洞四合院形制的破坏

3.自然景观恶劣

4.传统文化的缺失

设计概念引入

融合激活策略：指的是融合+激活的策略。

融合策略指的是通过原住人群、外来人群与旅游人群，传统产业与激活产业，地域特色与新建筑形式，空间肌理与新的触媒功能的融合，最终实现景观生态结构、产业结构和社会结构的多重融合。

激活策略指的是通过在城市改造中策略性地引进触媒元素，设置多处触媒点，影响或带动其他元素发生改变，刺激基地内的活力要素，从而促进城市建设客观条件的成熟，推动城市加速发展。

□融合策略 —产业升级、空间体系、地域特色

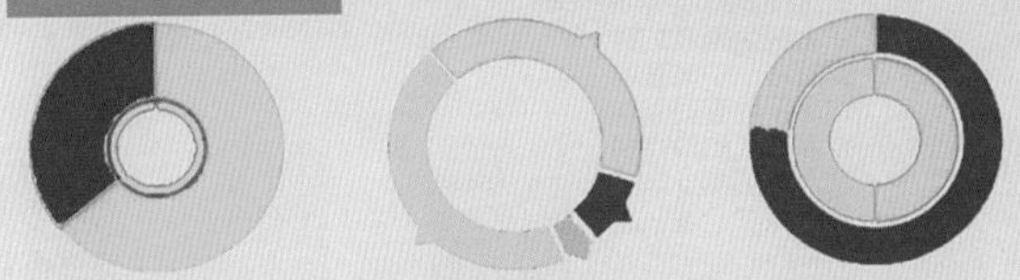

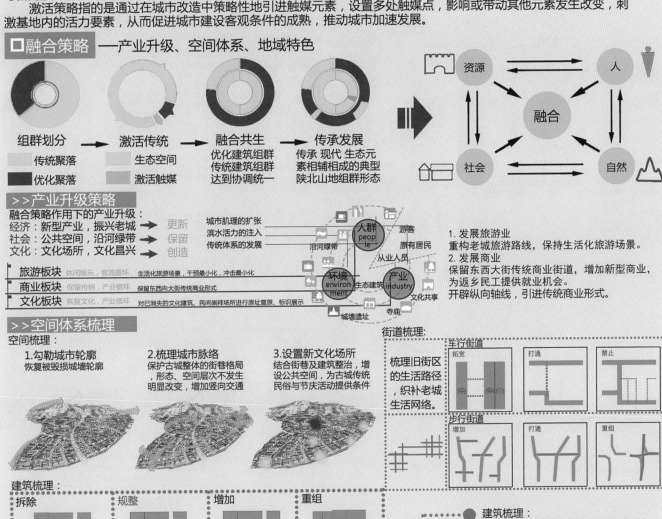

组群划分 → 激活传统 → 融合共生 → 传承发展

传统聚落　优化聚落　生态空间　激活触媒

融合共生：优化建筑组群 传统建筑组群 达到协调统一

传承发展：传承 现代 生态元素相辅相成的典型陕北山地组群形态

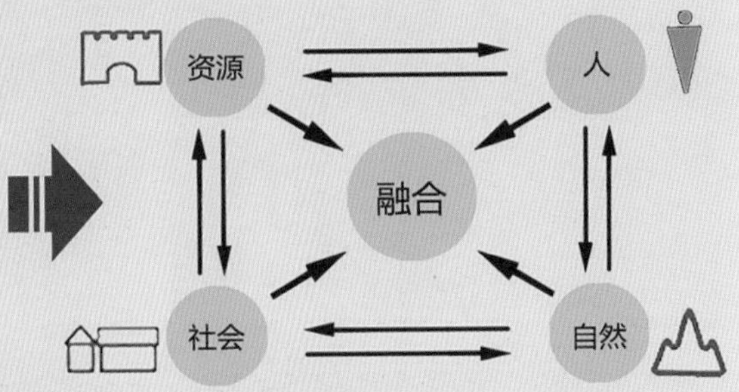

资源
人
融合
社会
自然

>>产业升级策略

融合策略作用下的产业升级：

经济：新型产业，振兴老城 → 更新

社会：公共空间，沿河绿带 → 保留

文化：文化场所，文化昌兴 → 创造

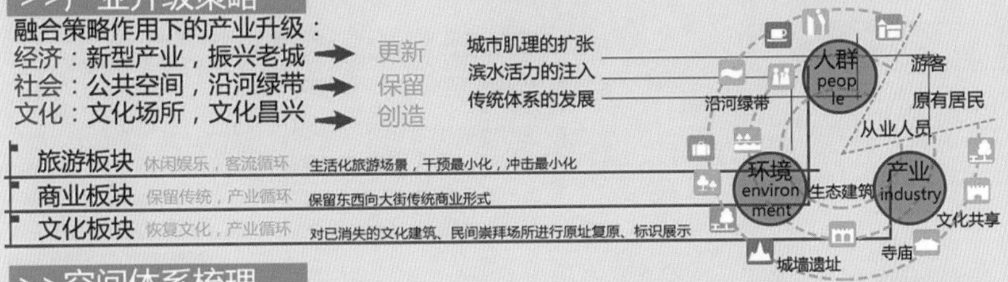

城市肌理的扩张
滨水活力的注入
传统体系的发展
旅游板块 休闲娱乐，客流循环 生活化旅游场景，干预最小化，冲击最小化
商业板块 保留传统，产业循环 保留东西向大街传统商业形式
文化板块 恢复文化，产业循环 对已消失的文化建筑、民间崇拜场所进行原址复原、标识展示
人群 people
沿河绿带
游客
原有居民
从业人员
环境 environment
生态建筑
产业 industry
文化共享
寺庙
城墙遗址

1. 发展旅游业
重构老城旅游路线，保持生活化旅游场景。
2. 发展商业
保留东西大街传统商业街道，增加新型商业，为返乡民工提供就业机会。
开辟纵向轴线，引进传统商业形式。

>>空间体系梳理

空间梳理：

1.勾勒城市轮廓
恢复被毁损城墙轮廓

2.梳理城市脉络
保护古城整体的街巷格局，形态、空间层次不发生明显改变，增加竖向交通

3.设置新文化场所
结合街巷及建筑整治，增设公共空间，为古城传统民俗与节庆活动提供条件

街道梳理：

梳理旧街区的生活路径，织补老城生活网络。

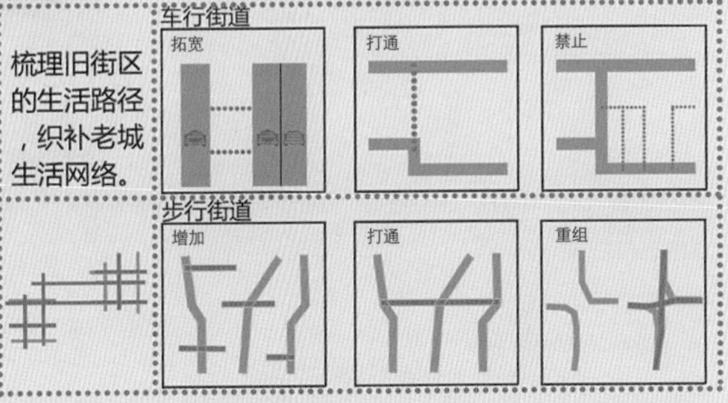

车行街道
拓宽
打通
禁止
步行街道
增加
打通
重组

建筑梳理：

拆除
重新归置不协调的建筑
规整
拆除临时搭建，违背风貌的建筑
增加
建筑梳理，还原肌理
重组
肌理重构，还原合院

建筑梳理：
米脂古城特色的窑洞四合院形制在发展的过程中遭到一定程度的破坏，通过对部分建筑的拆除、规整以及重组恢复其合院形制。

公共空间梳理：
分级布置公共活动空间，注入新功能，激发老城区活力。

公共空间梳理：

分级布置公共活动空间，注入新功能，激发老城区活力。

院落活动
组团活动
公共活动

>>地域特色传承

1.恢复历史环境
保护古城周边山体形态，同时开展山体绿化，保持银河的传统河道流向及断面形式。
2.修复城市机体
恢复部分城墙和景观节点。对保存状况较好的历史建筑进行日常巡视与维护，如柔远门、盘龙山建筑群等。
3. 形成场地绿带
利用沟谷型山体形成串联起整个场地的绿带。

□激活策略 —空间触媒 功能触媒 景观触媒 基础单元触媒

>>空间触媒

轴带
开辟纵向轴线，实现上下城连接，构成场地内重要的景观视廊。

>>功能触媒

传统商业
保留商业街传统商业元素，恢复部分祭祀性质场所。

>>基础单元触媒

建筑
打通部分建筑院落为半公共开敞空间，为院落添加活力。

>>景观触媒

城墙遗址、沿河景观
修复部分城墙和沿河景观，构成场地内重要的旅游路线。

以窑洞四合院为基本单元的延展模式

基地窑洞分析

■靠崖式窑洞　独立式窑洞　■爬坡窑洞院落　平地窑洞院落

窑洞四合院主要模式为四合院、三合院及二者的组合院落。与其他合院式建筑具有相似的特征，也同时体现了其独特的形制。讲究"三明两暗六厢窑"或"五明两暗六厢窑"。

窑洞整合

■靠崖式窑洞　独立式窑洞　■爬坡窑洞院落　平地窑洞院落

通过整合标准院落形制，对爬坡窑洞院落和平地窑洞院落进行形制的恢复。通过对部分建筑的拆除及修建，使不同种类窑洞分区分布。

窑洞类型——整合之后窑洞的类型没有发生变化。

院落布局——拆除一些较为破败的靠崖式窑洞和独立式窑洞。形成明显的上下城布局特点，上城为爬坡式窑洞院落，下城基本均是平地窑洞院落。靠崖式和独立式窑洞数量减少且集中分布在上城一定区域内。

院落形制——对破坏较严重的爬坡窑洞院落进行建筑改造，恢复标准合院形制。

标准院落形制一　标准院落形制二　标准院落形制三

基地街巷布局

■商业性街道　■交通性街道　■生活性街道　●十字街口

场地内道路多较窄，缺少统一的规划，交通性道路连接上下城，呈环套环状。

道路梳理

■商业性街道　交通性街道　■生活性街道　●十字街口

道路分级设置，使场地内车行与人行交通清晰。保护古城整体的街巷格局，形态、空间层次不发生明显改变。增加竖向道路，沟通了横向的街道

连通性

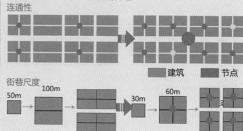

■建筑　■节点

街巷尺度

50m　100m　30m　60m

邻里环境

家　商店　活动中心

家　商店　活动中心　景观

0 2 4 6 8 10 12 14 16min　　0 2 4 6 8 10 12 14 16min

基地合院分析

■合院建筑最多　■合院较多　合院较少　合院最少

空间整合

■合院建筑最多　■合院较多　合院较少　合院最少

对基地现状分析得出，场地各个区域的建筑密度相差较小，但是合院式建筑所占的密度却有较大差异，仅有小块区域内合院式建筑较集中。通过改造扩大了合院式建筑的面积和分布范围。

基地内建筑密度较高，开放空间较少。

高密度的空间带来的后果是高度均质的内外空间，极度缺少开放空间，原住民生活质量较差。

避免空间均质化，一方面可以改变建筑尺度，一方面可拆除建筑形成开敞空间，提高居民生活质量。

局部改造

……屋顶平台
……爬坡小路
……屋顶平台
……观景休憩平台
……观景休憩平台
……观景小园
……休闲草坪
……爬坡小路

文化中心是基地内重要的公共活动中心，上下城的景观轴线与步行系统均在此汇聚。
它随着山地阶梯而上，将山体融于建筑之中。立面采用当地常见的大理石，提取网格元素构成采光玻璃，同时形成强烈的虚实对比，传统与现代在建筑中融合。

……普通民宿院落
……窑洞酒店院落
……壁崖绿化景观
……酒店办公处
……爬坡小路
……窑洞酒店院落

古城分为明显的上下城，方案中将右侧壁崖处的窑洞院落整合为窑洞旅馆，东部与古城文化中心相连，具有良好的休闲空间，向东可俯瞰古城东部景色。

古城文化中心

爬坡窑洞旅馆

产业定位

民俗产业
旅游业

餐饮业
零售业
文化教育
行政办公

原有产业　产业链　规划后产业

互补　激发　带动

产业定位：以文化为魂，商业为脉，旅游为纽带，在原有产业的基础上，在保证原住民生产生活方式不遭破坏的情况下，发展旅游业，带动文化传承，为各类人群提供良好的居住、休闲、娱乐场所，复睦老城。

旅游线路规划

城墙游览路线　生态绿轴游览路线　山路主轴游览路线　传统商业街游览路线

业态分布

功能分区准则

1. 保证原有的生产生活方式
2. 资源转化合理
3. 生态系统的保护与修复
4. 建筑形式与功能的结合

标号	功能分区	组分	改造强度
1	传统窑洞四合院居住	平地窑洞四合院	基本保留
2	传统商业	小酒楼 手工业制作	保留 改造
3	新型商业	酒吧 超市 咖啡店	重造
4	爬坡窑洞四合院酒店	窑洞度假酒店	改造
5	公共建筑	文化博物馆 中小学	改造、重修
6	生态轴带	生态绿化 壁崖绿化	改造

传统窑洞四合院聚落

新型商业

公共建筑 大成殿

主要经济技术指标

总用地面积	28.5万㎡
总建筑面积	18.6万㎡
建筑密度	65.3%
容积率	0.48
绿地率	21.3%

用地平衡表

用地类型	面积	百分比
规划总用地	28.5ha	100%
C公共设施用地	11.0ha	38.6%
C2商业金融用地	9.7ha	34.0%
C3文化娱乐用地	1.3ha	4.6%
R居住用地	7.0ha	24.6%
G公共绿地	5.6ha	19.6%
S道路广场用地	4.7ha	16.5%
U市政设施用地	0.2ha	0.7%

总平面图 1 : 1500

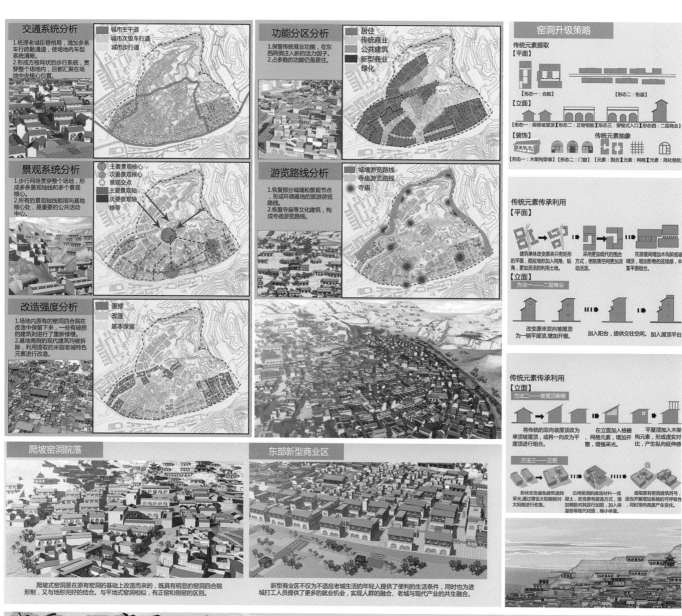

交通系统分析

1.梳理老城街巷格局,增加多条车行疏散通道,使场地内车型系统清晰。
2.形成方格网状的步行系统,贯穿整个场地内,且都汇聚在场地中央核心位置。

城市主干道
城市次级车行道
城市步行道

功能分区分析

1.保留传统商业功能,在东西两侧注入新的活力因子。
2.占多数的功能仍是居住。

居住
传统商业
公共建筑
新型商业
绿化

窑洞升级策略

传统元素提取
【平面】

【形态一:合院】 【形态二:街道】

【立面】

【形态一:厢窑坡屋顶】【形态二:正窑窑脸】【形态三:穿窑式入口】【形态四:二层商业】

【装饰】 传统元素抽象

【形态一:木架构穿廊】【形态二:门窗】【元素:围合】【元素:网格】【元素:简化窑脸】

景观系统分析

1.步行网络贯穿整个场地,形成多条景观轴线和多个景观核心。
2.所有的景观轴线都指向基地核心处,是重要的公共活动中心。

主要景观核心
次要景观核心
景观交点
主要景观轴
次要景观轴
绿带

游览路线分析

1.恢复部分城墙和景观节点,形成环绕基地的旅游游览路线。
2.恢复寺庙等文化建筑,构成寺庙游览路线。

城墙游览路线
寺庙游览路线
寺庙

传统元素传承利用

【平面】

建筑单体改变原来只有矩形的平面,顺应地形加入转角、锐角,更加灵活的利用土地。
采用更现代化的围合方式,使院落空间更加灵动丰沛。
在房屋周围增加木构架或玻璃墙,增加街巷的连续感,丰富平面组合。

【立面】
方法一——二层商业

改变原来双向坡屋顶为一侧平屋顶,增加开窗。
加入阳台,提供交往空间。
加入屋顶平台。

改造强度分析

1.场地内原有的窑洞四合院在改造中保留下来,一些有破损的建筑则进行了重新修缮。
2.基地南侧的现代建筑均被拆除,利用提取的米脂老城特色元素进行改造。

重修
改造
基本保留

传统元素传承利用

【立面】
方法二——坡屋顶厢窑

将传统的双向坡屋顶改为单向坡屋顶,或将一向改为平屋顶进行组合。
在立面加入格栅、网格元素,增加开窗,增强采光。
坡屋顶加入木构架,形成虚实对比,产生纵向延伸感。

方法三——正窑

形状改变避免建筑遮挡采光,通过增设太阳能板对太阳能进行收集。
沿用窑洞的建造材料:凝土,改变原有建造方式,增加加固筋对其进行加固,加入保温板等现代材质,缩小体量。
提取原有窑洞建筑特征,适当开窗增加系统的可呼应性,同时竖向高度产生变化。

爬坡窑洞院落

爬坡式窑洞是在原有窑洞的基础上改造而来的,既具有明显的窑洞四合院形制,又与地形完好的结合。与平地式窑洞相似,有正窑和侧窑的区别。

东部新型商业区

新型商业区不仅为不适应老城生活的年轻人提供了便利的生活条件,同时也为进城打工人员提供了更多的就业机会,实现人群的融合,老城与现代产业的共生融合。

城堰复睦 窑厢呼应——多重融合激活策略引导下的米脂老城保护更新规划

日新粤彝 基于文化生态原理的传统岭南村落适应性城市设计

学生：董韵笛、奚雪晴　　指导教师：侯鑫、曾鹏、蹇庆鸣、闫凤英

区域背景分析

基地位于广东省东莞市谢岗镇，该镇东邻深圳经济特区，为新兴工业城镇，道路网四通八达，由于其优越的地理位置和历史原因，成为名闻遐迩的东莞市中心城镇。该基地位于谢岗镇中心区附近，基地内有一处岭南古村落。基地位于工厂劳动，此处有大量彝族农民工在包工头的牵线下前来打工，大多来自大小凉山地区的北部彝语方言区。

选谢岗村　　主要交通道路
谢岗镇中心区

地域特色分析

建筑特色

基地内有一处古村落，该村落内分布着大量的广府民居，其中大中型住宅基本格局为"三间两廊"。典型的广府民居有一个很大的特点，其屋两边墙上筑起两个象镬耳一样的挡风墙。

村落布局特色

基地内的古村落为典型的岭南村落布局模式，以水为脉、以墙为围、以祠为宗、以石为基、以巷为网。村落建筑呈梳式布局，建筑南北向排列成行像梳子一样，两列建筑之间形成的"里巷"是村内主要交通通道。

民俗文化特色

一些重要的人生礼仪过程需要宗族成员参与并在宗祠举行仪式，嫁娶、开灯酒满月酒，寿宴等喜事要在祠堂开摆宴席。当地祭祀祖先的氛围浓厚，称扫墓为"拜山"。

空间特色

村里最重要的活动场所常常是由古树、古井等元素围绕着祠堂前坪而成的广场。由水系与街巷结合形成的水街，它既担当水上交通的要道，又作为居民日常生活洗浣、聚集和交流的主要场所。

自然环境特色

该基地地处亚热带地区，属南亚热带海洋性季风气候，村落依小山坡而建，村前环绕河，河流前分布有鱼塘、农田耕地，它们共同作为村落的边缘景观并且与村落本身共同形成"山、水、村、田"的空间格局。

人群需求分析

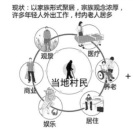 

现状：以家族形式聚居，宗族观念浓厚，许多青年经人外出工作，村内老人居多
观景　医疗　**当地村民**　养老　商业　娱乐　居住

现状：主要从事工厂临时性普工工作，以家支的形式在东莞进行活动，宗族观念强
观景　社交　**彝族农民工**　集会　工作　文化　居住

现状：东莞市大力发展古村落的旅游业，预计将会有大量的游客慕名前来旅游体验
观景　商业　**游客**　娱乐　文化　居住

需求：老人需要大量古村的文化设施，如博物馆、老人活动中心、民俗文化陈列室、戏剧演出厅等

需求：陌生的社会环境中找到归属感，需要有熟悉的生活环境，以及可以让他们进行民俗活动的场所

需求：可以深入体验岭南传统村落的消费场所，同时需要配套的商业住宿等服务设施

岭南文化　游客体验　配套商服　彝族文化　娱乐休闲　- - - - 产业链

保留已有业态，利用资源开发旅游业和商业。综合发展以传统文化、民俗风貌、自然体验、为核心的城市旅游锚地。形成业态间相互推动发展的产业链条。

旅游高峰期与用工高峰期错开，增加农民工的经济来源。多种业态提升地块活力。

民族元素分析

图腾信仰
彝族的三色崇拜表达了喜怒哀乐生死祸福，反映了彝人尚尚武彪悍的民族气质。
装饰图案

民俗活动
彝族的火把节历史悠久，影响深远，充分体现了彝族歌舞与崇火的民族性格。
生活文化　火把节　彝族年
歌舞　摔跤　祭祖

建筑特色
彝族的传统建筑的檐部使用当地地方多层出挑，并饰以彩绘，颜具特色。
屋檐装饰与室内空间装饰

生活现状
彝族民工，村村都集中分布于东莞深圳和惠州三地，主要从事工厂临时性普工工作。
利益诉求

基地现状分析

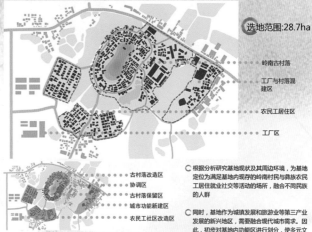

选地范围:28.7ha

岭南古村落
工厂与村落混建区
农民工居住区
工厂区

古村落改造区
协调区
古村落保留区
城市功能新建区
农民工社区改造区

○ 根据分析研究基地现状及其周边环境，为基地定位为满足基地内现存的岭南村民与彝族农民工居住就业社交等活动的场所，融合不同民族的人群

○ 同时，基地作为城镇发展和旅游业等第三产业发展的新兴地区，需要融合现代城市需求。因此，初步对基地内功能区进行划分，使多元文化、功能共生。

道路分析 ## 建筑功能分析

城镇主要道路　村落内部支路
村落内部主要道路
工厂　宗祠建筑　居住

绿化分析 ## 建筑质量分析

主要绿化空间　绿化空间联系
质量好　质量较好　质量较差
质量差

人群分布分析 ## 建筑高度分析

传统村落村民（老人为主）　工厂
彝族农民工　东莞谢岗镇居民
1-2层　3-4层　5-6层

提出融合概念

文化生态学理论

 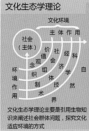

文化环境
主体作用
社会（主体）　价值观念　经济科
环境作用　组织体制　自然技术

生物圈依照习性划分群落

人群依据文化和生活模式划分群体

文化生态学理论主要是引用生物知识来阐述社会群体问题，探究文化适应环境的方式

群落之间存在竞争、寄生、共生等关系

新村 梳理文化模式和空间形态

各种变量的交互作用中研究不同民族文化的特殊形貌和模式

新的社会群体迁入后，面临融合和共生的问题

文化生态学理论的运用

聚落划分 → 激活传统 → 共生融合
岭南村落　特色新区　现代功能、民族特色和传统村落达到统一标准
现代村落　催化活力　共生 通过空间营造使其和谐共生
彝族村落

激活 植入新的功能和空间形态
以新的功能业态为载体，激活激活地块上，更彰显民族特色

民俗文化和而不同，新颜旧貌共生共荣

岭南古村落的旅游商业开发与更新和保护村落形式之间的协调关系——
岭南当地地域特色民俗文化与外来彝族农民工的民俗文化之间的融合

彝族农民工：迁入带来彝族民族文化
岭南当地村民：世居保留传统岭南文化
游客：流动带来现代城市生活

居住融合、文化融合、社会融合
运用文化生态理论，达到不同群体在同一空间内和谐共生

基地内的不同聚落社会群体

总平面图
①活动体验区
②岭南敬老院
③风俗展示区
④特色旅馆区
⑤商业水街
⑥休闲娱乐区
⑦文化展览中心
⑧商业商务配套
⑨彝族农民工社区
⑩彝族风情区

经济技术指标

总用地面积	总建筑面积	建筑密度	容积率	绿地率
28.7万m²	46.8万m²	36.20%	1.58	26.30%

用地平衡表

用地类型	总建设用地	道路用地	公共绿地	居住用地	公建用地
面积	28.7ha	4.1ha	5.6ha	10.6ha	8.4ha
百分比	100%	14.20%	19.50%	36.90%	29.40%

交通路网分析

—— 城市干道 —— 一级道路 —— 二级道路

功能分区分析

彝族农民工社区　城市功能更新区　风貌协调区
彝族特色活动区　古村落保留区　文化展示区

水系形态分析

河道　面状开放水域　水田　特色地域肌理
水街水院　线性和点状水系

步行空间分析

●●●● 滨水步行空间　●●●● 内部步行空间

景观结构分析

○ 一级景观节点　○ 二级景观节点　··· 三级景观节点
—— 主要轴线

建筑高度分析

3—6m　6—10m　10—20m
20—30m

区域特色分析

保留改造区

① 梳理改造传统肌理,提供更多生活空间,手工业等民俗传统保留弘扬

活动展示区

② 在传统形态上加以改造更新,但作为岭南文化展示平台和村民活动中心

风貌协调区

③

传统岭南村落空间形态提取创新。为游客参与当地村民生活提供更多机会

功能更新区

④

在接近市镇中心的区域开发商务商业功能，并安插文化商业综合体核心

彝族生活区

⑤

为彝族农民工提供更宜居社区，活动共享区加强民族文化之间的融合

岭南传统建筑梳理

归纳传统建筑形态

形态一：院落　　形态二：临街　　形态三：滨水　　形态四：邻塘　　形态五：散乱

提取传统建筑尺度

新旧融合改造手法

拆除和新建，嵌入开放空间

A临街小院　　B封闭小院　　C散落组合院　　D独立大院

拆除破损建筑　　新建院落组合

拆除破损建筑　　新建院落组合

提取典型符号，创造新场所

提取传统建筑形态要素　　提取坡屋顶元素　　塑造院落空间

31.5M

提取廊桥元素　　塑造景观小品

0.0M
0.0M　　72.0M

现代手法变形，植入综合功能

传统古街肌理　　嵌入 融合　　形成有岭南符号的现代化建筑

现代功能公建　　分割 碎化　　建筑结合景观

景观结合建筑

传统鱼塘肌理　　延续 变形　　形成岭南特色景观

水田　水塘
果树　铺装

购物--多层级高品质传统&现代购物环境

住宿--适合多类人群的多层次高品质住宿

休闲健身--多点成网络状布置、方便实用

餐饮--多层级、高品质室内外就餐环境

休闲娱乐--具有地域特色的休闲娱乐空间

聊天交流--整洁有序的高品质室外小空间

拍照留念--环境优美幸福洋溢的历史街区

重要空间节点

节点一：祠堂前广场

祭祀
聚会
休闲
社交

①广场凉亭 ②喷泉水池
③花池景观 ④水上廊桥

节点二：水上戏台

文化
展示
观赏
体验

①保留祠堂 ②叠水景观
③水上戏台 ④廊架水榭

节点三：游船码头

体验
娱乐
展览
观景

①民俗博物馆 ②景观连廊
③亲水平台 ④游船码头

节点四：文化综合体

祭祀
民俗
展示
交流

①亲水栈道 ②岭上观景台
③景观步道 ④文化展览馆

节点五：水上集市

交流
活动
商业
休闲

①环形表演廊 ②圆雕陶柱
③滨水亭台 ④休闲广场

社区组团鸟瞰

阅读禅坐空间

休憩放松空间

展览交流空间

屋顶空间丰富

减去部分屋顶，增加阅读的场所

减去部分屋顶，增加孩子玩耍分享玩具的时间

减去部分屋顶，增加交流的机会

减去部分屋顶，增加展览的场所

建筑单体加减

最终保留的原始建筑体块　　　　体块的减法，空间的加法

原始建筑体块　　　　原始建筑体块

体块的减法，空间的加法　　　　最终保留的原始建筑体块

活力时段分析

社区功能部分置换，底部增加商业界面，顶部改造为高级公寓或旅馆，平衡因建筑改造带来的损益，满足个时段人群活动，提升地块活力。

游客

彝族居民

岭南居民

就业活力激活

旅游开发后彝族民工在用工的低峰期发展旅游商业，工业旅游业相互补充。增加工人收入，使少数民族民工真正融入地块，找到归属感。

旅游开发前	旅游开发后
彝族农民工就业活力	彝族农民工就业活力
1月	1月
2月	2月
3月	3月
4月	4月
5月	5月
6月	6月
7月 工厂淡季	7月 旅游旺季
8月	8月
9月	9月
10月	10月
11月	11月
12月	12月

形态功能改造

屋顶改造类型1：
公寓:提供更好的居住空间

屋顶改造类型2：
家庭旅馆屋顶平台和更多的公共空间

旅游线路类型

A.岭南文化展示之旅

主要景点包括岭南民俗展示，特色水街道，花展广场，水上戏台，古祠堂广场等。让游客参观岭南村民的生活场景，了解岭南文化。

体验龙舟赛　参观岭南花展　岭南水街购物　欣赏戏曲
体验岭南特色民宿　感受祭祖活动

购物　游览　体验　观赏

B.休闲娱乐游览之旅

主要景点包括滨水景观带、休闲娱乐区、湖心岛、民俗旅馆、文化商业综合体等。让游客们享受休闲娱乐时光，领略岭南地域特色。

滨水观景休闲　参加爬山活动　观赏岭南戏曲
住宿岭南水乡酒店　文化娱乐消费

餐饮　住宿　休闲　运动

C.彝族民俗体验之旅

主要景点包括街宴长廊、火塘、柱阵广场、民族碉楼、毕摩像广场、彝族手工艺展览馆等。让游客参与彝族节庆文化，促进岭南当地文化与彝族文化的融合共生。

参与长街宴　参观民俗工艺　水上集市　水上线道　文化综合体
感受火把节　参加游园活动　参观民俗博物馆

游览　集会　观赏　体验

轴线主要节点

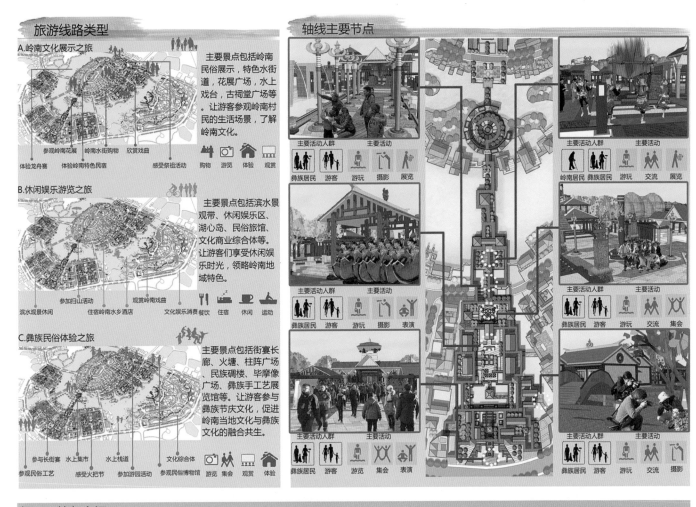

主要活动人群　主要活动
彝族居民　游客　游玩　摄影　展览

主要活动人群　主要活动
岭南居民　彝族居民　游客　交流　展览

主要活动人群　主要活动
彝族居民　游客　游玩　摄影　表演

主要活动人群　主要活动
彝族居民　游客　游玩　交流　集会

主要活动人群　主要活动
彝族居民　游客　游览　集会　表演

主要活动人群　主要活动
彝族居民　游客　游玩　交流　摄影

彝风区特色空间

⑤柱阵广场：中心图腾柱是彝族图腾信仰的标志，彝族居民祭祀活动场地。

⑥水上景观大道：串联寨门，太阳门和月亮门，具有仪式感的景观大道。

②工艺展示馆：向游客展示彝族传统手工艺，长廊也作为长街宴举办场所。

③碉楼：彝族建筑的精髓，广场序列的制高点。水面最开敞核心的公共空间。

⑦火塘：彝族标志性空间，彝族居民与游人共同参加火把节的场所。

④牌楼、风雨桥：彝族文化精神的象征，传统彝族村寨门户的标志。

①入口广场：喷泉和跌水景观，民族特色装饰。

一、2014 年度城市设计作业竞赛征集公告主要内容

高等学校城乡规划学科专业指导委员会 2014 年年会主题为："新型城镇化与城乡规划教育"。本次年会城市设计课程作业评选将围绕这一年会主题展开，要求参赛者以独特、新颖的视角解析年会主题的内涵，以全面、系统的专业素质进行城市设计。

1. 设计主题

高等学校城乡规划学科专业指导委员会（以下简称专指委）指定大会主题，不指定评选作业的题目；各学校可围绕"回归人本，溯源本土"的年会主题，自行制订并提交教学大纲，设计者自定规划基地及设计主题，构建有一定地域特色的城市空间。

2. 成果要求

（1）用地规模：5-20 公顷。

（2）设计要求：紧扣主题、立意明确、构思巧妙、表达规范，鼓励具有创造性的思维与方法。

（3）表现形式：形式与方法自定。

（4）每份参评作品需提交：

①设计作业四张装裱好的 A1 图纸（84.1cm×59.4cm），一张 KT 板装裱一张图纸（勿留边，勿加框）。

②设计作业 JPG 格式电子文件 1 份（分辨率不低于 300DPI）。

③设计作业 PDF 格式电子文件 1 份（4 页，文件量大小不大于 10M，文字图片应清晰）。

④教学大纲打印稿和 DOC 格式电子文件各一份。

教学大纲质量、大纲与设计作业的一致性、设计作业质量均作为评选内容。

3. 参评要求

（1）参与者应为我国高等院校城乡规划专业（原城市规划专业）的高年级（非毕业班）在校本科生，每份参评方案的设计者不超过 2 人。

（2）参评作品必须为参评学生所在学校本学年的一份正式规划设计的课程作业。

（3）参评作品和教学大纲中不得包含任何透露参评者及其所在学校的内容和提示。

（4）每个学校报送的参评作品不得超过 3 份。

（5）参评作品必须附有加盖公章的正式函件，同时寄送至本次评优活动的组织单位（地址见年会通告），恕不接受个人名义的参评作品。

二、2014 年度城市设计作业竞赛获奖状况及点评

2014 年共征集城市设计作业 208 份。经过筛查剔出 8 份不合格作业，最终共有 200 份作业进入评选环节。

参赛作业一共经过两轮评选，第一轮为网评，第二轮为会评。第一轮由 21 位专指委委员和 30 位设计单位专家构成的网评专家团对作业进行评选，最终筛选出 72 份作业进入第二轮会评。第二轮会评由毛其智教授担任组长，运迎霞、王世福、孙施文、刘博敏、陈燕萍、赵天宇共 7 位教授组成的评审组对入围作品进行现场品评。在经过专指委全体会议的审核后，2014 年度城市设计竞赛最终评选出：二等奖 12 份，三等奖 25 份，佳作奖 35 份。秉持宁缺毋滥，强调一等奖的全面示范作用，专家一致认为 2014 年度没有达到一等奖要求的参赛作业，因此 2014 年度城市设计作业竞赛一等奖空缺。

网络初审首先强调设计作业体现出的对"城市设计（urban design）"概念的基本理解，基于"城市设计是对城市体型和空间环境所作的整体构思和安排，贯穿于城市规划的全过程。[①]"这一理念进行设计质量判定；按照"要传承文化，发展有历史记忆、地域特色、民族特点的美丽城镇。要体现尊重自然、顺应自然、天人合一的理念，依托现有山水脉络等独特风光，让城市融入大自然，让居民望得见山、看得见水、记得住乡愁；融入现代元素，更要保护和弘扬传统优秀文化，延续城市历史文脉；要融入让群众生活更舒适的理念，体现在每一个细节中。在促进城乡一体化发展中，要注意保留村庄原始风貌，慎砍树、不填湖、少拆房，尽可能在原有村庄形态上改善居民生活条件。[②]"的标准进行细节评价。

会评的主要评选目的在于推动各校的交流，促进城市设计课教学质量的整体提高。因此，评价标准要求根据《城乡规划本科指导性专业规范》（2013 年版）的要求，评价学生作业的设计原则和价值观，以及"解读现状，分析问题，设计目标，方案表达"等能力；既要强调掌握扎实的设计基本功，又要鼓励积极主动的创造性培养。

参与会评的专家对 2014 年城市设计参赛作业的基本印象：选题类型较丰富，现状分析有相当的深度，方案思路、设计理念缤彩纷呈，图纸表达能力上的差距日趋缩小。经过仔细审阅，也发现参赛作业存在以下问题：

（1）课程设计的基本要求不明确，主要图纸表达不够清楚准确。

（2）竞赛味道依然较浓，过于追求炫目的图面效果。

（3）分析问题与解决问题脱节，较少从工程技术的角度考虑设计方案。由此建议各个学校应针对上述问题在后续的城市设计教学活动和竞赛组织中予以重视，加以改进。

---

① 《城市规划基本术语标准》GB/T 50280—98。
② 中央城镇化工作会议，2013 年 12 月 12 日至 13 日新闻通稿内容。

获奖情况

一等奖 0 份， 占参评作品的 0%；

二等奖 12 份，占参评作品的 6.00%；

三等奖 25 份，占参评作品的 12.50%；

佳作奖 35 份，占参评作品的 17.50%。

二等奖

作品名称	学校名称	学生	指导教师
CLOT 四位一体——基于大运河申遗背景下河南道口镇历史地段城市设计	郑州大学	周理、郑坚	韦峰、陈静、曹坤梓
运河边上的故城·故院·故土——以产城一体化为指导的杨柳青古镇改造与提升设计	河北工业大学	张晨、李科利	孔俊婷、李蕊
开窗纳山水　归本栖乡愁——集美大社村更新设计	华侨大学	黄建清、刘静娴	林翔、李泽云、潘华
存量挖潜，"老"有所为——松溉古镇更新设计	重庆大学	岳俞余、陈卉	邢忠、魏皓严、叶林
依山就势　和谐共生——郑州方顶传统村落保护与更新设计	郑州大学	冯旦、颜益辉	陈静、韦峰、曹坤梓
溯归泮水　薄采其菁——基于低碳理念与客家村落文化更新的综合功能区城市设计	天津大学	耿佳、许宁婧	陈天、曾鹏、闫凤英
故土难离——历史城区改造的"非驱逐性"解法	苏州科技学院	芮勇、袁浣	王雨村、郑皓、金英红、于淼、洪亘伟
山水乡野·街肆邻里	西安建筑科技大学	王闯、张程	李昊、裴钊、尤涛
铆城　连街——多重铆点耦合效应引导下的旧城改造城市设计	浙江大学	徐威、邱梦	董文丽、葛丹东
突围·计——集美源大社村更新活化设计	华侨大学	张博雅、陈多多	林翔、李泽云、潘华
水盾循源——厦门市东屿村传统名俗村落城市更新设计	沈阳建筑大学	汤航、王娜	袁敬诚、关山、蔡新冬、黄木梓、张海清、张蔷蔷
城市缝合　深圳南园路地段城市设计	深圳大学	孙阳、黄佳梓	黄大田、张艳、杨晓春

三等奖

作品名称	学校名称	学生	指导教师
活着的遗产　真实的生活——基于产权经济学的居住型历史街区规划设计	南京工业大学	程哲、刘清清	王江波、严铮、蒋伶、叶如海、钱静
古村嵌广厦——嵌入都市的古村落发生器合肥市明教寺地区城市更新设计	合肥工业大学	宋琦、王美琳	宣蔚、冯四清、宋敏
茗香梵意　栖院田居——基于最小干预和最优联动策略的川西禅旅小镇边缘区规划设计	天津大学	王美介、张李纯一	蹇庆鸣、张赫、闫凤英
溯·归——文化空间复兴模式下的沙溪古镇更新规划	云南大学	乔壮壮、李欣格	王晓芸、杨志国、唐安静
溯坊·寻道·释生——朱紫坊历史街区城市设计	福州大学	敖宁谦、郑梦妍	邓沁雯、陈小辉、赵立珍
墙续厢缝　端城循遗——古城墙织补与再激活引导下的肇庆新旧城临界区保护更新设计	天津大学	姚嘉伦、尤智玉	曾鹏、王峤、蹇庆鸣
渔巷旧事　神港新生——基于文化传承与生态修复的北方传统渔村聚落更新设计	河北工业大学	梁晨、刘菲	孔俊婷、李蕊
慢疗 2025	哈尔滨工业大学	胡玉婷、郑春宇	李罕哲、董慰、吕飞
蚁族馨区	同济大学	宝一力、尹嘉晟	杨辰、周俭、童明、杨贵庆
西门上河图	同济大学	王文通、屈信	赵蔚、周俭、童明、杨贵庆
忆脉相承——基于社会网络重建的桐城市六尺巷老城区改造城市设计	安徽农业大学	任杰、于涛	祝彩虹、李丹、周振宏、杨奇峰
运水船歌——木渎古镇运河遗址更新规划	苏州科技学院	孔祥瑞、王舒衍	于淼、王雨村、郑皓、金英红、洪亘伟
文化的刻度——基于城市触媒理论解构南京荷花塘历史街区城市更新策略	大连理工大学	周心白、石青林	钱芳、沈娜、陈飞、孙晖
同步叙真——西安明城南院门片区更新规划设计	长安大学	王卓、毕瑜菲	井晓鹏、郭其伟、杨育军、朱瑜葱
领航之地：深圳南深圳南园路地段城市设计	深圳大学	陈彬彬、陈文辉	黄大田、杨晓春、张艳
激活硅酸根——基于历史重塑和文化传承的哈市水泥厂改造设计	东北林业大学	丁锶湲、高洁妮	董君、常兵、杨旭
一座运河古镇的前世与新生——河南省道口镇历史地段城市设计	郑州大学	常淼、闫文君	陈静、韦峰、曹坤梓
市民·街市——基于弹性重构的汉口老街改造	华中科技大学	聂晶鑫、赵粲	任绍斌、潘宜、赵守谅
梦里杏花·古韵今生——基于地方感重塑的南京门西花露岗历史风貌区城市设计	南京大学	华鸿乾、钱晓兰	沈丽珍、朱喜钢、张益峰、马晓、顾媛媛、刘铭伟
承嬗·离合	北京工业大学	任洁、秦凌宇	武凤文、赵月
村中"城"——包容性规划视角下西安西八里村更新设计	西北大学	李亚蓉、黄萌	贺建雄、王纬伟、何皙健、吴欣
故凤·新翔	西安建筑科技大学	崔哲伦、刘康伦	李小龙、张峰、陈超
溯洄·龙船头	浙江工业大学	魏诚、徐逸程	孟海宁、赵锋
觅轨之缘·乐业安居——建水古城外沙拉河片产业引导下的城市更新	昆明理工大学	陈力、李盈秀	郑溪、程海帆、饶娆
楼下梯坎·坡上市井——重庆朝天门二号地块城市更新设计	重庆大学	邓夕也、易雷紫薇	魏皓严、赵强

CLOT 四位一体

基于大运河申遗背景下河南道口镇历史地段城市设计

学生：周理、郑坚　　指导教师：韦峰、陈静、曹坤梓

基地现状图

道路交通

建筑层数

建筑风貌

建筑年代

中国大运河与道口镇

道口镇的历史演变

大运河的演变

同时期道口城镇演变

现状问题分析

运河展示
- 遗存破败 canal ＋ 河岸杂乱 bank

本土文化
- 文化缺失 culture ＋ 技艺断代 skill

生产生活
- 收入低下 income ＋ 活动局限 activity

城镇更新
- 建筑破败 building ＋ 风貌残缺 feature

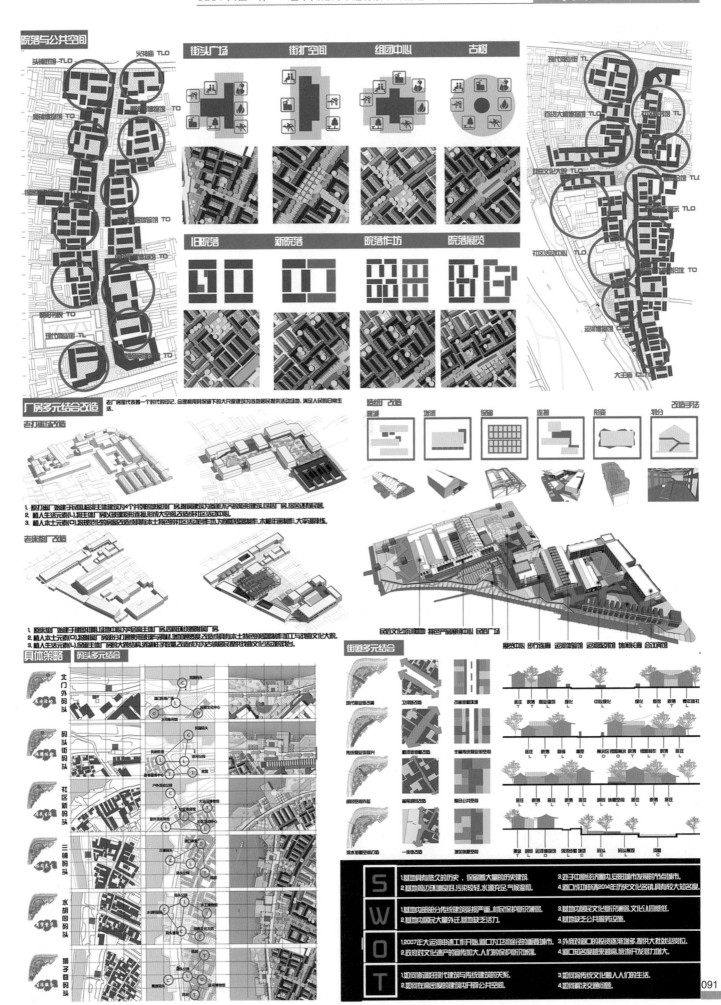

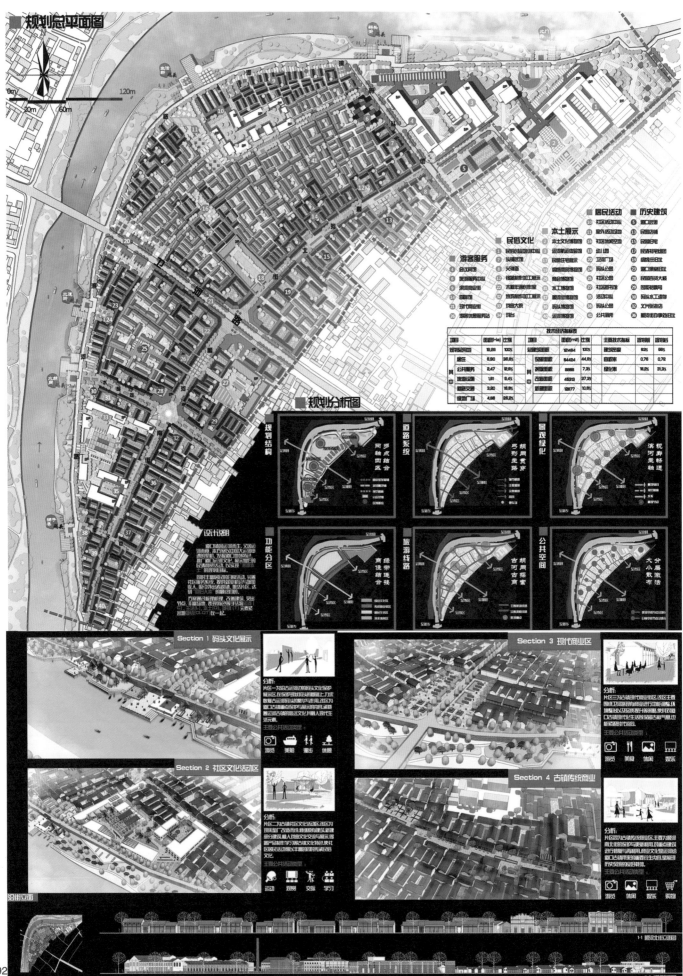

规划总平面图

规划分析图

Section 1 码头文化展示

Section 2 社区文化活动区

Section 3 现代商业区

Section 4 古镇传统商业

沿街立面

■ 鸟瞰图

顺河北街街道平面及节点透视

顺河街鸟瞰图

运河边上的 故城·故院·故土——以产城一体化为指导的杨柳青古镇保护与提升设计

学生：张晨、李科利　　指导教师：孔俊婷、李蕊

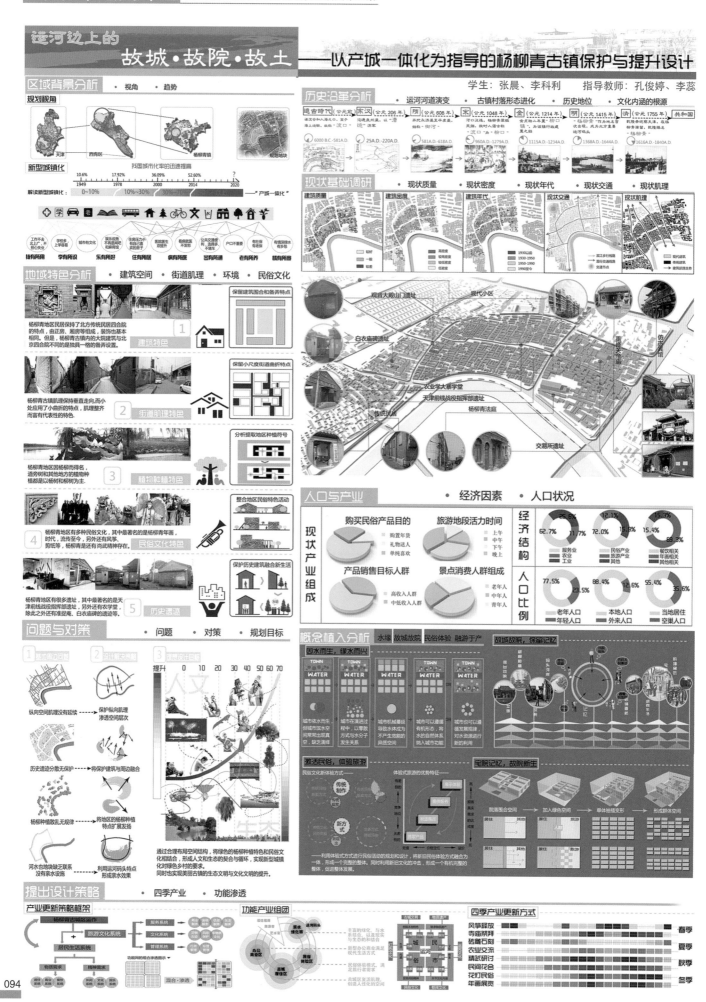

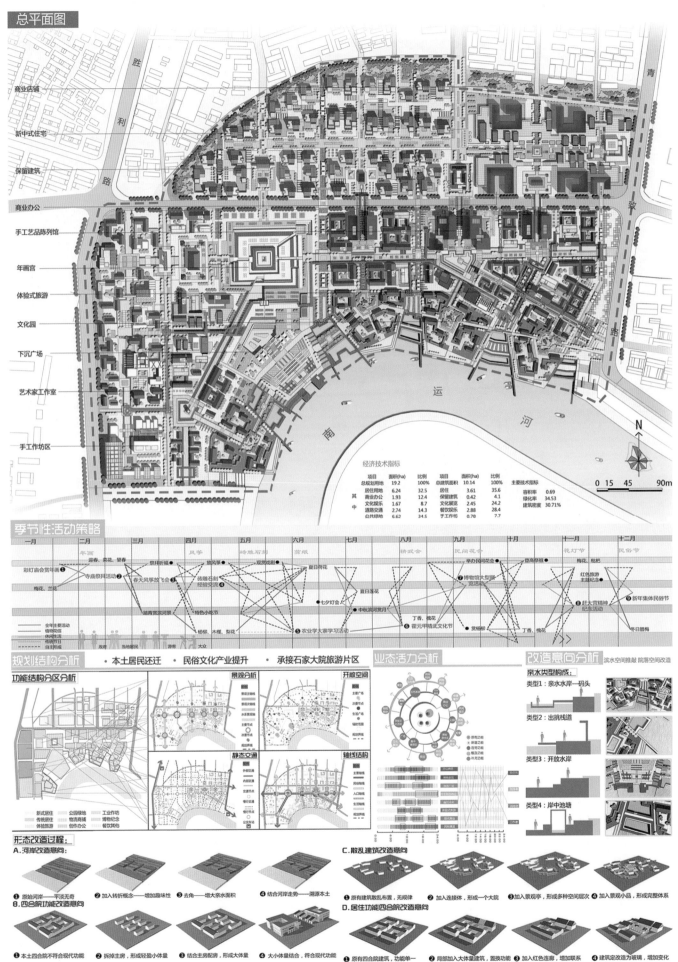

总平面图

商业店铺
新中式住宅
保留建筑
商业办公
手工艺品陈列馆
年画宫
体验式旅游
文化园
下沉广场
艺术家工作室
手工作坊区

经济技术指标

项目	面积(ha)	比例	项目	总建筑面积	比例	主要技术指标	
总规划用地	19.2	100%	总建筑面积	10.14	100%	容积率	0.69
居住用地	6.24	32.5	居住	3.61	35.6	绿化率	34.53
商业办公	1.93	12.4	保留建筑	0.42	4.1	建筑密度	30.71%
文化娱乐	1.67	8.7	文化展览	2.45	24.2		
道路交通	2.74	14.3	餐饮娱乐	2.88	28.4		
公共绿地	6.62	34.5	手工作坊	0.78	7.7		

0 15 45 90m

季节性活动策略

一月 二月 三月 四月 五月 六月 七月 八月 九月 十月 十一月 十二月

规划结构分析
· 本土居民还迁 · 民俗文化产业提升 · 承接石家大院旅游片区

业态活力分析

改造意向分析

功能结构分区分析
景观分析 开敞空间
静态交通 轴线结构

新式居住 公园绿地 工业作坊
传统居住 物流商铺 博物纪念
体验旅游 创作办公 餐饮其他

亲水类型构成：
类型1：亲水水岸—码头
类型2：出挑栈道
类型3：开放水岸
类型4：岸中池塘

形态改造过程：

A.河岸改造意向：
①原始河岸—平淡无奇 ②加入转折概念——增加趣味性 ③去角—增大亲水面积 ④结合河岸走势—溯源本土

C.散乱建筑改造意向
①原建筑散乱布置，无规律 ②加入连接体，形成一个大院 ③加入景观层次，形成多种空间层次 ④加入景观小品，形成完整体系

B.四合院功能改造意向
①本土四合院不符合现代功能 ②拆掉主房，形成轻盈小体量 ③结合主房配房，形成大体量 ④大小体量结合，符合现代功能

D.居住功能四合院改造意向
①原有四合院建筑，功能单一 ②局部加入大体量建筑，置换功能 ③加入红色连廊，增加联系 ④建筑定位为玻璃，增加变化

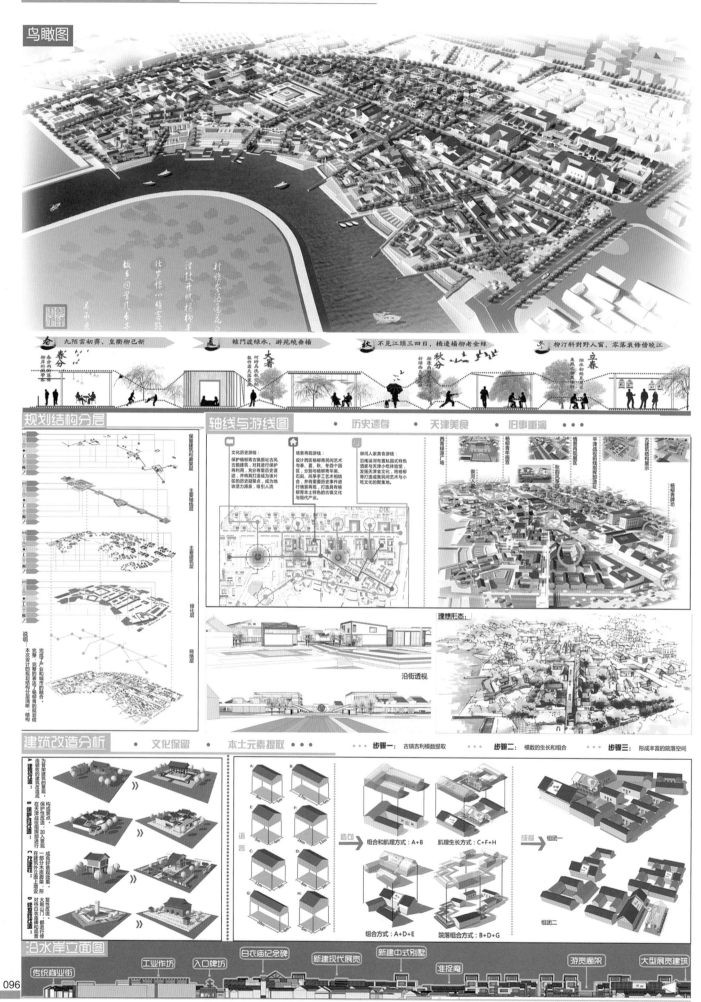

鸟瞰图

规划结构分层

轴线与游线图

- 历史遗存
- 天津美食
- 旧事重演

建筑改造分析

- 文化保留
- 本土元素提取

步骤一：古镇吉利模数提取　　步骤二：模数的生长和组合　　步骤三：形成丰富的院落空间

沿水岸立面图

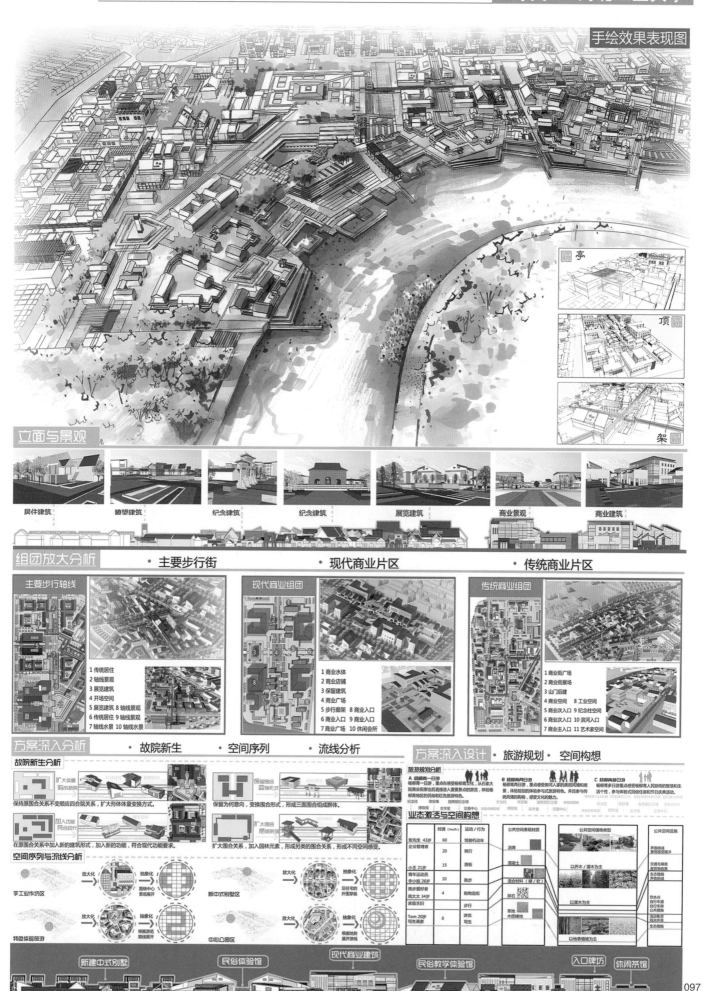

手绘效果表现图

亭

顶

架

立面与景观

居住建筑　瞭望建筑　纪念建筑　纪念建筑　展览建筑　商业景观　商业建筑

组团放大分析

· 主要步行街　· 现代商业片区　· 传统商业片区

主要步行轴线

1 传统居住
2 轴线景观
3 展览建筑
4 开场空间
5 展览建筑 8 轴线景观
6 传统居住 9 轴线景观
7 轴线水景 10 轴线水景

现代商业组团

1 商业水体
2 商业店铺
3 保留建筑
4 商业广场
5 步行廊架 8 商业入口
6 商业入口 9 商业入口
7 商业广场 10 休闲会所

传统商业组团

1 商业街广场
2 商业街展廊
3 山门空间
4 商业空间　8 工业空间
5 商业次入口 9 纪念空间
6 商业次入口 10 滨河入口
7 商业主入口 11 艺术空间

方案深入分析

· 故院新生　· 空间序列　· 流线分析

故院新生分析

保持原围合关系不变顺应四合院关系，扩大形体体量变换方式。

在原围合关系中加入新的建筑形式，加入新的功能，符合现代功能要求。

保留为何意向，变换围合形式，形成三面围合组成群体。

扩大围合关系，加入园林元素，形成另类的围合关系，形成不同空间感受。

空间序列与流线分析

手工业作坊区 → 放大化 → 抽象化 → 围院中心景观延开 → 新中式别墅区

特色体验旅游 → 放大化 → 抽象化 → 核院旅游流线展开 → 中心园区

方案深入设计

· 旅游规划　· 空间构想

旅游规划分析

A 杨柳青一日游

B 杨柳青两日游

C 杨柳青两日游

业态激活与空间构想

人物	时速（km/h）	运动 / 行为	公共空间表观材质		公共空间植物类型	公共空间设施
张先生 43岁 企业管理者	60	驾驶机动车	沥青		以乔木·灌木为主	声音信息 景观视觉缓冲
小王 21岁 青年运动员	20	骑行	混凝土			交通无障碍设施 自行车道 生态缓冲
小王 21岁 青年运动员	15	滑板				
李小姐 26岁 跑步爱好者	10	跑步	混合材料（硬/软）		以灌木为主	交通无障碍设施 步行车道 生态缓冲
高太太 34岁 家庭主妇	4	步行	砂石 草坪			休闲节点 自行车道 景观视觉缓冲
Tom 20岁 写生画家	0	游览 写生	木质铺地		以地表植物为主	活动节点 休闲车道 生态缓冲

新建中式别墅　民俗体验馆　现代商业建筑　民俗教学体验馆　入口牌坊　休闲茶馆

开窗纳山水 归本栖乡愁

「失落的故乡」

■ 宏观区位

[滨临厦门内海] 基地位于厦门岛外的集美区，是集美的旧城区。

[旅游景点聚集] 基地位于集美村旅游区内连接厦门市重要的旅游景区。

[紧邻历史风貌区] 基地连接财经学院、集美中学、嘉庚故居、嘉庚纪念馆等历史风貌区。

■ 发展背景
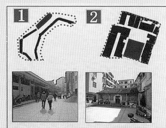

■ 历史沿革

700年前	1541年	1913年	1923年	1928年	1992年	2002年
陈氏宗族迁移至此。	大社人种田讨海，形成渔村。	陈嘉庚先生回乡创办学校。	陈嘉庚宣布集美为和平学村。	开创工业区，发展工业。	开展旅游，纪念嘉庚先生。	工厂外迁，二产消失。

学生：黄建清、刘静娴 指导教师：林翔、李泽云、潘华

[规划定位]

基地概况

基地位于厦门集美区最南端浔江社区。是陈嘉庚先生的故里，集美学村的发源地。占地的0.19平方公里，现有居民1900户，人口6500人。大社已近百年历史。

数百年的沧海桑田，大社的民居已经破败。街道狭窄，房屋杂乱错落，交通拥挤不堪，居住环境恶劣。大社周边都是旅游景点，每年都有上百万的中外游人慕名而来。但大社一直都是安安静静的鲜有游人走进这里。

宗族秩序

大宗与小宗

大社中心宗祠为一世祖祠堂，子孙后

分七角房头：
渡头角、上厅角、后尾角、二房角、清毛尾角、塘墘角、向西角。

基地演变过程
一世祖居同安。
二世祖迁居集美大社。
三世祖思恭，为二房角组。
五世祖想，以渡头角组。
五世祖可赞，为上厅角组。
六世祖彦珍，为后尾角组。
七世祖体寅，为塘墘角组。
七世祖体清，为清毛尾组 向西角组。

规划定位

在前期调研中我们发现，大社是一个十分具有魅力的地方，是集美的起源，陈嘉庚先生的祖籍所在地。嘉庚精神的发源地。与许多村落一样，大社村落的发展遵循着严格的宗族秩序，大社分为七角，七角一起供奉大社宗祠，每个角也有自己的祠堂。每座祠堂便是这个角的活动中心，集会中心。

反映在村落肌理生长上的宗族秩序是大社独特的魅力。在规划设计中我们将其作为核心竞争力，以"开山纳山水，归本栖乡愁"为主题，依托周边资源，将大社定位为旅游业为主，艺术产业，大学生创意产业为辅的民俗文化旅游社区。改造规划中，我们与时俱进，置换每个祠堂的功能，整理其周边广场。使古老的宗祠在现代生活中重新散发光芒。

同时，通过引入产业，整顿边界，激发活动等策略，改变大社封闭的现状；通过完善公共服务设施、增加绿地等手段改善居民的生活条件，重塑良好的邻里关系。为大社注入新的活力。

[无处安放的乡愁]

建筑

为了私建出租房历史建筑被拆除

闽南大厝，西式洋楼，中西合璧的嘉庚建筑，演绎着独特的侨乡历史，凝固着一代嘉庚人的乡愁。

产业
失海后无以为生只能做最低等工作

大海赋予大社人的富足，大社人因地制宜，自给自足形成了一个"渔为主、农为辅"的小渔村。

生活
改建后，村民熟悉的邻里空间被侵占

渔民生活固然辛苦，但泉泉茶香、摩摩南音总能在劳作后的闲暇给大社人带来慰藉与满足。

邻里
大量租客涌入村庄治安变差，筑手防盗网

大社人之间的关系一般邻里更要亲近。邻居之间相互不设防甚至晚上睡觉都不关门窗。

[人群需求与基地关系]

现有的街道空间为线性空间，缺乏变化。五节点空间活跃气氛，难以吸引游客停驻。
现状中有许多古厝等传统遗迹空间，但缺乏梳理，周边建筑肌理凌乱，需要重点整理。

基地内现有的开敞空间比较少，大多位于祠堂前的祭祀空间，且通达性较差。
现状几乎没有公园等绿化空间，难以吸引艺术家来驻，进行以大社为主题的艺术创作。

由于私建房屋现象严重，邻里空间被破坏，居民无法在家门口进行传统的邻里交流。
基地缺乏娱乐活动场所，只有祠堂前的空地等满足居民大牌、打麻将等娱乐活动。

[现状分析]

向西角祠堂　后尾角祠堂　二房角祠堂　大社宗祠　上厅角祠堂　渡头角祠堂　塘墘角祠堂　清毛角民祠堂

- 建筑功能分析
- 建筑风貌分析
- 建筑高度分析
- GS综合拆改留分析

图例
- 文保单位
- 宗祠
- 大厝
- 濒临潮舍
- 普通建筑

[规划思路解析]

本设计的主题为"开窗纳山水，归本栖乡愁"，通过主题概念的提出来指导大社片区的更新设计，安排大社片区内环境、生活、产业等各项建设工程，改善大社居民生活环境，创造一个适合现代城市生活及和谐社会发展的传统街区。

"开窗"意在打破大社与周边区域的围堵和壁垒，从空间上打破边界，促大社与周边区域的融合互动。

"山水"一为美好的环境意象，二来是以山水之意喻作外部活力，人流、产业等，"开窗纳山水"意为，打破壁垒，引入活力元素，

"归本"意为回归原本，大社为集美的起源，在此喻指大社的嘉庚文化、宗祠文化能够得到挖掘和恢复，

"乡愁"指的是对故乡的愿景。希望大社能重塑往日风采，在现代生活中找准定位，保留昔日的淳朴与温暖。

[开窗]　　　　　　　　　　　　　边界策略：打破桎梏，推开与外界交流之窗

[问题]
边界太封闭，基本由建筑围合，可达性差
[策略]
边界空间向内扩张，激发边界活力

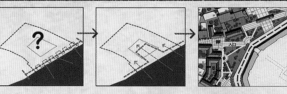

[问题]
入口缺乏标志性建筑，不能引起路过游客兴趣。
[策略]
植入标志性建筑，宣传片区内涵。

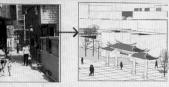

[问题]
边界功能单一，与周边缺乏互动。
[策略]
梳理边界功能，与周边相适应，产生对话。

[问题]
入口缺乏活动场所，不能发生活动。
[策略]
整理入口处公共空间，吸人群驻足。

[纳山水]　　　　　　　　　　　　　产业策略：产业多元，吸纳人气与活力

[产业现状]　[发展资源]　[区位优势]　[空间植入]　　艺术家聚落　　商业街　　文化广场　　侨乡历史纪念馆　　大学生创意园

[归本]　　　　　文化策略：挖掘大社独特民俗魅力，传统文化的现代演绎　　[产业选择]

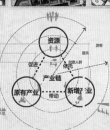

民俗旅游
食、住、文化

艺术家工作室
提升文化品位

大学生创意园
聚集人气活力

[栖乡愁]　　　　　　空间策略：保留历史肌理，盛放乡愁；改造功能，适应现代生活

[保护建筑类型与位置]　　文保单位

嘉庚故居　　大社宗祠

历史建筑

华侨洋楼　　闽南古厝

图例
■ 文保单位
　历史建筑

[历史建筑保护策略]

[现状问题]　[改造策略]　文保单位

周边私搭建筑现象严重，破坏文保建筑风貌。周边道路不通畅，可达性差。　拆除周边的违章建筑，整理基地环境，改造道路，形成良好景观，吸引游客驻足。

[现状问题]　[改造策略]　历史建筑

许多古厝，主人在海外，建筑多年无居住，导致建筑破败无人修葺。同时，为了盖私宅，许多古厝被拆除。　将古厝出租给艺术家作为工作室，由艺术家们将古厝改造成良好环境。同时在古厝中植入新功能，唤醒其活力。

[居民住宅的改造]

由于普通居民住宅的年久失修和居民私自搭建，导致建筑部分缺失，建筑不规整等问题，使得建筑功能不完整，肌理被破坏。需要通过补充、扩建、规整、拆除等手段对其进行改造。

补充　　扩建　　规整　　拆除

[街道改造示意]

改善街道商业环境

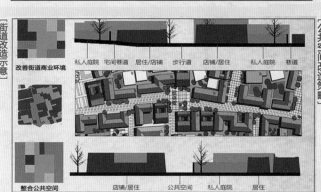

私人庭院　宅间巷道　居住/店铺　步行道　店铺/居住　私人庭院　巷道

整合公共空间

店铺/居住　公共空间　私人庭院　居住

[公共空间改造策略]

规划将街道分为两类，一类为内部生活街道，一类为对外旅游街道，两种街道改造方式不同：商业街道尺度大，节点多，满足不同商家需求。

内部生活街道　　商业街道

为改善居民生活环境，规划对大广场及街角部里空间进行改造，营造良好的邻里关系。广场的改造大多依托宗祠及古树等地标性景点。

宗祠前广场　　街角空间

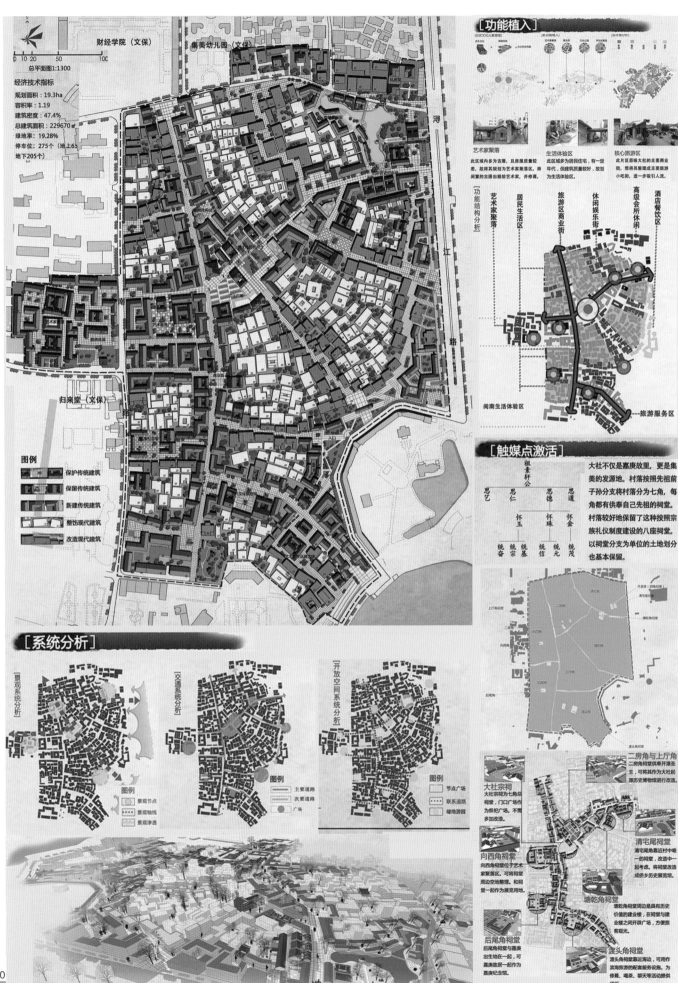

存量挖潜，"老"有所为 ——松溉古镇更新设计

学生：岳俞余、陈卉　　指导教师：邢忠、魏皓严、叶林

区位分析

松溉古镇位于中国西部某县的南部，距离县城半小时时；南部濒临长江，是该县主要码头之一。古镇北部正在筹建港桥工业园，距离基地1.5公里，未来会带来经济的快速发展和大量人口的迁入。

概念解析

存量：指在社会、环境、空间三大领域"潜在的"和"低效利用"的物质与非物质资源或资本，在空间纬度涉及古镇内外，在时间纬度链接历史与现实。

"老"有双重含义：老人与老城（古镇）。

存量挖潜 ▶ 存量利用 ▶ "老"有所为

社会资本存量 ＋ 环境资源存量 ＋ 空间资源存量

"老"有所依 ＋ "老"有所养 ＋ "老"有所乐

老人自我实现 ＋ 老城自我复兴

留守老人＋衰落古镇复兴策略

发展中的悖论

现状	VS	潜力
古镇内老人无所依靠		临近工业产城家政服务紧缺
住区前庭绿色空间匮乏	留守老人	后院低效利用与废弃空间可见
缺少公共服务设施		众多遗迹沉睡空间闲置
缺少产业依托逐渐衰败	VS	工业园配套及休闲服务资源置留
古镇绿色环境空间品质低下	衰落古镇	山水与文化环境资源齐聚
公共活动缺乏缺少吸引力		历史积淀深厚遗迹完好安置

规划策略

存量利用挖潜

存量社会资本挖潜 — 老人有所依 / 老人有所养 / 老人有所乐

存量环境资源挖潜 — 老城有旅游与夕阳产业依托

存量空间资源挖潜 — 老城完善公共服务设施滋养 / 老城山水文化休闲乐活

规划目标

"老"有所为

老人有所为而安 ⇒ 老城有所为而兴

存量分析

社会资本存量

存量的历史文化资源

□ 历史沿革

生 — 兴 — 衰 — 败

1000年 陈鹏飞被贬来此，在这里开设讲学，传授儒经。南部濒临长江，松溉古镇由此而发展起来。

1900年 古镇成为川东南重要的交通枢纽、商贸重镇，被称为"小山城"。

1980年 码头功能逐渐淡化，但古镇仍以一、二产业为主，经济逐渐开始衰落。

2000年 大量人口外出务工，古镇活力丧失，进一步萧条衰败。

□ 历史文化 ➡ 码头文化　宗教文化　传统手工艺文化　休闲娱乐文化

松溉古镇历史文化底蕴丰厚，从建镇初期的码头文化为起点，宗教文化与民俗文化共同发展起来。至今，这些文化在古镇仍然存在，可以通过对历史文化的复兴提升该地区的文化自信。

码头文化：交通枢纽
宗教文化：九宫十八庙
纺织文化：谋生的技能
茶馆文化、戏曲文化

码头文化：3座码头
织锦文化：揭篁祭祀
纺织文化：已衰落
饮食文化："九大碗"

存量的就业市场

□ 古镇港桥工业园

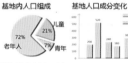
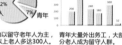

北部即将新建港桥工业园，占地面积219.77公顷。近期将提供3万个工作岗位，远期达10万个就业岗位。

□ 基地现有就业岗位比值

衍生的配套产业：住宅、餐饮、购物

现有产业不能满足老人生活需求和旅游发展的需求，存在较大的就业需求。

存量的医疗卫生资源

医院等级	国家三级甲等	国家二级甲等	一般医院
古镇内	0	0	1
该县城区			

该县某市级卫生高地。但古镇现在仅有一个卫生院，难以满足未来老年人及老城对医疗的需求。在古镇跟时应加强医疗设施的布置。

存量的老年人口来源

□ 基地内人口组成

72% 老年人　21% 儿童　7% 青年

□ 基地人口成分变化

基地内以留守老年人为主，60岁以上老人多达300人。青年大量外出务工，大部分老人成为留守人群。

□ 未来老年人口组成分析

来源	分析
原住老人	古镇内部原住居民，预计将占居民的70%
农村老人	随着地域城市化发展，除城郊农田外，基地内人口源将有所增加
城市老人	城市三产转型期，大中城市的养老需求

存量的教育资源

松溉古镇职业中学，始建于1942年，是全国农村青年转移就业先进单位。学校现在主要开设了装备制造、电子信息技术、现代服务和特色养殖四类专业。

类别	面积（ha）	规模	辐射范围
古镇小学	0.73	18班	古镇
港桥工业小学	1.2	18班	古镇
古镇中学	2.24	24班	古镇
古镇职业中学	5.34	37班	县城南部
县职教城	500	1.5万人	市域

环境资源存量

存量的外部环境资源

□ 景观资源

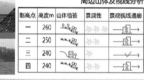

古镇传统风貌　周边山体　长江　滨江绿地

制高点	高度m	山体植被	景观性	景观视线通廊
一	260			
二	250			
三	240			
四	240			

周边山体及视线分析

□ 农田资源

非建设用地 31% 农田

在古镇周边研究范围160ha内，有49.6公顷农田，为古镇居民提供基本的食物来源，实现了自产自销，在交通上减少碳足迹。

□ 水体资源

水体	宽度	断面形式
长江	730M	
后溪河	4.5M	
上溪河	4M	

基地周边水资源丰富。基地面朝长江，东西各一条溪流，形成了山环水抱的格局。由于洪水影响，滨江地带形成自然的分台现象。

□ 绿地资源

公共绿地　保护林地　生态湿地　防护绿地

古镇处于中国西部丘陵地带，绿地资源丰富。在研究范围内，除农田外的绿地总面积达79.2公顷，为古镇提供了良好的生态环境。古镇内部，古镇以聚集、紧凑的形态发展。公共绿地较少，滨江生态湿地成为古镇居民休闲娱乐的重要场所。

存量的内部环境资源

□ 坡度资源

土质分析：石 / 土＋石
植被类型分析：草本 / 草本＋灌木 / 草本＋乔木
灾害类型分析：洪水 / 滑坡 / 无灾害 NONE
开发利用分析：作为绿地 / 景观休闲用地 / 建设用地

□ 景观资源

松子山是松溉著名因素之一，也是基地内的制高点，环境优美，但现被封闭成为水厂。

古树：在基地内分布众多，紫云宫前的古树成弯形成了休闲娱乐的活动节点。

□ 水资源

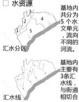

基地内共分为5个水文单元，流向不同的河流。基地内形成3条汇水线，与街道相切合。

汇水分区　汇水线

□ 绿地资源

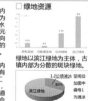 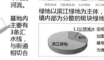

绿地以滨江绿地为主体，古镇内部为分散的块状绿地。

空间资源存量

存量的建筑空间

□ 建筑年代

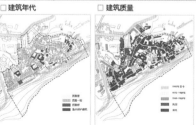

□ 建筑质量

□ 保留建筑：对于现状质量较好的建筑，并且风貌与老城相协调，基本不做改动，允许继续使用。多为具有历史价值的文化建筑或者民居。

0.94　3.31　1.65 （万平方米）

保留建筑　改造建筑　拆除建筑

□ 改造建筑：对那些传统风貌较好，但建筑质量较差的建筑，对其内部进行修缮更新，以提高居住条件。

□ 拆除建筑：对于无保留价值的危旧建筑，以及近年来修建的严重影响古镇风貌的建筑予以拆除重新规划设计，但其建筑形式、比例应与周围环境相协调。

□ 保留建筑分析

5510　2030　2200 （平方米）

可置换功能　可兼容多功能　可保留功能

以罗家祠堂为例

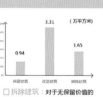 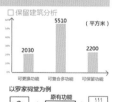

原有功能：品茶 / 饮食 / 聚会 / 祭祀
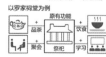 学习

存量的开放空间

□ 未利用空间 属于自然空间状态，还未开发的空间。主要指滨江地带的坡地。

□ 低效利用空间 功能单一、功能模糊的、没有达到效率的一些空间。

□ 废弃空间 曾经有，但由于种种原因被废弃的空间，主要指建筑物后残垣断壁、垃圾堆放、无人问津的空间。

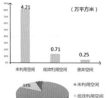

4.21　0.71　0.25 （万平方米）

未利用空间　低效利用空间　废弃空间

34%　未利用空间 / 低效利用空间 / 废弃空间

□ 开放空间失落原因分析

空间关系	规模	界面	关联度
1	39613 平方米		
2	2824 平方米		
3	1350 平方米		

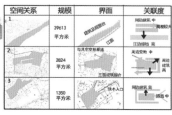

距离可达性差 / 视域可达性差 / 缺乏吸引人的媒介

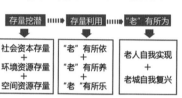
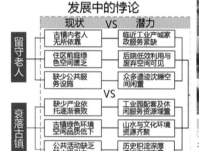
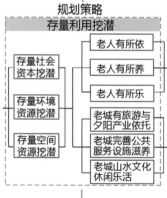
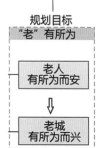

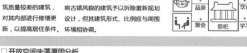

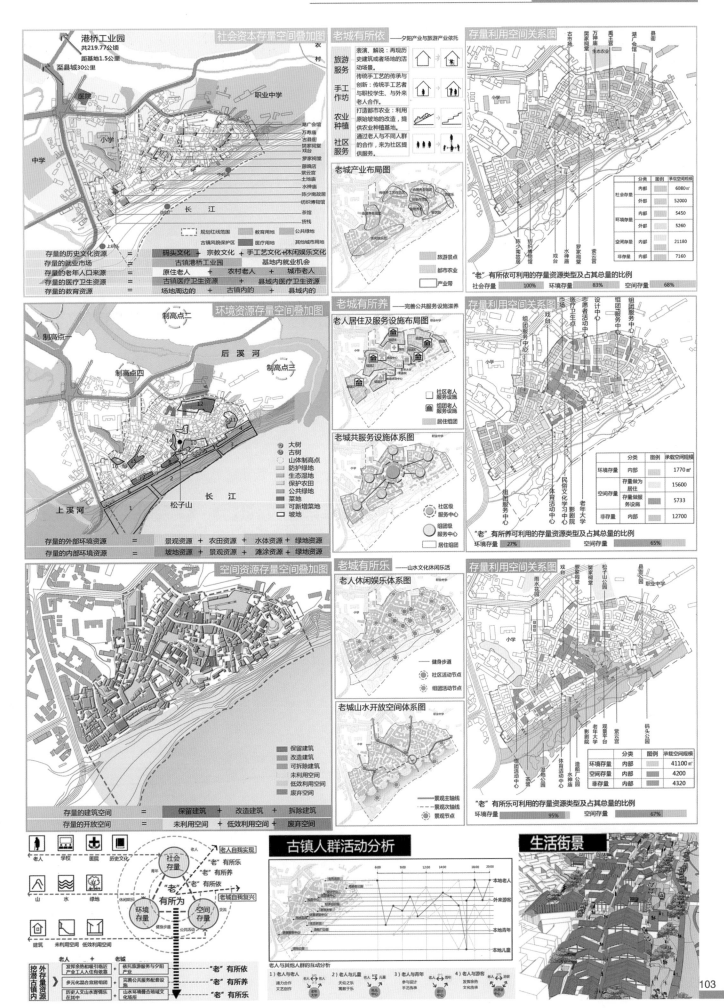

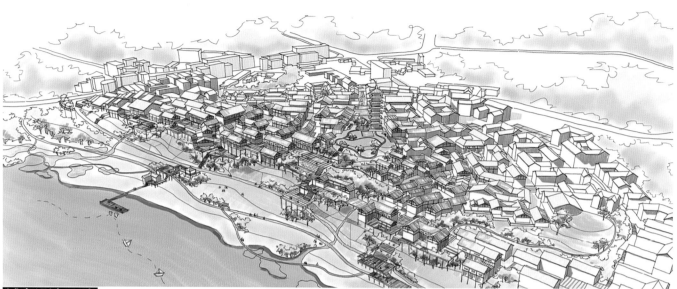

城市设计导引

目标	子目标	手段	控制要素与图示	
『老』有所依	老人有所依 夕阳产业依托 老城有旅游和	提供足够的适合老人工作的岗位	1.控制正街沿街店铺的手工作坊达到70%； 2.设置艺术创作中心，作为技术培训、交流之用； 3.设置志愿者活动中心，为社区和旅游服务提供平台。	
		提供足够的农业种植面积	1.控制大规模农业种植面积>6500㎡	2.庭院绿地作为农业种植，每个庭院≥40㎡
		提高老城的交通可达性	2.设置3个停车场，滨江为地下停车场，减少对环境的影响	1.保证主街车行可达，保证商业后勤，出入口留出广场空间，>500㎡
		强化旅游服务设施	1.在两个主要入口设置游客服务中心	1.景点前设置不小于150㎡的前驱空间，增强景点的可识别性
『老』有所养	老人有所养 务设施滋养 老城有公共服	划分居住组团	1.控制组团大小，R<100米	2.每个组团中心必须设置为老人服务的卫生室和活动室
		保证老人交通出行便利	1.滨江大高差处设置扶梯 2.街道宽度不小于2米，保证轮椅通行	3.主要街道尽量减少梯步，并设置残障设施 4.社区活动空间集中布置
		倡导居住建筑的多样化	1.松子山组团为独院院落，建筑进深<6米，≤2层	2.合院建筑的庭院面积≥合院的1/7，保留居住交流空间
		针对不同人群设置服务设施	1.设置2所幼儿园 2.设置一个20床卫生院	3.根据各个组团具体需求设置不得小于500㎡的服务设施
		保障老城的居住品质	各组团中容积率<0.7，居住面积不得小于建筑面积的50%，绿地率≥30%，公共服务设施≥10%	
『老』有所乐	老人有所乐 化休闲乐活 老城有山水文	完善健身体系	1.每个组团户外活动场所面积>500㎡	2.滨江步道宽度>2米，总长度>1000米
		加强活动场所的可达性	1.主要活动场所靠近松子山核心地段	2.次级活动中心要靠近主要道路
		加强滨江休闲设施	1.滨江设置不同的主题公园	2.滨江茶座的连续率控制在30%~40%
		显山	1.定义松子山为最重要的开放空间，强化其可达性	2.松子山周边建筑高度＜8米 3.古镇内所有建筑高度<塔高 4.滨江建筑小于2层
		露水	1.滨江保留5条视廊，主要视廊宽度>8米	2.滨江分三台整饰，消落带整治 3.滨江绿化带以自然景观为主，容积率0.2
		丰富文化活动	1.保证举行大规模传统文化活动的场所>900㎡	2.保证龙舟赛的观景平台>1000㎡

组团分区与特征分析

计划对基地中现有老人划入老人组团，工业园区的原来划分居住组团，将次级车行交通引入古镇增设入口，初步解决消防问题；结合山地地形，打引的不仅是老人，还有工业园区的青年，从而打造一个多元混合的居住社区。游特色慢行系统，并用体系化的慢性系统连接自然与人文资源，为老有所依

交通与游憩系统分析

建筑与空间改造分析

规划最大限度的利用建筑与空间的存量资源，充分发挥其原有功能，使建设得以控制，因而建筑与空间均以保留和改造为主。

土地利用与规划结构分析

通过轴线将山水引入古镇，形成山-城-江的融合，再现古镇山水大格局，沿主要轴线布置公共空间，并结合古历史要素塑造历史文化场所。

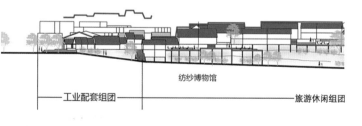

工业配套组团　　　　纺纱博物馆　　　　旅游休闲组团

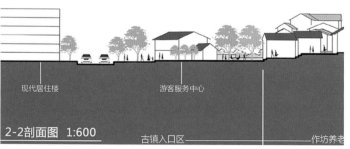

2-2剖面图 1:600

现代居住楼　　　游客服务中心　　　古镇入口区　　　作坊养老

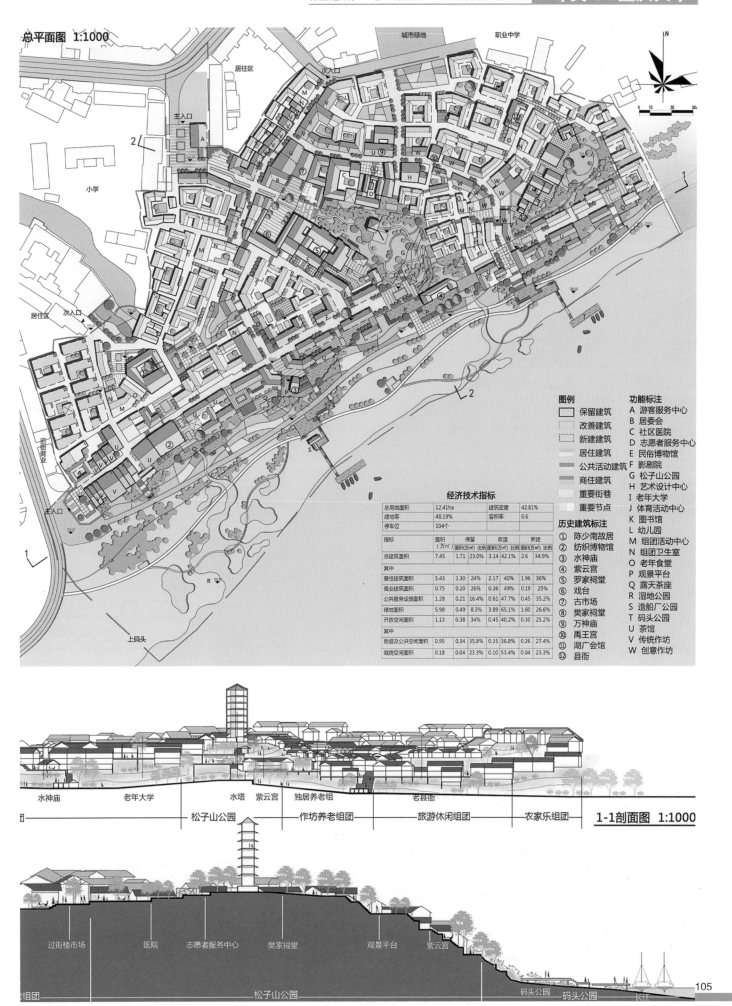

总平面图 1:1000

经济技术指标

总用地面积	12.41ha	建筑密度	42.81%
绿地率	48.19%	容积率	0.6
停车位	104个		

指标	面积（万㎡）	保留		改造		新建	
		面积(万㎡)	比例	面积(万㎡)	比例	面积(万㎡)	比例
总建筑面积	7.45	1.71	23.0%	3.14	42.1%	2.6	34.9%
其中							
居住建筑面积	5.43	1.30	24%	2.17	40%	1.96	36%
商业建筑面积	0.75	0.20	26%	0.36	49%	0.19	25%
公共服务设施面积	1.28	0.21	16.4%	0.61	47.7%	0.45	35.2%
绿地面积	5.98	0.49	8.3%	3.89	65.1%	1.60	26.6%
开放空间面积	1.13	0.38	34%	0.45	40.2%	0.30	25.2%
其中							
街道及公共空间面积	0.95	0.34	35.8%	0.35	36.8%	0.26	27.4%
庭院空间面积	0.18	0.04	23.3%	0.10	53.4%	0.04	23.3%

图例

保留建筑
改善建筑
新建建筑
居住建筑
公共活动建筑
商住建筑
重要街巷
重要节点

功能标注

A 游客服务中心
B 居委会
C 社区医院
D 志愿者服务中心
E 民俗博物馆
F 影剧院
G 松子山公园
H 艺术设计中心
I 老年大学
J 体育活动中心
K 图书馆
L 幼儿园
M 组团活动中心
N 组团卫生室
O 老年食堂
P 观景平台
Q 露天茶座
R 湿地公园
S 造船厂公园
T 码头公园
U 茶馆
V 传统作坊
W 创意作坊

历史建筑标注

① 陈少南故居
② 纺织博物馆
③ 水神庙
④ 紫云宫
⑤ 罗家祠堂
⑥ 戏台
⑦ 古市场
⑧ 樊家祠堂
⑨ 万神庙
⑩ 禹王宫
⑪ 湖广会馆
⑫ 县衙

1-1剖面图 1:1000

水神庙　老年大学　水塔　紫云宫　独居养老组　老县衙
松子山公园　作坊养老组团　旅游休闲组团　农家乐组团

过街楼市场　医院　志愿者服务中心　樊家祠堂　观景平台　紫云宫
组团　松子山公园　码头公园　码头公园　长江

郑州方顶传统村落保护与更新设计
The Protection and Revival Design of FangDing Village,ZhengZhou

学生：冯旦、颜益辉　指导教师：陈静、韦峰、曹坤梓

区域背景分析 —THE ANALYSIS OF THE BACKGROUND

方顶传统村落

位于河南省郑州市上街区峡窝镇，是目前郑州市境内发现的面积最大、规模最大、保存较为完整，距离市区最近的一处明清时期传统民居建筑群，其中的木构民居、窑洞民居代表了中原独特的乡土建筑文化，具有丰富的历史、科学、社会、艺术等价值。

但是，由于从前以来的村民拆迁、重建以及迁出，造成古民居年久失修，遭受了不同程度的破坏。同时，古村落一些特色的民俗文化也随着村子的衰落而被遗忘而不存。

处于郑州都市区规划范围内
2012年提出的郑州都市区建设规划，惠及方顶所在的上街区，机遇与挑战并存

处于大旅游产业带上
方顶位于黄河文化旅游产业带，较远还邻与洛阳，开封两座文化古城建立联系，可以依托地域特色加入更大的旅游网络中

周边有便捷交通条件
方顶村紧邻国道与城市干道，与周边城市联系紧密，交通区位较好

上位规划强调优先发展旅游
上位规划明确了本地区应该优先发展生态旅游产业，再依次带动其他产业发展

村落历史演变 — THE HISTORY EVOLUTION

-600Y
明初战乱，山西方姓族人迁徙至此定居，沿河谷依地形靠崖窑居住。

-300Y
乾隆盛世，古商道穿村而过，村里人才辈出，村民开始大兴土木，建了许多民居建筑。

-50Y
解放后，310国道开通使村子衰落，水库修建河道断流，村子生态遭到破坏。

NOW
如今，人口与土地的矛盾，传统与现代民居混杂分布，导致传统村落的自组织肌理被破坏

村落印象 —VILLAGE IMPRESSION

村落选址

1 夹山而建——防御
2 沿路发展——交通
3 近水而居——生产生活
4 背山面水——风水

村落选址考虑因素

由于村落发展前期技术手段匮乏，对环境改造力度受限大，其发展主要受自然地形地势影响

1 山崖——带状发展
2 河谷——抑制扩张

村落发展限制因素

村落格局

自由 不规则
与环境协调

村落肌理示意图

砖木民居
陡坡
窑洞

立体居住示意图

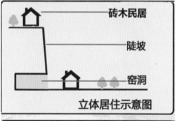

农田
窑洞
水源

立体生活示意图

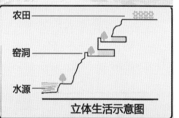

现状综合平面 — THE CURRENT PLAN

图例
- 普通民居
- 公共建筑
- 历史民居建筑
- 历史公共建筑
- 窑洞地块
- 水体
- 通路
- 规划边界
- 海拔<140m
- 140<海拔<170m
- 海拔>170m

㉑古寨墙寨门
古村寨的御系统的遗迹，极具特色的历史环境要素

㉒古商道
古村最重要的公共活动空间，大多数历史建筑均集中在此街两侧

㉓古树古井
村落布局较多的历史环境要素，公共空间主要的构成要素

㉔文化大院
村民公共活动主要场所，周围有村委会、戏台、完小等设施

㉕汜水河支流
如今已断流，与之相关的村民生活模式也随改变，生态系统被破坏

⑲方氏宗祠
村落主姓方氏供奉先人的祠堂，家族祭祀、聚会、议事的主要场所

⑱火神庙
祭拜火神主要场所，过去逢年过节，村民还会在周边举行庙会

⑰骡马店
古商道上的旅店，专供商旅马匹休息

⑨赵东阶故居
清末翰林故居，文化气氛浓厚，内部还保留有私塾，书房等遗迹

⑧方兆凤故居
清末文秀才的故居，内部的窑洞、砖木建筑，保存完好历史价值丰富

编号	历史名人	现状综述	编号	历史名人	现状综述
1	方瑞五	坐北朝南四合院，现存正房和东厢	9	赵东阶	坐北朝南四合院，保存完好
2	方克勤	坐北朝南三合院，保存完好	10	方兆福	坐北朝南四合窑院，保存完好
3	方祖耀	坐北朝南三合院，现存正房、门楼	11	方兆凤	坐北朝南两个四合窑院，保存完好
4	方道范	坐北朝南三合院，保存完好	12	集金中	自由布局南三合院
5	方景舟	坐北朝南三合院，现存正房、西厢	13	焦程	坐北朝南进四合院
6	方兆麟	坐南朝北三合窑院	14	高焕章	坐北朝南三合院，现存正房、东厢
7	方兆翰	坐南朝北四合窑院，保存完好	15	程茂	坐北朝南四合院，现存正房、东厢
8	方兆图	坐南朝北四合窑院，保存完好	16	程金、陈群	坐北朝南四合院，现存正房、东厢及门楼

现状分析图 — THE CURRENT ANALYSIS

道路交通——村内通车路段较少，以满足步行需求为主，有较多的断头路
历史遗存——两块区域集中分布有历史遗迹，主要有名人故居、宗祠庙宇以及特色的古商道、古寨门寨墙遗址等
建筑高度——历史民居多为一层，近现代新建建筑多为两层，村落整体建筑高度低矮
建筑年代——保留有各个时期建筑，古建筑以清朝民国时期为主，解放后新建建筑多分布于村落外围
建筑结构——历史建筑结构形式多样，有木构、生土窑洞以及锢窑等形式，新建建筑以砖混结构为主
建筑质量——多数历史建筑保护不到位，受到较多破坏，建筑质量普遍较差

建筑质量分析

道路交通分析

历史遗存分析

建筑高度分析

建筑年代分析

建筑结构分析

现状问题总结及策略 — THE PROBLEMS AND SOLUTION

生活质量低下
村民以务农为主，村落服务产业单一，人口流失严重，村民生产生活方式落后，村落未形成现代化的生活

村落衰败
村落建筑破坏严重，人口流失严重，传统村落格局肌理破坏，缺乏保护与管理，大量古民居年久失修

历史遗存破坏
由于缺乏保护与管理，村子的许多历史遗存遭到破坏，历史风貌退化，古老的传统难以得到保护与继承

文化流失
现代城市文明影响着村子，村民传统的生产生活方式逐渐被取代，许多传统的民俗文化逐渐被人们遗忘

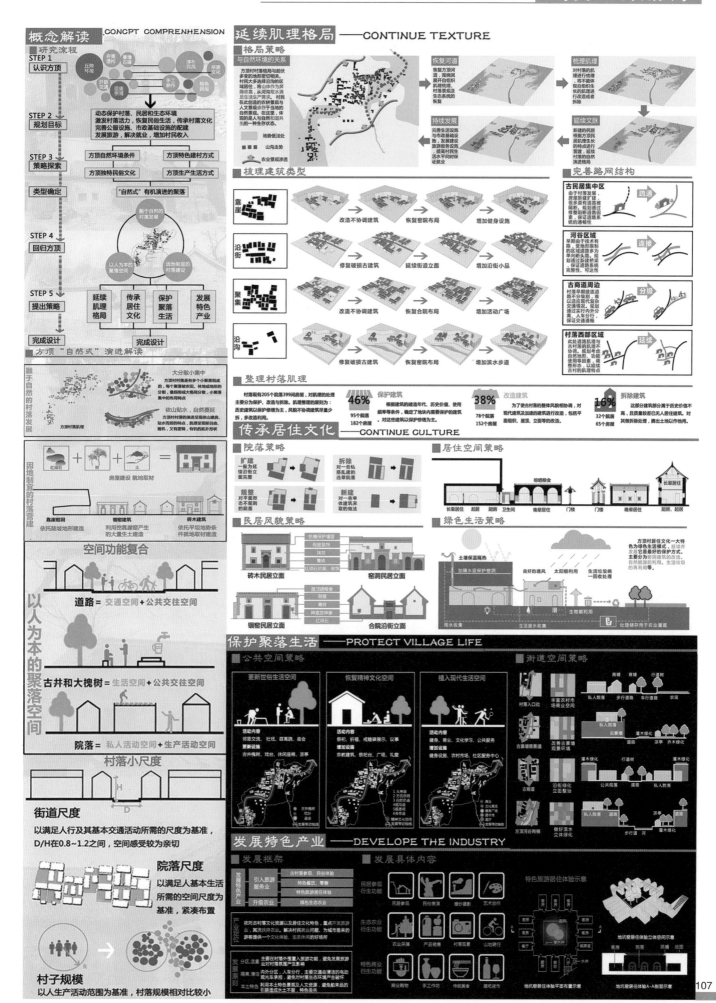

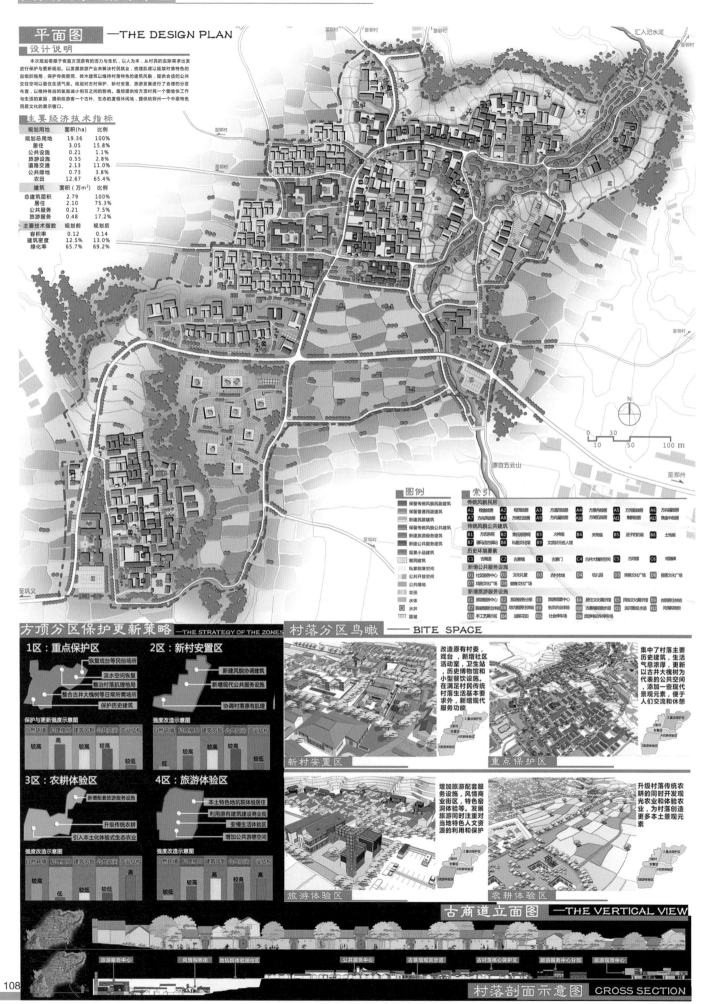

平面图 —THE DESIGN PLAN

设计说明

本次规划着眼于恢复方顶原有的活力与生机，以人为本，从村民的实际需求出发进行保护与更新规划，以发展旅游产业来解决村民就业，梳理肌理以延续村落特色的自组织格局，保护传统窑洞、砖木建筑以维持村落特色的建筑风貌，提供合适的公共交往空间以留住生活气息，规划对古村保护、新村安置，旅游发展进行了合适的分区布置，以维持各自的氛围避免相互之间的影响。最终提供给方顶村村民一个能愉快工作与生活的家园，提供给游客一个古朴、生态的度假休闲地，提供给郑州一个中原特色民居文化的展示窗口。

主要经济技术指标

规划用地	面积(ha)	比例
规划总用地	19.36	100%
居住	3.05	15.8%
公共设施	0.21	1.1%
旅游设施	0.55	2.8%
道路交通	2.13	11.0%
公共绿地	0.73	3.8%
农田	12.67	65.4%

建筑	面积(万m²)	比例
总建筑面积	2.79	100%
居住	2.10	75.3%
公共服务	0.21	7.5%
旅游服务	0.48	17.2%

主要技术指标	规划前	规划后
容积率	0.12	0.14
建筑密度	12.5%	13.0%
绿化率	65.7%	69.2%

方顶分区保护更新策略 —THE STRATEGY OF THE ZONES

1区：重点保护区
- 恢复戏台等村俗场所
- 滨水空间恢复
- 整治村落肌理格局
- 整合古井大槐树等日常所需场所
- 保护历史建筑

2区：新村安置区
- 新建风貌协调建筑
- 新增现代公共服务设施
- 协调村落原有机理

3区：农耕体验区
- 新增配套旅游服务设施
- 升级传统农耕
- 引入本土化体验式生态农业

4区：旅游体验区
- 本土特色地坑院体验居住
- 利用原有建筑建设商业街
- 安排生活体验区
- 增加公共游憩空间

村落分区鸟瞰 —— BITE SPACE

新村安置区 改造原有村委、戏台，新增社区活动室、卫生站、历史博物馆和小型餐饮设施。在满足村民传统村落生活基本要求之外，新增现代服务功能。

重点保护区 集中了村落主要历史气源资源，更新以古井大槐树为代表的公共空间，添加一些现代景观元素，便于人们交流和休憩。

旅游体验区 增加旅游配套服务设施，风情商业街区，特色窑洞体验等，发展旅游同时注重对当地特色人文资源的利用和保护。

农耕体验区 升级村落传统农耕的同时开发观光农业和体验农业，为村落创造更多本土景观元素。

古商道立面图 —THE VERTICAL VIEW

旅游服务中心 | 风情博物街 | 地坑院体验居住区 | 公共服务中心 | 古寨墙观光步道 | 古村落核心保护区 | 旅游服务中心分部 | 旅游观景中心

村落剖面示意图 CROSS SECTION

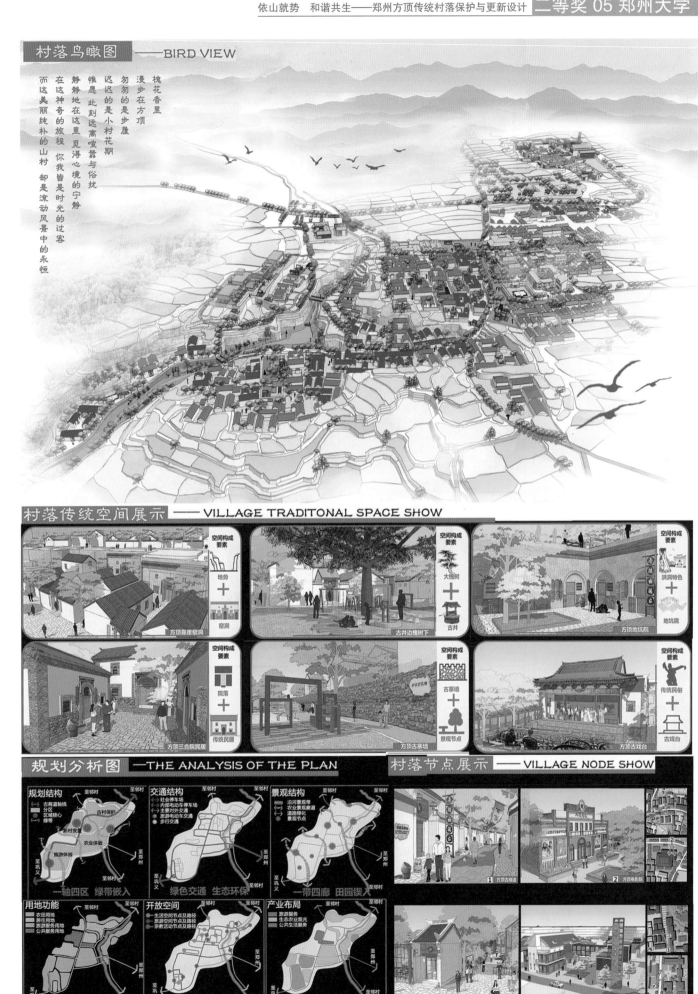

村落鸟瞰图 ——BIRD VIEW

而这美丽纯朴的山村 却是流动风景中的永恒
在这神奇的旅程 你我皆是时光的过客
静静地在这里见得心境的宁静
惟愿地在这高堂萱与俗扰
迟迟的是小村花期
匆匆的是步履
漫步在方顶
槐花香里

村落传统空间展示 ——VILLAGE TRADITONAL SPACE SHOW

空间构成要素　地势＋窑洞　方顶靠崖窑洞

空间构成要素　大槐树＋古井　古井边槐树下

空间构成要素　洪洞特色＋地坑院　方顶地坑院

空间构成要素　院落＋传统民居　方顶三合院民居

空间构成要素　古寨墙＋景观节点　方顶古寨墙

空间构成要素　传统民俗＋古戏台　方顶古戏台

规划分析图 ——THE ANALYSIS OF THE PLAN

规划结构
古商道线　分区　区域核心　绿带
至邻村　至邻村　至邻村
古村保护　新村安置　农业体验　旅游体验　至巩义　至郑州
一轴四区　绿带嵌入

交通结构
社会停车场　内能电动车停车场　主要对外交通　旅游电动车交通　步行交通
至邻村　至邻村
至巩义　至郑州　至邻村
绿色交通　生态环保

景观结构
沿河景观带　农业景观廊道　道路绿化　景观节点
至邻村　至邻村
至巩义　至郑州　至邻村
一带四廊　田园镶入

用地功能
农田用地　居住用地　旅游服务用地　公共服务用地
至邻村
至巩义　至郑州
生活旅游　分区明确

开放空间
生活空间节点及路径　旅游空间节点及路径　宗教活动节点及路径
至邻村
至巩义　至郑州
串珠设置　恢复活力

产业布局
旅游观光　生态农业观光　公共生活服务
至邻村
至巩义　至郑州　至邻村
旅游带动　产业升级

村落节点展示 ——VILLAGE NODE SHOW

1 方顶古商街　2 方顶电影院
3 风情街商业　4 山下入口服务区

溯歸泮水·薄采其菁
——基于低碳理念与客家村落文化更新的综合功能区城市设计

学生：耿佳、许宁婧　　指导教师：陈天、曾鹏、闫凤英

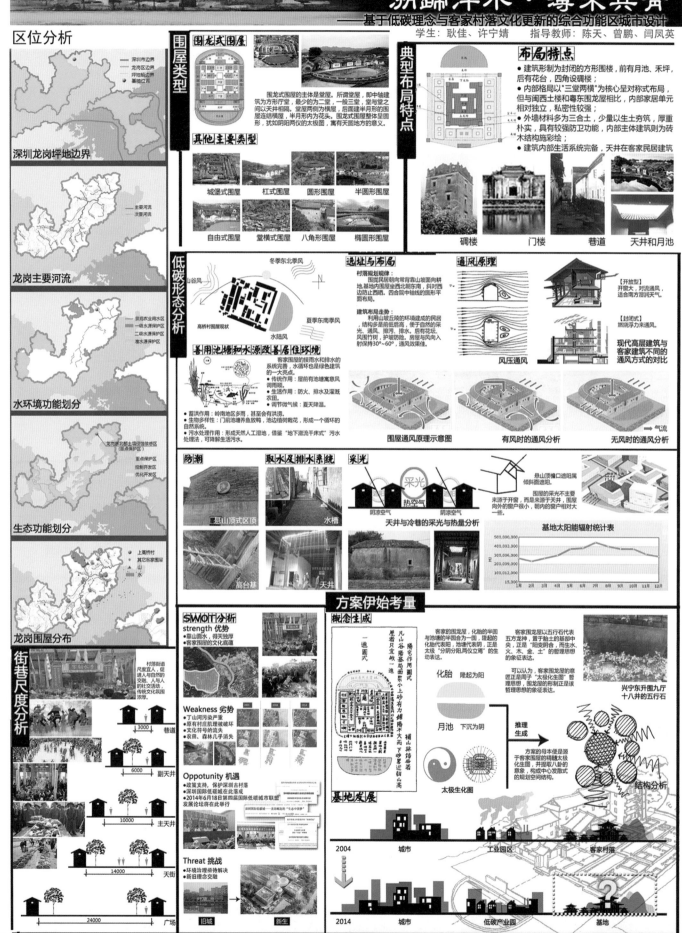

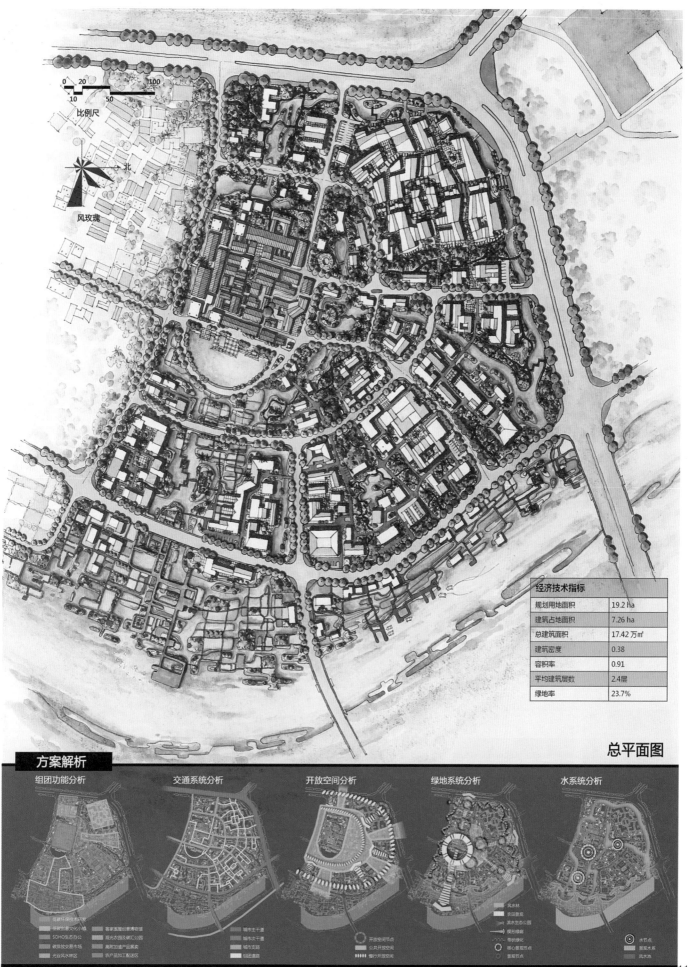

比例尺

北

风玫瑰

经济技术指标	
规划用地面积	19.2 ha
建筑占地面积	7.26 ha
总建筑面积	17.42 万㎡
建筑密度	0.38
容积率	0.91
平均建筑层数	2.4层
绿地率	23.7%

总平面图

方案解析

组团功能分析　　交通系统分析　　开放空间分析　　绿地系统分析　　水系统分析

禅光辉映井五来
翔堂老树
入三江 森田守型
浪迹天涯寻渡 有客家热土
画栋雕梁
正继继
鸟扬凤舞 葛藤统户
闻来松声巷莊
一曲长歌 抗强快讲

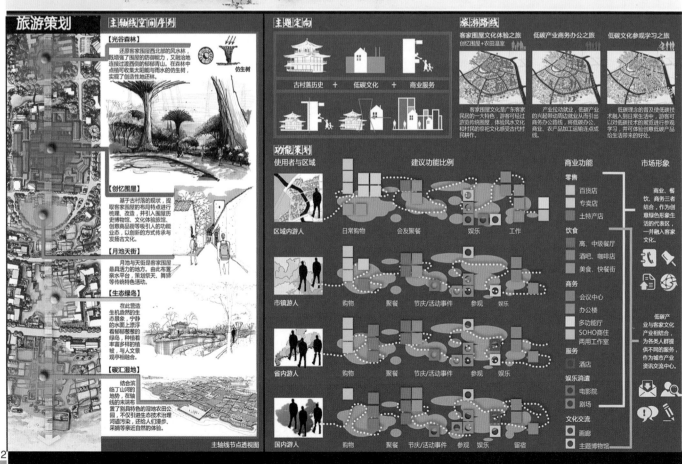

旅游策划

主轴线空间序列

【光谷森林】
还原客家围屋西北部的风水林，既增强了围屋的防御能力，又融洽地连接过渡西面的郁郁青山。在森林中点植可收集太阳能与雨水的仿生树，实现了创造性地还林。

仿生树

【创忆围屋】
基于古村落的现状，提取客家围屋的布局特点进行梳理、改造，并引入围屋历史博物馆、文化体验旅馆、创意商业街等唤起引人的功能业态，以创新的方式传承与发扬古文化。

【月池天街】
月池与天街是客家围屋最具活力的地方，由此布置亲水平台，策划祭天、舞狮等传统特色活动。

【生态绿岛】
在此营建生机盎然的生态泉索，宁静的水上游浮着郁郁葱葱的绿岛，种植着丰富多样的植被，与人文景观相结合。

【碳汇湿地】
结合滨临丁山河的地势，在轴线的末端布置了别具特色的湿地农田公园，不仅引进生态水治理河道方案，还给人们漫步、采摘等亲近自然的体验。

主轴线节点透视图

主题定向

古村落历史 + 低碳文化 + 商业服务

旅游路线

客家围屋文化体验之旅
创忆围屋+农田温室

客家围屋文化是广东客家民居的一大特色，游客可经过游览传统围屋，体验风水文化和村民的祭祀文化感受古代村民耕作。

低碳产业商务办公之旅

产业拉动就业，低碳产业的兴起带动简配就业从而引出商务办公产业线，将低碳办公、商业、农产品加工运输连点成线。

低碳文化参观学习之旅

低碳理念的普及使低碳技术融入到日常生活中。游客可以通过游览村的观览进行参观学习，并可体验创意低碳产品给生活带来的好处。

功能策划

使用者与区域 / 建议功能比例 / 商业功能 / 市场形象

商业功能：
零售
- 百货店
- 专卖店
- 土特产店

饮食
- 高、中级餐厅
- 酒吧、咖啡店
- 美食、快餐街

商务
- 会议中心
- 办公楼
- 多功能厅
- SOHO商住
- 两用工作室

服务
- 酒店

娱乐消遣
- 电影院
- 剧场

文化交流
- 画廊
- 主题博物馆

区域内游人：日常购物 会友聚餐 娱乐 工作

市镇游人：购物 聚餐 节庆/活动事件 参观 娱乐

省内游人：购物 聚餐 节庆/活动事件 参观 娱乐

国内游人：购物 聚餐 节庆/活动事件 参观 娱乐 留宿

市场形象：
商业、餐饮、商务三者结合，作为创意绿色彩象生活的代表区，一并融入客家文化。

低碳产业与客家文化产业相结合，为各类人群提供不同的服务，作为城市产业资讯交流中心。

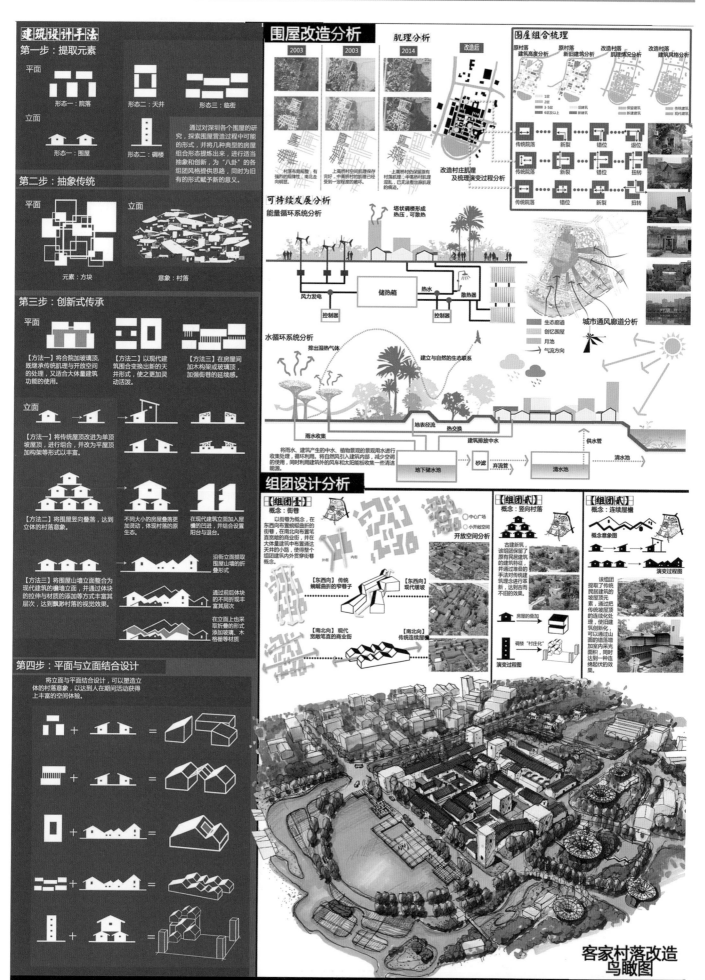

建筑设计手法

第一步：提取元素

平面

形态一：院落　形态二：天井　形态三：临街

立面

形态一：围屋　形态二：碉楼

通过对深圳各个围屋的研究，探索围屋营造过程中可能的形式，并将几种典型的房屋组合形态提炼出来，进行适当抽象和创新，为"八卦"的各组团风格提供思路，同时为旧有的形式赋予新的意义。

第二步：抽象传统

平面　　立面

元素：方块　　意象：村落

第三步：创新式传承

平面

【方法一】将合院加玻璃顶，既继承传统肌理与开放空间的处理，又适合大体量建筑功能的使用。

【方法二】以现代建筑合变换出新的天井形式，使之更加灵动活泼。

【方法三】在房屋间加木构架或玻璃顶，加强街巷的延续感。

立面

【方法一】将传统屋顶改进为单顶坡屋顶，进行组合，再改为平屋顶加构架等形式以丰富。

【方法二】将围屋竖向叠落，达到立体的村落意象。

不同大小的房屋叠落更加灵动，体现村落的原生态。

在现代建筑立面加入屋檐的凹进，并结合设置阳台与退台。

沿街立面提取围屋山墙的折叠形式

【方法三】将围屋山墙立面整合为现代建筑的檐廊立面，并通过体块的拉伸与材质的添加等方式丰富其层次，达到飘渺村落的视觉效果。

通过前后体块的不同折坡丰富其层次

在立面上也采取折叠的形式添加玻璃、木格栅等材质

第四步：平面与立面结合设计

将立面与平面结合设计，可以塑造立体的村落意象，以达到人在期间活动获得上丰富的空间体验。

围屋改造分析

肌理分析

2003　2003　2014　改造后

改造村庄肌理及梳理演变过程分析

村落布局规整，有强烈的朝南性，南北走向朝望。

上高桥村空间肌理保存完好，中高桥村的肌理已经受到一定程度的破坏。

上高桥村的保留尚有村落的旧肌理，中高桥村肌理混乱，已无法查出原肌理的痕迹。

围屋组合梳理

原村落建筑高度分析　原村落新旧建筑分析　改造村落肌理情况分析　改造村落建筑风格分析

1层　2层　3-5层　6层及以上／旧建筑　新建筑／保留建筑　新建筑／传统建筑　现代建筑

传统院落　新裂　错位　退位
传统院落　新裂　错位　扭转
传统院落　错位　新裂　扭转

可持续发展分析

能量循环系统分析

塔状碉楼形成热压，可散热

风力发电　控制器　储热箱　热水　散热器　控制器

水循环系统分析

排出湿热气体　建立与自然的生态联系

雨水收集　地表径流　热交换　建筑排放中水　供水管

将雨水、建筑产生的中水、植物景观的景观用水进行收集处理，循环利用。将自然风引入建筑内部，减少空调的使用，同时利用建筑外的风车和太阳能板收集一些清洁能源。

地下储水池　砂滤　导流管　清水池　清水池

城市通风廊道分析

生态廊道　创忆围屋　月池　气流方向

组团设计分析

【组团壹】　中心广场　小开放空间

概念：街巷

以街巷为概念，在东西向布置蜿蜒曲折的街巷，在南北向布置笔直宽敞的商业街。在大体量建筑中置通过天井的小路，使得整个组团建筑内外贯穿街巷概念。

开放空间分析

外街　内街

【东西向】传统蜿蜒曲折的窄巷子
【东西向】现代坡屋顶
【南北向】现代宽敞笔直的商业街
【南北向】传统连续屋檐

【组团贰】

概念：竖向村落

古建新筑，该组团保留了原有居民建筑的建筑风格，并通过对其进行破旧立新的手法对传统建筑理念进行革新，达到旧而不旧的效果。

房屋的叠加

碉楼"村庄化"

演变过程图

【组团叁】

概念：连续屋檐

该组团取了传统居民建筑的坡屋顶元素，通过把传统坡屋顶的连续化处理，使得建筑创新化，可以通过山面的檐廊增加室内采光面积，同时达到一种连绵起伏的效果。

概念意象图

演变过程图

客家村落改造鸟瞰图

故土难离
——历史城区改造的"非驱逐性"解法

学生：芮勇、袁浣　指导教师：王雨村、郑皓、金英红、于淼、洪亘伟

前言

历史城区改造，一直是城市快速发展过程中比较棘手的城市问题。现在的解决方式大多依赖着巨大的资本的投入，拆之了之。大量的资金支持本就使得历史城区改造面临很大困难，然而如何将古城原始风貌保留，又为其改造提出了不止于政策层面……同时，城市快速发展的背景，也使得其成为条件设施相对落后的地区……

目前改造模式问题现状

家园失落　邻里关系淡漠　文化链打断　弱势群体难就业

目前改造模式的驱逐性分析

	前期	中期	后期	预期后果
功能置换	原始居住	商住混杂	商业为主	完全商业化
人口构成	结构分明	老弱留守	残余劳动力	无固定人口
文化传承	连续	间断	断裂	无
老人心理	健康	孤独失落	抑郁忧伤	?
社会关系				ZERO
原始风貌				?

提出"非驱逐性"解法设想

A.对内部人员而言传统生活的延续
1.部分保留原始社团
保留原始风貌，成为文化设施聚集点，吸引回归
2.提供小商贩等工作机会
其余居住居民虽不在此居住，但可利用在此工作的关系维持原来居住时形成的社交网络，维持邻里关系
3.聚集节点，形成系统
分析原有空间点分布，聚集节点，用现有手法将道路连接，形成体系。

B.对外部人员而言古城文化的延续
1.原始建筑空间风貌的延续
梳理水片、路网、建筑肌理，使文化不受驱逐，渗透而非驱逐
2.原始社会生活风貌的延续
提供商贩摊位属馆工作者，既让人不受驱逐，又是对生活风貌的延续。
3.政策层面保障延续
对保留居民的房屋修缮及资金补助政策 对原有流动摊贩经营合法化的优惠政策 对传统展示文化体验区的就业政策

规划愿景与预期目标

区位分析

地块位于江南古城苏州市内，古平江城区边缘。地块内原始风貌完好。其浓郁的文化氛围，便利的交通条件，优越的商业地位，使得其拥有了相对和谐的人居环境，十分有保护的必要。然而，城市快速发展的背景，也使得其成为条件设施相对落后的地区。我们需讨论出一种"非驱逐性"的改造方式，既能保持原始人文风貌，又能使其尽快适应现代城市发展。

发展区位
基地苏州式发展轴的核心位置，随着城市规模不断扩大，其改造势在必行。

文化区位
基地位于苏州古城区边缘，周边文化景点密布，有极好的文化氛围，故而居民不愿离开。

交通区位
基地在轻轨2号线上，交通便利，生活出行很方便，故而居民不愿离开。

商业区位
基地周边商圈密布，无论传统还是现代商业，土地价值高，故而居民不愿离开。

社会调查

人类的迁移与否，所关心的实质，其实是居住环境。

居住环境	希望改造的原因	不希望改造的原因
购物　自然环境	步行系统不连续	人际关系断裂
就医　设施条件	开放空间缺失	就业困难
教育　出行便捷度	生活环境恶劣	通勤成本增加
上班　邻里氛围	缺少绿化	文化环境不适应
经营　恋乡情结	配套设施不健全	商业化侵蚀

如果只是在改造中考虑了自然环境，设施条件，而忽视了就业保障，社会关系，邻里氛围，无异于舍本逐末，是改造的弊大于利，忽略了"人本"感受，这样的改造，即具有驱逐性！

山塘地区的特点是，人际关系相对和谐，社会结构相对稳定，但设施条件相对落后。改造，应是对配套设施，自然环境的改善，而避免破坏邻里关系，就业环境，避免原住民感到被驱逐出故土。

下塘已搬迁人群生活状态调查

您觉得拆迁后设施条件是否有提升？
A. 有所提高
B. 一般
C. 没有提高
D. 无所谓

您的工作生活是否受到影响？
A. 不影响
B. 有些影响
C. 很影响
D. 难以生计

您现在和原来邻居的关系？
A. 很久没有往来
B. 比较疏远
C. 一般
D. 比较亲密
E. 亲密

您是否愿意回到原来居所？
A. 愿意
B. 不愿意
C. 无所谓

引入理念

提出一种非驱逐性的改造模式，在改造区域内，仍为原住民留一个根。使得原住民虽然不在此居住，但能在此工作，借此关系，继续维持原有的社交网络。

用工作延续人脉！

空间转换
原有模式：居住 工作（古城区）→ 居住 工作（郊区）
新模式：居住 工作（古城区）→ 居住（郊区）工作（古城区）

时间转换

Step1　Step2　Step3　Step4
分析原本市场分布 → 延续原有工作点 → 增加新工作岗位 → 形成体系

原住民工作体系总图

现代渗透体系
延续原有沿街商贩
综合公共活动中心服务
原有沿街商贩
便民中心经营
原菜市场
博物馆工作
文化展示区工作
原菜场
手工艺展示区工作
原始民俗体验带
流动摊贩路线系统

地块特殊性分析

建筑风貌
地块内建筑风貌呈现出马路越向古建筑群深部越陈旧的分布形态。故而保留、修缮深部建筑，把根留住，吸引回归，避免建筑驱逐。

街道空间
地块内街道宽，与外界连接不畅。故而应保留原始街巷网，增加交流节点，避免文化驱逐。

水桥文化
地块内水文化、桥文化丰富，增加水系以维系苏州水陆双棋盘格局，避免人脉驱逐。

绿地空间
地块内绿地空间缺失，增加绿地空间，并与交通空间结合，增加原造形成体系，亦可以化解与现代社会的冲突。

2014　2015　2020　2025　2030　2035　2040　2050

修复破碎的苏州文脉 —— 文脉修复
梳理原有建筑肌理
适当拆除，保留部分原始建筑

历史传承
梳理河道，弘扬水文化
文化产业中心 打造智慧RBD
人文智慧的传承
体验式居住

人脉维系
构建公共空间体系，为流动摊贩提供聚集点，维系原有的社会关系
将水纳入公共空间体系，使人与人的联系更密切

空间经营
拓展手工艺展示民俗体验等功能，为原住民提供就业
梳理街道空间，保留原有风貌，串联开放空间，增加构架，丰富空间感受

A.对内部人员而言传统生活的延续

1.部分保留原始组团

保留原始风貌，成为文化设施聚集点，吸引回归

原始机理梳理与串联

原始机理 》 梳理后机理

原始机理 》 梳理后机理

废弃民居改造

单体处理 》 废弃民居 》 改造民居 》 活动场所

平面串联 》 废弃居民区 》 活动点串联 》 编织活动网

立体调控 》 废弃居住区 》 活动点串联 》 立体活动空间

2.提供小商贩等工作空间

其余原住民虽不在此居住，但可利用在此工作的关系填补原来居住时形成的社交网络，维持邻里关系。

创造新的民俗展馆工作等

民俗展馆等建筑延续原始建筑的结构形式和院落空间，但加入现代建筑元素和尺度。形成有机院落。

流动立方的设计

为流动摊贩设计专门的立方空间。立方中各类构件的端头都设计有灵活的衔接点，不同规格，不同类型的构件能良好地组合在一起。流动摊贩及休憩的行人可根据不同的实际需求及周围环境塑造不同空间。

延续原有沿街商贩

对原有沿街建筑进行改造，置换部分功能。将原本露天经营的商贩规范化，进入建筑内，形成商铺街。

（旧民居）相似的空间语言（新建筑）
不同的差柏分隔感 有机院落

立方的组合方式

立方中不同规模的构件组合成不同比例不同尺寸的小空间，不同规模的小空间进一步组合成更多样的空间类型。

3.聚集节点，形成系统

分析原有交易点分布，聚集节点，用现在手法如廊道玻璃等连接，形成体系。

立体构架体系

流动构架体系

通过推、拉、堆、支、叠等不同动作的处理后，空间的虚——实、开——合、高——低、多——少显得更加多样化。流动摊贩的经营空间以及作为连接功能的休憩构架空间也变得更加丰富多变。激发人们参与环境塑造的积极性与创造性，并使其在这一过程中体会更多欢乐和趣味。

B.对外部人员而言古城文化的延续

1.建筑空间风貌

梳理水网路网建筑肌理，使文化不受驱逐，渗透而非碰撞。

水巷——再现

前街后河
一河两街
前河后街
有河无街
一河一街

改变 形式 尺度 数量 形态 》 休闲空间 绿化空间 商业空间

开敞景观
一河两带
一河一带

巷弄——重生
街巷原始肌理

创造巷弄空间
丰富街巷景观

巷道空间再现

1.围合　2.打破　3.移动　4.重组

2.社会生活风貌

提供商贩摊位展馆工作等，既使人不受驱逐，又是对生活风貌的延续。

手工艺创作区　恢复传统水面商业区　新建现代商业区　保留传统商业街

3.政策层面保障

一是对保留居民的房屋修缮及资金补助政策，二是对原有流动摊贩经营合法化的优惠政策，三是对传统展示文化体验区居民的就业政策。

维护原住民利益 》 帮助修缮古建筑
政府 》 保留旧工作 》 流动商贩合法化 》 新山塘
增加新工作点 》 保护性就业政策

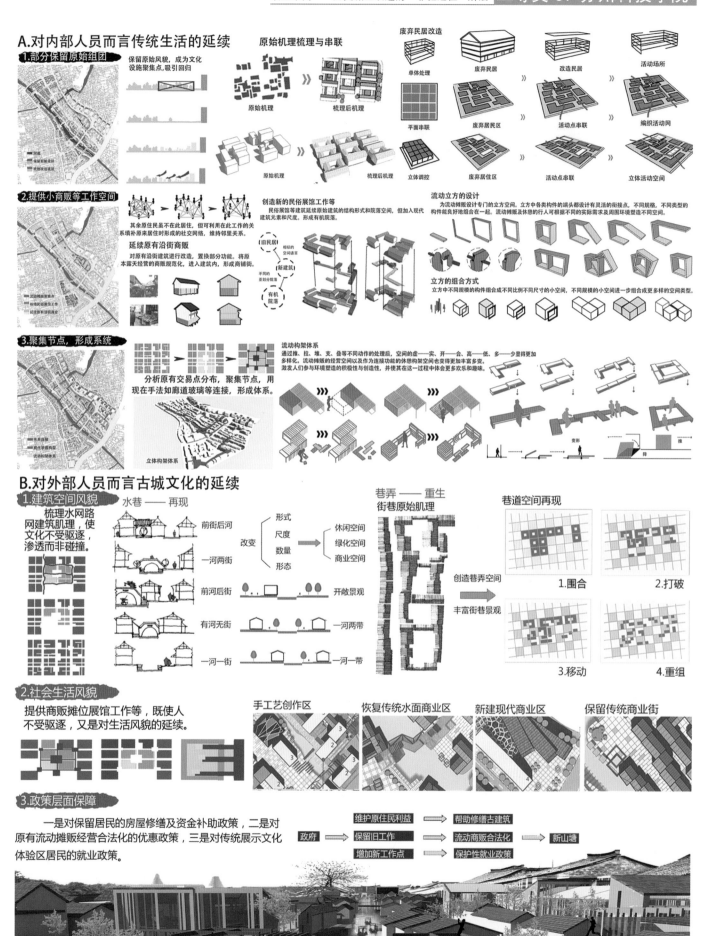

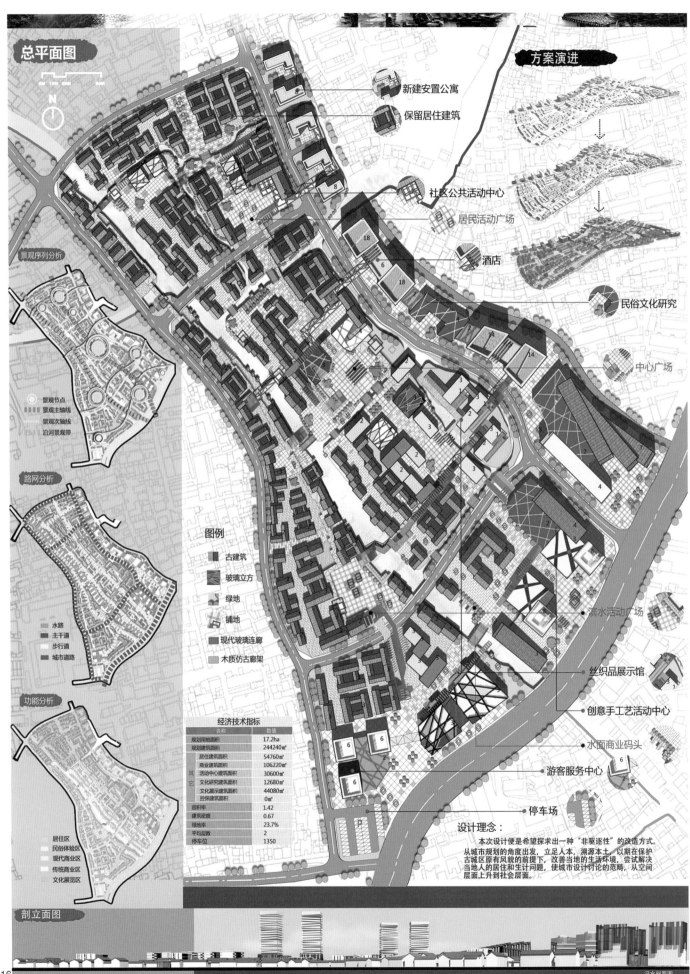

总平面图

方案演进

新建安置公寓
保留居住建筑
社区公共活动中心
居民活动广场
酒店
民俗文化研究
中心广场
滨水活动广场
丝织品展示馆
创意手工艺活动中心
水面商业码头
游客服务中心
停车场

景观序列分析

景观节点
景观主轴线
景观次轴线
沿河景观带

路网分析

水路
主干道
步行道
城市道路

功能分析

居住区
民俗体验区
现代商业区
传统商业区
文化展览区

图例

古建筑
玻璃立方
绿地
铺地
现代玻璃连廊
木质仿古廊架

经济技术指标

名称	数值
规划用地面积	17.2ha
规划建筑面积	244240㎡
居住建筑面积	54760㎡
商业建筑面积	106220㎡
活动中心建筑面积	30600㎡
文化研究建筑面积	12680㎡
文化展示建筑面积	44080㎡
控保建筑面积	0㎡
容积率	1.42
建筑密度	0.67
绿地率	23.7%
平均层数	2
停车位	1350

设计理念:

本次设计便是希望探求出一种"非驱逐性"的改造方式,从城市规划的角度出发,立足人本,溯源本土,以期在保护古城区原有风貌的前提下,改善当地的生活环境,尝试解决当地人的居住和生计问题,使城市设计讨论的范畴,从空间层面上升到社会层面。

剖立面图

沿水剖面图

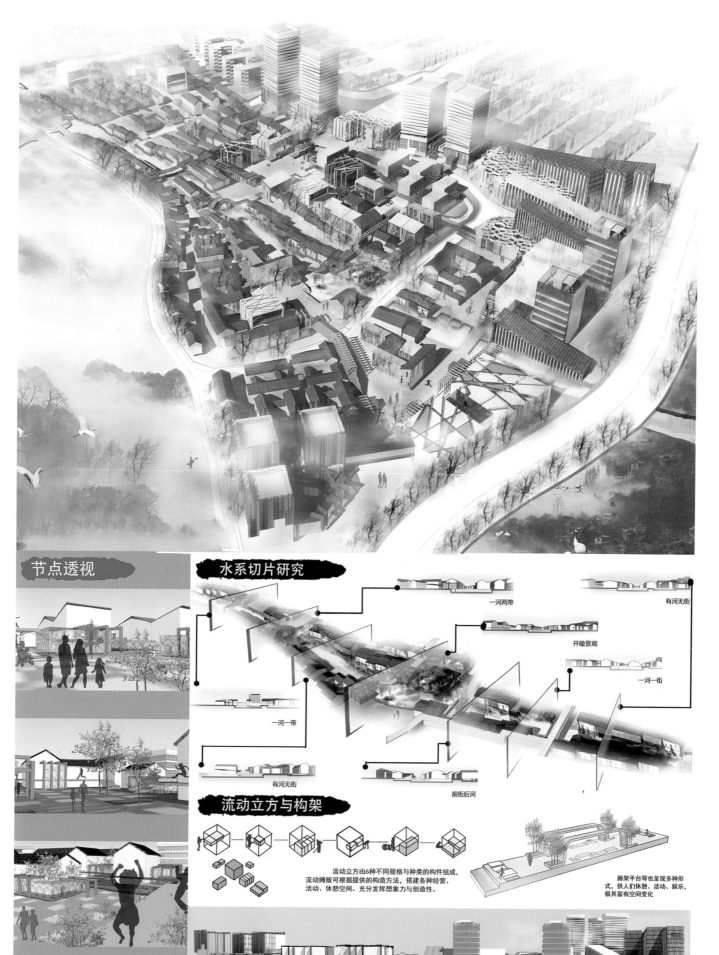

节点透视

水系切片研究

一河两带

有河无街

开敞景观

一河一街

一河一带

有河无街

前街后河

流动立方与构架

流动立方由6种不同规格与种类的构件组成，流动摊贩可根据提供的构造方法，搭建各种经营、活动、休憩空间。充分发挥想象力与创造性。

廊架平台等也呈现多种形式，供人们休憩、活动、娱乐，极其富有空间变化

沿街立面图

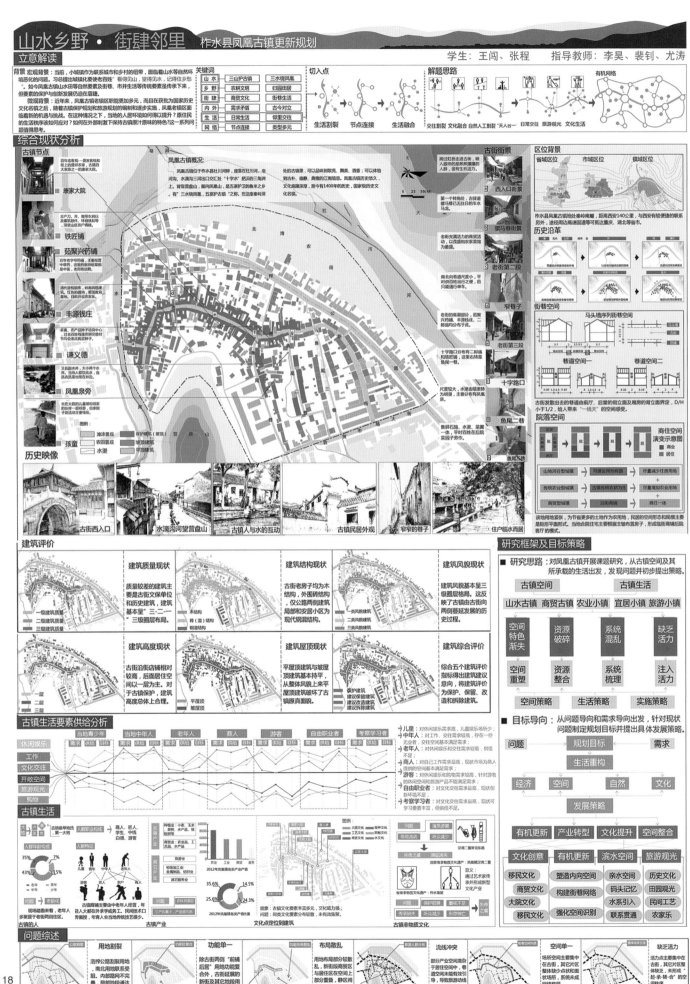

山水乡野 · 街肆邻里 柞水县凤凰古镇更新规划

学生：王闯、张程　指导教师：李昊、裴钊、尤涛

北凤

0　50(M)

设计说明

本次柞水县凤凰古镇更新规划在对基地及周边地段的基本现状及条件进行了充分调研的基础上，探求并根据设计的主要脉络，即重构山水邻野绿脉，古街巷里文脉贯穿始终的古镇现代生活网络，激活各特定场所活力，实现特定空间行为活动的优化及再生，以次满足当代古镇居民及外来参与者的心理需求及行为需求。塑造富有南方特色的北方山水文化生活及旅游小镇。

经济技术指标

总用地面积（公顷）	18.9
总建筑面积（万平方米）	20.79
建筑密度（%）	55%
容积率	1.1
绿地率（%）	37%

图例
1 水旱码头广场
2 酒吧风情街
3 虹桥
4 骡马巷
5 农家大院客栈
6 卢家宅宅
7 炮烫兴药铺
8 康家大院
9 孟家大院
10 老年疗养院
11 党家大院
12 丰源铁庄
13 营当广场
14 望景庭
15 二郎庙
16 移民文化馆
17 铁匠铺
18 说唱馆
19 谦义德物种培育
20 农耕文化展览馆
21 凤凰泉
22 中心广场
23 戏台
24
25 农家乐
26 菜蔬培育观赏区
27 手工作坊艺术区
28 民间工艺体验街
29 慢享景观带
30 安居小区
31 居民活动中心
32 乡土农产品展览区
33 农留市场交易区
34 滨河农田景观区
35 田野采风观景点
36 滩涂景观

保留
新建
老街
改建
节点

总平面图

设计概念

城市设计导引：规划本着人本思想，尊重地方文化和空间特色，充分考虑居民需求，以提升人居环境为目标，重构百姓生活网络秩序，使其心理上产生归属感、认同感，创造丰富的物质空间和精神场所。

基地规划定位：以山水、乡野、古镇老街为主要景观资源，集居住、街肆商贸、文物保护、文化展示及旅游观光为一体的古镇生活休闲片区。

理念设计：

A.挖掘地域景观资源，将景观资源空间与百姓生活空间有机融合，营造古镇与自然相融的宜居小镇；

B.延续古镇地域文脉，将文化内涵融入到物质空间中，形成富有文化传统和历史记忆的场所空间，实现古镇产业升级转型；

C.通过文化产业大力发展和旅游产业的适度介入，提升古镇综合水平，改善当地民生。

地段职能定位：居住生活；种植业、采摘业；加工业；市场贸易、文化产业、旅游观光。

概念意向

功能构成策略

区域协同策略

文化提升策略

大院文化：孟、康、党家大院及农家乐	品尝特色小吃	逛街闲聊+文化参观+喝茶听戏
手工艺文化：铁匠铺、纺织铺	传承、体验、售卖	
商贸文化：农贸市场、土产贸易	文化展览	品尝特色小吃+工艺体验+购买土产
宗教文化：二郎庙	烧香拜服、许愿、怀古伤今	
水文化：水滴沟河、杜川河、水瀑	喝茶、看戏	工艺传承+文化体验+怀古伤今
非物质文化：汉调二黄、柞水渔鼓	逛街、闲聊	
文化类型	故事事件	美好愿景

布局生成

人文要素 ＋ 自然要素 ＋ 路径要素 ＝ 空间生成

山水引借策略

山体绿化引入　水体引入
绿网构建　地形利用　水土保育

结构系统

规划结构　交通组织
主街　次街　环山路　古巷　车行路

景观组织

功能分区

建筑建设策略

院落空间组织提取

四合院与二合院套接　四合院与二合院套接　四合院与三合院套接　多种合院横向套接

主要空间特征提取

农家住宿　古街餐饮　活动中心　新区居住

围合空间组织重构

拆除　增加　重组　扩建

街巷优化策略

D/H≈1 古街尺度保留
D/H=1.5:1 中央水渠景观
D/H>2:1 滨河亲水
1.5<D/H<3 菜园景观、农家乐
1<D/H<1.5 文化观光、老年疗养

119

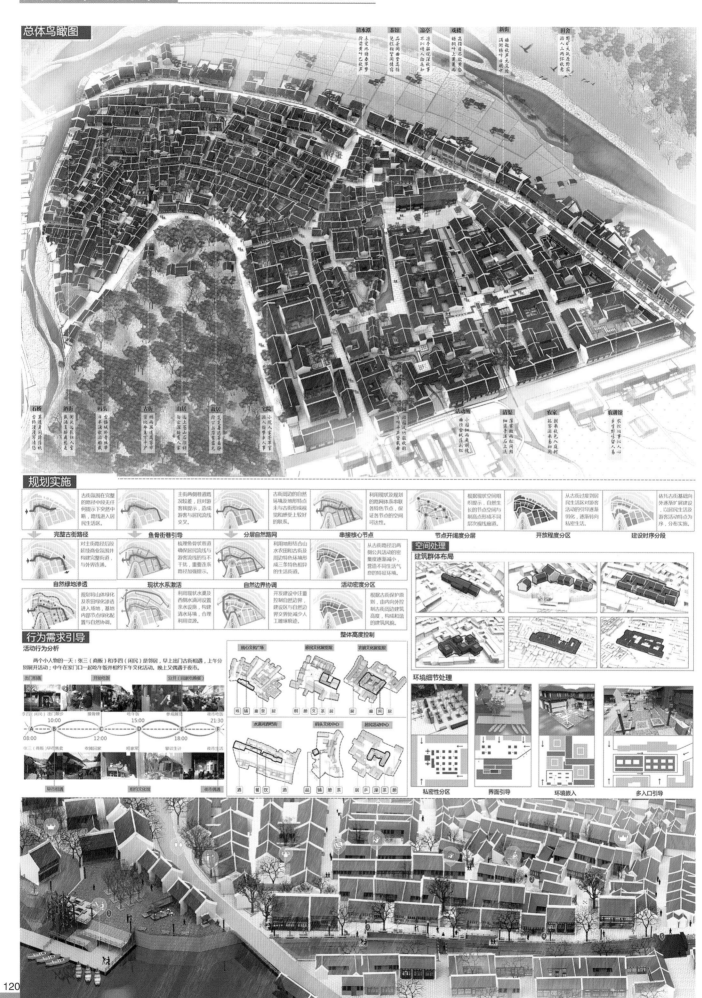

总体鸟瞰图

规划实施

完整古街路径 — 古街沿固在完整的路径中段无任何提示不自然中断，踏线进入居民生活。

鱼骨街巷引导 — 主街两侧巷道路况较差，且对游客无提示，造成游客与居民混杂交叉。

分层自然路网 — 古街固边的自然环境及地形特点未与古街形成视觉联系。

串接核心节点 — 利用现状及规划的路网体系串接各特色节点，保证各节点形成不同层次视线通道。

节点开阔度分层 — 根据现状空间组织提示，自然生长的节点空间与精品点形成不同层次视线通道。

开放程度分区 — 从古街过度到居民生活活动的引导渐趋私密生活。

建设时序分段 — 依托古街基础向外逐渐扩展建设，以居民生活及游客活动点为序，分布实施。

自然绿地渗透 — 规划将山体绿化及农田绿化渗透进入场地，基地内部节点绿化配置与自然协调。

现状水系激活 — 利用现状水渠及西侧绿溪河设置清水设施，构建清水水塘，合理利用资源。

自然边界协调 — 开发建设中注重控制自然边界，建设区与自然边界交界处或少人工建筑痕迹。

活动密度分区 — 根据古街保护原则，由内向外控制古街周边建筑高度，协调和谐的意境风貌。

整体高度控制

空间处理

建筑群体布局

环境细节处理

私密性分区 — 界面引导 — 环境嵌入 — 多入口引导

行为需求引导

活动行为分析

两个小人物的一天：张三（商贩）和李四（居民）是邻居，早上出门古街相遇，上午分别展开活动；中午在家门口一起吃午饭并相约下午文化活动，晚上又偶遇于夜市。

核心文化广场 — 移民文化展览馆 — 农耕文化展览馆

水滴河戏曲街 — 码头文化中心 — 居民活动中心

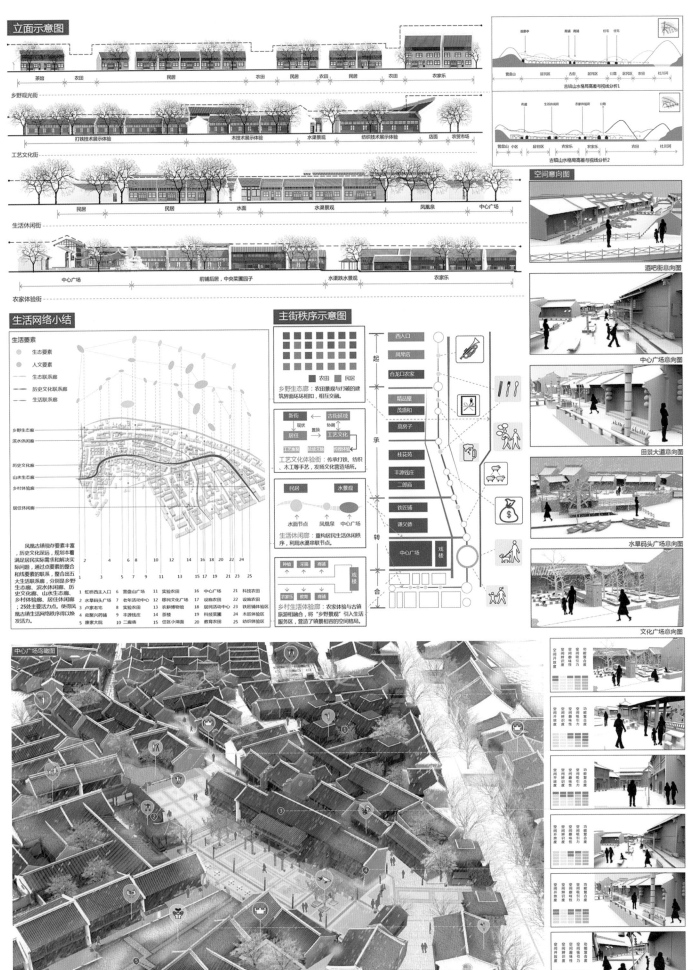

立面示意图

茶馆　农田　民居　农田　民居　农田　民居　农田　农家乐

乡野观光街

打铁技术展示体验　木技术展示体验　水渠景观　纺织技术展示体验　店面　农贸市场

工艺文化街

民居　民居　水面　水渠景观　凤凰泉　中心广场

生活休闲街

中心广场　前铺后居，中央菜園四子　水渠跌水景观　农家乐

农家体验街

古镇山水格局高差与视线分析1

古镇山水格局高差与视线分析2

空间意向图

酒吧街意向图

中心广场意向图

田景大道意向图

水旱码头广场意向图

文化广场意向图

生活网络小结

生活要素

- 生态要素
- 人文要素
- 生态联系廊
- 历史文化联系廊
- 生活联系廊

乡野生态廊
滨水休闲廊
历史文化廊
山水生态廊
乡村体验廊
居住休闲廊

凤凰古镇现存要素丰富，历史文化深远，规划本着满足居民实际需求和解决实际问题，通过点要素的整合和线要素的联系，整合出五大生活要素，分别是乡野生态廊、滨水休闲廊、历史文化廊、山水生态廊、乡村体验廊、居住休闲廊；25处为重要活力节点，使得凤凰古镇生活网络秩序得以焕发活力。

1 虹桥西主入口　2 水旱码头广场　3 卢家老宅　4 劫聚兴乡铺　5 康家大院　6 营盘山广场　7 老年活动中心　8 实验农田　9 丰源钱庄　10 二郎庙　11 实验农田　12 移民文化广场　13 农耕博物馆　14 茶楼　15 住区小湖面　16 中心广场　17 设施农田　18 居民活动中心　19 科技菜園　20 教育农田　21 科技农田　22 设施农田　23 铁匠铺体验坊　24 木匠体验坊　25 纺织体验坊

主街秩序示意图

农田　民居

乡野生态廊：农田景观与打破的建筑界面环环相扣，相互交融。

新街　现状　古街延续　协调　居住　置换　工艺文化　工艺重塑　物质交换　情感联系

工艺文化体验街：传承打铁、纺织、木工等手艺，发扬文化营造场所。

民居　水景观

水面节点　凤凰泉　中心广场

生活休闲廊：重构居民生活休闲秩序，利用水渠串联节点。

农乐　教育　育苗　戏楼

乡村生活体验廊：农家体验与古镇旅游相融合，将"乡野景观"引入生活服务区，营造了镇景相容的空间格局。

起　西入口　凤琴店　合龙口农家

承　精品屋　茂盛和　高房子　桂花苑　丰源钱庄　二郎庙

转　铁匠铺　谦义德

合　中心广场　戏楼

中心广场鸟瞰图

聊城·连街

多重铆点耦合效应引导下的旧城改造城市设计
THE CITY DESIGN OF URBAN REDEVELOPMENT

学生：徐威、邱梦　　指导教师：董文丽、葛丹东

区位环境分析

基地区位分析

基地位于大兜路历史街区南部，三面环水，面积16.5公顷。北面由丽水路为主要交通道路，西面和东面分别由江涨桥和吴家石桥对外联系，现状地块功能以文教、商业和居住为主。

基地周边环境分析

1. 基地位于历史街区南侧，东西向有多行街和胜利街，受到东方向对其的经济影响。

2. 基地四周分布大量居民区，人流密集，潜在的地块开发价值潜力巨大。

3. 基地紧邻京杭大运河，造就了基地三面环水的独特历史文化和景观环境。

4. 基地四周分布有较为便利的交通干线，交通运输便利，引来大量客流。

上位规划解读

杭州市总体规划要求城市形成"一主三副"格局，而主城承担生活居住、行政办公、商业金融、旅游服务、科技教育、文化娱乐、都市型和高新技术产业功能，逐步形成主体现代城市形象的主体区域。

历史文化名城保护规划要求保护历史街区，保存历史风貌和改善环境并举，保护和利用相结合的原则，全面、系统地保护古城有价值的历史环境风貌和所有有价值的历史文化遗产，形成一个分层次、多方位、完善的保护体系。

现状状况分析

建筑高度分析

1-3层　4-6层　7-9层　10层以上

建筑风貌分析

平屋顶　坡屋顶　高层平顶　棚户

建筑质量分析

质量差　质量较差　质量较好　质量好

主要道路分析

外围机动车流线　水上交通流线

历史沿革

南宋 1127	元 1271 明 1368	清 1636	民国 1912 新中国 1949
大关桥始建，原名永安桥，永安桥更名为新桥	香积寺被毁，后多次重建。大兜路区域兴盛，贸易中心。大兜路路名出现"仁和仓"建成	增设集市，运河街市繁华	仁和仓被旧日侵华战火，仁和仓旧址建铁路货仓，重建北新桥、大关桥

地域特色

1. 建筑风格
杭州民居有着传统江南建筑"小桥、流水、人家"的特点，同时也有自身独特的建筑风格。

2. 民俗文化特色
大兜路历史文化街区，至今保留着香积寺石塔、清末民初的民居建筑等，是杭州老城历史风貌尚存的街区之一，亦是运河文化的发祥地之一。

3. 生产生活特色
同位于大运河北建城北京城的什刹海一样，大兜路是一个市井与风情融合之地。这里有热闹的码头、古朴的仓库、承载着生活气息的古老桥梁、繁闹的鱼市、米市、富甲一方的商贸之家。

4. 民间艺术特色
龙灯、板龙、竹马、跳仙鹤、白象狮舞、灶头画等，杭州有着丰富的民间艺术神类和独特的艺术形式。

居民活动集中点分析

绿地公园·游览　富义仓遗址公园·观光　上岛公馆·居住　江涨渔桥·观光　大兜路历史街·商业　职业学校·教育　操场·体育　棚户区·居住

公园　桥　学校　遗址　公馆　居住　操场

基地现状及问题

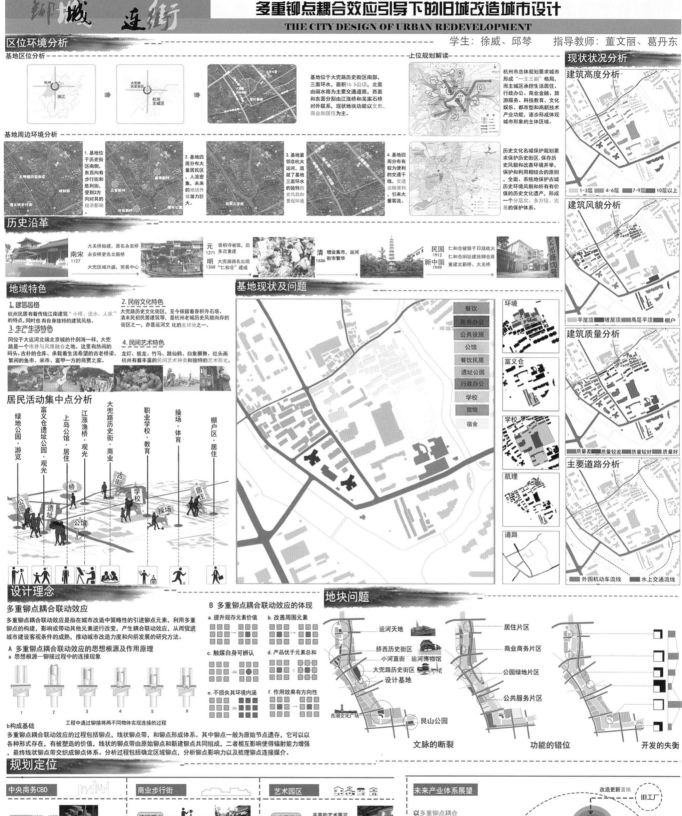

餐饮　商务办公　公共设施　公馆　餐饮民居　遗址公园　行政办公　学校　旅馆　宿舍

环境　富义仓　学校　肌理　道路

设计理念

多重铆点耦合联动效应

多重铆点耦合联动效应是指在城市改造中策略性的引进铆点元素，利用多重铆点的构建，影响或带动其他元素进行改变，产生耦合联动效应，从而促进城市建设客观条件的成熟，推动城市改造进度和向前发展的研究方法。

A 多重铆点耦合联动效应的思想根源及作用原理

a 思想根源——铆接过程中的连接现象

1　2　3　4　5　6

工程中通过铆接将两不同物体实现连接的过程

b 构成基础

多重铆点耦合联动效应的过程包括铆点，线状铆点，和铆点形成体系。其中铆点一般为原始节点遗存，它可以以各种形式存在，有被塑造的价值，线状的铆点带由原始铆点和新建铆点共同组成，二者相互影响使得辐射能力增强，最终线状铆点带交织成铆点体系。分析过程包括确定区域铆点，分析铆点影响力以及梳理铆点连接媒介。

B 多重铆点耦合联动效应的体现

a. 提升现存元素价值　b. 改善周围元素
c. 触媒自身可辨认　d. 产品优于元素总和
e. 不损失环境内涵　f. 作用效果有方向性

地块问题

运河天地　桥西历史街区　小河直街　大兜路历史街区　设计基地　西湖文化广场　昆山公园　运河博物馆

居住片区　商业商务片区　公园绿地片区　公共服务片区

文脉的断裂　　功能的错位　　开发的失衡

规划定位

中央商务CBD：金融　贸易　办公　展览

商业步行街：旅游观光　休闲商务　餐饮　娱乐　文化传承

艺术园区：艺术展览馆—丰富的艺术展览　工作室—独立的工作室　艺术长廊—自由的长廊　艺术体验—独特的体验　休闲文化—适宜的休闲

未来产业体系展望

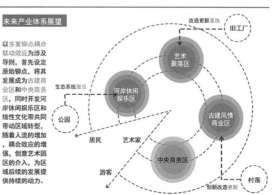

以多重铆点耦合联动效应为涉及导向，首先设定原始铆点，将其发展成为古建商业区和中央商务区，同时开发河岸休闲娱乐和线性文化带共同带动区域转型，随着人流的增加，耦合效应的增强，创意艺术园区的介入，为区域后续的发展提供持续的动力。

改造更新置换　旧工厂　艺术聚落区　河岸休闲娱乐区　古建风情商业区　中央商务区　村落　生态系统激活　公园　居民　艺术家　游客　创新改造更新

设计策略解析

step1 建立设计框架体系

step2 加载多重铆点网络

方案平面设计生成

设计说明：

本次设计旨在对杭州的大兜路历史街区南部进行改造更新，利用杭州特有的历史文化资源，结合现代社会的需求，创造怡人和谐的空间环境，在传统得以延续和发扬的同时，给城市带来新的活力。

规划设计中提取了基地内部及周边的历史文化要素，结合上位规划所提出的要求，利用多重铆点耦合联动效应，确定场地铆点，连接商业开放空间，促使旧有空间新生，谋求各人群和区域的共融，从而将原本分割的城市空间相互交织，形成统一的整体。

用地平衡表

用地名称	现状面积	规划面积	所占比例(%)
居住用地	70870.80	33633.60	21.56
公共管理与公共服务设施用地	50294.40	33290.40	21.34
商业服务业设施用地	11419.20	54958.80	35.23
道路与交通设施用地	10030.80	12979.20	8.32
绿地与广场用地	13384.80	21138.00	13.55
城市建设用地	156000.00	156000.00	100.00

① 北部入口广场
② 艺术园区
③ 江涨桥桥头广场
④ 江涨桥桥头公园
⑤ 古建商业街
⑥ 绿地公园
⑦ 富义仓遗址
⑧ 商业综合体
⑨ 商务写字楼
⑩ 学校办公楼
⑪ 教学楼
⑫ 操场
⑬ 临水平台
⑭ 临水小筑
⑮ 居住区
⑯ 底层商业

经济技术指标：
规划总用地面积：156000(㎡)
总建筑面积：134160(㎡)
建筑密度：25.2%
容积率：0.86
绿地率：33.2%

方案演化分析

step1 旧有建筑 保留+更新

step2 新兴建筑 改造+新建

step3 引入步行空间 完善交流

step4 叠加功能空间 弥补功能

人员活动分析

改造前后人员构成
a, 改造前
当地居民
学生
游客
游客&FANS的大量引入
艺术家的介入
b, 改造后
当地居民
学生
游客
艺术家
从业人员

人员活动矛盾分析

社区关系松散 内部联系薄弱 难以实现共生共荣 → 期待 **共融**

产业形式有限 收入来源单一 难以提高生活质量 → 期待 **共富**

居住密度过大 缺乏公共空间 难以聚集社区活力 → 期待 **共享**

人员活动相互影响分析

保护生态环境

提升场地活力

提供休息空间

激发创作灵感

规划结构——点与轴线

规划结构——面与遗址

建筑高度分析

保留与新建示意

建筑风格分析

车行流线分析

步行流线分析

绿化空间分析

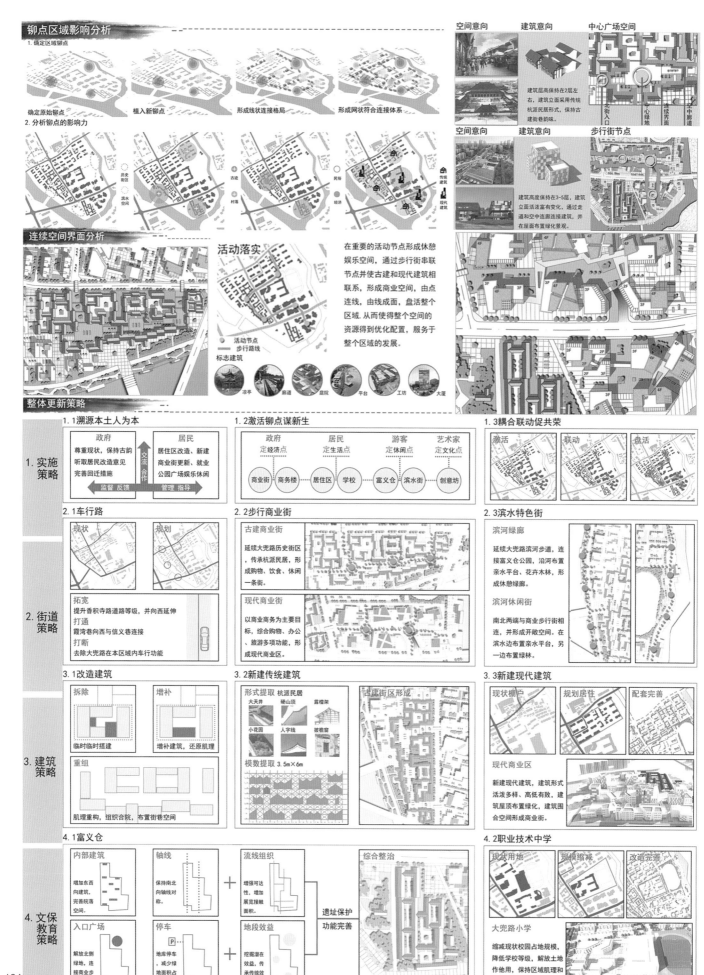

铆点区域影响分析

1. 确定区域铆点

确定原始铆点　植入新铆点　形成线状连接格局　形成网状符合连接体系

2. 分析铆点的影响力

历史街区　滨水空间　古迹　村落　民俗　经济　传统建筑　现代建筑

连续空间界面分析

活动落实

活动节点　步行路线　标志建筑
凉亭　廊道　庭院　平台　工坊　大厦

在重要的活动节点形成休憩娱乐空间，通过步行街串联节点并使古建和现代建筑相联系，形成商业空间，由点连线，由线成面，盘活整个区域。从而使得整个空间的资源得到优化配置，服务于整个区域的发展。

空间意向　建筑意向　中心广场空间

建筑层高保持在2层左右，建筑立面采用传统杭派民居形式，保持古街巷韵味。

空间意向　建筑意向　步行街节点

建筑高度保持在3-5层，建筑立面活泼富有变化，通过走道空中连廊连接建筑，并在屋顶布置绿化景观。

整体更新策略

1. 实施策略

1.1 溯源本土人为本

政府：尊重现状，保持古韵 听取居民改造意见 完善回迁措施
居民：居住区改造、新建 商业街更新、就业 公园广场娱乐休闲
交流合作　监督 反馈　管理 指导

1.2 激活铆点谋新生

政府 定经济点 ｜ 居民 定生活点 ｜ 游客 定休闲点 ｜ 艺术家 定文化点
商业街　商务楼　居住区　学校　富义仓　滨水街　创意坊

1.3 耦合联动促共荣

激活　联动　盘活

2. 街道策略

2.1 车行路

现状　规划

拓宽：提升香积寺路道路等级，并向西延伸
打通：霞湾巷向西与信义巷连接
打断：去除大兜路在本区域内车行功能

2.2 步行商业街

古建商业街：延续大兜路历史街区，传承杭派民居，形成购物、饮食、休闲一条街。

现代商业街：以商业商务为主要目标，综合购物、办公、旅游多项功能，形成现代商业区。

2.3 滨水特色街

滨河绿廊：延续大兜路滨河步道，连接富义仓公园，沿河布置亲水平台、花卉木林，形成休憩绿廊。

滨河休闲街：南北两端与商业步行街相连，并形成开敞空间。在滨水边布置亲水平台，另一边布置绿林。

3. 建筑策略

3.1 改造建筑

拆除：临时临时搭建
增补：增补建筑，还原肌理
重组：肌理重构，组织合院，布置街巷空间

3.2 新建传统建筑

形式提取 杭派民居：大天井　硬山顶　露檩架　小花园　人字线　披檐窗
模数提取 3.5m×6m
古建街区形成

3.3 新建现代建筑

现状棚户　规划居住　配套完善

现代商业区：新建现代建筑，建筑形式活泼多样、高低有致，建筑屋顶布置绿化，建筑围合空间形成商业街。

4. 文保教育策略

4.1 富义仓

内部建筑：增加东西向建筑，完善院落空间。
轴线：保持南北向轴线对称。
流线组织：增强可达性，增加展览面积。
综合整治
入口广场：解放北侧绿地，连接商业步行街
停车：地库停车，减少绿地面积占用。
地段效益：挖掘潜在效益，传承传统效益。
遗址保护 功能完善

4.2 职业技术中学

现状用地　规模缩减　改道完善

大兜路小学：缩减现状校园占地规模，降低学校等级，解放土地作他用，保持区域肌理和谐统一。

整体鸟瞰图

鸟经青山外，
人家苦竹边。
江城复晚顷，
鱼市散空船。
岸静看秋月，
林昏眠水烟。
天寒僧揭卧，
夜冷欲无眠。
——李频《呋霜江沧诗》

西侧立面

旅游路线分析

老年 中年 青少年

剧场 电影院 戏剧 书画展 乒乓球 象棋 观光船 滑板 轮滑 街舞

文化游览 体育娱乐

文化轴的24时活力分析 ⊙活力值最高时间 ●活力持续时间

旅游线路推荐

A运河体验之旅

B文化游乐之旅

C商贸办公之行

古建街区透视分析图

街区透视图

院落
商业街入口
开敞空间
中式美味
过街楼
海鲜美味
特色烤肉
特色烤鱼
特色火锅
开敞空间
商业街出口
院落

a 商业街南入口广场   b 桥头广场

c 创意园入口广场   d 江漾古桥

主轴景观轴线分析

A 古建风情商业街入口连廊
颇具现代气息的步行连廊将居住与古建商业街
很好的连接在一起。

B 创意产业园轴向空间
通达、直接的产业园轴向空间使得内部连接清晰，
方便人群的交流。

C 丰富的商业街内部空间
延续的大兑路商业街使地区活力得到进一步加强。

D 中央商务广场
造型别致的商务空间大大丰富了商务办公的趣味性。

A

B

C

D

125

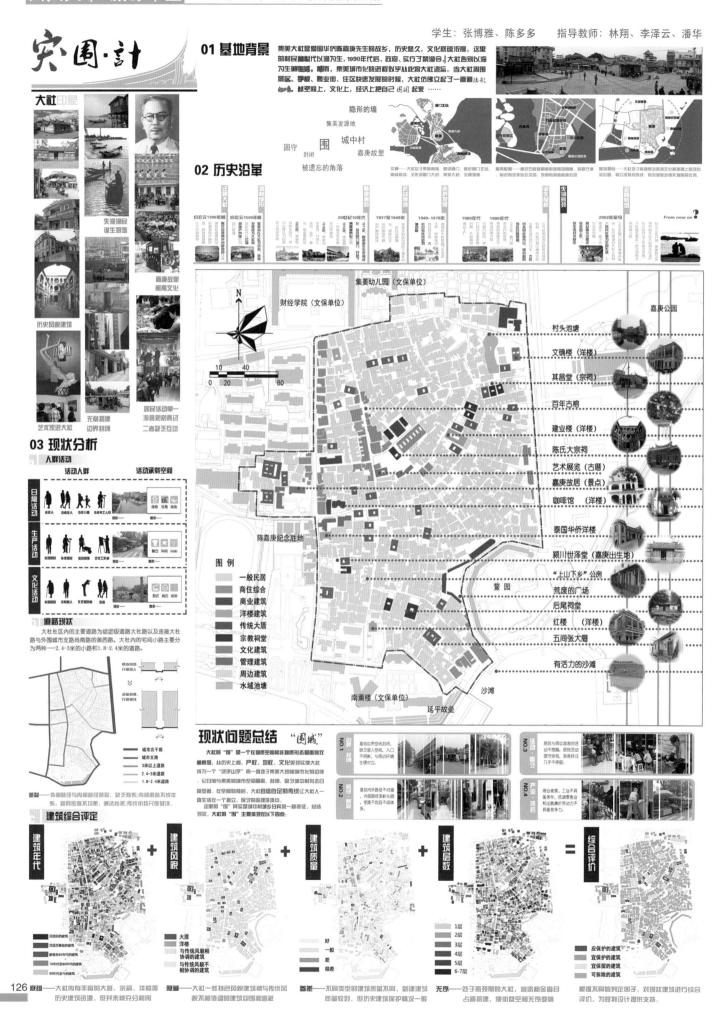

大社印象

突围·计

学生：张博雅、陈多多   指导教师：林翔、李泽云、潘华

01 基地背景

集美大社是爱国华侨陈嘉庚先生的故乡，历史悠久，文化底蕴浓厚。这里的村民世世代代以海为生，1990年代后，政府实行了禁海令，大社告别以海为生的时代。然而，集美城市化的进程似乎从没有大社遗忘。当大社周围景区、学校、商业街、住区快速发展的时候，大社仍伫立起了一道无形的墙空间上、文化上，经济上把自己围困起来……

隐形的墙
集美发源地
固守 围 城中村
封闭 嘉庚故里
被遗忘的角落

02 历史沿革

03 现状分析

人群活动

道路现状

大社社区内的主要道路为组团级道路大社路以及连接大社路与外围城市支路尚南路的美西路。大社内的宅间小路主要分为两种——2.4-3米的小路和1.8-2.4米的道路。

- 城市次干路
- 城市支路
- 3米以上道路
- 2.4-3米道路
- 1.8-2.4米道路

断裂——外围路径与内部路径割裂，缺乏联系；内部路径也不成体系，路网密度太低且不匀，通达性差；传统街巷尺度破碎化。

建筑综合评定

财经学院（文保单位）
集美幼儿园（文保单位）

嘉庚公园

村头池塘
文确楼（洋楼）
其昌堂（宗祠）
百年古榕
建业楼（洋楼）
陈氏大宗祠
艺术展览（古厝）
嘉庚故居（景点）
咖啡馆（洋楼）
泰国华侨洋楼
颍川世泽堂（嘉庚出生地）
"上山下乡"公房
荒废的广场
后尾祠堂
红楼 （洋楼）
五间张大厝
有活力的沙滩

陈嘉庚纪念胜地

整园

图例
- 一般民居
- 商住综合
- 商业建筑
- 洋楼建筑
- 传统大厝
- 宗教祠堂
- 文化建筑
- 管理建筑
- 周边建筑
- 水域池塘

南薰楼（文保单位）
沙滩
延平故垒

现状问题总结 "围城"

大社的"围"是一个在物质空间和非物质形态层面的双重桎梏。从历史上，产权、地权、文化等层面使大社演变为一个"诗孚山字"而一直处于集美大社被城市化围的状态。起日湖与南美集美市空间割裂，却困、窒碍城中村形态日趋凝固。在空间形态的，大社自绘自足的传统让大社人一直生活在一个封闭、保守防御环境中。

这里的"围"其实是整个城中村错综分异同一壁垒表征，总结现状，大社的"围"主要集理在以下四点：

NO.1
NO.2
NO.3
NO.4

目标定位

宏观背景	+	微观条件	=	规划方案
外部需求		内部分析		目标定位

经济—产业转型
社会—人群交流
文化—新旧交融

历史记忆的传承
创意产业的注入
旅游服务的对接

旅游区
文创园
休闲区

定位：嘉庚文化特色休闲娱乐观光旅游区
创作 居住 复合型文化创意产业园

概念：突破封闭、固守的自我"围固"，抓住机遇
复兴地域文化，与周边旅游区产业活动对接

小渔村：以海为生，自给自足小农经济模式
延续600余年，满足于时代，束缚自身

出路：与周边旅游区对接，发掘自身价值，借文创产业发展机遇 **旅游文创**

失渔瓶颈

空间的溯源重塑，功能的更新植入，是大社突围重生的良策。以文化积淀为核心，发展旅游文创产业

理念释义

大社有丰厚的历史文化资源、成熟的周边旅游环境和文创产业萌芽的优势，通过活化边界，衔接路径，互通活动，植入产业等计策和方法，突破封闭、固守、落后、孤立的自我"围固"状态。

嘉庚精神 古村肌理 古厝洋楼 旅游区 渔文化信仰

瓶颈 落后 闭塞 观念保守 街巷失真 空间封闭

突围·十六计

边界

化实为虚 — 适当植入植被、广场、绿地等实体边界打破过于封闭的边界。

化虚为契 — 入口空间重点营造，结合虚实体空间，景观通廊打造边界契口。

有中生无 — 通过嘉庚风格立面改造，主题景观呼应嘉庚文化和精神内涵。

气蕴相生 — 基地边界与周边形成延续，或对比的呼应关系。

路径

条修叶贯 — 对原有道路进行梳理和疏通，使交通线路更为系统、顺畅。

各有千秋 — 赋予不同街巷不同的主题功能。设计功能空间，各有特色。

疏川导滞 — 对原有道路进行梳理和疏通，使内部交通线路更为顺畅。

云开见日 — 整合街巷两侧建筑界面，凸显特色建筑或景观节点。

活动

兼容并蓄 — 丰富人群活动类型。将大社变为学生、游客、居民各类活动的发生场。

并行不悖 — 促进居民和游客两大类人群的活动适度交流，同时保证二者互不干扰。

补敝起废 — 修整、活化荒废的活动空间，重新吸引人群的聚集，引导活动发生。

抛砖引玉 — 根据调研分析，新增满足各类活动发生的空间，满足活动需求。

产业

反客为主 — 一反经济依靠周边产业的现状，结合基地优势，发展文化旅游业。

触机而发 — 借助发展文化旅游业的势头，增加和完善基地业态。

旧瓶新酒 — 将部分保护建筑改造，置换新的产业类型以开设餐饮、展览、住宿等。

有机植入 — 在部分区域，根据产业发展需求，结合地域特色植入新的产业载体。

空间整治

保留建筑改造 / 新建筑植入

案例1：滨海休闲综合体 — 处于大社东南出入口、总部别墅旁边的位置，人流众多，承载展览馆、休闲吧、住宿等功能。

案例2：特色旅馆 — 处于大社东入口的黄金位置，建筑入口设置栏架，加强建筑趣味性。

案例3：文化体验休闲长廊 — 位于宗祠广场东侧，以不规则玻璃体的形式与传统空间形成对比，产生现代对比的强烈视觉冲击，嘉庚文化展览等功能。

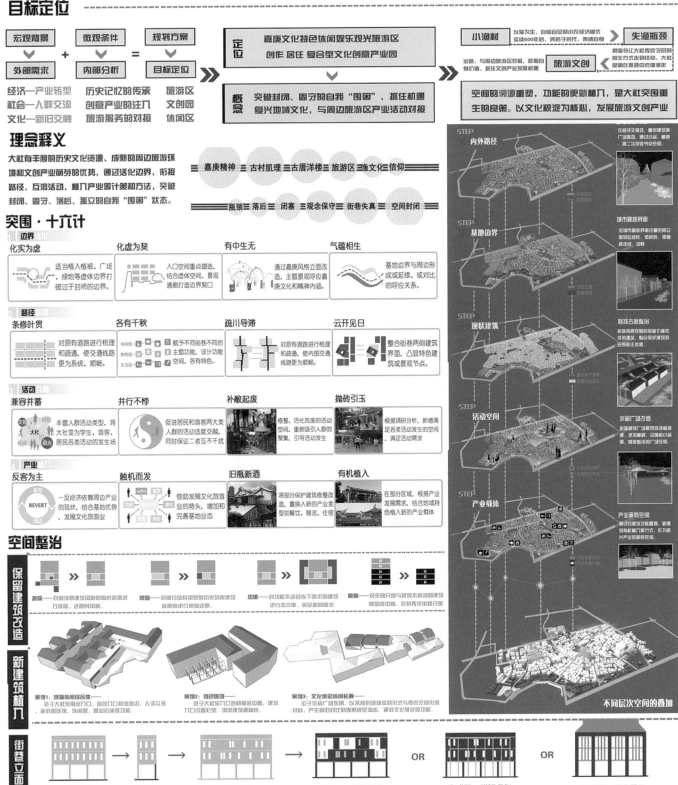

不同层次空间的叠加

STEP 内外路径
STEP 基地边界
STEP 现状建筑
STEP 活动空间
STEP 产业转体

街巷立面改造

立面概括 → 要素提取 → 立面组合

方式一：明暗对比 — 添加色块，凹凸等效果，使立面明快、鲜活。

OR

方式二：栏架虚化 — 设置栏架，让建筑戴上一层"面纱"，隐约而灵动。

OR

方式三：嘉庚风格 — 回归地域特色，彰显文化底蕴，传承嘉庚精神。

对重要节点、沿街建筑、沿巷建筑的立面进行改造，使街界面延续、完善、风貌协调而富有美感。

开放空间营造

陈氏大宗祠前广场

滨海休闲吧庭院

大社路对着南薰楼

某小巷改造后

广场 — 包括大宗祠广场和入口广场等；承载集合、疏散人群等活动。

庭院 — 商业建筑庭院、居住建筑庭院；休憩、娱乐、交谈等活动；

街巷 — 基地内部街道、小巷等线形空间承载交通、散步、观光等活动

灰空间 — 在狭窄的街巷运用骑楼来拓宽道路断面。

设计说明

　　方案基于大社的历史文化资源、成熟的周边环境和文创产业萌芽的优势，通过**活化边界**，衔**接路径**，互溶活动，植入**产业**等策略和方法，突破封闭、固守、落后、孤立的自我"围固"的发展现状。**打造一个重塑渔村文化嘉庚文化记忆、与周边景区共生的文创旅游特色城市空间**。一方面针对大社"失渔"后的发展瓶，规划一条居民誉与当地旅游文创产业的发展道路，另一方面把整合后的集美源核心文化和物质遗产展示和传承给更多人。

经济技术指标

总建筑面积	252100 ㎡			
总建设用地	19.30 ha			
容积率	1.31			
绿地率	21.52%			
建筑密度	48.82%			
停车位	地上：52个		地下：98	
用地名称	现状	所占比例	改造	所占比例
居住用地	12.68 ha	65.7%	7.99 ha	41.4%
商业用地	0.64 ha	3.31%	2.94 ha	15.21%
公共服务设施用地	0.26 ha	1.35%	0.64 ha	3.35%
道路与交通用地	2.22 ha	11.51%	2.86 ha	14.82%
绿地与广场用地	3.50 ha	18.13%	4.87 ha	25.22%
用地总面积	19.30 ha	100.0%	19.30 ha	100.0%

重点地段

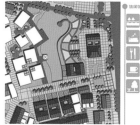

总平面图

N

嘉庚纪念堂

① 艺术家soho
② 宗祠
③ 菜市场
④ 老年活动室
⑤ 创意文化体验长廊
⑥ 闽南文化馆
⑦ 戏台
⑧ 咖啡馆
⑨ 华侨文化展
⑩ 特色旅馆
⑪ 茶馆
⑫ 特色饭店
⑬ 特色商业街
⑭ 主题旅居
⑮ 滨海休闲服务综合体
⑯ 嘉庚文化体验馆
⑰ 嘉庚出生地
⑱ 嘉庚故居

图例
保护建筑
新建或改为
嘉庚风格建筑
新建或改为
平顶原建筑
绿地
铺地
水景

集美幼儿园（文保单位）
嘉庚建筑（文保单位）
教师职工宿舍
归来堂（景点）
归来园
集美中学（文保单位）
延平故垒遗址
龙舟池（景点）
公园入口
嘉庚公园
景点入口
鳌园（景点）
景点入口
浔江海域
嘉庚纪念碑（景点）

a 规划结构分析

文化核心
东西向主轴
南北向次轴
景观带
景观节点

b 道路系统分析

城市次干道
城市支路
主要街道
巷道
停车位
地下库入口

c 景观系统分析

景观节点
景观渗透
景观主轴
景观次轴

d 步行系统分析

步行出入口
步行道路
游览线路
商业步行街
停驻点

e 开放空间分析

面状广场绿地
线状街巷空间
点状绿地景观

立面改造

突围——旅游文创产业愿景

● **边界突围**

边界活化——打破之前封闭的边界壁垒，通过加入绿地、设计广场、强化和重塑基地入口，使得边界活化起来，更具有地域特征，是基地内风格的延续，也是城市风格的过渡。

建筑实体边界 ❶
开放空间边界 ❷

● **路径突围**

路径梳理——在保留基地内原有道路的前提下对其进行梳通，使道路更为顺畅，路径疏通后有效的将特色建筑联系起来，增加特色建筑的可达性，同时展示一些街道不同的功能，在行走过程中能感受到差异，增加趣味性。

线状商业街 ❸
路口节点 ❹

● **活动突围**

活动互融——整合梳理并添加新的公共活动空间，创造传统文化活动、日常活动、艺术创作活动的场所，促进不同人群的和谐互融，不同活动的交流发生。

新广场活动空间植入 ❺
旧榕树下公共空间改造 ❻

● **产业突围**

产业植入——在大社中心、边界、景观节点、入口等区域设计商业、艺术展览、创作SOHO、住宿等产业承载空间，满足发展旅游文创产业的需求。

滨海商业综合体 ❼
文创艺术展示中心 ❽

交通专项整治

边界道路

对交通进行管制，形成两条通达景区入口的尽端路，改变该路段转弯半径过小，占道停车，临街商业车流混行等交通问题。

城市道路
尽端路
旅游步行
景区入口
景区入口

改造前 》 改造后

内部路径

将道路分级，疏通、搭接、重塑内部路网，对主要进行道路改造拓宽建立车行系统，使其满足消防和运输等车行需求。

可通车道路
人行巷道
可通车道路

改造前 》 改造后

停车设施

结合景区尽端路、外部边界道路、公共建筑合理设置停车位，解决基地和景区的占道停车问题，使基地智能化。

占道停车路段
规划停车位

现状 》 改造后

厦门市东屿村传统名俗村落城市更新设计

水厝循源

学生：汤航、王娜　　指导教师：袁敬诚、关山、蔡新冬、黄木梓、张海清、张蔷蔷

区位分析

随着城市的发展与扩张，很多传统民俗村落被城市吞没，传统居民的生存空间被压缩，生活方式被改变，本土文化也被钢筋水泥洗劫一空。

东屿村拥有丰富的非物质文化遗产，本土文化鲜明，民俗风情浓厚，地理位置重要。
但是它与城市的集约式发展相矛盾，跟不上城市发展的脚步。

本设计的目的就是寻求一种新的模式，
让传统民俗村落在城市发展中成为一种动力，
让城市与本土文化更好的结合，相互协调发展，
用民俗情的静、闲、慢、平衡城市的快、躁、忙。
创建一个空间丰富，生态宜人，本土特色鲜明的新型多元城镇。

海沧区地处厦门本岛向漳州合作发展轴线的中点，起着空间与产业跨越发展的支点作用。

东屿村拥有国家级非物质文化遗产——蜈蚣阁，鼓浪屿是厦门重要旅游景点，二者均与本岛隔海相望。

东屿村位于海沧区规划CBD中心，处于海沧区的门户位置，与海沧区政府隔湖相望，东屿村现状难以匹配相高的战略需求。

与城市的矛盾

矛盾1：与城市功能脱节
海沧区规划建成以物流为主的CBD中心，东屿村内部以居住功能为主，与城市功能脱节。

矛盾2：阻断城市交通系统
海沧区规划修建城市道路需要穿过东屿村，东屿村内部路径极其混乱，导致车辆无法顺利通过，阻断城市交通系统。

矛盾3：阻断城市绿化系统
海沧区规划修建环内湖生态廊道，东屿村现状滨湖绿化成斑状，环境质量较差，缺乏整体性，阻断城市绿化系统。

矛盾4：阻断城市自行车网路
海沧区规划拟建公共自行车系统，破解最后一公里难题，解决东屿村居民"回家难"问题。

周边环境分析

基地价值

本土文化如何保留
基地本土文化丰富，包括妈祖文化、造船文化、油画文化、闽南建筑文化，拆迁导致原住民流失，文化无法传承。

社会矛盾如何协调
基地面临严重的拆迁困难问题，计划2011年拆迁完毕，因原住民不愿迁出，至今未完成拆迁。

生态价值如何运用
基地处于海沧区沿内湖规划生态廊道的重要位置，具有很高的生态价值，期望成为城市有氧空间。

经济矛盾如何解决
规划使得原住民原有的生存空间被压缩，靠水吃水的生产生活被迫放弃，就业问题迫在眉睫。

商业价值如何体现
基地周边建有行政中心、体育中心、商务中心、文化中心、休闲中心、航运中心，基地在海沧区CBD中心规划范围内，期望创建商业空间。

妈祖文化　造船文化　油画文化　建筑文化　基地现状

基地现状分析

主要道路分析

机动车路线

绿地情况分析

绿化节点　绿化联系

建筑高度分析

3层以下　3层到6层　6层以上

建筑质量分析

质量差　质量较差　质量较好　质量

基地内部矛盾

新旧文化脱节　　内部路径混乱
建筑设施残缺　　绿化系统衰败

生产生活落后

问题解决思路

承其俗：
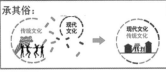
传统文化　现代文化 → 现代文化 传统文化

安其居：
居住空间 产权 空间 → 新功能空间 住空间 产权 酒店

置其业：
手工业 捕鱼业 水塘渔村 → 创意作坊 手工业 捕鱼业 水产销售

融其绿：
环境现状 → 有氧空间

通其路：

建筑功能分析

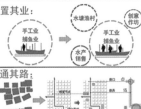

传统民居　居住　工厂　商业　文化

STEP 1---水

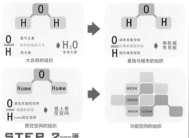

STEP 2---厝

厝(cuò)基本字义为安置。〈方〉在闽南语中代表房屋，福建沿海及台湾人称家或屋子为厝。

大厝建筑形式演进　　大厝场所空间提取

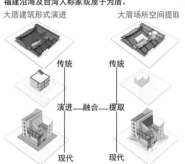

STEP 3---循

文化循环

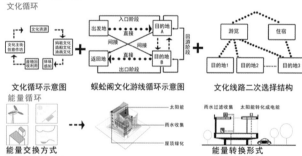

文化循环示意图　蜈蚣阁文化游线循环示意图　文化线路二次选择结构

能量循环

能量交换方式　　能量转换形式

生态循环

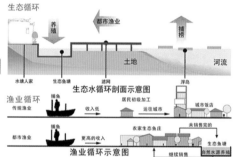

生态水循环剖面示意图

渔业循环

传统渔业　收入低　适往城市

都市渔业　更高的收入

渔业循环示意图

生态水循环平面示意图

传统渔业：经过居民初级加工运往城市，在饭店销售，收入较低

都市渔业：通过自然水源养殖，直接在农家鱼庄销售，收入较高

概念思考

传统闽南大厝民居

生态湿地水塘人家

概念模型示意图

STEP 4---源

1. 如何回归人本？

时间层面：尊重前人、关怀今人、善待后人
空间层面：人与自然、人与社会和人与人之间和谐共生
城市空间要素表达的清晰性、实用性、人性化，即对人的各种需要的满足程度

探寻人群行为需求与公共空间的关系

	公共空间需求	行为活动	空间特征
原住民	具有民族地域特色同时满足使用需求	居住祭祀 传承文化	原生态的居住空间，和具有展示游览、居住私密的空间
	人际交流和宣传空间，维持生产生活的空间	传统产业 生存方式	地域特色的创意工作坊和具有地方特色的都市渔业及商业空间
外来人群	感受传统文化和民俗的空间，体验热带风情带来的乐趣	住宿休闲 民俗体验	体验原生态的生活方式、邻里交往。展示和感受的空间，民间风俗体验
	体验特色消费和民族的购物空间	购物休闲 民俗商业	建筑风格结合民族特色，传统街巷营造特色商业空间

2. 如何溯源本土？

核心：对环境（物质、精神）的理解和尊重，用当代的设计语言表达本土特色
传统文化不是设计的沉重包袱，而是资源，应该适时适地的取用，适宜适度的发展
批判性地域主义，避免仿古开发、地标式开发和高强度开发

探寻本土文化根源与传承

探寻人群行为融合的吸引点

原住民和外来人共同对某一特定的传统行为产生兴趣，在这个场所两类人群产生交流体验到相互不同的行为方式。

基地内特有的传统生活行为成为吸引点。外来人群希望体验到原住民特有的行为活动，原住民希望继续保持传统行为。

解决城市矛盾策略

策略1：与城市功能融合
根据周边功能规划调整内部功能，让基地与城市更好的结合，二者互补共生。

策略2：联系城市交通系统
基地定位为城市有氧生态空间，且为传统文化社区，使城市车辆穿越基地，将对其生活环境造成极大干扰。但又不能阻断城市交通系统，因此采用下穿式立体交通，结合自行车系统，形成TOD模式。

策略3：联系生态绿地系统
现有绿化成斑块状，不成系统，且基地阻断了城市绿化网络，疏通其绿网，沿内湖设置生态湿地公园，与城市生态系统相融合。

策略4：联系公共自行车系统
海沧提倡生态出行方式，基地内部主要采用自行车和步行的慢行系统，完善内部道路系统，与旅游观光线、文化主街区有机结合。

基地建筑演进过程

上百年的古大厝，近人的居住空间，内庭院，坡屋顶，室内空间单一，低密度居住，不适合现代开发强度，逐渐被取代。

规划建筑，发展立体绿化，延续大厝建筑斜屋顶，构建屋顶花园，并且提取大厝庭院宜人空间，采用现代的设计手法延续街道形式的本土特色。

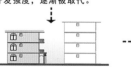 

近代传统民居，仓促式建设，平屋顶楼房，街道空间压抑，室内空间单一，平屋顶不适合厦门多雨气候，易漏水，很快被取代。

现代主流居住建筑，回归与气候适合的斜屋顶，楼房开发强度较高，街道空间依然不宜人，室内空间单一。

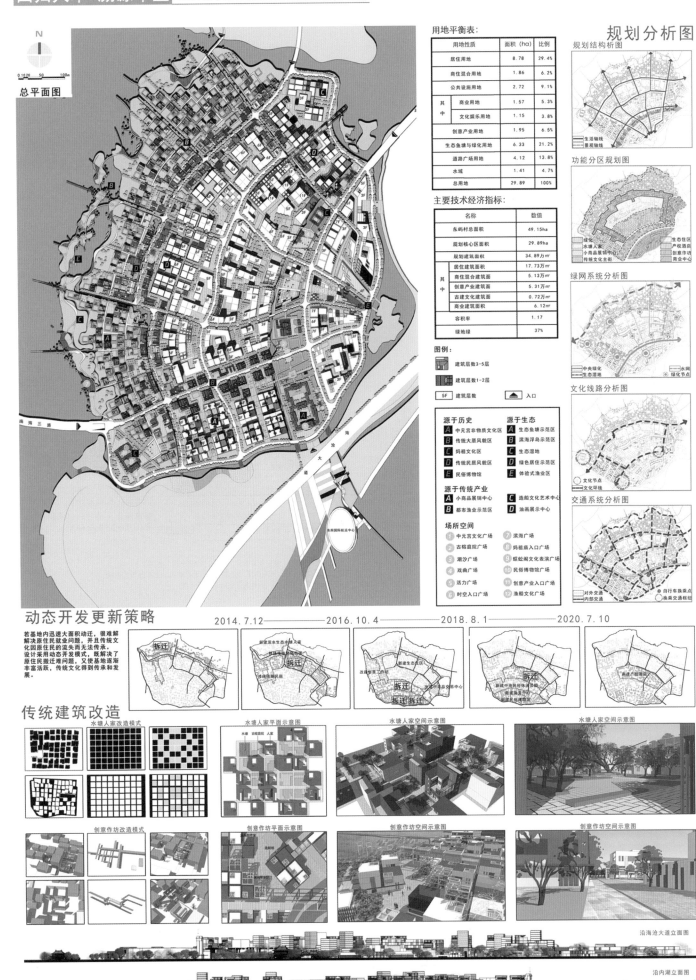

总平面图

N
0 10 20 50   100m

用地平衡表：

用地性质		面积（ha）	比例
居住用地		8.78	29.4%
商住混合用地		1.86	6.2%
公共设施用地		2.72	9.1%
其中	商业用地	1.57	5.3%
	文化娱乐用地	1.15	3.8%
创意产业用地		1.95	6.5%
生态鱼塘与绿化用地		6.33	21.2%
道路广场用地		4.12	13.8%
水域		1.41	4.7%
总用地		29.89	100%

主要技术经济指标：

名称		数值
东屿村总面积		49.15ha
规划核心区面积		29.89ha
规划建筑面积		34.89万m²
其中	居住建筑面积	17.73万m²
	商住混合建筑面	5.13万m²
	创意产业建筑面	5.31万m²
	古建文化建筑面	0.72万m²
	商业建筑面积	6.12万m²
容积率		1.17
绿地绿		37%

图例：

建筑层数3-5层
建筑层数1-2层
5F 建筑层数
入口

源于历史		源于生态	
A	中元宫非物质文化区	A	生态鱼塘示范区
B	传统大厝风貌区	B	滨海浮岛示范区
C	妈祖文化区	C	生态湿地
D	传统民居风貌区	D	绿色居住示范区
E	民俗博物馆	E	体验式渔业区

源于传统产业	
A	小商品展销中心
B	都市渔业示范区

A 造船文化艺术中心
B 油画展示中心

场所空间

1 中元宫文化广场   7 滨海广场
2 古榕庭院广场   8 妈祖庙入口广场
3 潮汐广场   9 蚬蛐阁文化表演广场
4 戏曲广场   10 民俗博物馆广场
5 活力广场   11 创意产业入口广场
6 时空入口广场   12 渔船文化广场

规划分析图

规划结构析图

生活轴线
景观轴线

功能分区规划图

生态住区   绿化
水域人家   产权酒店
传统文化主街   创意作坊
商业中心

绿网系统分析图

中央绿化   水网
生态湿地   绿化节点

文化线路分析图

文化节点
文化环线

交通系统分析图

对外交通   自行车换乘点
内部交通   换乘交通枢纽

动态开发更新策略

2014.7.12 —— 2016.10.4 —— 2018.8.1 —— 2020.7.10

若基地内迅速大面积动迁，很难解决原住民就业问题，并且传统文化因原住民的流失而无法传承。设计采用动态开发模式，既解决了原住民搬迁难问题，又使基地逐渐丰富活跃，传统文化得到传承和发展。

传统建筑改造

水塘人家改造模式

水塘人家平面示意图

水塘 古榕庭院 人家

水塘人家空间示意图

水塘人家空间示意图

创意作坊改造模式

创意作坊平面示意图

创意作坊空间示意图

创意作坊空间示意图

沿海沧大道立面图

沿内湖立面图

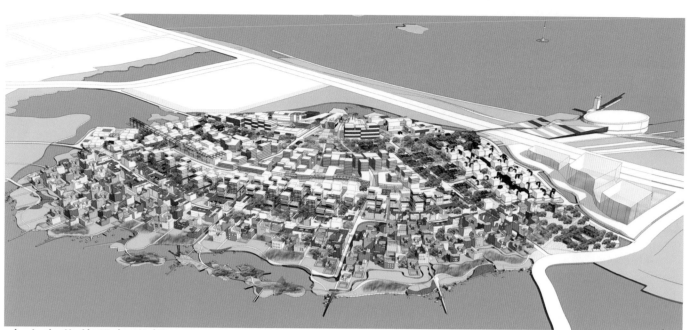

本土文化传承与发扬

文化游线示意图：

民俗文化传播方式

方式1：博物馆起点--博物馆终点：了解 体验 领会

文献了解　　　　　亲身体验　　　　　回想领会

方式2：任意起点--博物馆终点：体验 回想体会
亲身 体验　　　　　结合文献回想体会

方式3：博物馆起点--任意终点：了解 体验
文献了解　　　　　亲身体验

方式4：任意起点-任意终点：感受 体验 体验
亲身感受　　　结合文献回想体会　　再次观意体验

水环境自净化系统

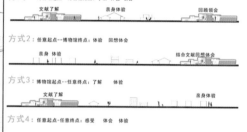

生态浮岛示意图

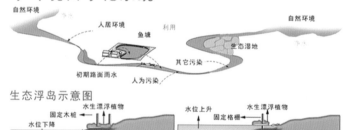

方案推导

民居建筑尺度

原始中元宫文化线路
控制要点：中元宫·妈祖庙

现代建筑尺度

结构的提取
控制要素：传统肌理·保留古建

现存肌理断裂

文化主街梳理
控制要点：传统游线·保留古建

演进融合

平面塑形

整体意向

古榕庭院广场透视图

潮汐广场透视图

戏曲广场透视图

文化水街透视图

传统民居透视图

水塘人家透视图

滨河居住透视图

生态湿地公园

古榕庭院透视图

妈祖庙透视图

生态居住透视图

CITY SUTURE

城市缝合 深圳南园路地段城市设计

学生：孙阳、黄佳梓　　指导教师：黄大田、张艳、杨晓春

基地现状分析

福田区，位于深圳经济特区中部，是深圳市重点开发和建设的中心城区。

基地位于戎福田区的东南角，距离福田中心区和罗湖商业区2000米以内，与香港特别行政区隔相望。

基地周边有许多不同的商业属性，其中有以大型购物中心为代表的9000D PARK如万象城、有构造步行商业的华强北如赛格电子等，基地本身同时具有购物中心与城中村两种分离的空间特征。

基地现状功能图

同心南路

南园路

公共空间　城中村　商务办公　公共设施

由功能分析图看出，城中村与中信广场被中间南园路和同心南路隔绝成两个地块，互不联系。虽然两个地块使用者的社会属性不同，但人本身的需求是相同的，城中村缺乏公共空间，中心广场缺乏人气，如何让两者互利共生，是本次设计的首要问题。

矛盾 ←→ 平衡

通过对基地的调研我们发现，虽然城中村堆满了5至8层的建筑，但他们对土地的利用却并不充分，拥挤的建筑剥夺了居民的公共空间和公共绿地，城中村空间的匮乏与中心广场空旷的空间形成了鲜明的对比。

冷清的酒吧街　中信广场

不见天日的楼房间距

有趣的三角楼

自然生长　历史感
规整　杂乱　热闹

贫民窟？
小体量　密集　人文气息
平实

城中村

建筑布局紧凑，握手楼随处可见

楼间小道是人们交流活动的主要场所

城中村的商业非常繁华。低廉的价格吸引村内外的居客来此消费，狭窄小巷的人群为这片土地带来了浓郁的生活气息。

人工规划　现代感
规整　冷清

富人区？
大体量　公共空间　奢华　商业化

中信广场

建筑布局宽松，有充裕的公共空间

相比楼间小巷，诺大的中信广场却空无一人

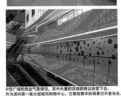

中信广场的商业气氛冷清，其中大量的店铺都难以维持下去。作为深圳第一家大型城市购物中心，它曾经繁华的场景已经不复存在。

分析及对策

1. 城中村楼房密集

对密集楼房进行选择性拆除。

营造步行商业环境，使原有步行街在基地中得到延续和发展。

　OR　

掏空中央部分，形成中央花园，满足居民对公共空间的需求。

2. 中信广场的衰落

广场空间冷清店铺无人问津

引入活力因子

建筑底层局部打通，弱化建筑对人流的阻隔。

3. 城中村与中信广场无联系

南园路将基地划分为了两个世界

中信广场：低密度、高租金、高消费、低人气
城中村：高密度、低租金、低消费、高人气

我们希望强化两者间的联系，让两个世界相互补充，各取所需，同时彰显各自的特色，形成极具活力的生活氛围和商业氛围。

在城中村引入高层，补回拆除的面积，也让城中村的立面与中信广场更协调。

用立体交通联系城中村与中信广场，强化两侧联系。

4. 城中村土地利用不充分

基地原有住宅排布密集，仅有的公共空间是楼与楼之间狭窄的过道，居民缺少一个舒展身心的开放空间。

为了不减少原本的建筑面积，我们用高层住宅替换原有多层住宅，让建筑面积在竖向上延伸，满足原有居民居住面积需求的同时提供更多的开放空间。

隔断广场与城中村的南园路

繁华的商业街

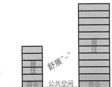

穷小的学校

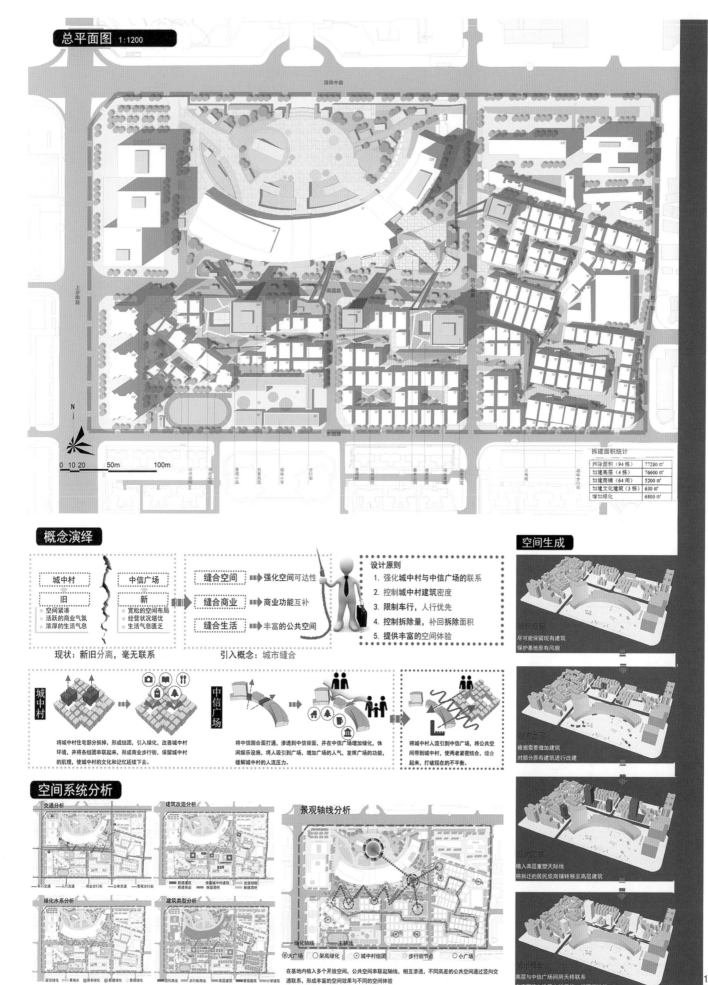

总平面图 1:1200

深南中路

上步南路

南园路

同心南路

早梯

外园路

0 10 20 50m 100m

N

拆建面积统计	
拆除面积（94 栋）	77280 m²
加建高层（4 栋）	76600 m²
加建高楼（64 间）	5200 m²
加建文化建筑（3 栋）	630 m²
增加绿化	6800 m²

概念演绎

城中村	中信广场
旧	新
○ 空间紧凑	○ 宽松的空间布局
○ 活跃的商业气氛	○ 经营状况堪忧
○ 浓厚的生活气息	○ 生活气息匮乏

现状：新旧分离，毫无联系

引入概念：城市缝合

缝合空间 ➡ 强化空间可达性

缝合商业 ➡ 商业功能互补

缝合生活 ➡ 丰富的公共空间

设计原则
1. 强化城中村与中信广场的联系
2. 控制城中村建筑密度
3. 限制车行，人行优先
4. 控制拆除量，补回拆除面积
5. 提供丰富的空间体验

城中村 将城中村住宅全部拆掉，形成组团，引入绿化，改善城中村环境，并将各组团串联起来，形成商业步行街，保留城中村的肌理，使城中村的文化和记忆延续下去。

中信广场 将中信围合面打通，渗透到中信背面，并在中信广场增加绿化，体闲娱乐设施，将人吸引到广场，增加广场的人气，发挥广场的功能，缓解城中村的人流压力。

将城中村人流引到中信广场，将公共空间带到城中村，使两者更紧密结合，缝合起来，打破现在的不平衡。

空间系统分析

交通分析

建筑改造分析

绿化水系分析

建筑类型分析

景观轴线分析

在基地内植入多个开放空间，公共空间串联起轴线，相互渗透，不同高差的公共空间通过竖向交通联系，形成丰富的空间效果与不同的空间体验。

空间生成

形制保留
尽可能保留现有建筑
保护基地原有风貌

局部改建
根据需要增加建筑
对部分原有建筑进行改建

竖向渗透
植入高层重塑天际线
将拆迁的居民或商铺转移至高层建筑

城市缝合
高层与中信广场间用天桥联系
在南园路上设置人行系统，增强可达性

鸟瞰图

缝合系统分析

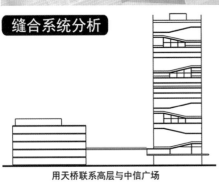

用天桥联系高层与中信广场

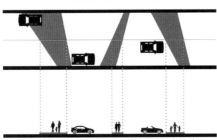

铺设人行铺地横跨南园路，同时通过抬高铺地形成机动车减速带，从而控制车速和车流量，将行人的安全便利放在首位。

在桥上引入绿化、商业和福利设施，丰富人在天桥上的空间体验。

步行街设计

串联起基地中原有的公共空间，提取商业步行街的大概路线

↓

开通步行街道，贯穿基地全部公共空间，在其中植入新的公共景观节点

↓

引入底层架空高层，将现代商业渗透到步行街加建和改造景观建筑，形成休闲娱乐文化场所，使步行街道形成一个整体

↓

保留城中村建筑原有的肌理，将部分沿街建筑改造成骑楼，再在较空旷的街道加建商业玻璃房，使步行街蜿蜒曲折，充满活力同时保留城中村文化和商业氛围

↓

最终完成步行街，使步行街内建筑相联系，街外与步行街内的空间节点相渗透

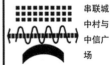

改造前城中村街道：

改造后步行街：

加建骑楼　　加建商业

结构生成

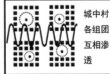

高层与中信形成围合面

串联城中村与中信广场

使城中村形成商业步行街

城中村各组团互相渗透

酒吧街延续形成围合空间

下沉广场，为基地增添可停留空间，丰富高差变化。

改造前中信广场背面缺乏人气。　改造后天桥、景观及立面效果为中信广场增加商业活力。　改造前楼间小道，居民缺乏公共空间。　改造后形成景观步行街，提供充足的开放空间。　改造前南园路将基地分割成两半。　改造后行人优先，城中村与购物中心之间的交通便利安全。

设施分布示意

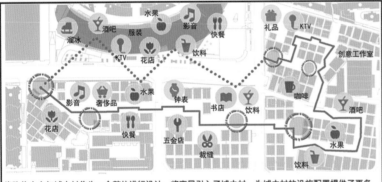

将购物中心与城中村作为一个整体进行设计，将高层引入了城中村，为城中村的设施配置提供了更多可能性，让两者空间互补、功能互补，形成更具普适性的商业空间，以吸引更多人流到这里活动。

机理分析

基地原始肌理，可以看出中信广场与城中村肌理不呼应　改造使中信广场背面正面化，使之肌理与城中村肌理相交错　两者肌理交错部分成为主轴，成为缝合中信与城中村的纽带

高层设计概念

将高层建筑多功能化，居住解决被拆房子的居民去向，办公带动城中村发展，商业增加活力因子，架空空间则打破城中村与外部的隔绝。绿化屋顶增加基地绿化率，而地下停车场则缓解片区的停车压力。

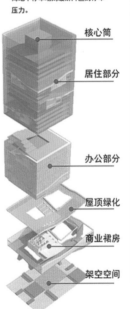

核心筒
居住部分
办公部分
屋顶绿化
商业裙房
架空空间

中心轴分析图

■ 中信广场　□ 城中村
■ 慢行系统与立体交通

立面改造

在城中村我们见到了许多奇形怪状的建筑，其中最具代表性的是位于基地东南角的"三角楼"，我们希望将其保留，同时服务于步行街，于是对其立面进行了重新设计。

中信广场原本的南立面设计给人视觉更像是一个背面，大面积的铝板有种拒人千里的感觉。我们希望对其南立面进行重新设计，增加玻璃的面积和广告文化的空间，同时在其表面凸出不同尺度的盒子，为其注入更多的商业活力。

改造前三角楼
改造后三角楼西立面
改造后中信广场南立面
改造前南立面

2013

一、2013 年度城市设计作业竞赛征集公告主要内容

高等学校城市规划学科专业教育指导委员会（以下简称专指委）2013 年会主题为"美丽城乡，永续规划"。本次年会城市设计课程作业评选将围绕这一年会主题展开，要求参赛者以独特、新颖的视角解析年会主题的内涵，以全面、系统的专业素质进行城市设计。

1. 设计主题

各学校可围绕"美丽城乡，永续规划"的年会主题，自行制订并提交教学大纲，设计者自定规划基地及设计主题，构建有一定地域特色的城市空间。

2. 成果要求

（1）用地规模：5-50 公顷。

（2）设计要求：紧扣主题、立意明确、构思巧妙、表达规范，鼓励具有创造性的思维与方法。

（3）表现形式：形式与方法自定。

（4）每份参评作品需提交：

①设计作业四张装裱好的 A1 图纸（84.1cm×59.4cm），一张 KT 板装裱一张图纸（勿留边，勿加框）。

②设计作业 JPG 格式电子文件 1 份（分辨率不低于 300DPI）。

③设计作业 PDF 格式电子文件 1 份（4 页，文件量大小不大于 6M）。

④教学大纲打印稿和 DOC 格式电子文件各一份。

教学大纲质量、大纲与设计作业的一致性、设计作业质量均作为评选内容。

3. 参评要求

（1）参与者应为我国高等院校城乡规划专业的高年级（非毕业班）在校本科生，每份参评方案的设计者不超过 2 人。

（2）参评作品必须为参评学生所在学校本学年的一份正式规划设计的课程作业。

（3）参评作品和教学大纲中不得包含任何透露参评者及其所在学校的内容和提示。

（4）每个学校报送的参评作品不得超过 3 份，并附遴选评价及排序。

（5）参评作品必须附有加盖公章的正式函件同时寄送至本次评优活动的组织单位（地址见年会通告），恕不接受个人名义的参评作品。

二、2013 年度城市设计作业竞赛获奖状况及点评

2013 年共征集城市设计作业 215 份。经过筛查剔出 10 份不合格作业，最终共有 205 份作业进入评选环节。

参赛作业一共经过两轮评选，第一轮为网评，第二轮为会评。第一轮由专指委 23 位委员和中国城市规划学会指定 16 位规划院专家，共计 39 位评审专家组成的网评专家团对作业进行初步评选。最终筛选出 82 份作业进入第二轮会评。第二轮会评，由毛其智教授担任组长，运迎霞、王世福、孙施文、刘博敏、陈燕萍、赵天宇共 7 位教授组成的评审组对入围作品进行现场品评。会评结果在经过专指委全体会议的审核后，2013 年度城市设计竞赛最终评选出：一等奖 4 份，二等奖 10 份，三等奖 19 份，佳作奖 49 份。

城市设计课作业评优工作的主旨是为了推动各校的交流，促进城市设计课教学质量的整体提高。2013 年度城市设计作业的评选结果充分体现了这一工作取得的突出成效：一方面是获奖学校覆盖面持续上升；另一方面是越来越多的学校的名字出现在获高等奖项的榜单上。

获奖作业体现出以下一些特点：首先是设计选题类型丰富全面、现状分析的深度全面提高、方案思路的概念、设计理念缤彩纷呈。其次各校的图纸在图面表达上的差距有了很明显的缩小。

但是与此同时获奖作业也反映出一些问题：①图纸的表达越来越雷同，呈现出一种较为僵化的"设计套路"；追求形式多，解决问题与分析问题脱节。具体体现为对现状的分析很花哨，但分析出的问题并不是基于深入调研基础上提出的，还有的作业设计方案也并不是针对现状问题提出的；②参赛作业很少从技术角度考虑问题，即使有考虑的，也往往没有在设计方案中正确表达；③参赛作业过于注重竞赛，离课程设计的真正要求渐行渐远。主要表现在以下两方面：第一，许多参赛作业提出的规划方案过分地追求炫目的造型，空间组织仅是为了追求形式。用大曲线、大飘带制造夺目的图面效果，而不是基于空间组织和特色创造的需要。第二，许多参赛作业的图纸绘制不够规范，没有强调基于技术标准的规范表达，因此图纸的技术严谨性较差。例如：现状图与总平面图不是同一比例，现状图、甚至总平面规划图技术语言都不标准。缺少必要的比例尺、图例、图标、数据表格和说明。大量图幅都被讲故事式的理念分析占领，必须进行清晰表达的现状图反而没有表达清楚，造成无法理清设计方案与现状的逻辑关系。

指出以上问题，不完全只是针对参评作业，而是更多要提醒任课老师的在指导学生的教学环节中，应该牢牢地把握我们教学的基本要求。因为评选的时间比较短，获奖等级只是一个参考性的标准。希望老师不要使获奖成为教学的指挥棒，而应更多思考教学法的创新。

获奖情况

一等奖 4 份，占参评作品的 1.95%；

二等奖 10 份，占参评作品的 4.88%；

三等奖 19 份，占参评作品的 9.27%；

佳作奖 49 份，占参评作品的 23.90%。

一等奖

作业名称	学校名称	学生	指导教师
穿越城北旧事 彰显美丽盘州——贵州省盘县城关镇馆驿坡历史街区城市设计	贵州大学	袁露、邹风	余压芳
龙门浩月：寻回老街遗失的记忆——重庆龙门浩历史街区城市设计	西南交通大学	蒲适、王雪霏	左辅强、唐由海
濠镜新续——澳门内港区城市设计	华南理工大学	周嘉礼、詹晓洁	邓昭华、魏志梁、刘文雯
半——时空交织的传统水乡古镇城市设计	同济大学	章丽娜、吉锐	汤宇卿、童明

二等奖

作业名称	学校名称	学生	指导教师
混序味道——耀州古城文庙街区更新城市设计	长安大学	高文龙、崔双娜	井晓鹏、郭其伟、杨育军、朱瑜葱
拼贴——会泽古城更新策略与规划设计	云南大学	蒋文超、刘子川	赵敏、王玲、王俊涛
合轨今昔——济南铁路大厂工业遗址改造更新	山东建筑大学	闫怡然、王博汉	赵亮、张志伟、倪剑波、孙雯雯、范静、石晓凤
环流新肌——基于水敏性城市设计下的工业船厂更新	天津城建大学	程俊刚、王尧舜	刘欣、刘立均、朱风杰、赵晓燕、王月
共潮生——基于渗析扩散理论的天津国际海员服务区更新设计	沈阳建筑大学	于达、郭佳鑫	袁敬诚、黄木梓、蔡新冬、关山、赵天力、郝阿娜
反"哺"归"源"——新型城镇化引导下的城市滨水区更新改造设计	哈尔滨工业大学	张艺帅、朱超	李罕哲、董慰、吕飞、戴铜
环水而栖，生态游埠——双向激活效应引导下的复合型城市码头更新设计	天津大学	孟令君、焦宝楠	曾鹏、蹇庆鸣、陈天、候鑫
疍村鸣曲 咸水双栖——基于生态修复与文化传承的疍民社区改造设计	天津大学	白文佳、陈明玉	陈天、曾鹏、蹇庆鸣、龚清宇
山水绿径·慢道探古——基于慢行导向(CPO)概念的传统旅游城镇更新设计	天津大学	高婉丽、汪舒	侯鑫、陈天、曾鹏、闫凤英
彩墨金泽——江南水乡古镇永续发展的规划策略探索	同济大学	康弥、刘梦彬	张轶群、童明

三等奖

作业名称	学校名称	学生	指导教师
徽音续韵——安徽大剧院文化产业区城市设计	安徽建筑大学	刘娟、王秋媛	李伦亮
运河·徽文化之城——基于场所·文脉理论下的江淮运河滨水区城市设计	安徽建筑大学	黄秋实、唐菲菲	李伦亮
传承·激活·多元——福州马尾造船厂旧区城市设计	福州大学	张兵华、钟丽莉	缪建平、赵立珍、刘淑虎、陈小辉
i-industry 进行时——以 GRS 为主导的北塘古镇城市设计	河北工业大学	黄慧琳、谢寒	孔俊婷、卜广萌、孟霞
态度——基于会泽古城保护与开发策略的城市设计	云南大学	杜娟、黄旻灿	赵敏、王玲、王俊涛
你好，百万庄——基于演进视角的北京百万庄邻里修复设计	北京大学	代莹、石春晖	汪芳、吕斌、宋峰
润湿——文创休闲村曾厝垵保护与更新	厦门大学	杨绿霞、兰慧东	常玮、洪文迁
E·TIME——基于城市发生学方法引导下的官扎营片区城市设计	山东建筑大学	宿波、肖育涵	范静、石晓凤、赵亮、张志伟、倪剑波、孙雯雯
演绎隆福——北京市隆福寺街区城市设计	北京工业大学	梁雅涵、曹金淼	武凤文、赵月
"Join and Enjoy" 互助更新——大栅栏社区改造规划	北方工业大学	杨东、张译丹	于海漪、许方、任雪冰
建微而驻——基于云计算原则下的青年人"微居"模式城市设计	天津城建大学	韩露、李菁华	刘立均、刘欣、朱凤杰、赵晓燕、兰旭
疍——广州市莲花山渔村疍家文化更新及城市设计	广州大学	江志翔、骆伟展	漆平、骆尔褆、李希林
重现岭南水乡·龙舟文化——广州市车陂村复原策略与更新设计	广州大学	林友鸿、王婷楠	骆尔褆、李希林、漆平
龙潜潭底·边城故里——基于渐进式开发理念的城乡结合部规划设计	南京工业大学	葛润青、顾睿	吴怡音、方遥
转·变——弹性规划引导下的江南水泥厂改造更新设计	南京工业大学	邹馨、薛夏夏	吴怡音、方遥
聚砂·城器——基于消解模式的城市公共空间设计	苏州科技学院	时亦欢、蔚丹	王雨村、金英红、郑皓、洪亘伟、于淼
落脚城市——哈尔滨桥头屯城乡结合部棚户区空间更新改造设计	哈尔滨工业大学	那慕晗、周晓	李罕哲、董慰、吕飞、戴铜
地方基因——陕西澄城老城区更新改造规划设计	西安建筑科技大学	王恬、郑梦寒	李小龙、张锋、陈超
落叶归根——基于老龄化社会的大都市边缘古镇的发展探索	同济大学	孙家腾、王文津	张轶群、童明

穿越 城北旧事 彰显美丽盘州

学生：袁露、邹风　　指导教师：余压芳

历史沿革

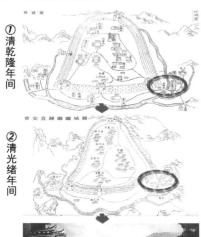

① 清乾隆年间

② 清光绪年间

③ 清末民初

④ 20世纪30年代

⑤ 20世纪80年代

馆驿历史演变

盘县于南齐时称西宁县，永乐县十三年改为普安州，宣统元年改为盘州厅，民国2年至今称为盘县。

区位分析

■ 六盘水在贵州省的位置

■ 盘县在六盘水的位置

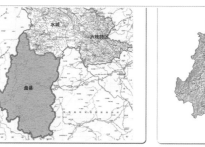

■ 基地在盘县的位置

概况：

规划用地位于贵州省盘县城关镇古城墙北门以外，以馆驿坡主街为骨架展开，基地东临沙沟河、南接解放北路，西接盘州北城门，北卧营盘山，处于三一溪两条支流的环抱之中，规划面积48.56ha。

基地的需求

1 经济的需求
2 空间的需求
3 文化的需求
4 就业的需求
5 记忆的需求
6 生态的需求

由社会需求推导出，基地应该是一个文化、商业、产业、交流、生态、休闲多种功能的集合体

社会背景分析

土地价值上升
开发密度递增

人口增加，
交流的公共空间却在减少

历史文物、建筑元素减少
历史文化遗失

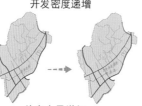

外来人员增加，
下岗工人日益增多

城市年代久远，各种文化在消逝，
城市记忆缺失

人数增加，环境变差，
有待整治

特色文化要素分析

屯堡文化	屯堡文化是西南地区特有的一种文化资源。起源于明洪武年间，之后被弘扬和发展。屯堡文化的兴盛，导致了普安卫城的建设和发展，也造就了盘县古镇辉煌的儒学和商贸文化。	
儒家文化	城关镇普安州文庙于明朝时期建造，普安州文庙是儒家思想交流与传播的场所。儒家思想的核心是"仁"，儒家思想对中国文化的发展起了决定性作用。	
驿站文化	馆驿坡历史街区是滇黔线上重要的古驿道站点，街区中的钟鼓楼节点就是历史上从贵阳方向向云南方向辗转的古驿道转折点，有着丰富的驿站文化表现形式。	
宗教文化	馆驿坡古街区中曾经分布有34座庙宇，涵盖佛教、道教等多元宗教文化。宗教文化不仅影响了人们的思想意识、生活习俗，而且对社会的精神文化生活也产生了影响。	

红色文化	红二军团军委于1936年3月在盘县九间楼召开紧急会议，这次会议是红军长征途中的一次带转折性重要会议。现红二、六军团"盘县会议"会址为重要的红色教育基地。	
美食文化	盘州古城是珠江上游著名的美食文化中心，民间菜品选料丰富、味道鲜美、绿色环保，尤其是早餐夜宵类小吃精致独特，南来北往的食客无不称赞。馆驿坡的平街一带是传统食品店的重要分布区域。	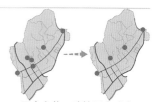
建筑文化	馆驿坡街区内的很多民居都为古建筑，这些民居包含了众多建筑文化元素如：两滴水重檐、驼峰山墙、马头墙、瓜柱等。	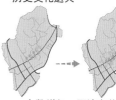

基地现状分析图

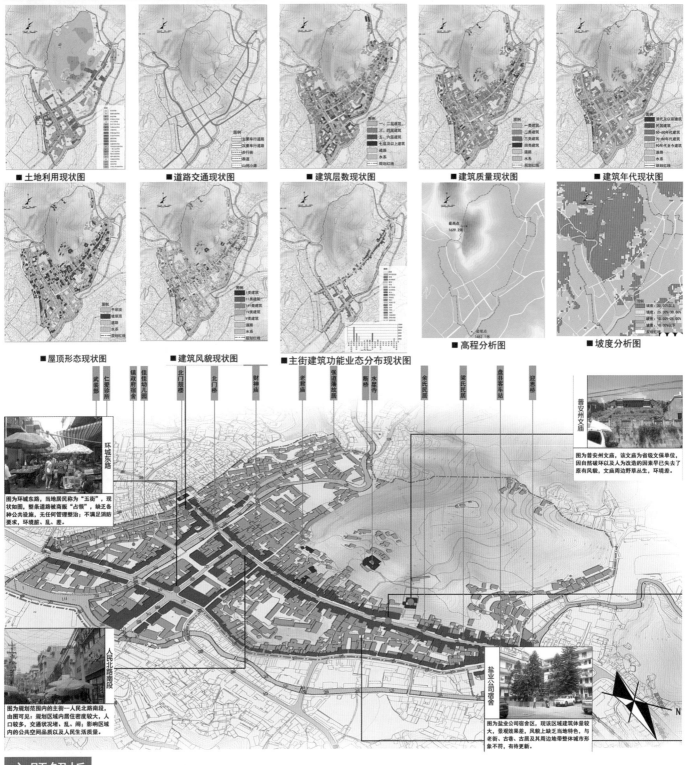

■ 土地利用现状图　　■ 道路交通现状图　　■ 建筑层数现状图　　■ 建筑质量现状图　　■ 建筑年代现状图

■ 屋顶形态现状图　　■ 建筑风貌现状图　　■ 主街建筑功能业态分布现状图　　　　■ 高程分析图　　■ 坡度分析图

武装部　仁爱诊所　镇政府宿舍　佳佳幼儿园　北门鼓楼　北门桥　财神庙　老君庙　张道藩故居　断桥　水星寺　余氏民居　梁氏民居　盘县客车站　迎恩桥

普安州文庙

环城东路

图为环城东路，当地居民称为"五街"，现状如图，整条道路被商贩"占领"，缺乏各种公共设施，无任何管理整治；不满足消防要求，环境脏、乱、差。

图为普安州文庙，该文庙为省级文保单位，因自然破坏以及人为改造的因素早已失去了原有风貌，文庙周边野草丛生，环境差。

人民北路南段

图为规划范围内的主街—人民北路南段，由图可见：规划区内居住密度较大，人口较多，交通状况堵、乱、闹；影响区域内的公共空间品质以及人民生活质量。

盐业公司宿舍

图为盐业公司宿舍区，现该区域建筑体量较大，景观效果差，风貌上缺乏当地特色，与老街、古楼、古巷及其周边地带整体城市形象不符，有待更新。

主题解析

美丽城乡永续规划 → （推导）

制定风貌整治规划与环境整治规划，包括重要的历史建筑及保护建筑的处理措施，民居建筑的整治方式、重要街巷沿街建筑立面的整治方式、环境景观节点的整治措施等，提高居民生活品质、增加街区内部交流的可能性。

整个历史街区在历史文脉和功能价值两个方面重新获得可持续发展的活力。

制定发展策略，在分析馆驿坡历史文化街区发展条件的基础上确定街区的设计目标。

制定更新建筑设计的原则和策略，使之与馆驿坡历史文化街区的传统风貌相协调，使盘州的历史文脉得以延续。

完善街区保护规划、功能布局、用地调整、道路交通系统规划、绿地系统规划等，使之成为一个美丽街区。

（得出）→ **穿越城北旧事彰显美丽盘州**

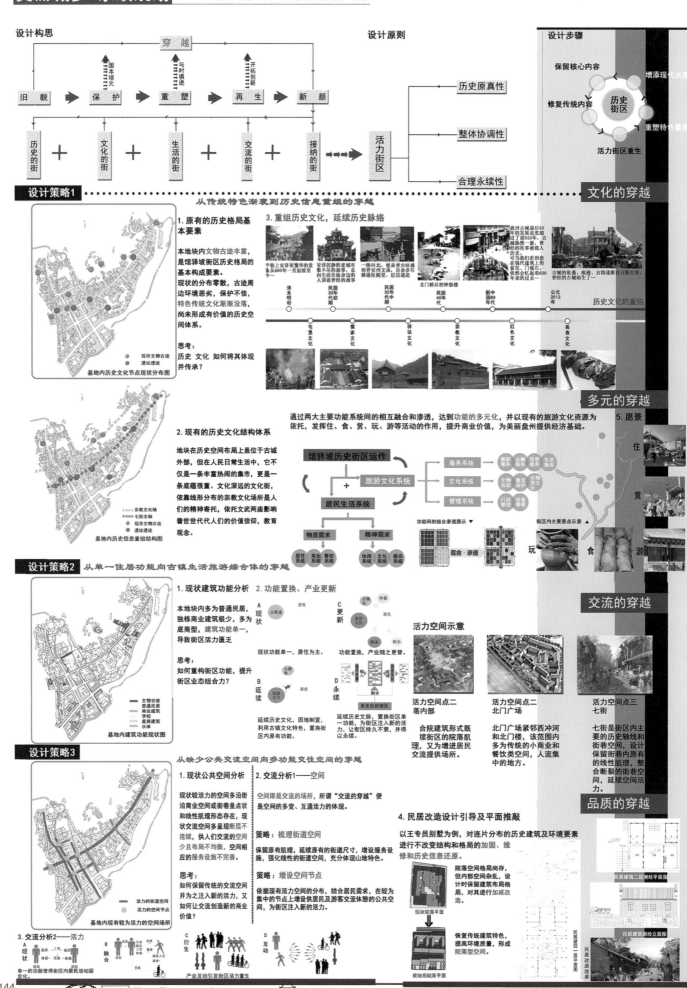

设计构思

穿越

旧貌 → 保护 → 重塑 → 再生 → 新颜

固本培元 / 与时俱进 / 开拓创新

历史的街 + 文化的街 + 生活的街 + 交流的街 + 接纳的街 ⟹ 活力街区

设计原则

- 历史原真性
- 整体协调性
- 合理永续性

设计步骤

保留核心内容 / 增添现代元素 / 修复传统内容 / 重塑特色景观 / 活力街区重生

历史街区

设计策略1 从传统特色渐衰到历史信息重组的穿越

1. 原有的历史格局基本要素

本地块内文物古迹丰富，是馆驿坡街区历史格局的基本构成要素。
现状的分布零散，古迹周边环境恶劣，保护不佳，特色传统文化渐渐没落，尚未形成有价值的历史空间体系。

思考：
历史 文化 如何将其体现并传承？

基地内历史文化节点现状分布图

3. 重组历史文化，延续历史脉络

清末期初 / 民国30年初期 / 民国30年代中期 / 民国40年代 / 新中国80代 / 公元2013年

历史文化的重组

屯堡文化 / 俍家文化 / 驿站文化 / 宗教文化 / 红色文化 / 美食文化

文化的穿越

2. 现有的历史文化结构体系

地块在历史空间布局上虽位于古城外部，但在人民日常生活中，它不仅是一条丰富热闹的集市，更是一条底蕴很重、文化深远的文化街，依靠线形分布的宗教文化场所是人们的精神寄托，依托文武两庙影响着世世代代人们的价值信仰，教育观念。

基地内历史信息重组结构图

通过两大主要功能系统间的相互融合和渗透，达到功能的多元化，并以现有的旅游文化资源为依托，发挥住、食、赏、玩、游等活动的作用，提升商业价值，为美丽盘州提供经济基础。

馆驿坡历史街区运作 + 旅游文化系统 → 服务系统 / 文化系统 / 管理系统

居民生活系统 → 物质需求 / 精神需求

功能间的组合渗透图示 ▼

街区内主要景点示意 ▲

多元的穿越

5. 愿景

住 / 赏 / 玩 / 食 / 游

设计策略2 从单一住居功能向古镇生活旅游综合体的穿越

1. 现状建筑功能分析

本地块内多为普通民居，独栋商业建筑极少，多为底商型，建筑功能单一，导致街区活力匮乏。

思考：
如何重构街区功能，提升街区业态组合力？

基地内建筑功能现状图

2. 功能置换、产业更新

A 现状 / B 延续 / C 更新 / D 永续

现状功能单一，居住为主。

延续历史文化，因地制宜，利用古镇文化特色，置换街区内原有功能。

功能置换，产业随之更替。

延续历史文脉，置换街区单一功能，为街区注入新的活力，让街区持续不衰，并得以永续。

活力空间示意

交流的穿越

活力空间点二 落内部

合院建筑形式既延续街区的院落肌理，又为增进居民交流提供场所。

活力空间点二 北门广场

北门广场紧邻西冲河和北门楼，该范围内多为传统的小商业和餐饮类空间，人流集中的地方。

活力空间点三 七街

七街是街区内主要的历史轴线和街巷空间，整合保留街巷内原有的线性肌理，整合断裂的街巷空间，延续空间活力。

设计策略3 从缺少公共交流空间向多功能交往空间的穿越

1. 现状公共空间分析

现状较活力的空间多沿街沿商业空间或街巷呈点状和线性肌理形态存在，现状交流空间多呈现断层不连续，供人们交流的空间少且布局不均衡，空间相应的服务设施不完善。

思考：
如何保留传统的交流空间并为之注入新的活力，又如何让交流创造新的商业价值？

基地内现有较为活力的空间场所

2. 交流分析1——空间

空间即是交流的场所，所谓"交流的穿越"便是空间的多变、互通活力的体现。

策略：梳理街道空间
保留原有肌理，延续原有的街道尺寸，增设服务设施，强化线性的街道空间，充分体现山地特色。

策略：增设空间节点
依现有活力空间的分布，结合居民需求，在较为集中的节点上增设供居民及游客交流休憩的公共空间，为街区注入新的活力。

品质的穿越

4. 民居改造设计引导及平面推敲

以王专员别墅为例，对连片分布的历史建筑及环境要素进行不改变结构和格局的加固、维修和历史信息还原。

院落空间格局尚存，但内部空间杂乱，设计时保留原有格局，对其进行加减改造。

现状院落平面

恢复传统建筑特色，提高环境质量，形成院落型空间。

规划后院落平面

民居建筑二层测绘平面图

民居建筑一层测绘平面图

民居改造效果

民居建筑测绘立面图

3. 交流分析2——活力

A 现状 / B 融合 / C 衍生 / D 互动

单一的功能使得街区内居民活动固定化。

产业互动引发街区活力重生。

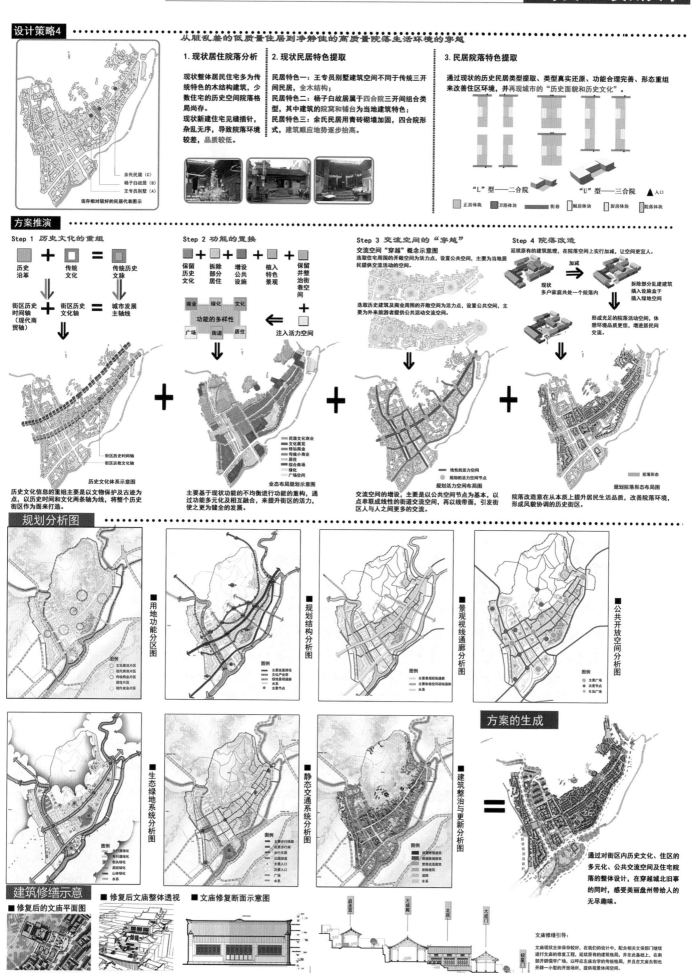

设计策略4

从脏乱差的低质量住居到净静佳的高质量院落生活环境的穿越

1. 现状居住院落分析

现状整体居民住宅多为传统特色的木结构建筑，少数住宅的历史空间院落格局尚存。
现状新建住宅见缝插针，杂乱无序，导致院落环境较差，品质较低。

2. 现状民居特色提取

民居特色一：王专员别墅建筑空间不同于传统三开间民居，全木结构；
民居特色二：杨子白故居属于四合院三开间组合类型，其中建筑的院窝和铺台为当地建筑特色；
民居特色三：余氏民居用青砖砌墙加固，四合院形式，建筑顺应地势逐步抬高。

3. 民居院落特色提取

通过现状的历史民居类型提取、类型真实还原、功能合理完善、形态重组来改善住区环境，并再现城市的"历史面貌和历史文化"。

方案推演

Step 1 历史文化的重组

历史文化信息的重组主要是以文物保护及古迹为点，以历史时间和文化两条轴为线，将整个历史街区作为面来打造。

Step 2 功能的置换

主要基于现状功能的不均衡进行功能的重构，通过功能多元化及相互融合，来提升街区的活力，使之更为健全的发展。

Step 3 交流空间的"穿越"

交流空间的增设，主要是以公共空间节点为基本，以点串联成线性的街道交流空间，再以线带面，引发街区人与人之间更多的交流。

Step 4 院落改造

院落改造意在从本质上提升居民生活品质，改善院落环境，形成风貌协调的历史街区。

规划分析图

用地功能分区图

规划结构分析图

景观视线通廊分析图

公共开放空间分析图

生态绿地系统分析图

静态交通系统分析图

方案的生成

建筑整治与更新分析图

通过对街区内历史文化、住区的多元化、公共交流空间及住宅院落的整体设计，在穿越城北旧事的同时，感受美丽盘州带给人的无尽趣味。

建筑修缮示意

修复后的文庙平面图

修复后文庙整体透视

文庙修复断面示意图

文庙修缮引导：

文庙现状主体保存较好，在我们的设计中，配合相关文保部门继续进行文庙的修复工程，延续原有的建筑格局，并在此基础上，在南部开辟儒学门，以呼应左庙右学的传统格局，并且在文庙东侧也开辟一小型的开放空间，提供观景休闲空间。

总平面图

方案保留原有的街巷空间尺度和肌理，在设计中结合街区内的历史文化布置各个功能片区，并通过品、住、玩、食、游五种形式来体现并延续盘州文化。

游：充分利用自然生态资源，打造山体公园，并与街区内其他景观节点形成整个街区的生态景观体系。

品：以文武两庙和街区内其他文物古迹为核心，形成文化体验轴，并以此串点、以此带面，带领置身其境者细品美丽盘州。

住：保留和修缮特色民居，延续原有院落格局，增强居民间的活动交流，提高住区品质。

食：街区内美食品种丰富，地方特色突出，经营盘县传统美食餐饮，发扬盘州美食文化。

玩：保留和延续原有的活力空间肌理，并增设公共交流活动空间，提供人们游乐玩耍的空间场所。

地名标注（自上而下）：
至刘管、民、北、幼儿园
游客中心、馆驿广场、历史展馆、停车场
普安州文庙、儒学广场、寿福寺、杨子白故居、老君庙、王专员别墅、后巷游园、普安州武庙、民俗展览馆、三一溪广场

营盘山公园、水星寺、居住区、张道藩故居、幼儿园、居住区、土地庙、黑神庙、钟鼓楼、百岁坊·北门桥、北门广场、北门鼓楼、古城垣、古城

匀冲镇、红果

0 10 30 60 100m

设计说明：

本设计根据现状入手，遵循统筹发展规划要求，通过对馆驿坡历史文化街区的整治和城市形象的重新塑造，进一步提高关城关镇历史文化名镇的生活环境和旅游品味，激发地块的活力。

本设计的重点在于对馆驿坡历史街区的保护与整治更新，通过延续并重组街区内的传统历史文化、改善住区品质，使盘州古城文化在馆驿坡街区内得以延续和发扬，并引发街区活力的重生，迎来"质的穿越"，彰显出越发美丽的盘州。

经济技术指标

指标名称	规划指标
居住建筑面积	176180㎡
商业建筑面积	169860㎡
文物古迹建筑面积	6789㎡
宗教文化建筑面积	2970㎡
总建筑面积	400090㎡
容积率	0.82
建筑密度	22.3%
停车位	1020个
道路	41170㎡
水域	9300㎡
总用地面积	485600㎡

节点细部

图为规划文化轴的一个重要组成元素—普安州文庙，在规划设计中保留原有建筑布局，改善周边环境，恢复原有历史文化气息，使其形成延续历史脉络的一个点。重组街区内历史文化信息。

街区内现状多为居住用地，通过对街区内进行规划，以功能置换、产业更新等方式进行改造，实现街区多元化发展。图为由居住建筑改造而成的旅游接待中心。

街区内人们交流的空间少，结合现有公共空间，再根据居民的需要，在较为集中的节点上增设供居民休憩的场所，为街区注入新的活力，达到从缺少公共交流空间向多功能交往空间的穿越。图为北门广场节点。

街区内现有建筑布局杂乱无序，唯有少数住宅的历史空间布局尚存，院落环境较差，品质较低。提取现有历史民居类型，并对其进行延续，合理完善居住功能，改善居住环境。再现街区历史面貌与历史文化，实现从越乱差的低质量住宅到整洁净化的高质量住院落生活环境的穿越。

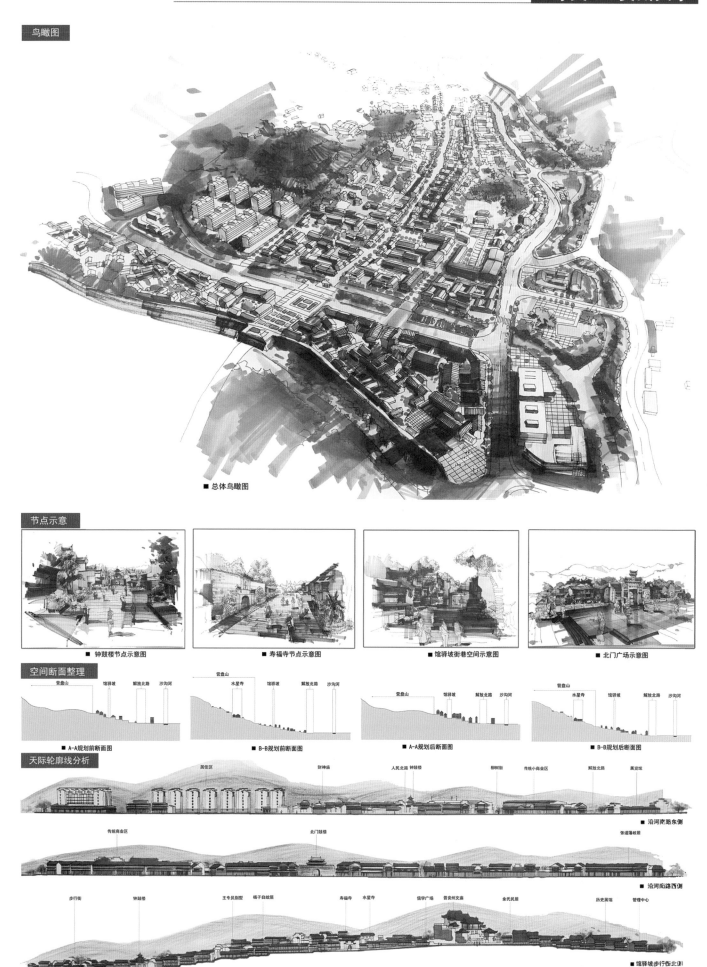

鸟瞰图

■ 总体鸟瞰图

节点示意

■ 钟鼓楼节点示意图　　　　■ 寿福寺节点示意图　　　　■ 馆驿坡街巷空间示意图　　　　■ 北门广场示意图

空间断面整理

■ A-A规划前断面图　　　　■ B-B规划前断面图　　　　■ A-A规划后断面图　　　　■ B-B规划后断面图

天际轮廓线分析

■ 沿河南路东侧

■ 沿河南路西侧

■ 馆驿坡步行街北侧

龙门浩月 ——重庆龙门浩历史街区城市设计

寻回老街遗失的记忆

学生：蒲适、王雪霏　　指导教师：左辅强、唐由海

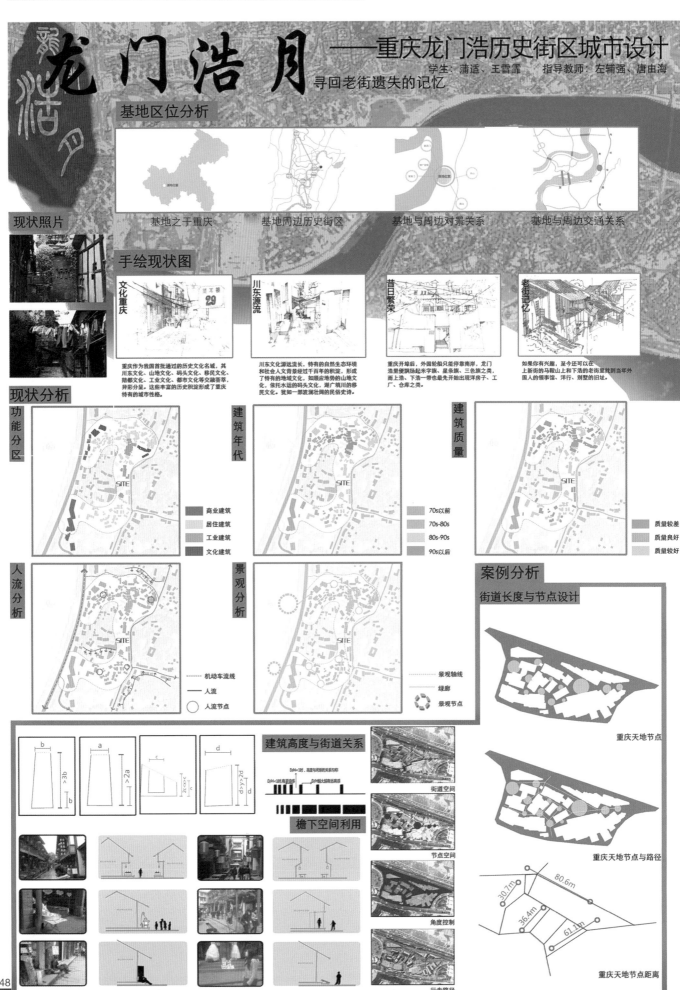

基地区位分析

基地之于重庆　　　基地周边历史街区　　　基地与周边对景关系　　　基地与周边交通关系

现状照片

手绘现状图

文化重庆

重庆作为我国首批通过的历史文化名城，其川东文化、山地文化、码头文化、移民文化、陪都文化、工业文化、都市文化等交融荟萃，异彩纷呈。这些丰富的历史积淀形成了重庆特有的城市性格。

川东源流

川东文化源远流长，特有的自然生态环境和社会人文背景经过千百年的积淀，形成了特有的地域文化，如顺应地势的山地文化，依托水运的码头文化，湖广填川的移民文化。犹如一部波澜壮阔的民俗史诗。

昔日繁荣

重庆开埠后，外国轮船只能停靠南岸，龙门浩里便飘扬起米字旗、星条旗、三色旗之类，而上浩、下浩一带也最先开始出现洋房子、工厂、仓库之类。

老街记忆

如果你有兴趣，至今还可以在上新街的马鞍山上和下浩的老街里找到当年外国人的领事馆、洋行、别墅的旧址。

现状分析

功能分区

SITE

- 商业建筑
- 居住建筑
- 工业建筑
- 文化建筑

建筑年代

SITE

- 70s以前
- 70s-80s
- 80s-90s
- 90s以后

建筑质量

SITE

- 质量较差
- 质量良好
- 质量较好

人流分析

SITE

- ····· 机动车流线
- —— 人流
- ◯ 人流节点

景观分析

SITE

- ····· 景观轴线
- —— 绿廊
- ⬭ 景观节点

案例分析

街道长度与节点设计

重庆天地节点

重庆天地节点与路径

重庆天地节点距离

30.7m　80.6m　36.4m　61.1m

建筑高度与街道关系

D/H<1时，高度与视线的关系列举

D/H<1时封闭感强　　D/H中等　　D/H过大距离感太远

檐下空间利用

街道空间

节点空间

角度控制

行走路径

原创国画

概念泡泡图

连廊

开放连廊空间

居住/客栈　绿色公共空间

龙门浩历史街区

酒吧特色商业街　文化会展

商业　零售/餐饮　文化

交流平台

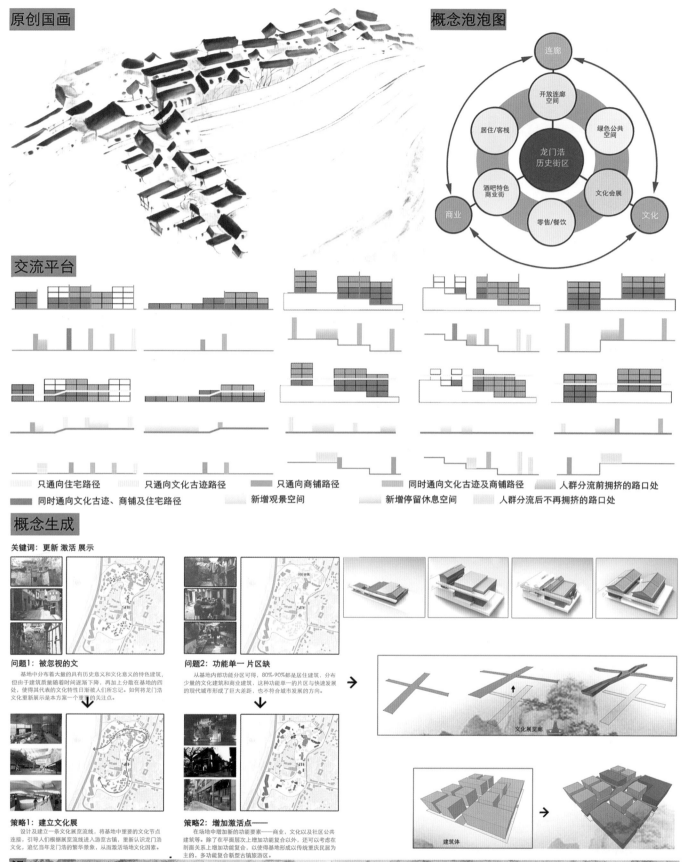

只通向住宅路径　　只通向文化古迹路径　　只通向商铺路径　　同时通向文化古迹及商铺路径　　人群分流前拥挤的路口处

同时通向文化古迹、商铺及住宅路径　　新增观景空间　　新增停留休息空间　　人群分流后不再拥挤的路口处

概念生成

关键词：更新 激活 展示

问题1：被忽视的文
　基地中分布着大量的具有历史意义和文化意义的特色建筑，但由于建筑质量随着时间逐渐下降，再加上分散在基地的四处，使得具有代表的文化特性日渐被人们所忘记。如何将龙门浩文化重新展示是本方案一个重要的关注点。

问题2：功能单一 片区缺
　从基地内部功能分区可得，80%-90%都是居住建筑，分布少量的文化建筑和商业建筑，这种功能单一的片区与快速发展的现代城市形成了巨大差距，也不符合城市发展的方向。

策略1：建立文化展
　设计及建立一条文化展览流线，将基地中重要的文化节点连接，引导人们根据展览流线进入游览古镇，重新认识龙门浩文化，追忆当年龙门浩的繁华景象，从而激活场地文化因素。

文化展览廊

策略2：增加激活点——
　在场地中增加新的功能要素——商业，文化以及社区公共建筑等。除了在平面展览层次上增加功能复合以外，还可以考虑在剖面关系上增加功能复合，以使得基地形成以传统重庆民居为主的，多功能复合新型古镇旅游区。

建筑体

沿江立面

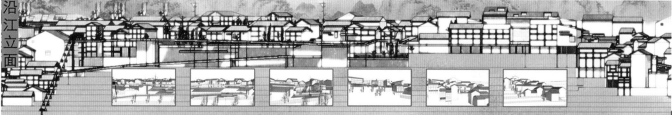

寻回老街遗失的记忆

龙门浩月
——重庆龙门浩历史街区城市设计 3

总平面图

主要空间节点设计

设计说明

该方案针对基地中多种文化被忽略的问题，在充分利用场地较大高差的基础上，采取了建立展览流线串联文化节点及增加复合场地功能的方法激活该片区，提升片区吸引力，同时促进片区永续发展。

设计的空中步道是该方案的亮点，步道将场地的复合功能有机的连接。由于功能的复合不仅体现在平面层级上，还体现在剖面的层级上，步道也由此出现了不同的高差变化，丰富了片区的城市空间，使其更加具有吸引力。

除此以外，对于步道的宽度变化，竖向连接，建筑立面设计等细部设计上，该方案也有充分及深入的考虑。因此，设计后的片区体现了独特的文化展览性及功能复合性，与其他具有相似条件的古镇对比显示出了较大的优势。

总体来说，方案思路清晰，逻辑合理，更新效果显著。

重要节点标注

1	坡地建筑入口	7	上浩入口
2	重庆特色传统塔楼	8	绿地广场节点
3	重庆老街文化楼	9	竖向重要节点空间
4	重庆特色索道	10	老街文化展示区
5	董家桥21号洋楼	11	现代建筑
6	重庆长江汇当代艺术中心	12	下浩入口

经济技术指标

容积率：2.17　建筑密度：63.3%　绿地率：31.2%

城市建设用地平衡表

用地代码	用地名称	用地面积（ha）	比例（%）
R	居住用地	4.26	22.35
A	文化设施用地	3.40	17.84
B	商业服务业设施用地	6.12	32.1
S	道路与交通设施用地	1.41	7.41
G	绿地与广场用地	3.87	20.3
合计	城市建设用地	19.06	100.00

竖向街道核心节点立面设计

上浩街道核心节点立面设计

下浩街道入口节点立面设计

上浩街道入口节点立面设计

主入口节点立面设计

立面节点上的高差变化，给人视线上丰富的层次感，借用高差进行的等高连廊连接在每个节点处和了人的高差审视疲劳，变化的开敞节点空间给人舒适感

院落营造

传统院落　断裂　错位　退位

传统院落　断裂　错位　扭转

传统院落　错位　断裂　扭转

重庆一般民居院落十分窄小，形成极小的天井，仅供采光通风所用，易保持阴凉，且因势就形，占地面积较小，布局相对自由。只在较为平坦的地方，有一些名门望族较大的院落。在较大的民居院落中，敞廊、敞厅较多，并成为居民生活中交往的场所。重庆民居建筑结合地形，其底层下部为架空的干阑式吊脚楼结构，或者根据地形形成多层出入的多层民居。民居中"筑台"、"悬挑"、"吊脚"、"拖厢"、"梭厢"和"爬山"等手法使用很多。

为了优化重庆传统院落模式，提升居民生活品质，我们通过以下四种模式对传统院落空间进行改造重组：

断裂：提高院落开放性
错位：空间缩放富于变化
退位：过渡空间引入
扭转：内外环境融为一体

平街中心节点

上浩街高差

连廊形态展现

下浩街入口

连廊与院落

游憩空间展现

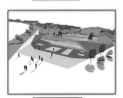
入口广场

绿地与廊道

广场空间展现

酒吧一条街

上浩游憩空间

缆车节点展现

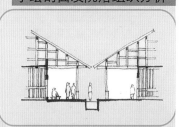
街道视觉引导方式一

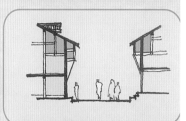
街道视觉引导方式二

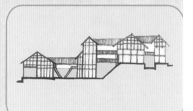
交往性山地院落空间的剖面表达

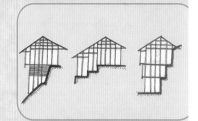
山地传统建筑的剖面的结构

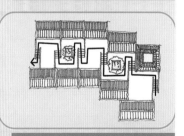
交往性山地院落空间框架方式一

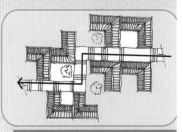
交往性山地院落空间框架方式二

立面改造

整个街区的文化展览建筑物，我们在保留当地传统建筑元素的同时，加入了一些现代元素加以变化，从而使整个空间形态丰富。

索道

索道的交通功能逐渐淡出，而其旅游及文化价值逐渐体现，其在山地城市空间里有着画龙点睛的作用。

石破天开处，龙行偃禹门。
魄宁生月窟，月自耀云根。
雪浪盘今古，冰轮变晓昏。
临风登彼岸，涂后有遗村。

开放空间图

开放空间节点

文化分区图

码头文化
老街文化
广场文化
商业文化
工业文化
川东文化
文化脉络
文化节点

功能分布图

居住空间
商业空间
文化空间
绿地空间

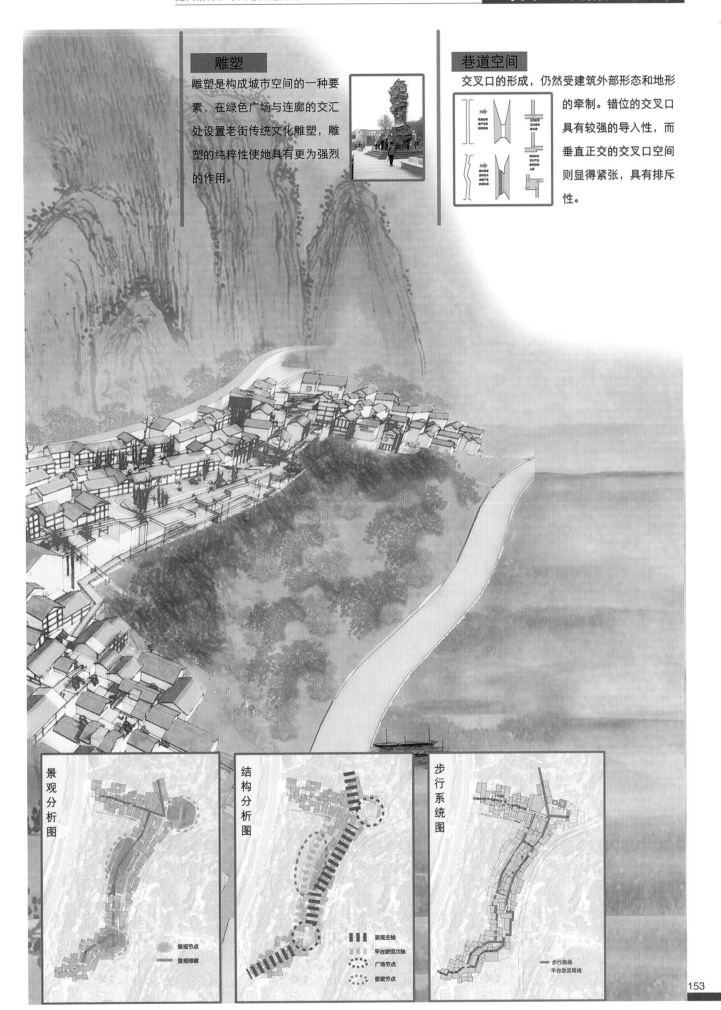

雕塑

雕塑是构成城市空间的一种要素，在绿色广场与连廊的交汇处设置老街传统文化雕塑，雕塑的纯粹性使她具有更为强烈的作用。

巷道空间

交叉口的形成，仍然受建筑外部形态和地形的牵制。错位的交叉口具有较强的导入性，而垂直正交的交叉口空间则显得紧张，具有排斥性。

景观分析图

结构分析图

步行系统图

濠鏡新績
Renovação Moderna da Panorama de Macau

澳門內港地區城市設計

学生：周嘉礼、詹晓洁　　指导教师：邓昭华、魏志梁、刘文雯

[規劃背景]

[内港区的发展]

1550 渔业澳门　澳门因水而生，内港区由中国传统渔村的聚居都点发展起源。

1840 商贸澳门　澳门因水而达，内港区在葡国殖民统治下发展商贸。

1999 博彩澳门　澳门因水而兴，回归后通过开放赌权发展博彩业。

2050 澳门因水而活，发展多元文化

活力？　开放　城市公共空间　增值？　城市廊道延伸

[区位分析]

宏观区位　[珠江三角洲] 澳门位于大珠三角澳珠都市圈，是国家重点发展城市，对周边城市有辐射作用。

中观区位　[成熟周边环境] 内港位于澳门半岛西海岸，西侧直接与湾仔对接，北临拱北，东部与香港隔海相望。

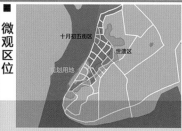
微观区位　[历史文化价值] 规划地段位于内港南部，东侧紧邻世遗轴线，南望妈阁祖庙，临水为内港旧址。

[价值分析]

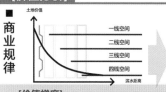
商业规律　一线空间／二线空间／三线空间／四线空间　滨水距离
[价值梯度] 滨水地区土地价值随土地距离水岸的距离而逐步下降。

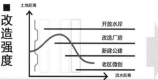
改造强度　开放水岸／改造厂房／新建公建／老区微创　滨水距离
[改造强度] 滨水地区改造强度的大小随土地距离水岸的距离先增大，后减小。

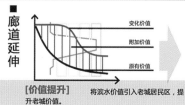
廊道延伸　变化价值／附加价值／原有价值
[价值提升] 将滨水价值引入老城居民区，提升老城价值。

机制分析　濠鏡新续的体系创新

宏观背景 → 外部要求　＋　微观分析 → 内部条件　＝　目标定位 → 规划方案

经济：	产业转型，多元创新	释放	滨水活力释放	
社会：	公共空间，水岸开放	缝合	新老文脉缝合	
文化：	挖掘非遗，复兴文化	激活	内港空间激活	

酒店住宿　特色娱乐　经济　社会　文化　博彩　就业平台　露天表演　衣食住行　旅游　体育活动　户外踏青　永续　文化共享　居住　基层组织

支撑板块

滨水区	休闲娱乐，活力升华	创意论坛演艺中心、创意展示区、文化中心、地下停车场、轻轨站、轮渡码头、艺术酒店。
缓冲区	文化集聚，活力展现	步行商业街、青年酒吧、手工作坊、社会组织讲演案、创意集市、工业主题公园。
老城区	小区商业，活力孕育	小区居民活动中心、话剧戏剧院、廉价住宿、创意工厂、街坊商业。

[概念分析]

濠镜，澳门的别名，是一个中西方文化融合共存的都市。而澳门内港地区是澳门最早有人文活动的地区，是西方海上贸易登录中国的第一站。这里是澳门为世界所关注的时间起点，是中国传统聚居文化在澳门的地理中心。

["新续" 的思考]
Thinking About The Concept

濠镜 "新续"——更新、延续之意，既要满足现代城市功能要求，适应时代潮流，又要继承历史传统，创建具有地域特色的城市空间。

["半规划" 理念的提出]

半规划：今天的真理在明天看来并不一定正确。城市设计不必要百分之百地规划，现实中也不可能把所有的资源都重新规划好。因而，面对城市建成区的改造，尊重区域内每个鲜活的个体是前提，一方面借助老区自我更新的运转机制延续街道肌理、街道空间，让旧区居民的生活方式得以传承；另一方面通过点状或线状的 "微创" 作为触媒，植入适合老城区现代化生活的力量。

为此，我们提出如下规划策略：

释放——释放内港码头滨水空间、内港居民区公共空间；以滨水区开发作为规划触媒。

缝合——缝合内港码头区与居民区，码头区与世遗轴线；利用内港地区道路密度网较大的现状来改善交通，进一步增强路网使用效率，吸引更多中高收入的人群。

激活——启动内港区域居住性活力以及旅游活力；关注里围巷的开发利用方式，加强物质文化遗产的开发利用，利用滨水资源与小空间丰富的基础，推动旧城自我更新及旅游业发展。

[内港区问题与策略]

博彩业不仅未给内港老区商业带来活力，反倒如 "无底洞" 吸光所有资源；高层住宅在建成后也受到了澳门社会和舆论的针锋相对。世遗轴旅游业的蓬勃发展并未给内港滨水、土著区带来应有的活力，三者之间关系的加强是规划重点。

规划过程
内港地区问题分析
内港发展总目标
规划场地分目标
城市设计

码头区
土著区
世遗区
珠海
花王堂
十六浦赌场
大三巴
议事厅前地
高层住宅
凤顺堂
妈阁庙
郑家大屋

内港结构
滨水码头、世遗轴以带状出现，中间夹着大片土著区。
码头　土著　世遗

改造策略
引入东西向轴线加强滨水和世遗轴间的联系，启动土著区。

世遗节点
世遗轴
世遗及缓冲区
土著居民区
码头工业区

滨水轴线
世遗轴线
激活点

[现状建筑分析]

特色民护建筑
重点保护建筑
土著居民建筑
码头建筑

规划轻轨站点 Ⓜ
规划轻轨线及快速外环线

① 葡式民居　② 传统民居　③ 世界文化遗产 船厂塔吊　④ 码头仓库　内港货物

建筑年代年份　现代 近代 传统
建筑高度分析　1-3层 4-7层 8层以上
建筑质量分析　二类建筑 一类建筑 保护建筑

[濠镜印象]

曾经的小渔村。鸦片战争后，澳葡当局逐步取得对澳门全境的殖民统治，澳门开启大规模填海发展时代，唯独不变的是对渔业、渔港和水岸的生活方式和记忆。

码头印象 1

内港不只有赌博和世遗，当地几百万土著居民也是澳门独一无二的景观。澳门非政府组织的力量很强大。政府官员也要经常主动接触非政府组织，听取非政府组织反映意见和提出建议，这也形成了澳门自下而上的运作机制。

土著居民印象 2

大三巴、妈阁庙、议事厅前地……内港地区紧邻 "世遗轴"，曾受宗教影响，葡国也曾籍名澳门为 "中国天主圣名之城"。

世遗文化印象 3

155

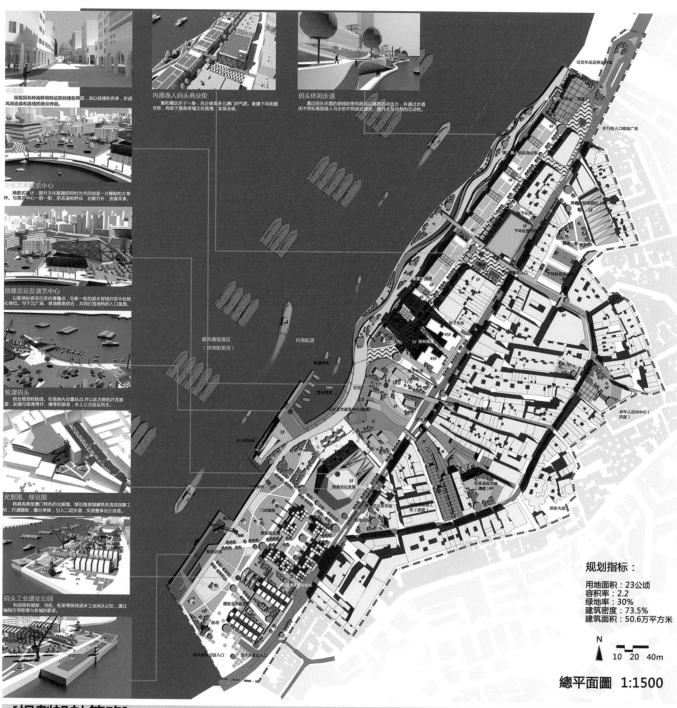

骑楼街
保留具有岭南鲜明特征的骑楼街界面，加以延续和传承，形成风雨连廊和连楼的商业界面。

文化艺术展览中心
地景式设计，提升文化氛围的同时为市民打造一片缺失的大草坪，与演艺中心一期一期，形成连锁呼应、功能互补，资源共享。

创意论坛及演艺中心
以新地标姿态引爆内港焦点，在新一轮的滨水岸线开发中处核心地位，与下沉广场、旱地喷泉结合，其同打造独特的入口氛围。

轮渡码头
结合规划轻轨线、在场地内设置站点，并以此为契机开发旅游，加强与珠海湾仔、横琴的联系，水上公交应运而生。

光复围、绿豆围
将具有典型澳门特色的光复围、绿豆围图建筑改造成创意工作室，打通骑楼、缝合单体，引入二层步道，实现整体性改造。

码头工业遗址公园
利用现有钢架、吊机、桁架等保持滨水工业码头记忆，通过轴线引导得与老城的联系。

内港渔人码头商业街
集吃喝玩乐于一身，充分体现多元澳门的气质，新建下环图书馆，有助于提高考城文化氛围，实现永续。

码头休闲步道
通过码头步道的曲线给使用居民以临者的冲击力，并通过步道的不同标高创造人与水的不同亲近感受，提升人与自然的互动性。

避风塘锚港区
（供渔船使用）

内港航道

规划指标：
用地面积：23公顷
容积率：2.2
绿地率：30%
建筑密度：73.5%
建筑面积：50.6万平方米

N

10 20 40m

總平面圖 1:1500

[規劃設計策略]

[望]　我们看见　　We saw

现状道路等级
道路　场地内以单向车道为主，道路网密度大，到达性高。

路边停车状况
停车　现有停车场较少，停车多占用道路及公共空间。

现状土地利用
土地　现状土地性质多为底层商业的住宅，活力不足。

现状建筑界面
界面　临街面几乎都是有出挑或券廊的建筑立面，应较好地利用。

现状公共空间
空间　公共空间较少，传统空间和闲置空地未被开发利用

[闻]　我们听到　　And we heard

老年人　提供广场、公园、街角绿地等户外憩空间，保留邻里、里、养生活空间

青年人　开放滨水空间，提供文化体育活动设施和场所，创造更多就业和自主创业机会

游客　开展澳门深度游，展现澳门"非遗"的特色建筑和空间资源，提高其可达性，并结合吃喝玩乐

开发商　"物以稀为贵"，借助内港稀缺的公共空间资源来创造巨大经济效益

澳门政府　促进澳门内港产业多元，保护老城的同时渐进式开发，让老城人民共享受现代化生活

商家　扩大营业面积，向高处发展，以街坊生意为主，希望以后能吸引一些游客前来消费

156

[问] 我们提问   So we ask

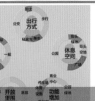

Conclusion

居民	永久居民为主，居住时长较长。老年人居多，失业、无业及退休居民较多大部分住房为自有住房。
建筑	居民与商家都赞同建筑修缮可以继续使用。
交通	以公交、步行方式出行为主停车较为困难人车冲突不大。
空间	愿意前往内港区、公园广场休憩活动，愿意开放里围巷等传统空间给游客参观游览，希望增加公园绿地、文化设施及体育设施等。

[切] 我们选择   Which one

环境禀赋	[水岸] Waterfront	[前山水道]位于基地西侧，与珠海湾仔隔江相望，澳门重要的滨水空间节点。		
	[交通] Transport	[交通便利]规划轻轨线；客运码头；外环路.	问题1 一线建筑横向展开滨水的可达性较差	一线空间开放可激活水岸
工业历史	[工业] Industry	[工业发源地]澳门传统手工业发源于此，拥有大量工业遗产。		
	[码头] Dock	[内港码头]内港码头是澳门最早开埠的地方，遗留大量码头构筑，提供有趣的空间要素。	问题2 生产性海岸线尚未改变，仓库和吊机等工业元素体验性差	开放水岸，并因地制宜进行工业主题式改造，成为城市居民、创意人群的体验互动空间
建成环境	[工业肌理] XL scale	[滨水工业岸线]超大体量空间组织具有秩序的趣味性。		
	[里围巷肌理] S scale	[传统空间]大量成组的里围巷肌理，形成大量人性尺度的场所空间。	问题3 历史建筑和传统空间的保护利用	新老建筑融合组织，活化外部传统空间
交通系统	[空间] Interspace	[街道尺度]老城与港口地区的道路尺度和界面宜人，是区域内重要的线性空间。		
	[联系] Integrate	[缝合线]河边新街和火船头街是老城与内港区重要的线性连接。	问题4 过境交通混合到达性交通，并与人行路线交叉，降低了交通效率以及阻碍了滨水空间的可达性	过境交通外移，到达性交通安静化，并加强老城与滨水区人行步道联系

[传统肌理分析]

澳门自古形成五种特色肌理，巷、围、里属于小空间，存在于小尺度建筑夹缝中，街主要存在于主要路径上，为交通通廊，前地即为小尺度广场，所有肌理以小尺度为主。

里   街   围   巷   前地

[鸟瞰图]

[手繪透視圖]

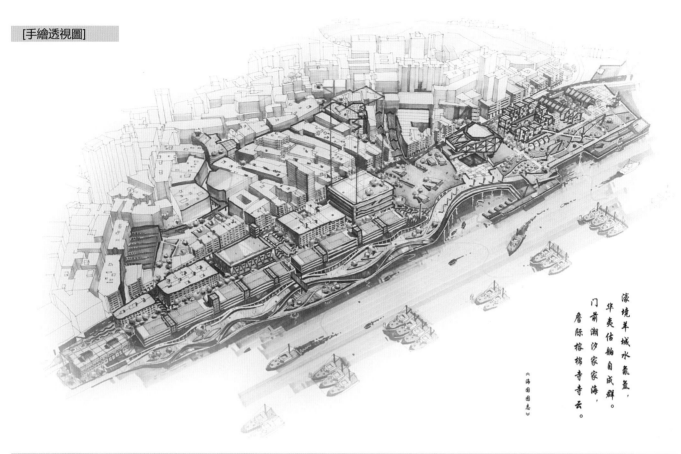

滚境羊城水氣盆，
华夷估舶自成群。
门前潮汐家家海，
詹際榕棉寺寺云。

《海国图志》

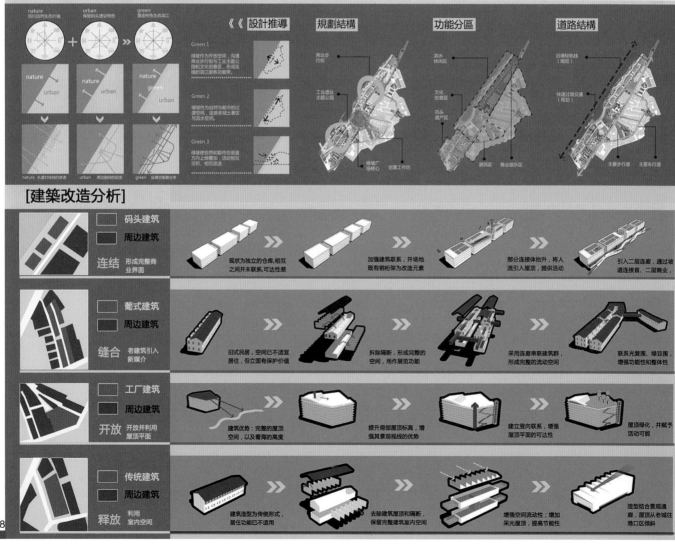

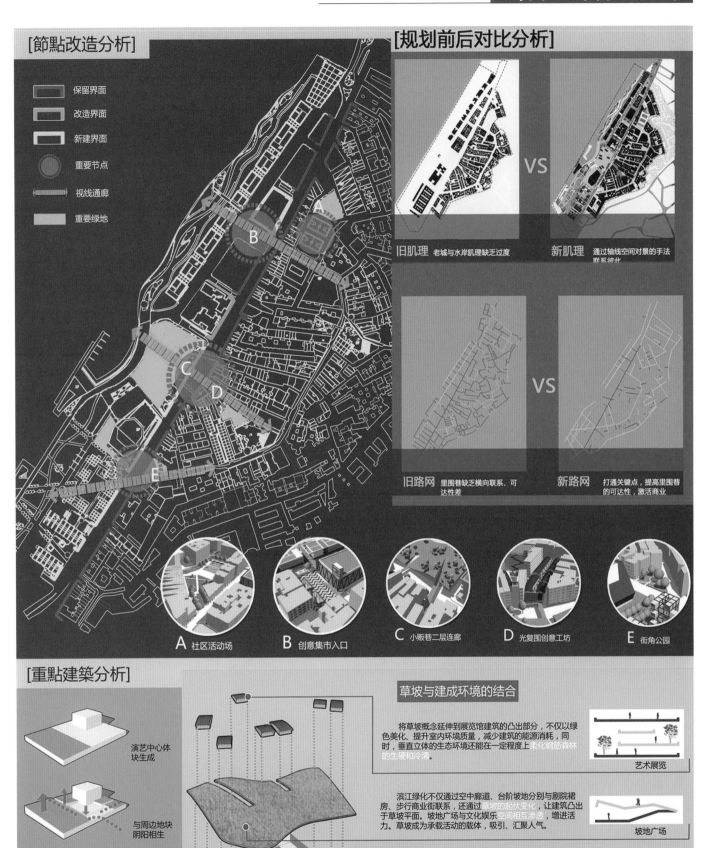

[節點改造分析]

- 保留界面
- 改造界面
- 新建界面
- 重要节点
- 视线通廊
- 重要绿地

[规划前后对比分析]

VS

旧肌理 老城与水岸肌理缺乏过度

新肌理 通过轴线空间对景的手法联系彼此

VS

旧路网 里围巷缺乏横向联系、可达性差

新路网 打通关键点，提高里围巷的可达性，激活商业

A 社区活动场

B 创意集市入口

C 小贩巷二层连廊

D 光复围创意工坊

E 街角公园

[重點建築分析]

演艺中心体块生成

与周边地块阴阳相生

挑出形成灰空间

大台阶联系岸边及下沉广场

文化艺术展览空间

新建地下停车场

草坡与建成环境的结合

将草坡概念延伸到展览馆建筑的凸出部分，不仅以绿色美化、提升室内环境质量，减少建筑的能源消耗，同时，垂直立体的生态环境还能在一定程度上 柔化钢筋森林 的生硬和冷清。

艺术展览

滨江绿化不仅通过空中廊道、台阶坡地分别与剧院裙房、步行商业街联系，还通过草坡的起伏变化，让建筑凸出于草坡平面。坡地广场与文化娱乐空间相互渗透，增进活力。草坡成为承载活动的载体，吸引、汇聚人气。

坡地广场

草坡低矮且起伏的天际线，一方面不破坏老城区建筑的现有天际线轮廓，另一方面，草坡在城市肌理上也是一个共生的斑块。草坡不仅在景观视觉上与老城区有良好的联系和呼应，同时也是老城区居民休闲娱乐的空间，是 对城市人流 向沿岸公共空间汇集的过渡。

休闲娱乐

滨江绿地以草坡的方式与下环街区联系，同时结合地下空间设置停车空间，三者相互交融。人流在轻轨站汇集，并通过坡地进入下环街区或者进入地下停车场及展览空间。

地下开发

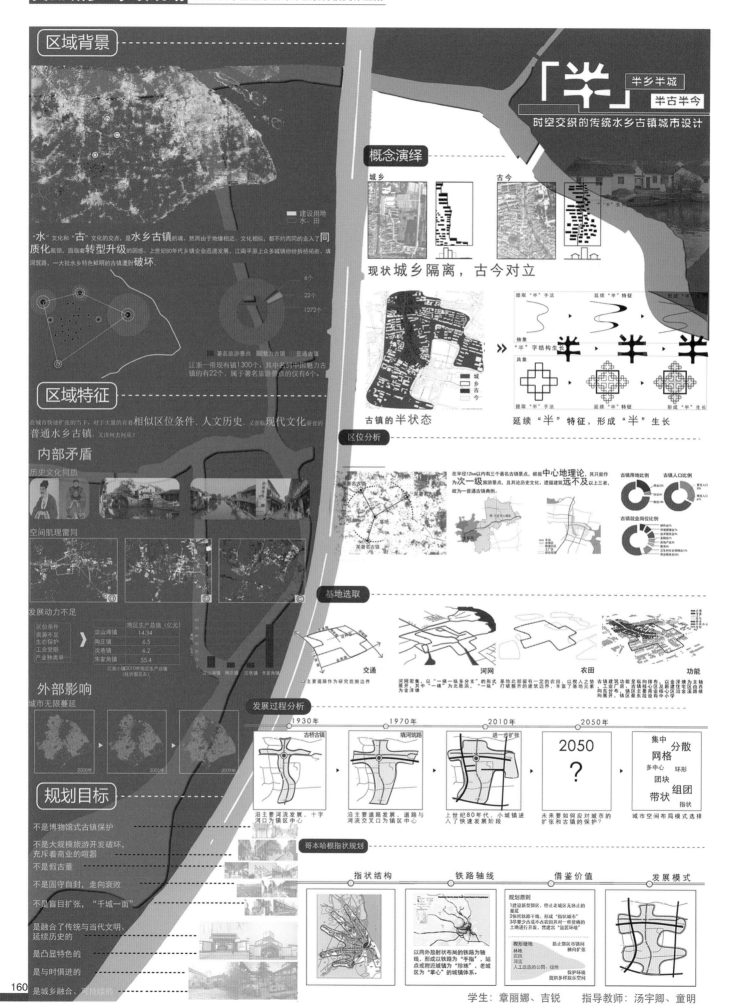

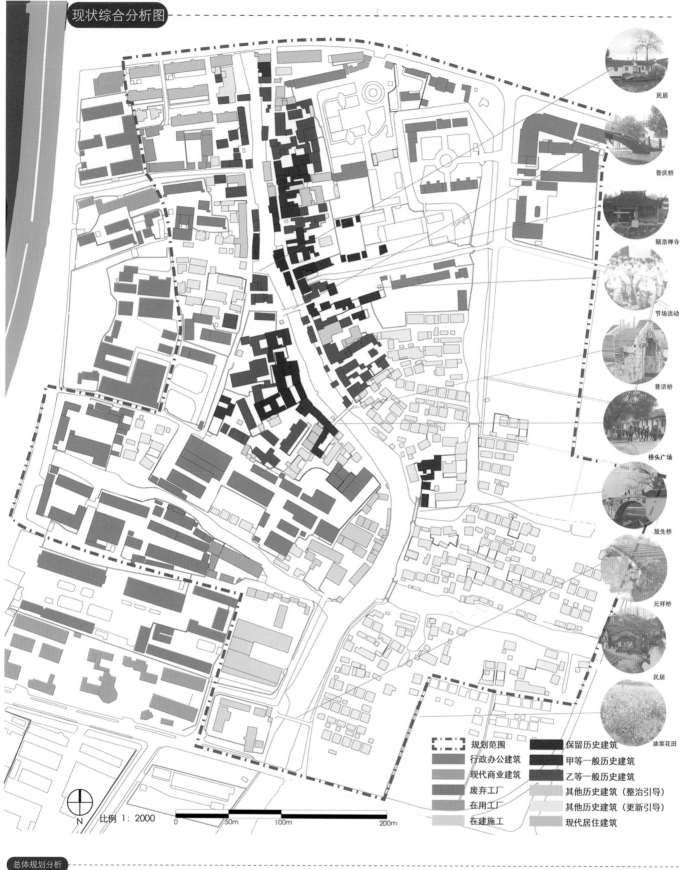

现状综合分析图

民居
普庆桥
颐浩禅寺
节场活动
普济桥
桥头广场
放生桥
元祥桥
民居
油菜花田

比例 1：2000

图例	
规划范围	保留历史建筑
行政办公建筑	甲等一般历史建筑
现代商业建筑	乙等一般历史建筑
废弃工厂	其他历史建筑（整治引导）
在用工厂	其他历史建筑（更新引导）
在建施工	现代居住建筑

总体规划分析

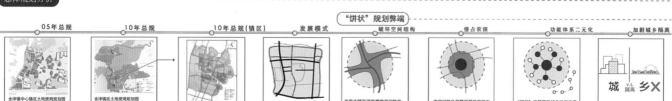

"饼状"规划弊端

05年总规　　10年总规　　10年总规（镇区）　　发展模式　　破坏空间结构　　侵占农田　　功能体系二元化　　加剧城乡隔离

金泽镇中心镇区土地使用规划图（2005年版）

金泽镇区土地使用规划图（2010年版）

改变古镇沿河发展的空间格局导致空间同质化

市空间的外向蔓延导致农田被侵占及环境污染

"饼状"发展导致城乡功能体系二元化加剧

城 v.s. 乡 隔离 ✕

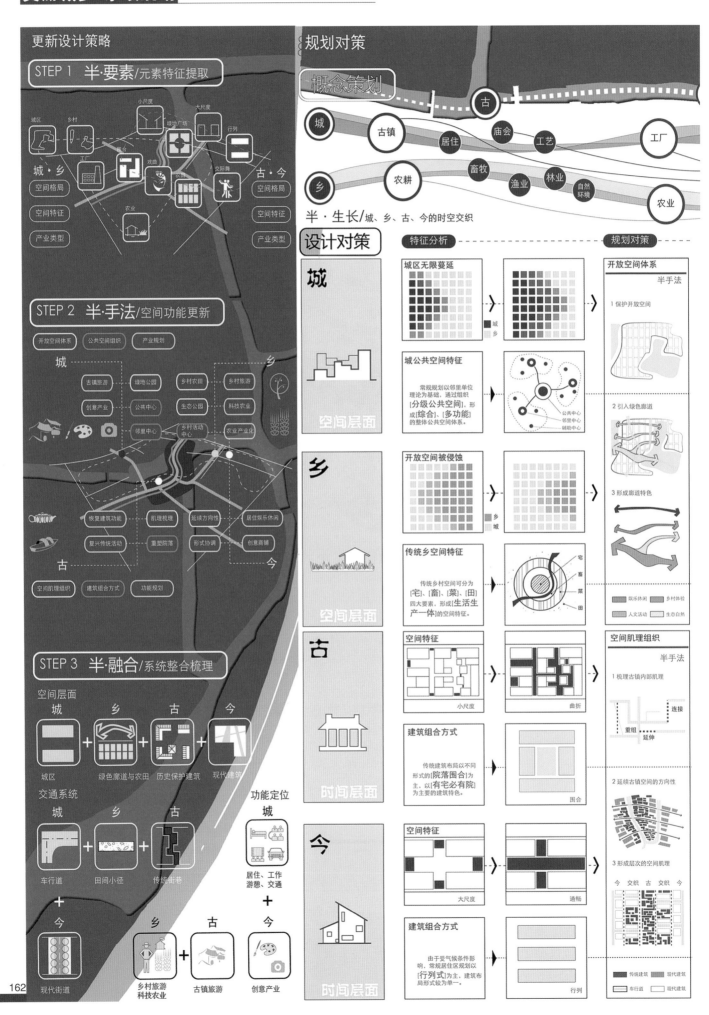

更新设计策略

STEP 1　半·要素/元素特征提取

小尺度　大尺度
城区　乡村
城·乡
空间格局
空间特征
产业类型

绿地广场　行列
工厂　戏曲　交际舞
农业

古·今
空间格局
空间特征
产业类型

STEP 2　半·手法/空间功能更新

开放空间体系　公共空间组织　产业规划

城

古镇旅游　绿地公园　乡村农田　乡村旅游
创意产业　公共中心　生态公园　科技农业
邻里中心　乡村活动中心　农业产业化

恢复建筑功能　肌理梳理　延续方向性　居住娱乐休闲
复兴传统活动　重塑院落　形式协调　创意商铺

古　今
空间肌理组织　建筑组合方式　功能规划

STEP 3　半·融合/系统整合梳理

空间层面
城　＋　乡　＋　古　＋　今
城区　绿色廊道与农田　历史保护建筑　现代建筑

交通系统
城　＋　乡　＋　古
车行道　田间小径　传统街巷

功能定位
城
居住、工作
游憩、交通

＋
今
现代街道

乡
乡村旅游
科技农业
＋
古
古镇旅游
＋
今
创意产业

规划对策

概念策划

城　古镇　居住　庙会　工艺　工厂
乡　农耕　畜牧　渔业　林业　自然环境　农业

半·生长/城、乡、古、今的时空交织

设计对策　　特征分析 --------- 规划对策

城　空间层面

城区无限蔓延
城　乡

城公共空间特征
常规规划以邻里单位理论为基础，通过组织[分级公共空间]，形成[综合]、[多功能]的整体公共空间体系。
公共中心　邻里中心　辅助中心

开放空间体系
半手法
1 保护开放空间
2 引入绿色廊道
3 形成廊道特色

乡　空间层面

开放空间被侵蚀
乡　城

传统乡空间特征
传统乡村空间可分为[宅]、[畜]、[菜]、[田]四大要素，形成[生活生产一体]的空间特征。
宅　畜　菜　田

娱乐休闲　乡村体验
人文活动　生态自然

古　时间层面

空间特征
小尺度　曲折

建筑组合方式
传统建筑布局以不同形式的[院落围合]为主，以[有宅必有院]为主要的建筑特色。
围合

空间肌理组织
半手法
1 梳理古镇内部肌理
连接　重组　延伸
2 延续古镇空间的方向性
3 形成层次的空间肌理
今 交织 古 交织 今

今　时间层面

空间特征
大尺度　通畅

建筑组合方式
由于受气候条件影响，常规居住区规划以[行列式]为主，建筑布局形式较为单一。
行列

传统建筑　现代建筑
车行道　现代建筑

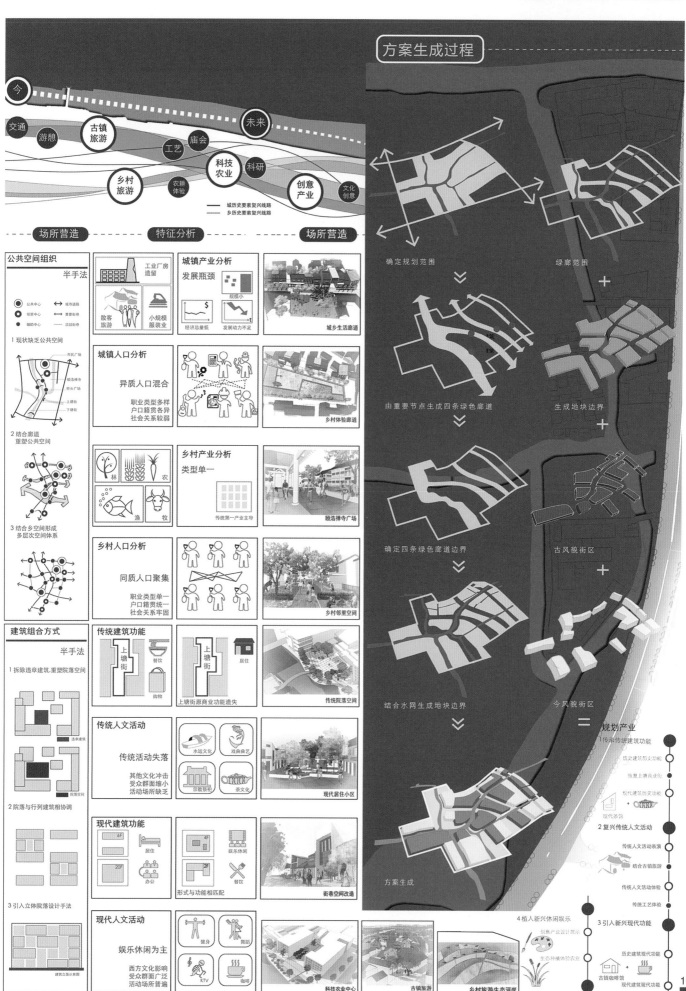

方案生成过程

场所营造 · 特征分析 · 场所营造

公共空间组织

半手法

● 公共中心　　↔ 城市语路
◎ 邻里中心　　↔ 重要街巷
• 城镇中心　　↔ 次级街巷

1 现状缺乏公共空间
　市民广场
　顾浩禅寺
　桥头广场
　上塘街
　下塘街

2 结合廊道
　重塑公共空间

3 结合乡空间形成
　多层次空间体系

建筑组合方式

半手法

1 拆除违章建筑,重塑院落空间
　违章建筑
　院落空间

2 院落与行列建筑相协调

3 引入立体院落设计手法

建筑立面示意图

城镇产业分析

工业厂房遗留　小规模服装业　散客旅游

发展瓶颈

规模小
经济总量低
发展动力不足

城镇人口分析

异质人口混合

职业类型多样
户口籍贯各异
社会关系较弱

乡村产业分析

林　农　渔　牧

类型单一

传统第一产业主导

乡村人口分析

同质人口聚集

职业类型单一
户口籍贯统一
社会关系牢固

传统建筑功能

上塘街　餐饮　购物　居住

上塘街原商业功能遗失

传统人文活动

水运文化　戏曲曲艺　宗教祭祀　茶文化

传统活动失落

其他文化冲击
受众群面缩小
活动场所缺乏

现代建筑功能

6F 居住
20F 办公
4F 娱乐休闲
2F 餐饮

形式与功能相匹配

现代人文活动

健身　舞蹈　KTV　咖啡

娱乐休闲为主

西方文化影响
受众群面广泛
活动场所普遍

城乡生活廊道

乡村体验廊道

顾浩禅寺广场

乡村邻里空间

传统院落空间

现代居住小区

街巷空间改造

科技农业中心　古镇旅游　乡村旅游生态河岸

交通　游憩　古镇旅游　庙会　未来
工艺　科技农业　科研　创意产业
乡村旅游　农耕体验　文化创意

── 城历史要素复兴线路
── 乡历史要素复兴线路

今

确定规划范围　　绿廊范围
＋
由重要节点生成四条绿色廊道　生成地块边界
＋
确定四条绿色廊道边界　古风貌街区
＋
结合水网生成地块边界　今风貌街区
＝
方案生成　　规划产业

规划产业

1 传承传统建筑功能
历史建筑历史功能
恢复上塘商业街
现代建筑历史功能
现代茶馆

2 复兴传统人文活动
传统人文活动表演
结合古镇旅游
传统人文活动体验
传统工艺体验

3 引入新兴现代功能
历史建筑现代功能
古镇咖啡馆 + 现代建筑现代功能

4 植入新兴休闲娱乐
创意产业设计展示
生态种植体验农业

163

经济技术指标

| 规划用地面积: | 27.18公顷 | 容积率: | 0.56 |

规划建筑面积: 15.19万平方米　建筑密度28.55%

其中:

居住建筑面积: 7.59万平方米　商住混合建筑面积: 2.07万平方米

乡村旅游建筑面积: 2.64万平方米　文化娱乐建筑面积 2.89万平方米

用地平衡表

用地性质	面积(ha)	比例	用地性质	面积(ha)	比例
居住用地	7.50	27.58%	现代农业用地和绿地	8.55	31.45%
公共服务设施用地	2.56	9.43%	道路广场用地	3.30	12.13%
其 商业商务用地	1.17	4.30%	物流仓储用地	-	-
中 文化娱乐用地	1.40	5.14%	水域	2.71	9.97%
工业用地	-	-			
			总用地	27.18	100%

总平面

图例

保留历史建筑
新建风貌协调建筑
新建现代风貌
传统寺庙
步行栈桥
重要节点
重要街巷
步行街巷
院落空间
绿心田地
林地
绿地
道路
水域

平面标注

主要广场空间

① 街角市民广场　⑥ 总管施前广场
② 游客集散广场　⑦ 迎祥桥头广场
③ 古镇入口广场　⑧ 市民中心广场
④ 颐浩禅寺广场　⑨ 普庆桥头广场
⑤ 普济桥头广场　⑩ 居住小游园

特色场所空间

① 生态农业展示馆
② 游船码头
③ 金泽社区中心
④ 金泽天主教堂
⑤ 金泽历史博物馆

N 比例 1:1500

0m　50m　100m

设计说明

以城乡、古今关系为切入点，在空间层面抑制城市无限蔓延，保护延续乡村自然风貌；在时间层面保护传统历史文化，植入现代活力要素，形成【半虚半实、半乡半城、半旧半新、半古半今】城乡共生，古今交融的现代江南水乡可持续发展规划。

规划结构

←→ 主要洪路　　■ 古风貌街区　←→ 绿廊

保留与拆除

■ 保留建筑
▨ 拆除建筑
[:::] 规划范围

廊道立面

剖面a-a　城乡生活廊

剖面b-b　古镇文化廊

剖面C-C　乡村体验廊

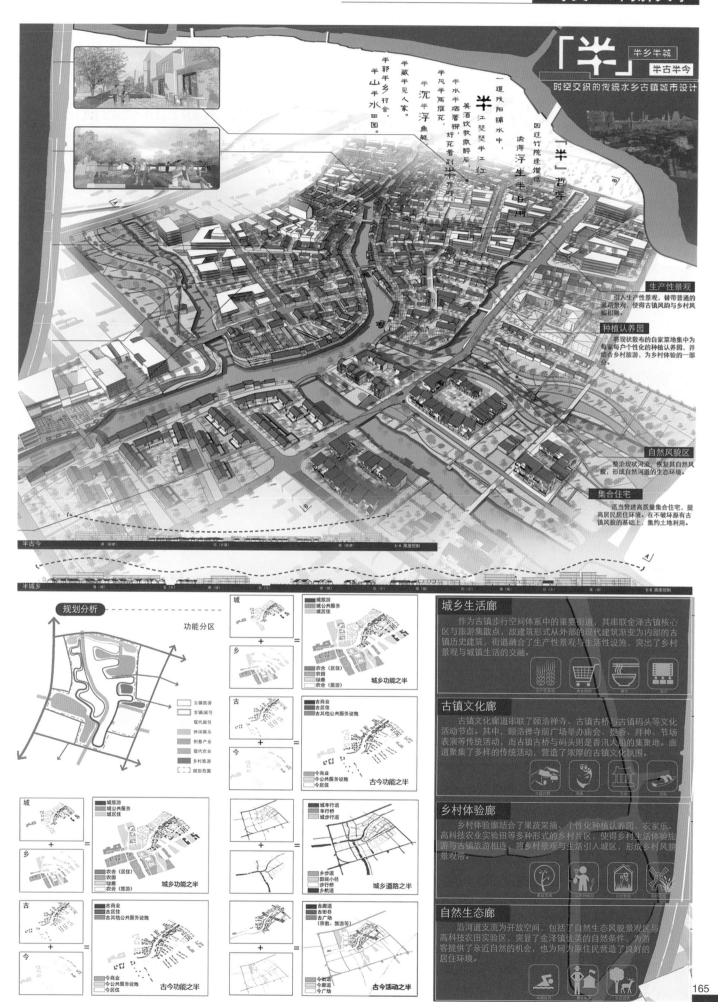

「半」半乡半城 半古半今

时空交织的传统水乡古镇城市设计

一道残阳铺水中，半江瑟瑟半江红

半郭半乡村舍，半山半水田图。半凡半俗烟花，半水半烟著槐。半沉半浮鱼艇，半藏半见人家。英酒饮教微醉后，好花看到半开时。逾得浮生半日闲，因过竹院逢僧话。

「半」哲学

生产性景观
引入生产性景观，巷带普通的道路景观，使得古镇风韵与乡村风貌相融。

种植认养园
将现状散布的自家菜地集中为每家每户个性化的种植认养园，并结合乡村旅游，为乡村体验的一部分。

自然风貌区
整治现状河汊，恢复其自然风貌，形成自然河道的生态环境。

集合住宅
适当营建高质量集合住宅，提高居民居住环境。在不破坏原有古镇风貌的基础上，集约土地利用。

半古今 A-A 高度控制

半城乡 B-B 高度控制

规划分析

功能分区

古镇旅游
古镇居住
现代居住
休闲娱乐
创意产业
现代农业
乡村旅游
规划范围

城 + 乡 = 城乡功能之半
古 + 今 = 古今功能之半
城 + 乡 = 城乡功能之半
古 + 今 = 古今功能之半
城乡道路之半
古今活动之半

城乡生活廊
作为古镇步行空间体系中的重要街道，其串联金泽古镇核心区与旅游集散点，故建筑形式从外部的现代建筑渐变为内部的古镇历史建筑，街道融合了生产性景观与生活性设施，突出了乡村景观与城镇生活的交融。

古镇文化廊
古镇文化廊道串联了颐浩禅寺、古镇古桥与古镇码头等文化活动节点。其中，颐浩禅寺前广场举办庙会、提香、拜神、节场表演等传统活动，而古镇古桥与码头则是香汛大船的集聚地。廊道集聚了多样的传统活动，营造了浓厚的古镇文化氛围。

乡村体验廊
乡村体验廊结合了果蔬采摘、个性化种植认养园、农家乐、高科技农业实验田等多种形式的乡村片区，使得乡村生活体验旅游与古镇旅游相连，将乡村景观与生活引入城区，形成乡村风貌景观带。

自然生态廊
沿河道支流为开放空间，包括了自然生态风貌景观区与高科技农田实验区，突显了金泽镇优美的自然条件，为游客提供了亲近自然的机会，也为同为原住民营造了良好的居住环境。

混序味道

——耀州古城文庙街区更新城市设计

学生：高文龙、崔双娜　　指导教师：井晓鹏、郭其伟、杨育军、朱瑜葱

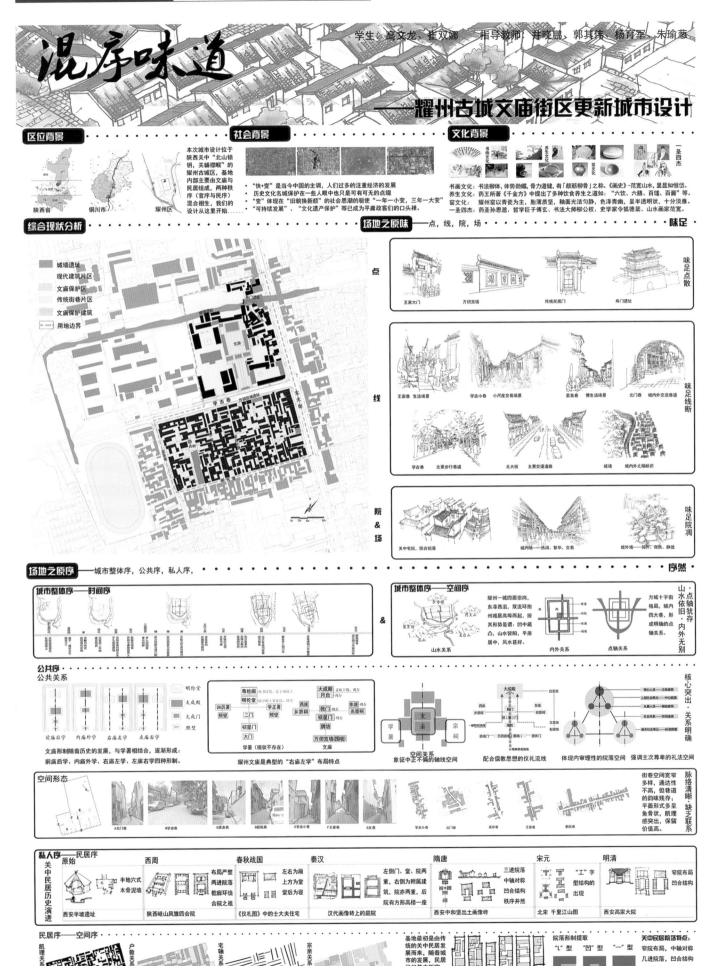

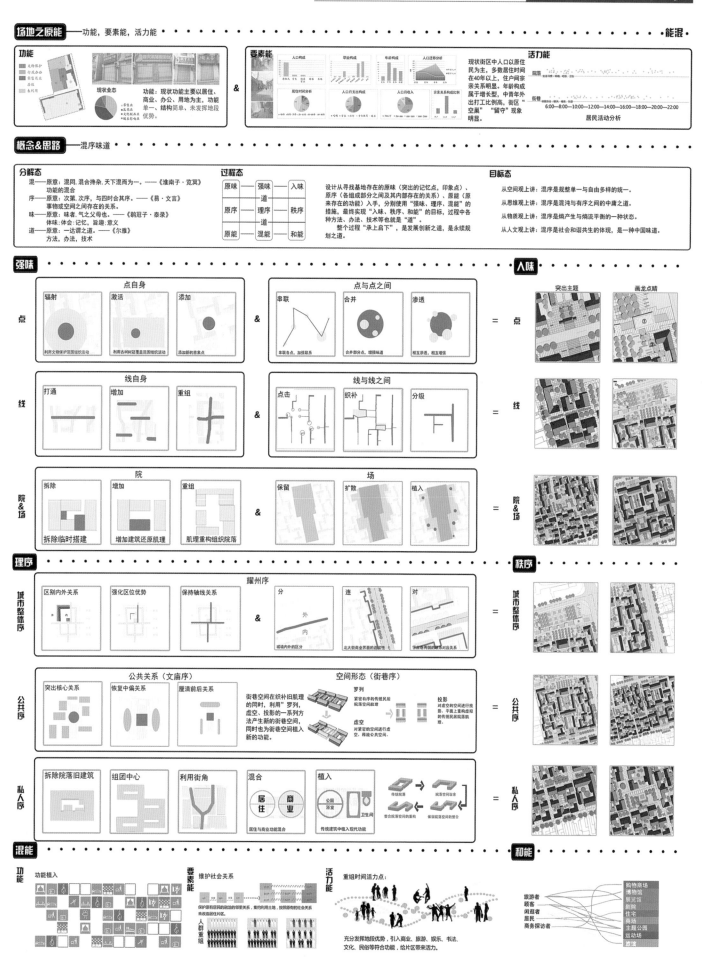

总平面图

主要建设项目：
① 寿门遗址意向
② 城墙遗址公园
③ 北门巷遗址
④ 博物馆
⑤ 文庙
⑥ 民俗文化院
⑦ 民俗一条街
⑧ 民俗百工坊
⑨ 民俗展示走廊
⑩ 关中民居

主要经济技术指标：
总用地面积：7.9ha
总建筑面积：9559平
容积率：1.21
建筑密度：41.3%
绿地率：30%
停车率：0.8

北大街

学古巷

新民巷

设计说明：本次设计的重点在于对文庙街区的保护更新，通过对基地及周边环境和区位历史条件，研究其中内涵，延续文庙街区的空间格局和街巷肌理关系、维护和更新历史建筑，整合地块功能，使得关中的地域传统文化在街区内得到延续和发扬，而使地块获得新的活力。

轮廓序

整体秩序

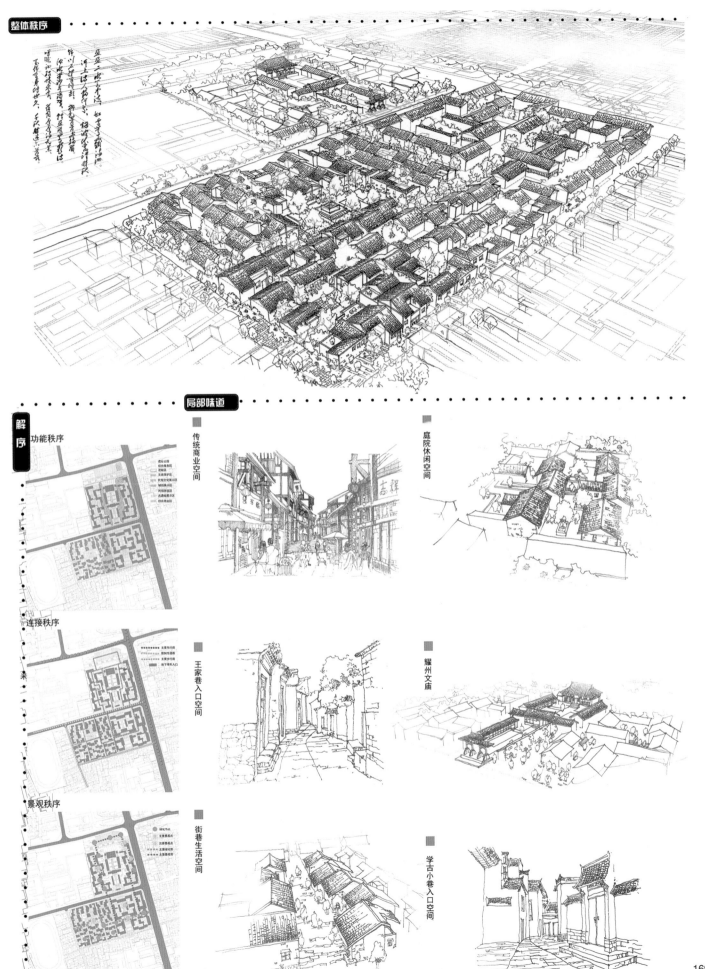

局部味道

解序

功能秩序

连接秩序

景观秩序

传统商业空间

王家巷入口空间

街巷生活空间

庭院休闲空间

耀州文庙

学古小巷入口空间

拼贴

学生：蒋文超、刘子川　　指导教师：赵敏、王玲、王俊涛

会泽古城更新策略与规划设计

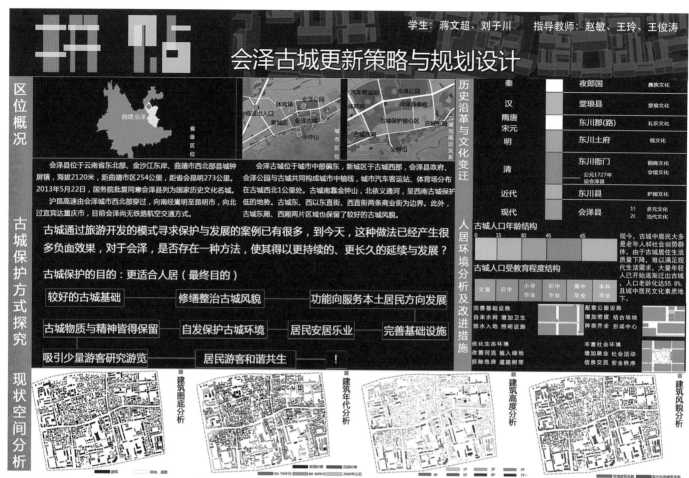

区位概况

会泽县位于云南省东北部、金沙江东岸、曲靖市西北部县城钟屏镇，海拔2120米，距曲靖市区254公里，距省会昆明273公里。2013年5月22日，国务院批复同意会泽县列为国家历史文化名城。沪昆高速由会泽城市西北部穿过，向南经嵩明至昆明市，向北过宜宾达重庆市，目前会泽尚无铁路航空交通方式。

会泽古城位于城市中部偏东，新城区于古城西部、会泽县政府、会泽公园与古城共同构成城市中轴线，城市汽车客运站、体育场分布在古城西北1公里处。古城南靠金钟山，北依义通河，呈西南高东北低的地势。古城东、西以直东街、西直街两条商业线为边界。此外，古城东厢、西厢两片区域也保留了较好的古城风貌。

古城保护方式探究

古城通过旅游开发的模式寻求保护与发展的案例已有很多，到今天，这种做法已经产生很多负面效果，对于会泽，是否存在一种方法，使其得以更持续的、更长久的延续与发展？

古城保护的目的：更适合人居（最终目的）

较好的古城基础 —— 修缮整治古城风貌　功能向服务本土居民方向发展

古城物质与精神皆得保留 —— 自发保护古城环境　居民安居乐业　完善基础设施

吸引少量游客研究游览　居民游客和谐共生　！

历史沿革与文化变迁

秦 汉 隋唐 宋元 明	夜郎国	彝族文化
	堂琅县	堂琅文化
	东川郡(路)	礼乐文化
	东川土府	钱文化
清	东川衙门 公元1727年设会泽县	铜商文化 会馆文化
近代	东川县	护国文化
现代	会泽县	多元文化 当代文化

古城人口年龄结构
0　15　30　45　65

古城人口受教育程度结构

| 文盲 | 识字 | 小学 毕业 | 初中 毕业 | 高中 毕业 | 本科 毕业 |

现今，古城中居民大多是老年人和社会弱势群体，由于古城居住生活质量下降，难以满足现代生活需求，大量年轻人开始逐渐迁出古城，人口老龄化达55.8%，且现代居民文化素质地下。

人居环境分析及改进措施

完善基础设施　配套公服设施
自来水网　增加卫生　增加密度　结合场地
排水入地　照明设施　种类齐全　形成中心

优化生态环境　丰富社会环境
改善河流　植入绿地　增加就业　社会活动
拆除危房　道路树苗　信息交流　安全秩序

现状空间分析

建筑图底分析

1.由建筑图底关系来看，东西主街两侧及以北区域建筑密度较大而以南部份密度较小，存在大量建地；
2.建筑围合空间上，同样是北部建筑往往是小图合出的空间尺度也较小，而南部的大体量建筑则图合出比较大尺度的空间；
3.古城所呈现的街巷肌理为主要的一横一纵。次级的街巷以鱼骨状的方式由十字主街排列开来。

建筑年代分析

1.建筑年代大体上可分为明清时期、民国时期、50-70年代、80-90年代、2000年以后五个阶段；
2.古城建筑大多为民国时代修缮的民居建筑。江西会馆、川陕会馆、城隍庙等会馆等为明清时期建筑，历史较久，需加强保护；
3.在古城基质中也存在解放后时期的建筑，比如建于90年代的电影院，以及2000年以后兴建的商业建筑和地块南侧的会泽宾馆。

建筑高度分析

1.建筑高度方面，层高基本在4层以下，以东西主街为界，其北大多为1-2层，其南则多为3层及3层以上；
2.古城的西北地块建筑高度较为适宜，多为1-2层的民居建筑，形成尺度宜人的街巷空间；
3.古城的西、南两边界，存在较多层高为4-6层的现代建筑，形成一道将古城与新城隔离开的高墙。

建筑风貌分析

1.古城中的建筑风貌大致可分为两种：明清建筑风貌和现代民用建筑风貌，这两者也是存在较大冲突的；
2.明清建筑风貌主要指屋顶品且层数较低的传统建筑，主要分布于东西、北内街两侧及西北州，其形成了会泽的明清古城风貌；
3.在古城的南部，则存在较多数量的现代民用建筑，主要为平坡的多层建筑，如住宅楼、办公楼、工厂厂房等，对古城风貌有影响。

现状综合评价

保护修缮类建筑

此类建筑主要包括挂牌保护建筑，会馆寺庙、重点保护民居等，针对这些风貌保留较好的建筑加大保护力度，保留其历史真实性和完整性，定期检修，但不做粉刷、油漆等翻新工作。

维修改善类建筑

此类建筑是古城中存在最多的部分，大多为保留有明清传统风貌且结构保存完整的民居建筑。针对这些年久失修的建筑，进行外观修复，整体进行美化处理，并在其中选出较好的挂牌保护。

保留整修类建筑

此类建筑主要由两部分组成，一是结构已有较严重损坏的传统建筑，二是仿古的新建筑。对于此类建筑予以保留，但是其结构上要加以整修，如柱梁改动、门窗改造等，使其风貌与古城更加和谐统一。

改造整合类建筑

此类建筑主要指与古城明清传统风貌冲突较大的建筑，其大多为平屋顶，3-4层，框架结构的现代建筑。为保留其使用功能的同时又使其与古城风貌较为统一，对此类建筑进行降层、加坡屋顶、立面整合等。

拆除更新类建筑

此类建筑主要指严重影响古城风貌和破坏街巷肌理的建筑，其大多为大体量的多层现代建筑。对于这类建筑采取拆除的措施，根据实际需求在其原址建设新建筑或变为广场、公园、停车场等场地。

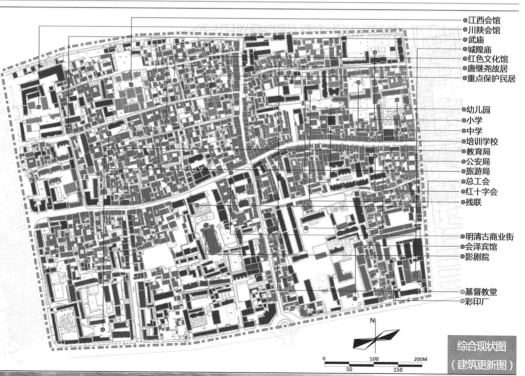

●江西会馆
●川陕会馆
●武庙
●城隍庙
●红色文化馆
●唐继尧故居
●重点保护民居

●幼儿园
●小学
●中学
●培训学校
●教育局
●公安局
●旅游局
●总工会
●红十字会
●残联

●明清古商业街
●会泽宾馆
●影剧院

●基督教堂
●彩印厂

N

0　50　100　150　200M

综合现状图
（建筑更新图）

金钟山俯瞰古城

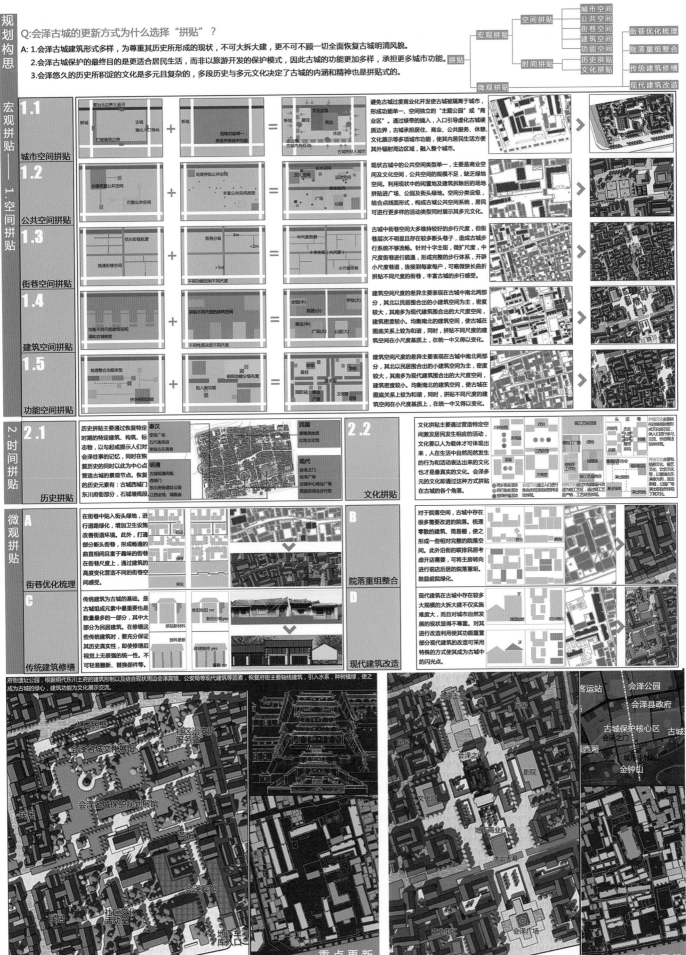

总平面图

图例说明：
- Ⓐ 江西会馆
- Ⓑ 川陕会馆
- Ⓒ 唐继尧故居
- Ⓓ 武庙
- Ⓔ 滨河休闲带
- Ⓕ 北门节点
- Ⓖ 城墙遗址
- Ⓗ 室外活动设施
- Ⓘ 室内活动馆
- Ⓙ 福利院
- Ⓚ 幼儿园
- Ⓛ 小学
- Ⓜ 中学
- Ⓝ 十字街口牌坊
- Ⓞ 酒吧美食街
- Ⓟ 螳螂广场
- Ⓠ 文化宫
- Ⓡ 会泽之门
- Ⓢ 剧院
- Ⓣ 会泽广场
- Ⓤ 南部商业街区
- Ⓥ 前广场喷泉
- Ⓦ 府街遗址公园
- Ⓧ 会泽宾馆
- Ⓨ 铜文化中心
- Ⓩ 城隍庙

主要经济技术指标

总用地面积	41.96ha
新建建筑面积	186680㎡
建筑密度	48.35%
容积率	1.17
绿地率	23.55
平均层数	1.31
回迁率	71.96%

- 图例 -
- 民居建筑
- 商业建筑
- 公共服务建筑
- 重点保护建筑

0 50 100 150 200M

古城意象五要素

路径（path）
交通目的路径　游憩目的路径
商购目的路径　居住目的路径
我在古城，因为我走在古城的路上！

边界（edge）
以商　以绿
我在古城，因为...

区域（domain）
...尺度！

节点（node）
商业节点　运动节点
文化节点
我在古城，因为我活动在古城的场地上！

古城十字街中央

街巷和民居间的水系

功能分区
居住片区
展览片区
教育片区
传统商业片区
现代商业片区

标志（landmark）
秦汉标志物　民国标志物
明清标志物　当代标志物
我在古城，因为我看到了古城的标志物！

空间结构
商业发展轴
城市中轴线
文化轴线
一级核心
二级核心

古城水系规划

古城内水系水源
古城内主水系水源来自南部毛家村水库，水源点位于古城西南方向会泽中学毛家村水库引水水渠水库，北侧义通河水源同样来自毛家村水库。

义通河滨水休闲带
通过河道清理和河岸软化，让原本渠滥黑的义通河重获新生，成为一个水清麓悠的却又不失活力的滨水休闲风光带。

沿主要街巷的水系
重点围绕水系的主要骨架，沿街巷布置，提升古城的品质和人居环境氛围。

沿酒吧美食街布置，流水水门面前潺潺润润，营造一种悠然惬意的饮食、社交景围。

酒吧街水道

民居间穿行的水道

散布于府街遗址公园中的大小水塘河面，形成一片园林式的休闲公园，博物馆、艺术馆和文化馆穿于边，更...园林水塘添了不少历史和人文气息。

民居旁的池塘
在民居旁留出的大小池塘，给居民提供一个聊天、下棋、纳凉、读书、发呆的恬然舒活的好去处。

现代亲水空间
位于会泽广场中段以及南部商业街区北侧，配合现代建筑风格，打造简约的现代亲水空间，包括下沉空间之上的水云水幕。

府街遗址公园水系

道路交通
车行道
一级人行道
二级人行道
主要出入口

鸟瞰效果图

会泽之门——
原电影院改建

会泽之门处原系古城电影院。如今已成为商业零售和各类培训机构的驻地。本规划中将其改建为会泽广场和古城标志性构筑物，以现代的姿态重新拼贴入古城之中。

改建中将原有建筑外墙拆除，保留其主要钢结构立柱并加以修饰。之后使用架空连廊将会泽之门与地面和地下空间串联，南北两端则设置观景台，以观赏古城鳞次栉比的屋顶。观景台和连廊可作室外展览之用。

本规划将在古城南内街以西、西内街以南的会泽广场及南部商业街区内拼贴入一个完整的地下空间系统其中地下一层主要采用露天的下沉广场形式，而在遇到地面重要交通流线时则采用下穿形式，其主要出入口分散于会泽广场及南部商业街区内各处，分别设置楼梯、自动扶梯和无障碍垂直电梯；地下二层为地下车库，其出入口位于于南部商业街区西区沿街一侧。

下沉广场除丰富空间组织形式外，主要将担负商业零售及餐饮功能，使该片区形成一个具有一定规模商业体量的辐射古城及周边的地区级购物中心。南部商业街区以下沉空间、建筑和架空连廊的穿插，只在打造一个空间丰富多变、古城风貌与现代风格并融的精品商业街区。

连通会泽广场与南部商业街区的下沉空间

南部商业街区西区局部鸟瞰

古城历史风貌核心区

古城教育及体育设施

东西内街方向透视

会泽广场

铜文化中心

南北内街方向透视

府衙遗址公园

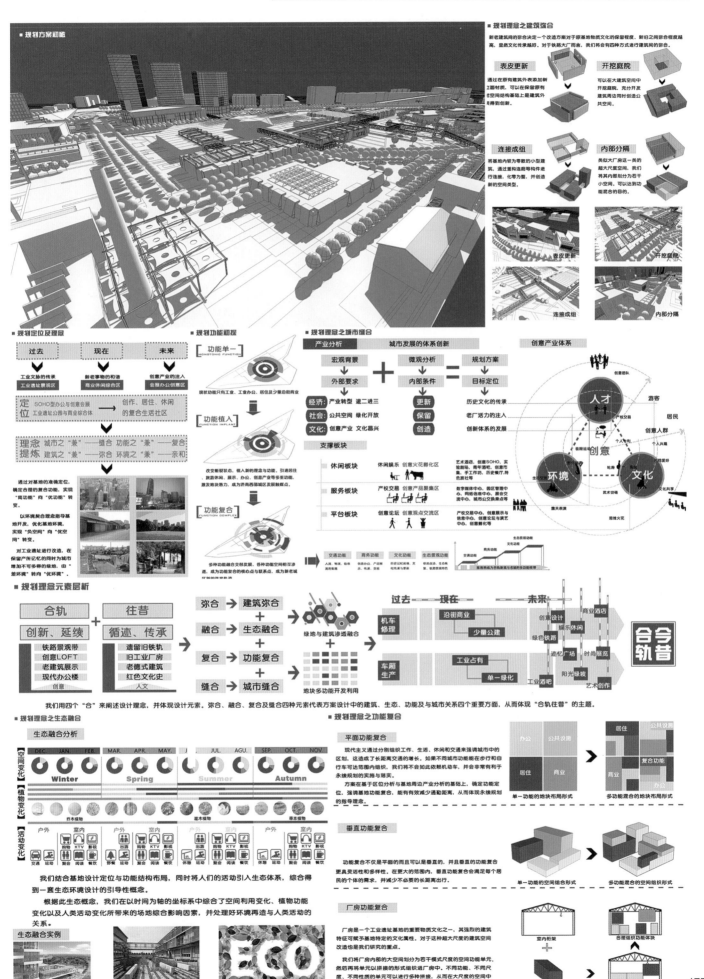

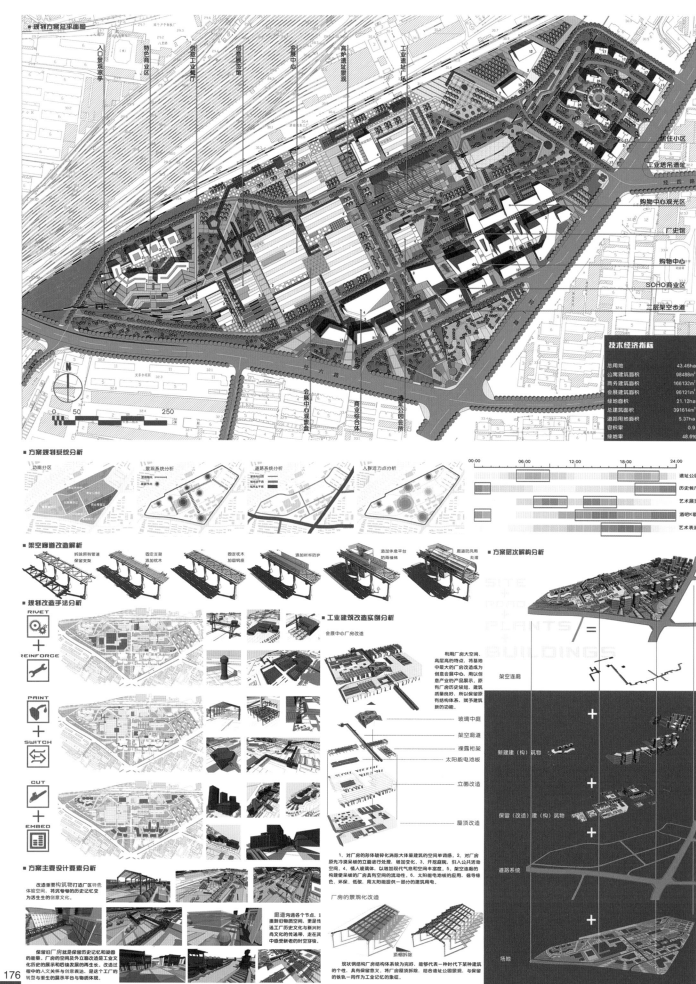

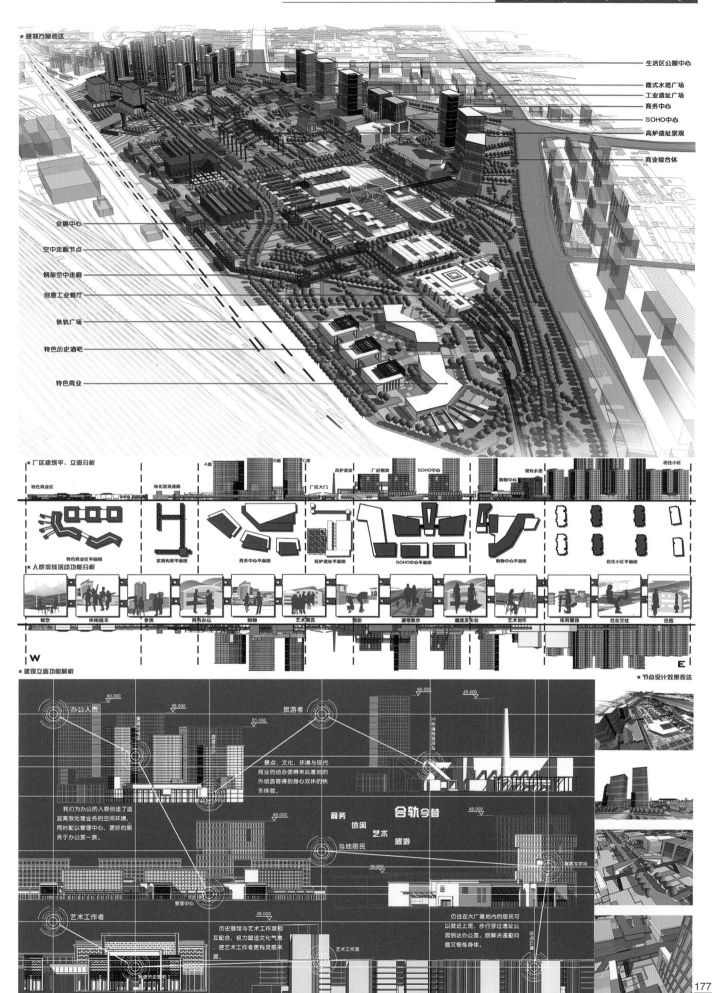

■ 规划方案表达

生活区公服中心
德式水塔广场
工业遗址广场
商务中心
SOHO中心
高炉遗址景观

商业综合体

会展中心
空中走廊节点
钢架空中走廊
创意工业餐厅
铁轨广场
特色历史酒吧
特色商业

■ 厂区建筑平、立面分析

特色商业区 · 绿化景观通廊 · A座 B库 C座 · 厂区大门 · 高炉遗址 厂房钢架 SOHO中心 · 现有水塔 购物中心 居住小区

特色商业区平面图 · 景观构架平面图 · 商务中心平面图 · 高炉遗址平面图 · SOHO中心平面图 · 购物中心平面图 · 居住小区平面图

■ 人群流线活动功能分析

餐饮 休闲娱乐 参观 商务办公 购物 艺术展览 摄影 逍遥散步 潮流发布会 艺术创作 体育健身 社会交往 住宿

W · E

■ 建筑立面功能解析

■ 节点设计效果表达

办公人员
旅游者

景点、文化、环境与现代商业的结合使得未来此基地的外地游客得到身心双休的快乐体验。

我们为办公的人群创造了适宜高效处理业务的空间环境,同时配以管理中心,更好的服务于办公室一族。

商务
休闲
艺术
旅游

合轨今昔

当地居民

艺术工作者

历史展馆与艺术工作室相互配合,极力塑造文化气息,使艺术工作者更有灵感来源。

仍住在大厂基地内的居民可以就近上班,步行穿过遗址公园到达办公室,既解决通勤问题又锻炼身体。

艺术工作室

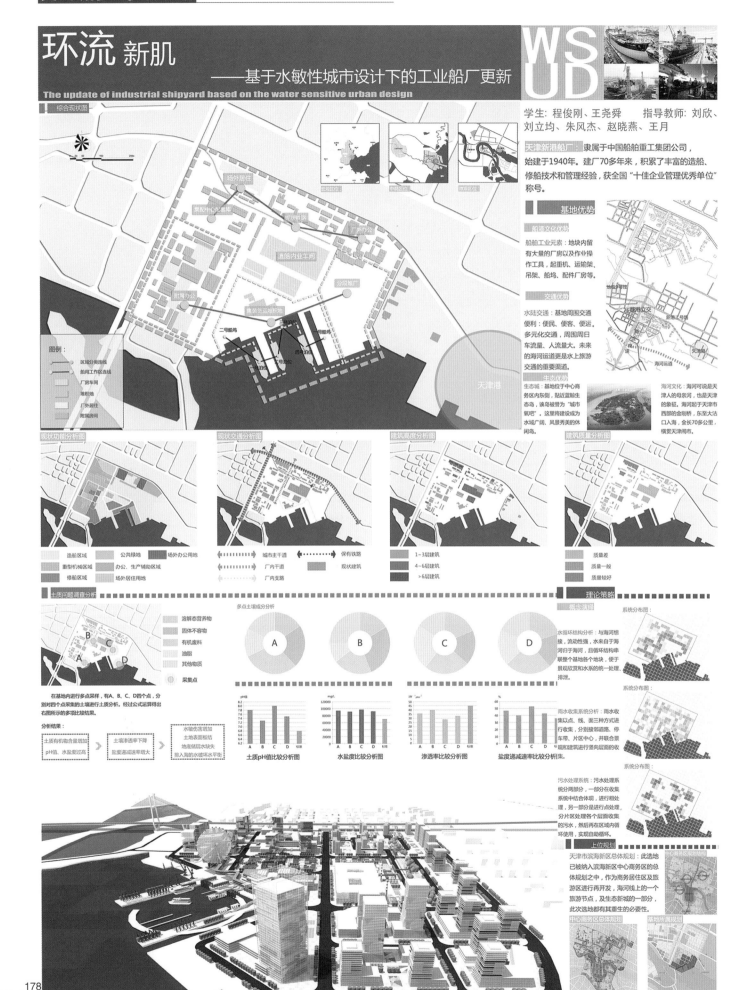

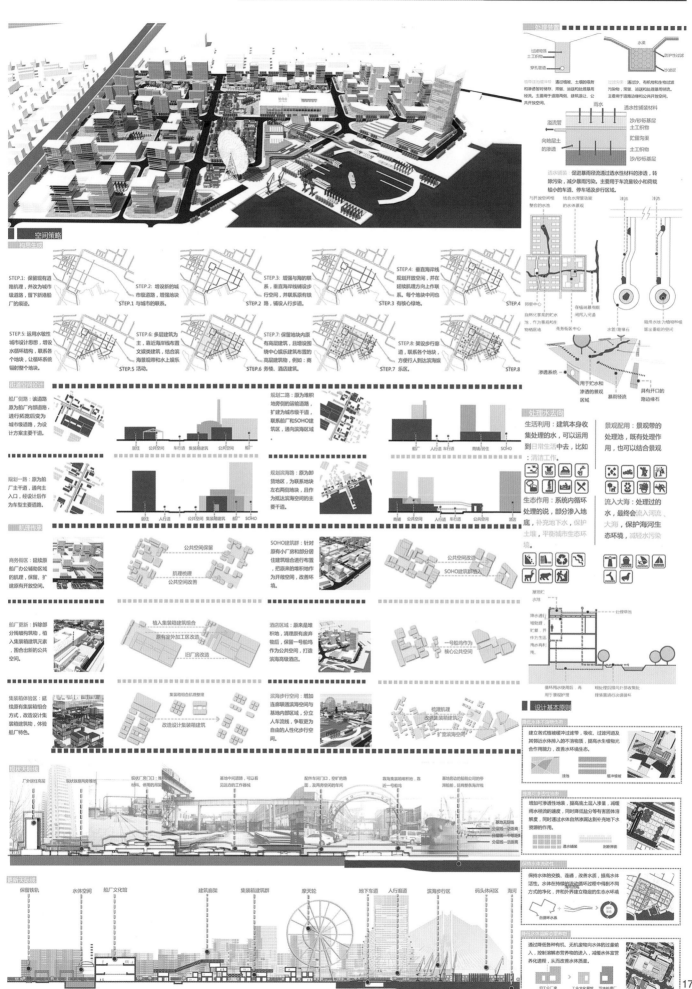

处理装置

空间策略

构层生成

STEP.1:保留现有道路肌理,并改为城市级别道路,留下新港船厂的痕迹。

STEP.2:增设新的城市级道路,增设地块与城市的联系。

STEP.3:增强与海的联系,垂直海岸线铺设步行空间,并联系原有铁路,铺设人行道路。

STEP.4:垂直海岸线观划开放空间,并在延续道路航理方向上作联系。每个地块中间也有核心绿地。

STEP.5:运用水敏性城市设计思想,增设水循环结构,联系各个地块,让循环系统辐射整个地块。

STEP.6:多层建筑为主,靠近海岸线布置文娱类建筑,结合滨海景观带和水上娱乐活动。

STEP.7:保留地块内原有高层建筑,且增设围绕中心娱乐建筑布置的高层建筑物,例如:商务楼、酒店建筑。

STEP.8:架设步行廊道,联系各个地块,方便行人到达滨海娱乐。

街道空间设计

船厂侧路:该道路原为船厂内部道路,进行拓宽后改为城市级道路,为设计方案主要干道。

规划二路:原为堆积地旁侧的运输道路,扩建为城市级干道,联系船厂和SOHO建筑区,并联系滨海区域。

处理水去向

生活利用:建筑本身收集处理的水,可以运用到日常生活中去,比如:清洁工作。

景观配用:景观带的处理池,既有处理作用,也可以结合景观。

规划一路:原为船厂主干道,通向左主入口,经设计后作为车道主要道路。

规划滨海路:原为卸货地区,为联系地块左右两侧区域,且作为抵达滨海空间的主要干道。

生态作用:系统内循环处理的说,部分渗入地底,补充地下水,保护土壤,平衡城市生态环境。

流入大海:处理过的水,最终会流入河流、大海,保护海河生态环境,减轻水污染。

肌理转开

商务街区:延续原船厂办公辅助区域的肌理,保留、扩建原有开放空间。

公共空间保留 肌理梳理 公共空间改善

SOHO建筑群:针对原有小厂房的部分居住建筑进行布置,把原来的堆积地作为开放空间,改善环境。

公共空间改善 SOHO建筑群插入

船厂更新:拆除部分残破旧建筑物,植入集装箱建筑元素,围合出新的公共空间。

植入集装箱建筑组合 原有室外加工区改造 旧厂房改造

酒店区域:原来是堆积地,清理原有废弃物区,用一号船坞作为公共空间,打造滨海高层酒店。

一号船坞作为核心公共空间

集装箱体验区:延续原有集装箱组合方式,改造设计集装箱建筑,体验船厂特色。

集装箱组合肌理梳理 改造设计集装箱建筑

滨海步行空间:增加连廊贯通滨海空间与基地内部区域,分立人车动线,打造更为自由的人性化步行空间。

梳理肌理 改善设计集装箱建筑 扩宽滨海空间

设计基本原则

现状实景线

保留实景线

保留铁轨 水体空间 船厂文化馆 建筑废架 集装箱建筑群 原水轮 地下车道 人行廊道 滨海步行区 码头休闲区 海河

技术经济指标

项目名称	数据指标	所占比率%
规划总用地	48.8HA	100%
道路用地	5.2HA	10.7%
居住用地	15.9HA	32.6%
公共服务用地	7.1HA	14.5%
商业用地	5.2HA	10.7%
商务用地	10.1HA	20.6%
公共绿地	5.3HA	10.9%
容积率	1.7	
绿地率	37.8%	
机动车位	4500	

商务办公区
商务区水敏性水处理中心
基地水敏性循环入口
居住区水敏性水处理中心
生态居住小区
集装箱建筑体验区
船厂文化公园
集装箱建筑创意区
滨海商业综合体
船政文化博物馆
基地水敏性水处理中心
工业铁路遗址公园
基地水敏性循环出口
国际酒店
SOHO住区

规划分析

功能分析

商业娱乐　一般居住　船厂文化体验区
商务办公　商业/居住　滨海休闲区

交通流线分析

主要步行道路
车行道路

轴线结构分析

规划主轴　主绿地轴
规划副轴

景观结构分析

滨海渗透　景观节点
景观视廊

开放空间分析

主要游线　主要广场

建筑分析

建筑连廊　建筑轮廓

绿化分析

景观绿化

水系空间分析

主要水系

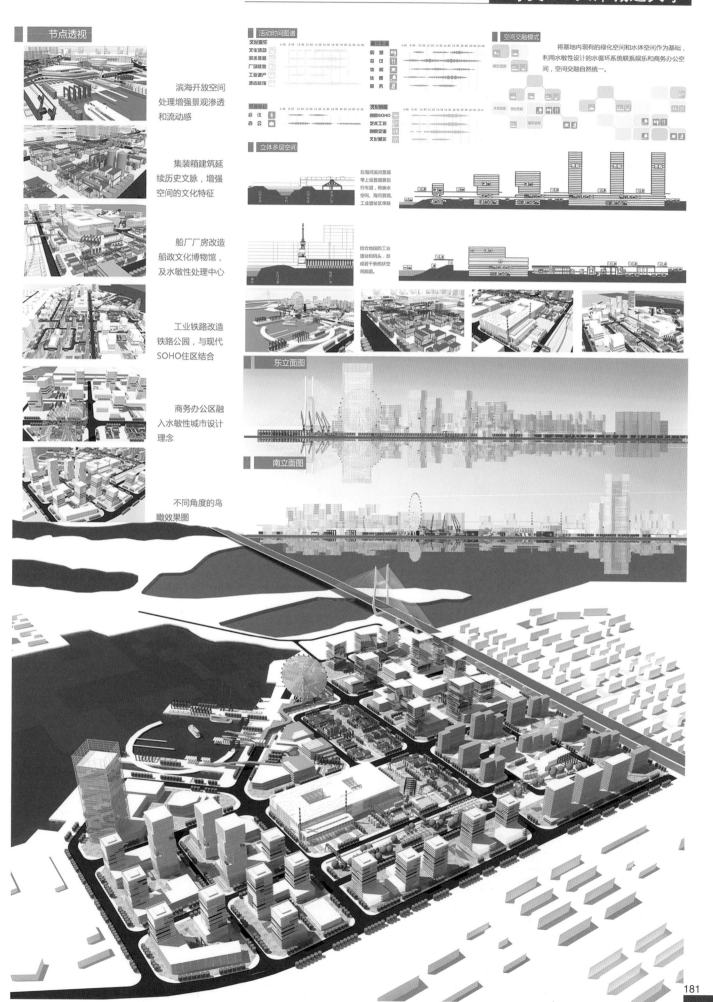

节点透视

滨海开放空间
处理增强景观渗透
和流动感

集装箱建筑延
续历史文脉，增强
空间的文化特征

船厂厂房改造
船政文化博物馆，
及水敏性处理中心

工业铁路改造
铁路公园，与现代
SOHO住区结合

商务办公区融
入水敏性城市设计
理念

不同角度的鸟
瞰效果图

活动时间图谱

空间交融模式

将基地内现有的绿化空间和水体空间作为基础，
利用水敏性设计的水循环系统联系娱乐和商务办公空
间，空间交融自然统一。

立体多层空间

东立面图

南立面图

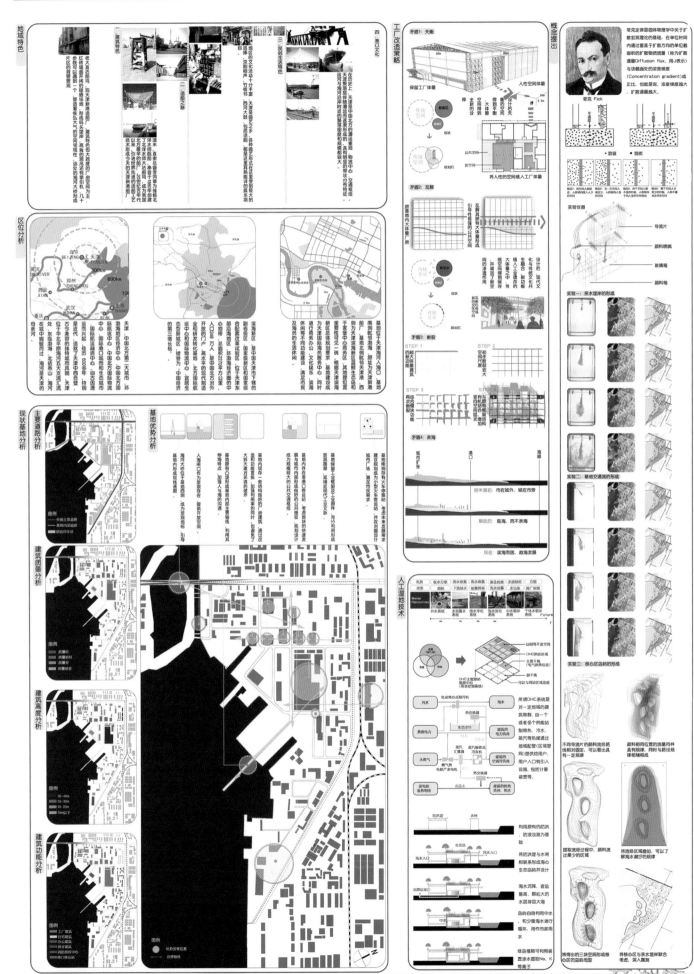

学生：于达、郭佳鑫　　指导教师：袁敬诚、黄木梓、蔡新冬、关山、赵天力、郝阿娜　　基于渗析扩散理论的天津国际海员服务区更新设计

GUIDED BY THE THEORY OF DIALYSIS THE RENEWAL DESIGN IN TIANJIN INTETNATIONAL SEAMEN SERVICE DISTRICT

规划目标

生态环境友好，继承原有海洋风貌延续片区居民原有生活模式，调节区域小气候，达到宜人环保。

传承老工业积淀，保留原有工业原件和部分厂房，为城市更新后的文化延续，建筑多样和空间丰富奠定基础。

节能减排，规划路网依据低碳出行设计，基地内100%绿色建筑，自循环湿地系统，风能清洁能源等。

经济技术指标

项目名称	数据指标	项目名称	数据指标
规划总用地	50.8h㎡	高度控制	75m
总建筑面积	609634㎡	容积率	1.2
建筑密度	30.1%	绿地率	34%

用地平衡表

用地代码	用地名称	用地面积(h㎡)	占城市建设用地比例(%)
R	居住用地	6.90	15.26
R2	二类居住用地	6.90	15.26
A	公共管理与公共服务设施用地	7.56	16.72
A2	文化设施用地	6.96	15.39
A5	医疗卫生用地	0.60	1.33
B	商业服务业设施用地	10.01	19.70
B1	商业用地	5.39	22.14
B2	商务用地	2.80	6.19
B3	娱乐康体用地	1.82	4.03
S	道路与交通设施用地	8.36	18.50
S1	城市道路用地	6.93	15.33
S3	交通枢纽用地	1.43	3.16
U	公用设施用地	0.57	1.27
U3	安全设施用地	0.57	1.27
G	绿地广场用地	11.81	26.12
G1	公园绿地	6.09	13.47
G3	广场用地	5.72	12.65
H11	城市建设用地	45.21	100.00
E	水域	5.59	
E1			

地段优势分析

OUA: 文化气质
COM: 商业价值
ECO: 生态研究
NEG: 历史价值
TNA: 交通便捷
OUA: 建筑风貌

设计说明

本设计以渗析作用实质为基础。根据潮汐，一年四季及一天潮汐涨落的规律，对地块亲水空间……

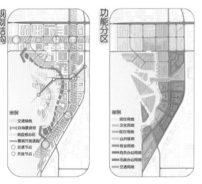

规划结构　功能分区

图例
交通轴线
滨海景观带
滨海核心区
景观开放连接
景观节点
开放节点

图例
居住用地
文化用地
医疗用地
公共用地
商业用地
商务办公用地
市政公用用地
交通用地

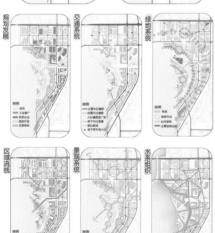

规划发展　交通系统　绿地系统

区域流线　景观系统　水系组织

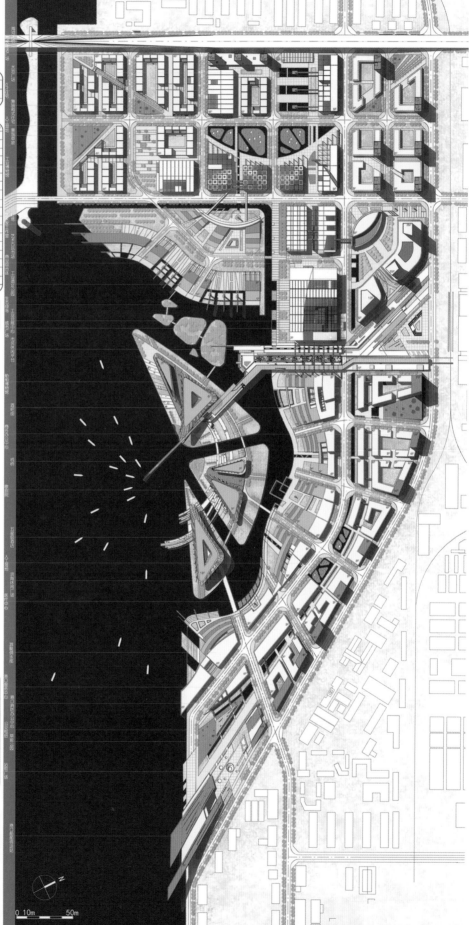

0 10m 50m

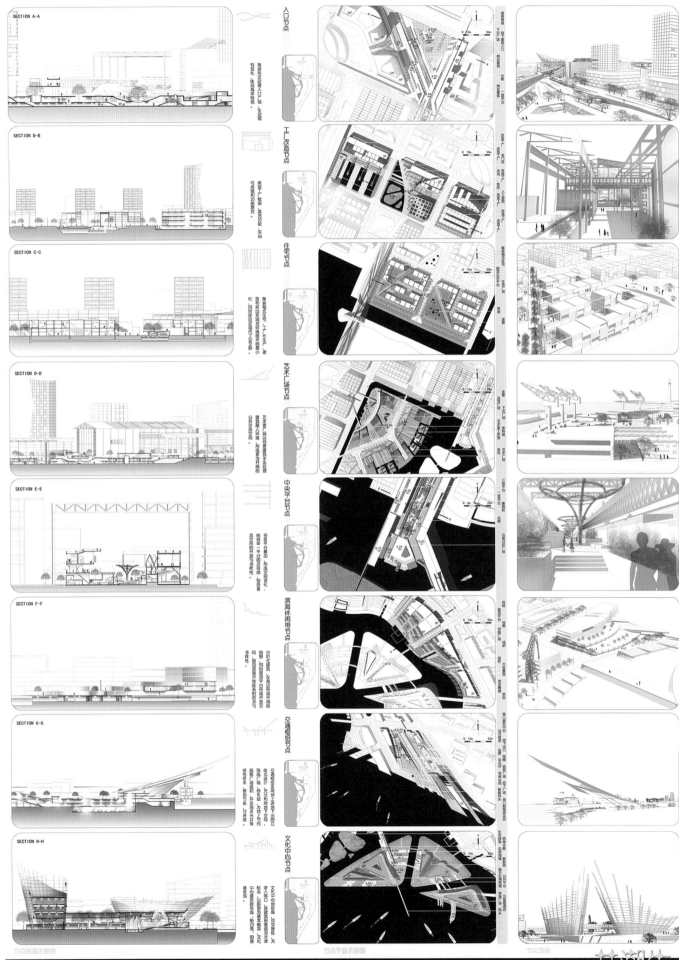

基于渗析扩散理论的天津国际海员服务区更新设计
GUIDED BY THE THEORY OF DIALYSIS THE RENEWAL DESIGN IN TIANJIN INTETNATIONAL SEAMEN SERVICE DISTRICT

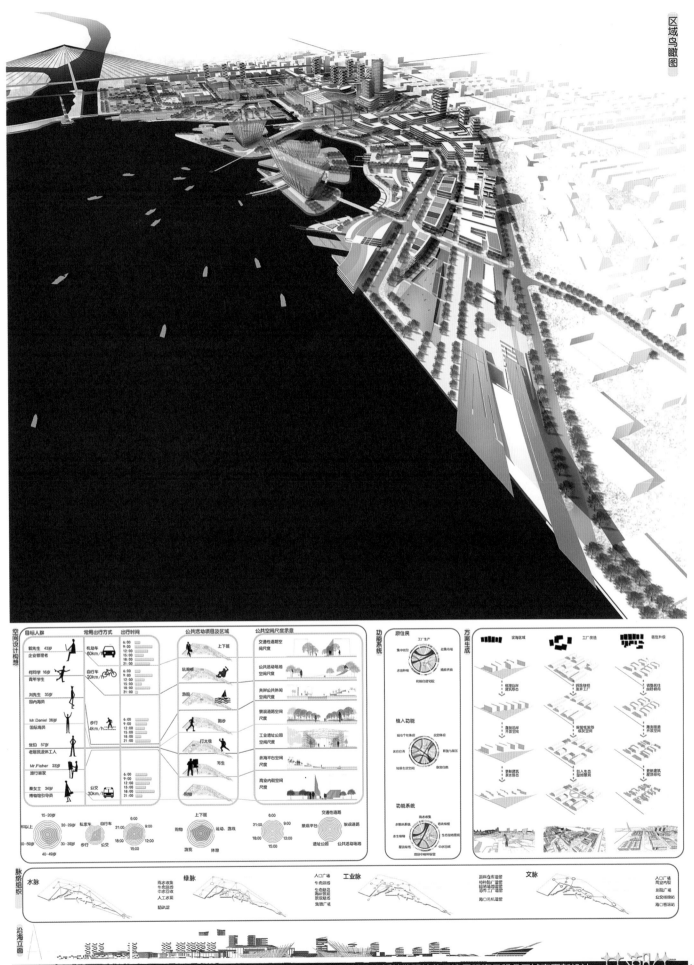

反"哺"归"源"

——新型城镇化引导下的城市滨水区更新改造设计

学生：张艺帅、朱超　　指导教师：李罕哲、董慰、吕飞、戴铜

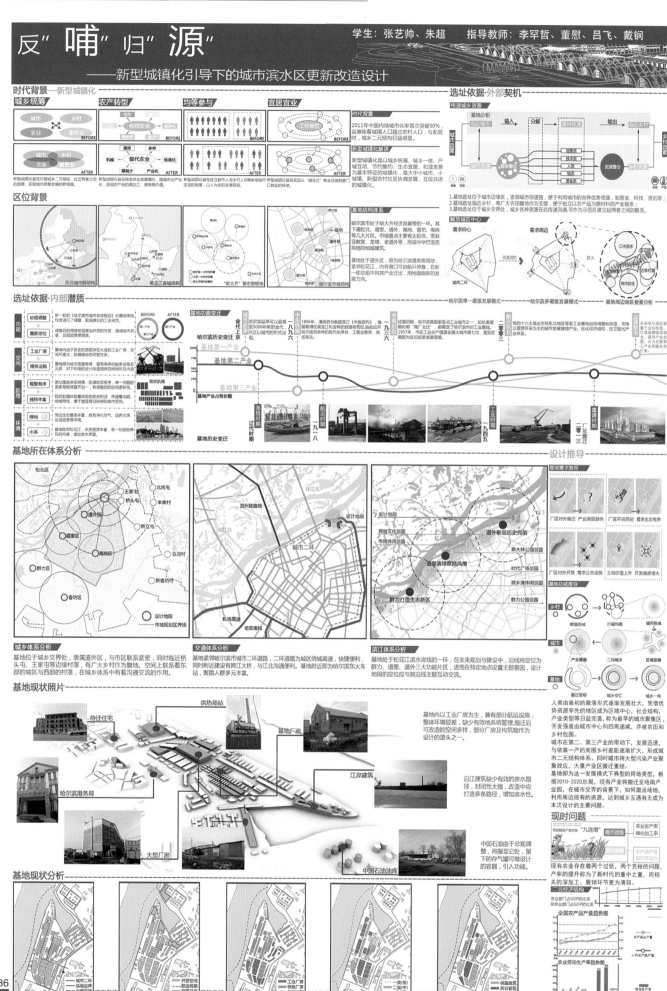

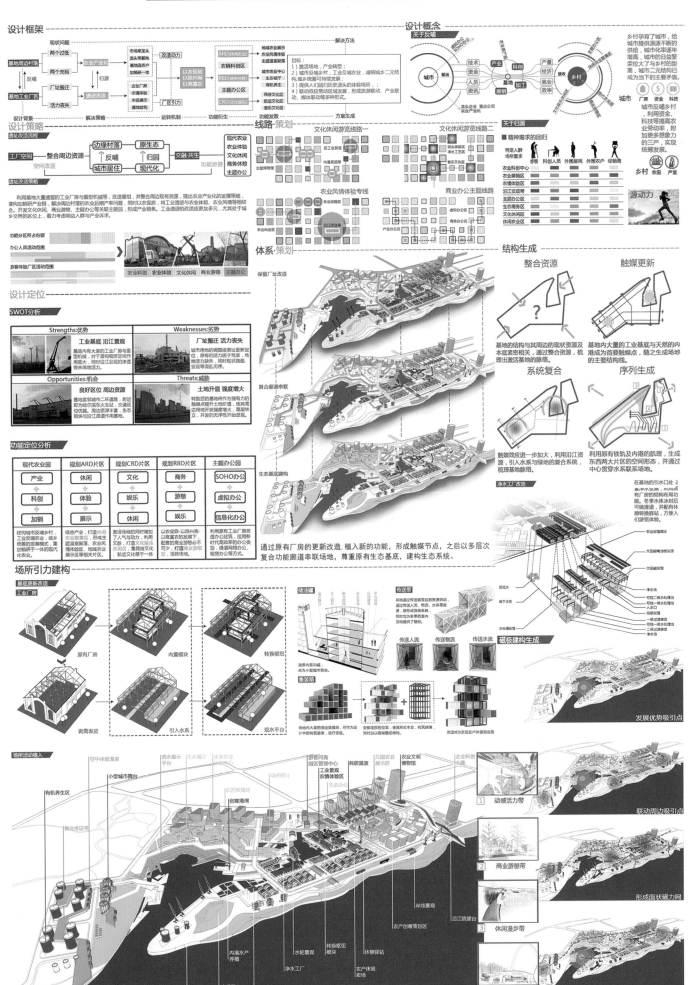

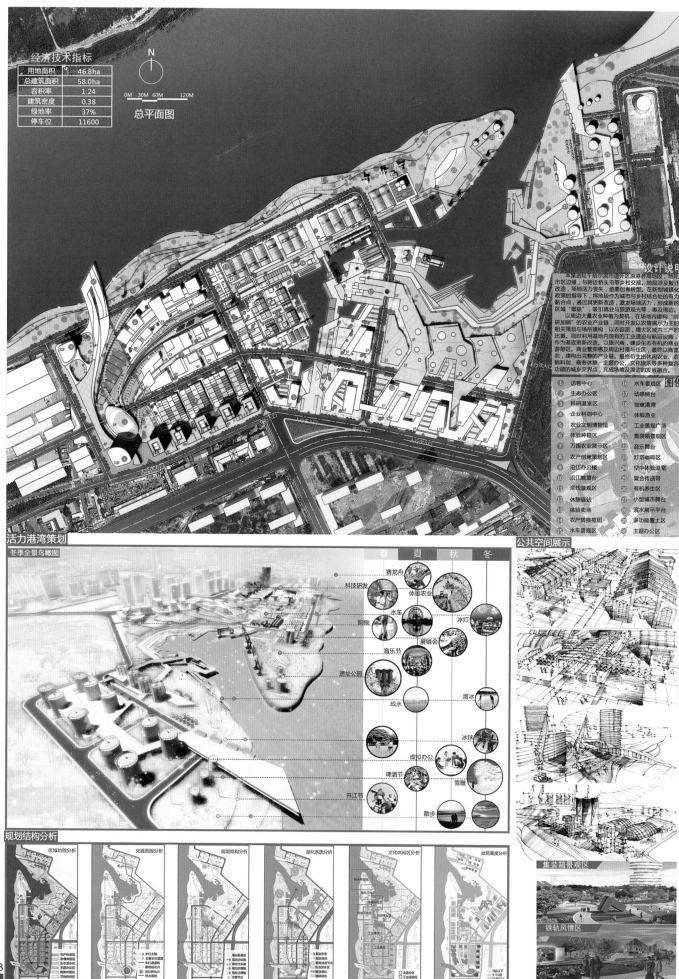

经济技术指标

用地面积	46.8ha
总建筑面积	58.0ha
容积率	1.24
建筑密度	0.38
绿地率	37%
停车位	11600

N

0M 30M 60M 120M

总平面图

设计说明

本案选址于哈尔滨市区外道外区原港务局地段，地处市区边缘，与附近巧头屯等乡村交接，地段涉及搬迁改造，场地活力丧失，急需创意转型。在新型城镇化政策的指导下，将地段作为城市与乡村结合的给有力融合点。通过其更新改造，激发场地活力，形成新的区域"磁极"，吸引就业与旅游观光等，惠及周边。

以周边大量农业种植为契机，在场地内建构"创研加销"的农业产业链，同时开发以农情展示为主的相关策划与场所建构；以农促旅，增大区域内三产的比重，同时利用基地内现有的工业遗迹与航运设施作为基底更新改造，加以旅游观赏；建设生态有机的商业游憩区。商业繁荣惠及周边村落与住区，最终以商富农，建构出完整的产业链，最终衍生出休闲农业、农销科创、商务休憩、主题办公、文化娱乐等多种复合功能的城乡交界点，完成场地及周边的发展融合。

图例

1 访客中心
2 生态办公区
3 科研温室区
4 企业科创中心
5 农业文明博物馆
6 体验种植区
7 万国农业展示区
8 农产创意策划区
9 沿江办公楼
10 沿江眺望台
11 岸线景观区
12 休憩驿站
13 体验卖场
14 农产转换枢纽
15 水车景观区
16 水车景观区
17 动感梯台
18 创意港湾
19 体验渔业
20 工业景观广场
21 集装箱景观区
22 音乐舞台
23 灯塔咖啡吧
24 空中体验温室
25 复合传送带
26 有机养生区
27 小型城市舞台
28 滨水展示平台
29 多功能覆土区
30 主题办公区

活力港湾策划

冬季全景鸟瞰图

春 夏 秋 冬

赛龙舟
科技研发
体验农业
水车
购物
冰灯
展销会
音乐节
遗址公园
滑冰
戏水
冰球
虚拟办公
啤酒节
雪雕
开江节
散步

公共空间展示

规划结构分析

区域功能分析   交通流线分析   规划结构分析   绿化系统分析   文化休闲区分析   建筑高度分析

集装景观区

铁轨风情区

全景鸟瞰图

农情展示区节点透视

农情体验廊道

铁轨再生种植

生态鱼塘养殖

生态游憩区

沿江眺望台分析

屋顶农业
园艺中心
呼吸平台
地面坡道
底层堵房

梯台办公区解析

功能类型

独立空间　小型空间　中型空间　大型空间

形体来源

单体阵列　模拟成组　抽去内组　盘旋上升　互相连接　风场作用

形体衍生

结构中轴　增添模块　加固框架　化零为整　重组生成

工业记忆展示

体验办公　未来农业　体验种植　农艺传播　动感梯台　创意港湾　休闲渔业　工业舞台　水岸餐厅　亲水驳岸

滨水空间天际线

旅游策划篇

A蛋家村一日游

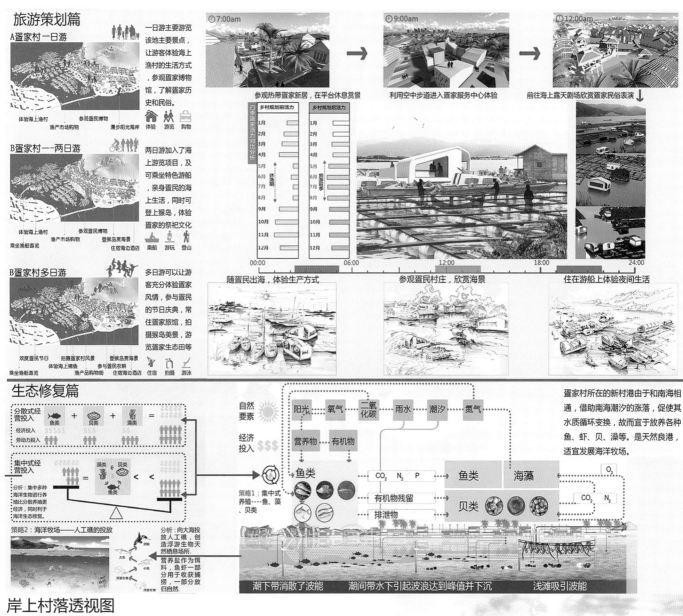

一日游主要游览该地主要景点，让游客体验海上渔村的生活方式，参观蛋家博物馆，了解蛋家历史和民俗。

体验海上渔村　参观蛋民博物
渔产市场购物　漫步阳光海岸
体验　游览　购物

B蛋家村——两日游

两日游加入了海上游览项目，及可乘坐特色游船，亲身蛋民的海上生活，同时可登上猴岛，体验蛋家的祭祀文化

体验海上渔村　参观蛋民博物馆
乘坐渔船游览　登猴岛赏海景
渔产市场购物　住宿海边酒店
乘船　游玩　登山

B蛋家村多日游

多日游可以让游客充分体验蛋家风情，参与蛋民的节日庆典，常住蛋家旅馆，拍摄猴岛美景，游览蛋家生态田等

欢度蛋家节日　拍摄蛋家村风景　登猴岛赏海景
体验海上捕鱼　参与蛋民农耕
乘渔船游览　渔产品购物图　住宿海边酒店　住宿　拍摄　游泳

⊙7:00am　⊙9:00am　⊙12:00am

参观热带蛋家新居，在平台休息赏景　利用空中步道进入蛋家服务中心体验　前往海上露天剧场欣赏蛋家民俗表演 ↓

四季蛋家活力对比分析
乡村规划前活力　乡村规划后活力
休渔期　旅游季

00:00　06:00　12:00　18:00　24:00

随蛋民出海，体验生产方式　参观蛋民村庄，欣赏海景　住在游船上体验夜间生活

生态修复篇

分散式经营投入
鱼类 + 贝类 + 藻类 =
经济投入 $$$$
劳动力投入

集中式经营投入
= 藻类 贝类 鱼类 < <

分析：集中多种海洋生物进行养殖比分散养殖更经济，同时利于海洋生态修复。

策略2：海洋牧场——人工礁的投放

分析：向大海投放人工礁，创造浮游生物天然栖息场所。营养盐作为饵料，鱼虾一部分用于收获捕捞，一部分放归自然。

自然要素
经济投入 $$$

阳光　氧气　二氧化碳　雨水　潮汐　氮气
营养物　有机物
鱼类

策略1：集中式养殖----鱼、藻、贝类

CO_2 N_2 P
有机物残留
排泄物

鱼类　海藻
贝类

O_2
CO_2 N_2

蛋家村所在的新村港由于和南海相通，借助南海潮汐的涨落，促使其水质循环变换，故而宜于放养各种鱼、虾、贝、澡等。是天然良港，适宜发展海洋牧场。

潮下带消散了波能　潮间带水下引起波浪达到峰值并下沉　浅滩吸引波能

岸上村落透视图

环水而栖.生态游埠
living with water,permeate.screening&solution for old harbor

——双向激活效应引导的复合型城市码头更新设计
学生：孟令君、焦宝楠　指导教师：曾鹏、蹇庆鸣、陈天、候鑫

区位概况

蓬莱属山东省烟台市，地处胶东半岛最北端，濒临渤、黄二海，东临烟台，南接青岛，北与天津、大连等城市及朝鲜半岛隔海相望。

港口位于山东半岛最北端，黄渤海交界处，蓬莱经济开发区内，是山东半岛距辽东半岛海上距离最近的港口。港口拥有天然的深水航道，终年不冻不淤、浪小涌缓，为国内少有的天然良港。

基地现状解析

基地交通分析
城市主干路
城市次干路

基地海洋关系：

蓬莱港主要承担货运与部分客运活动。蓬莱—旅顺客运滚装航线是连接鲁辽两省的海上捷径，全长距离仅为60海里，节时、节能、安全系数高。目前该航线有国内最大的客滚船之一的"渤海银珠"轮在线营运。渤海地区重要的港口之一。

基地建筑质量分析
仍在使用中
质量较差
质量很差

历史沿革

1962年，交通部基建总局和航务工程局会同青岛海运局对蓬莱港进行实地勘察，规划在5年内建设两个泊位码头。

1982年，在原码头基础上，向北扩建70米，并相应地扩大货场面积，增建简易码头27.5米。

1992年3月重新开工建设。1997年7月被国家批准为一类开放港口。

1962　**1982**　**1992**
因水而生　　因水而兴　　因水而达
1965　　**1985**　　**20___??**
货运or旅游业

蓬莱港位于蓬莱县城关老北山西侧。古称登州港，为中国著名的古港口。明、清时期是海防要塞，没有港口设施，10吨左右的船舶只能趁高潮时靠岸装卸物资。

在港区东北部马丁石与渔业码头之间，建造重力式客货码头1座。1967年1月竣工，长82米，高7米，可同时停靠250吨级货轮和丁型客货轮各1艘。

港口码头岸线长151.5米，系500吨级带卸荷板重力式混凝土方块码头，有泊位3个，候船室1处，货物堆集场地面积12376平方米，货物仓库面积450平方米。

基地功能分区分析
货运区
工厂区
荒废区
村落区
客运区
废工厂

关注港口，关注城市与海洋的关系

随着城市的发展，港口由最初带动城市的发展，到阻碍城市发展（旧港口环境恶化，功能单一）的过程中，港口的改造与更新对城市有着至关重要的作用。

同时，传播停放、集装箱堆放、工业污染等诸多问题影响着老港口的生态环境，导致其生态环境破坏严重，阻碍了城市的房展，同时也破坏了城市的形象。

基地绿地质量分析
次生绿地
绿地

基地现存工艺流程

原木 log
货运 freight
船舶 ships
客运 passenger traffic
礁石 rock
海鸟 seabird
水泥厂 cement plant
海洋工程 oceaneering
污染 pollution
养殖 cultivation

货运中心
水泥区
海鸟栖息地
客运站
农田

上位规划分析
蓬莱港新规划的客运发展区拟建设2-4个万吨客运码头和1个邮轮码头，建设1座符合蓬莱旅游发展的现代化客运服务站。

基地存在问题与分析

问题分析　　　　　原则制定

自然环境

老虎滩海鸟保护公园

老虎滩风景优美，自2008年观察海鸟演出以来，每逢3~4月份会给您带来了大量海鸟群来栖息、觅食，试着观察这些海鸟。而基地老虎滩海鸟保护公园，老虎滩极地的观赏小岛养殖的海鸟数目及种类在该地区中的地理优势，海鸟数目甚是破纪录降临——至今年3月，已突破数千余只。

启示：
1：为多种海鸟提供最大限度的保护
2：让参观者在不破坏保护地价值的情况下，近距离观察野生动物，并在游憩之余学习更多有关湿地的知识。

产业经济

产业类型
Types of industrial

1.海洋工程的研发，生态产业循环探索。
2.工业遗产旅游
3.增值城市同业服务功能。

资源型经济
Resource economy

依据区域资源特别是周边资源的比较优势，通过对自然资源的开采，初级加工形成初级产品的经济滑坡模式。

德国汉堡港更新改造
the port new-town planning of hamburg in Germany

汉堡是德国最重要的工业中心之一，汉堡港距离市区仅有10min的步行路程，占有着关重要的地位。对其改造更新，以补足市内空间的需求。

通过不同设计方式对城市持续进行改造，使新旧历史脉络在城市中产生更好的调和，创造出不同新形态的城市格局。

循环经济发展模式
Development mode of circurlial economy

开发策略
Development strategies

对于基地内工业区的改造流程通过"以旧城市自然脉络与历史文脉"的影响，尽可能利用对海洋性价值的追求。

·打造工业遗产旅游+湿地公园+绿色农业循环产业链项目
·工业复兴型城市

社会体系

社区建设原则分析
Community policy

工人村是保障着传统产业的发展而形成的一类产业工人住宅居区，这其中有部分不仅具有鲜明的工业历史印记，还有着深厚历史文化价值，工业美历史地价的重要构成部分。

创意社区就业岗位
Creat community jobs

下岗失业人员，老龄人口众多，人口比例失衡，很多工人下岗后收入经济萎缩，得得在最低生活保障线下生活，他们长期无职位相寻，就业困难。年轻人大多外出就业，下有的多数为留守老年人。

（1）多种和混合的功能结构，改变单一功能区。如办公区、工业区和居住区的单调和死板。
（2）城市需要秩序和对比，主要和次要建筑、热闹和安静、宽敞和狭窄、密度不等的空间。
（3）生态的、经济的和社会的持久发展是未来城市发展的基本原则。它涉及能源和材料的消耗，资源的重新利用和城市结构的长期有效性。
（4）城市的可塑性不仅存在于理性的结构组织上，更是由感官要素决定的，所以必须注重工程的文化和艺术价值以及建筑和空间的质量。
（5）港口作为城市一部分，应与其相邻的内城和其他地区紧密联系。

设计核心：

利用海湾活力带动城市发展，利用城市发展带动港口更新。最终形成一个人与野生动物相依共生的和谐城市。

总结：空间组织分析

对基地内原有的工业进行保留功能，美化外观。

在环水区域建立一些集合居住与餐饮一体的建筑组群。

在主轴上建立一些高起的建筑并配合一些散落的高层建筑

距离城市最近的区域建立一些办公，居住，酒店一体的新式住宅。

海边建起一个高架步道，并配合建筑屋顶形成有宽窄变化的空中廊道。

设计概念引入

双向激活效应： 双向激活效应是指沿海生态自然景观向城市腹地引入的过程，通过城市与沿海的相互影响，达到沿海生态与城市功能配套相结合，使功能相互依托支撑，共同发展的城市型码头更新策略。其实现途径可以分为渗透作用，溶解作用以及循环作用。

双向激活效应
渗透　溶解　循环

渗透——水与城市的作用：

渗透作用： 两种不同浓度的溶液隔以半透膜，水分子或其他溶剂从低浓度的溶通过半透膜进入高浓度溶液的现象。或者水分子从水势高的一侧向水势低的一侧运动过程称为渗透作用。

空间工作原理：
在对整个基地的初期构想中，把基地认定成一个有序的有机综合体。将"渗透"的概念铲射为在水资源的作用下城市各个功能均需发展的理想状态。如何让水与城市的元素相互渗透成为设计的重点。

增强直线的渗透方式　增强直线的渗透方式　增强直线的渗透方式

WATER

城市依水而生，滨水空间却常常出现真空状，缺乏演绎

城市在演进过程中以零散村镇形式与水因子交互渗透

城市机械蔓延导致水体成为不产生效能的异质空间

城市亦或遵循有机形态，将水的自然体系纳入城市功能

溶解——空间与功能的作用：

溶解作用： 超过两种以上物质混合而成为一个分子状态的均匀相的过程。

交通： 以机动车和公交为骨架，流线型步行交通溶解其中

综合体： 商业会展，休闲娱乐、旅游服务相结合

分层交通： 靠近水体的交通分层程度越高，向城市慢慢溶解

绿化： 结合水景创造线状和块状的绿化空间，使其与空间融合

通廊： 利用流线型通廊和直线通廊相结合的方式，靠近城市的步行尺度

建筑： 建筑呈流线型，溶解于岸线中，靠近城市建筑较密集

循环——生态与产业的作用：

原有产业的孤立不成体系

循环产业的链状结构

生态作用下的产业升级：

产业转型，振兴老港　更新
公共空间，水岸开放　保留
创意产业，文化昌兴　创造

生态休闲码头

由于对基地现状的分析及确定发展策略后，确定四个重点设计方向，码头将亲水与休闲、生态的与市民及游客参观相结合。

创意文化产业

将基地内的港口及工业等合理保护，同时植入现代生活元素及功能。利用厂房特有尺度和建筑氛围，将文化创意园引入其中。

综合滨海度假

充分发挥基地内沿沛的工业历史资源，将渔村文化传承，改造成结合风俗、旅游、寝寝、生态一体的综合性度假村。

市民运动休闲

极其其余主要区域将针对蓬莱市市区及旅游景点提供配套服务，以生态运动休闲为主，提高市民生活品质。

基地活动发展方向

岸线及港口码头设计分析

亲水码头
出挑平台
开放水岸
船坞停靠岸
水中湿地

随着经济全球化，传统要素对港口城市空间发展的影响力渐弱，现代化的航运，港口和港口群的发展导致港口的产业结构和空间布局发生了变化。

目前，港口承担着资源配置枢纽的作用。总体来说，世界贸易全球化带动了航运的快速发展，港口群成为重要的区域发展要素。

绿化开发时序

海岸构成

原有的岸线肌理，缺乏过渡空间，显得生硬死板，无积聚性

经过人工改良的海岸线，富有曲折和变化，但仍然无法积聚人流

在人工改造基础上，建立以广场为中心的聚集空间，扩大吸引力

在广场聚集人群的同时，增加地标建筑，建立复合性的设计

海岸构成类型

类型1：亲水码头

类型2：出挑平台

类型3：开放水岸

类型4：船坞停靠港

类型5：水中湿地

湿地林地

该类湿地适应性很强，能够承受高水位和暂时的干旱条件。它直接接受山泉水处理厂而获得水，并有效的除去大部分污染物

芦苇荡

该类湿地一般由碎石铺底，并栽种芦苇，应用于净化生态水它能够承受高水位条件，湿地一般深达0.5米。

沼地

该类湿地接收到相对净化的水体，可以载种一系列浅根湿地植物，并能够承受高水位条件

边缘水生湿地

该类湿地从上级湿地接收到的将为净化的水体，适合种植一系列挺水和浮水植物。

挺水和漂浮水生湿地

区域内海岸线由多个绿岛组成，绿岛内形成以水生植物为主的高低等生物和处于水饱和状态的基质组成的人工复合污染净化生态系统。是二级处理与深度处理二合一的优秀水处理工程。

SWAMP FOREST (SET WOODLAND)　REED BEDS　MARSH AREA　MARGINAL AQUATICS　EMERGENT AND FLOATING AQUATICS

湿地类型

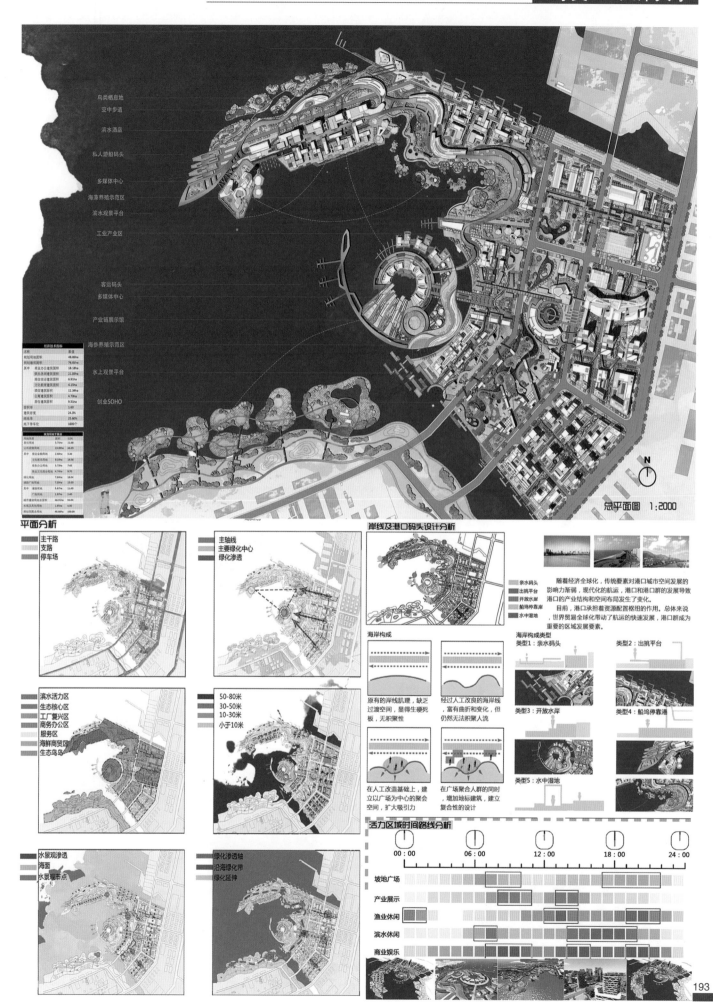

总平面图 1:2000

平面分析

主干路
支路
停车场

主轴线
主要绿化中心
绿化渗透

滨水活力区
生态核心区
工厂复兴区
商务办公区
服务区
海鲜商贸区
生态鸟岛

50-80米
30-50米
10-30米
小于10米

水景观渗透
海面
水景观节点

绿化渗透轴
沿海绿化带
绿化延伸

岸线及港口码头设计分析

亲水码头
出挑平台
开放水岸
船坞停靠岸
水中湿地

随着经济全球化，传统要素对港口城市空间发展的影响力渐弱，现代化的航运，港口和港口群的发展导致港口的产业结构和空间布局发生了变化。

目前，港口承担着资源配置枢纽的作用。总体来说，世界贸易全球化带动了航运的快速发展，港口群成为重要的区域发展要素。

海岸构成

原有的岸线肌理，缺乏过渡空间，显得生硬死板，无积聚性

经过人工改良的海岸线，富有曲折和变化，但仍然无法积聚人流

在人工改造基础上，建立以广场为中心的聚会空间，扩大吸引力

在广场聚合人群的同时，增加地标建筑，建立复合性的设计

海岸构成类型

类型1：亲水码头

类型2：出挑平台

类型3：开放水岸

类型4：船坞停靠港

类型5：水中湿地

活力区域时间路线分析

| 00:00 | 06:00 | 12:00 | 18:00 | 24:00 |

坡地广场
产业展示
渔业休闲
滨水休闲
商业娱乐

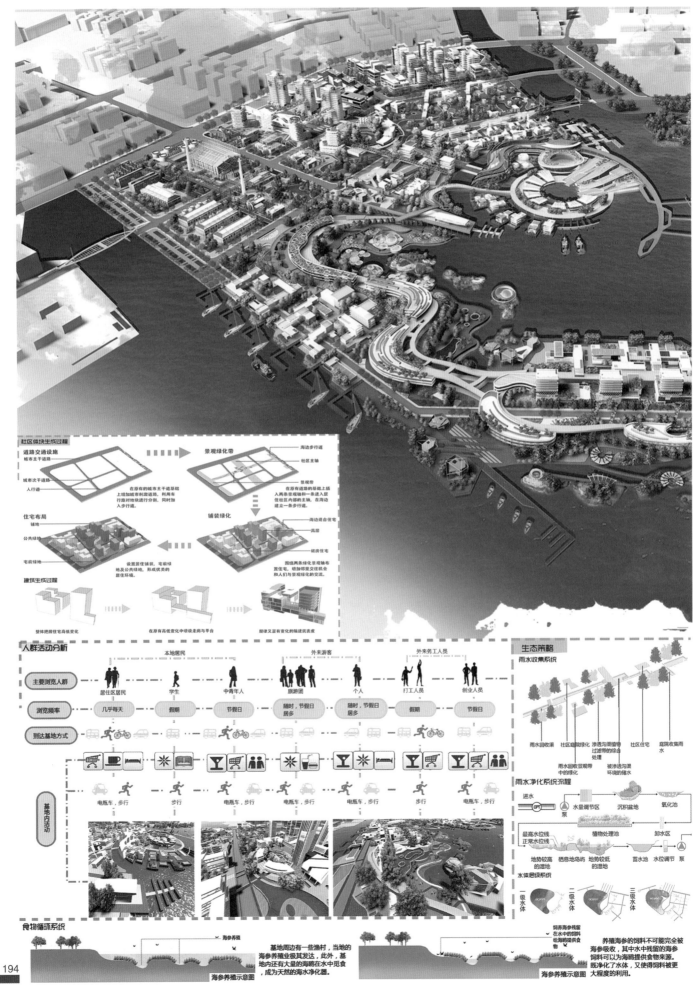

社区街块生成过程

道路交通设施
城市主干道路
城市次干道路
人行道

景观绿化带
海边步行道
社区主轴
景观带

住宅布局
铺地
公共绿地
宅前绿地

铺装绿化
海边退台住宅
高层
砖房住宅

建筑生成过程

人群活动分析

本地居民　　　　外来游客　　　外来务工人员

	居住区居民	学生	中青年人	旅游团	个人	打工人员	创业人员
主要浏览人群							
浏览频率	几乎每天	假期	节假日	随时,节假日居多	随时,节假日居多	假期	节假日
到达基地方式							
基地内活动	电瓶车,步行	步行	电瓶车,步行	电瓶车,步行	电瓶车,步行	步行	电瓶车,步行

生态策略

雨水收集系统

雨水回收库　社区庭院绿化　渗透沟渠植物过滤带的综合处理　社区住宅　庭院收集雨水
雨水回收库中的绿化　被渗透沟渠环碰的储水

雨水净化系统示程

进水　泵　水量调节区　沉积盆地　氧化池
最高水位线　正常水位线　植物处理池　卸水区
地势较高的滩地　栖息地鸟屿　地势较低的湿地　蓄水池　水位调节　泵

水体层级系统
一级水体　二级水体　三级水体

食物循环系统

海参养殖

基地周边有一些渔村,当地的海参养殖业极其发达,此外,基地内还有大量的海鸥在水中觅食,成为天然的海水净化器。

海参养殖示意图

饲养海参残留在水中的饲料给海鸥提供食物

养殖海参的饲料不可能完全被海参吸收,其中水中残留的海参饲料可以为海鸥提供食物来源。既净化了水体,又使得饲料被更大程度的利用。

海参养殖示意图

出口

生活垃圾　海藻

城市生活　生活垃圾　水泥厂　大海　海鸥

原有产业　生活废水　海藻　新形成产业链

藻类生物燃料精炼厂

可以在淡水、咸水或处理过的污水里生长、不会与粮食作物争地还可以吸收二氧化碳的藻类，将成为未来生物能源的最佳选择之一—藻类生长需要水、阳光和二氧化碳(CO2)。藻类所产生的油可以被人们收获并转变为生物柴油。藻类中的碳水化合物还可以被发酵变成乙醇。这两种燃料都是比柴油或天然气更清洁的燃料。

用藻类制造燃料的道理很简单，但是实际操作却是复杂的。藻类生物燃料的造价也是昂贵的。培养藻类的水温要别好适合其增殖，而开放的池塘又容易混进入侵物种，大气中的CO2浓度不够高时，也不足以刺激藻类呈指数型生长。

碳循环

与传统生物燃料相比，藻类生物燃料具有如下优势：一是含油量高。藻类干物质的含油量超过50%，最高可达70%。二是生长速度快。藻类是世界上生长最快的植物，可以日复一日地收获。三是环境适应性强。藻类对环境的适应能力远优于其他油料作物。四是占用耕地少。五是产品附加值高。大部分藻类在产油的同时，会生产饲料蛋白等高附加值产品，这些高附加值产品的综合利用可以大大加快藻类生物质能源的产业化进程。而且特别重要的是，微藻制油具有二氧化碳减排效应。

光生物反应器

藻类生物燃料的实际操作是极其复杂的。为此，索里克将藻类装在一个封闭的"光生物反应器"中。这个装置是用聚乙烯薄膜制成的封闭空间，二氧化碳可以被收进这个系统，这些CO2是发电厂或其他一些工厂的废气。这样做既减少工厂的温室气体排放，又为藻类生长提供了原料，可谓一举两得。

参观步道

景观绿化　阳光和CO2

$H_2O + CO_2 = (CH_2O) + O_2$

聚乙烯薄膜

能量输出

光生物反应器是培养油光和作用能力的细胞或者组织的反应器系统，目的是收获生物量作为饲料，活体取其中的活性化合物团。

光生物反应器是培养油光和作用能力的细胞或者组织的反应器系统，目的是收获生物量作为饲料，活体取

海边游充足的阳光照射，海参养殖场和水泥工厂也为海藻带来大量的二氧化碳。

光合作用的公式为 $CO_2 + 2H_2O + 能量 \longrightarrow (CH_2O) + O_2 + H_2O$，其中能量为太阳能。

透明的罩子为聚乙烯薄膜制成的密闭空间，二氧化碳可以被收进这个系统。

在海藻养殖场和水泥厂之间搭建管道输送能量。

工厂景观格局

整体工厂湿地
人工湿地
空中廊道　保留及新建廊架　保留及新建廊架

观景式的停留空间

互动式空间

开放式水域

关于景观
树木、廊道、亲水是室外活动共给的很好来源，合理的规划分步的绿化带在美化的同时带来了很好的围合感，也增添了该区域的阴影变化，空间效

渗透式绿带

景观入口　厂区入口处

通过对景观的合理规划，有序的升高绿化区域，增加绿色面积和绿色阴影，利用人工湿地和水生植物来净化水体，同时可以创造丰富的生态环境，是工业与生态融合为一体，达到单位面积上最适宜的优化效益。

通过对建筑的合理改造和景观的控制规划，廊道间的穿越方式以往的晚宴转化成直线条，体现其工业特质，通过阳光、野草以及本身的金属材质表现很好的体现其装置的后工业氛围，使人穿梭在其中有很好的体验感受。

鸟类栖息地设计　**垂直结构**

水体示意

湿地绿化示意

各个生态网络相互联接搭接，形成自然肌理中相对秩序的绿化系统，突出生态智慧岛的设计理念。

20m　海家酒店 hotel
15m　仿生高架步道 viaduct
13m
11m　生态节能建筑实验场 energy conservation
8m　垂直绿化高架 vertical greening
5m　城市型生态建筑 urban type
3m　绿色生态岛 Green Island
0　岩石城架结构层 lithosphere
海面线 sea level

水泥厂改造

保留原有厂房的基本框架结构，去除其表皮，加入新型材料表皮，同时露出其特色的工厂结构，在外层加入新新框架结构与其本有的结构形成对比。

step1: 水泥厂原貌　step2: 将大厂房拆分　step3: 加廊道，细化

廊道改造

step1: 廊道原样　step2: 加固钢架构　step3: 加玻璃表皮

学生：白文佳、陈明玉　　　指导教师：陈天、曾鹏、蹇庆鸣、龚清宇

疍村鸣曲　咸水双栖
——基于生态修复与文化传承的疍民社区改造设计

壹

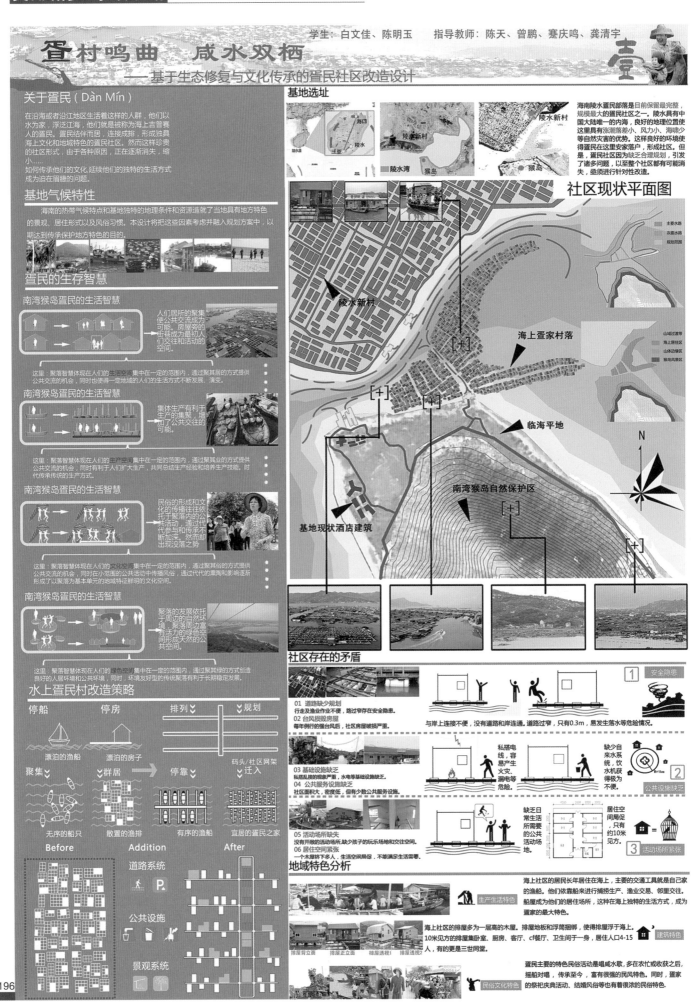

关于疍民（Dàn Mín）

在沿海或者沿江地区生活着这样的人群，他们以水为生，浮泛江海，他们就是被称为海上吉普赛人的疍民。疍民结伴而居，连接成排，形成独具海上文化和地域特色的疍民社区。然而这样珍贵的社区形式，由于各种原因，正在逐渐消失，缩小……
如何传承他们的文化，延续他们的独特的生活方式成为迫在眉睫的问题。

基地气候特性

海南的热带气候特点和基地独特的地理条件和资源造就了当地具有地方特色的景观、居住形式以及风俗习惯。本设计将把这些因素考虑并融入规划方案中，以期达到传承保护地方特色的目的。

疍民的生存智慧

南湾猴岛疍民的生活智慧

人们居所的聚集使公共交流成为可能，房屋旁的街巷成为最初的人们交往和活动的空间。

这里：聚集智慧体现在人们的生活空间集中在一定的范围内，通过聚其居的方式提供公共交流的机会，同时也使得一定地域的人们的生活方式不断发展、演变。

南湾猴岛疍民的生活智慧

集体生产有利于生产的集聚，增加了公共交往的可能。

这里：聚著智慧体现在人们的生产空间集中在一定的范围内，通过聚其业的方式提供公共交流的机会，同时有利于人们扩大生产，共同总结生产经验和培养生产技能。时代传承传统的生产方式。

南湾猴岛疍民的生活智慧

民俗的形成和文化的传播往往依托于聚落内的公共活动，通过代代参与和传承不断加深，然而却出现没落之势。

这里：聚落智慧体现在人们的文化空间集中在一定的范围内，通过聚其俗的方式提供公共交流的机会，同时在小范围的公共活动中传播风俗，通过代代的熏陶和影响逐新形成了以聚落为基本单元的地域特征鲜明的文化空间。

南湾猴岛疍民的生活智慧

聚落的发展依托于周边的自然环境，聚落周边富有活力的绿色空间形成天然的公共空间。

这里：聚落智慧体现在人们的绿色空间集中在一定的范围内，通过聚其绿的方式创造良好的人居环境和公共环境。同时，环境友好型的传统聚落有利于长期稳定发展。

水上疍民村改造策略

停船	停房	排列	规划
漂泊的渔船	漂泊的房子		码头/社区网架
聚集	群居	停靠	迁入
无序的船只	散置的渔排	有序的渔船	宜居的疍民之家
Before	Addition		After

道路系统

公共设施

景观系统

基地选址

陵水新村

陵水

三亚

陵水

陵水湾　猴岛

猴岛

海南陵水疍民部落是目前保留最完整、规模最大的疍民社区之一。陵水具有中国大陆唯一的内海，良好的地理位置使这里具有涨潮落差小、风力小、海啸少等自然灾害的优势。这样良好的环境使得疍民在这里安家落户，形成社区。但是，疍民社区因为缺乏合理规划，引发了诸多问题，以至整个社区都有可能消失，亟须进行针对性改造。

社区现状平面图

陵水新村

海上疍家村落

临海平地

南湾猴岛自然保护区

基地现状酒店建筑

N

主要水路
次要水路
规划范围

山体过渡带
海上居住区
山体边缘区
聚落风貌区

社区存在的矛盾

01 道路缺少规划
行走及渔业作业不便，路过窄存在安全隐患。
02 台风损毁房屋
每年例行的强台风后，社区房屋破损严重。
03 基础设施缺乏
私搭乱接的现象严重，水电等基础设施缺乏。
04 公共服务设施缺乏
社区面积大，密度低，但有少数公共服务设施。
05 活动场所缺失
没有开敞的活动场所，缺乏孩子的玩乐场地和交往空间。
06 居住空间紧张
有一木屋住着多人，生活空间局促，不能满足生活需要。

1 安全隐患
与岸上连接不便，没有道路和岸连通。道路过窄，只有0.3m，易发生落水等危险情况。

私搭电线，容易产生火灾、漏电等危险。

缺乏自来水系统，饮水机获得极为不便。

2 公共设施缺乏

缺乏日常生活所需要的公共活动场地。

居住空间局促，只有约10米见方。

3 活动场所紧张

地域特色分析

海上社区的居民长年居住在海上，主要的交通工具就是自己家的渔船。他们依靠船来进行捕捞生产、渔业交易、邻里交往。船屋成为他们的居住场所，这种在海上独特的生活方式，成为疍家的最大特色。

生产生活特色

海上社区的排屋多为一层的木屋。排屋地板和浮筒捆绑，使得排屋浮于海上。10米见方的排屋集卧室、厨房、客厅、cf餐厅、卫生间于一身，居住人口4-15人，有的更是三世同堂。

建筑特色

疍民主要的特色民俗活动是唱水歌，多在农忙或收获之后，摇船对唱，传承至今，富有很浓的民风特色。同时，疍家的祭祀庆典活动、结婚风俗等也有着很浓的民俗特色。

民俗文化特色

设计概念生成

规划措施图

良性循环图

生态修复

资源循环利用

公共服务设施

市政设施

文化传承

生活方式

生产方式

经济技术指标	
总建筑面积	454300㎡
建筑密度	28.3%
容积率	1.18
绿地率	25.2%
规划常住人口	3200
游客日接待量	5000人次
游客年接待量	180万人

总平面图

方案结构分析图

用地平衡表								
用地类型	总建设用地	陆地建设用地面积	海上建设占用面积	商业服务设施用地	教育科研用地	道路广场用地	居住用地	公共绿地
面积	38.5Ha	27.5Ha	11Ha	8.8Ha	2.4Ha	7.9Ha	10.1Ha	9.3Ha
百分比	100%	71.4%	28.6%	22.9%	6.4%	20.5%	26.2%	23.4%

方案结构分析图

交通系统分析图　　旅游线路分析图　　景观系统分析图　　功能定位分析图　　图底关系分析图

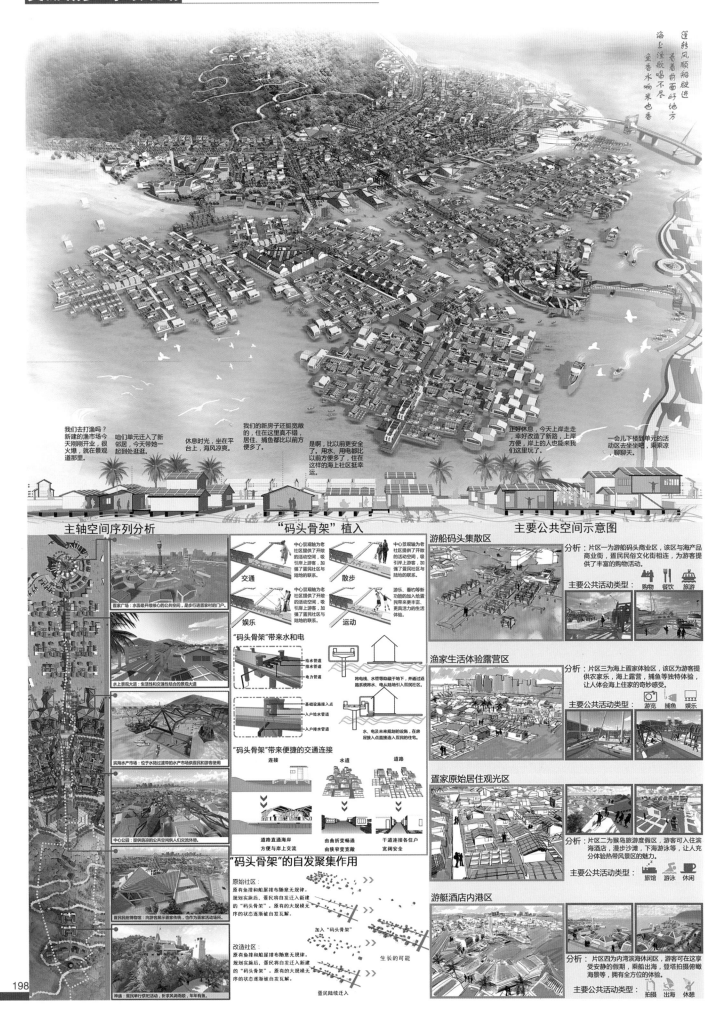

莲转风顺船驶进
看看前面好地方
海上渔歌唱不尽
鱼香水响米也香

我们去打渔吗？新建的渔市场今天刚刚开业，很火爆，就在景观道那里。

咱们单元迁入了新邻居，今天带她一起到处逛逛。

休息时光，坐在平台上，海风凉爽。

我们的新房子还挺宽敞的，住在这里真不错，居住、捕鱼都比以前方便多了。

是呀，比以前更安全了。用水、用电都比以前方便多了，住在这样的海上社区挺幸运。

正好休息，今天上岸走走，幸好改造了新路，上岸方便，岸上的人也能到我们这里玩了。

一会儿下楼到单元的活动区去坐坐吧，乘乘凉聊聊天。

主轴空间序列分析

蛋家广场：水面最开敞核心的公共空间，是步行进蛋家村的门户。

水上景观大道：生活性和交通性结合的景观大道。

滨海水产市场：位于水陆过渡带的水产市场供蛋民和游客使用。

中心公园：提供荫凉的公共空间供人们交流体验。

蛋民船博物馆：向游客展示蛋家传统，也作为蛋家活动场所。

神庙：蛋民举行祭祀活动，祈求风调雨顺，年年有鱼。

"码头骨架"植入

交通
中心景观轴为老社区提供了开敞的活动空间，吸引岸上游客，加强了蛋民社区与陆地的联系。

散步
中心景观轴为老社区提供了开敞的活动空间，吸引岸上游客，加强了蛋民社区与陆地的联系。

娱乐
中心景观轴为老社区提供了开敞的活动空间，吸引岸上游客，加强了蛋民社区与陆地的联系。

运动
娱乐、垂钓等新功能的加入给蛋民带来更丰富、更具活力的生活体验。

"码头骨架"带来水和电

给水管道
排水管道
电力管道

基础设施接入点
入户给水管道
入户排水管道

将电线、水管等隐藏于地下，并通过沿路系统将给水、电从陆地引入蛋民社区。

水、电及未来规划的设施，在房屋接入点直接接入蛋民的住宅。

"码头骨架"带来便捷的交通连接

连接
水道
道路

道路直通海岸
方便岸上交流

由曲折变畅通
由狭窄变宽敞

干道连接各住户
宽阔安全

"码头骨架"的自发聚集作用

原始社区：
原有鱼排和船屋布局随意无规律。
规划实施后，蛋民将自发进入新建的"码头骨架"，原有的大规模无序的状态被逐渐被自发瓦解。

改造社区：
原有鱼排和船屋布局随意无规律。
规划实施后，蛋民将自发迁入新建的"码头骨架"，原有的大规模无序的状态逐渐被自发瓦解。

生长的可能

蛋民陆续迁入

主要公共空间示意图

游船码头集散区
分析：片区一为游船码头商业区，该区与海产品商业街、蛋民民俗文化街相连，为游客提供了丰富的购物活动。
主要公共活动类型：购物　餐饮　旅游

渔家生活体验露营区
分析：片区三为海上蛋家体验区，该区为游客提供农家乐、海上露营、捕鱼等独特体验，让人体会海上住家的奇妙感受。
主要公共活动类型：游览　捕鱼　娱乐

蛋家原始居住观光区
分析：片区二为猴岛旅游度假区，游客可入住滨海酒店，漫步沙滩，下海游泳等，让人充分体验热带风景区的魅力。
主要公共活动类型：旅馆　游泳　休闲

游艇酒店内港区
分析：片区四为内湾滨海休闲区，游客可在这享受安静的假期，乘船出海，登岛拍摄俯瞰海景等，拥有全方位的体验。
主要公共活动类型：拍摄　出海　休憩

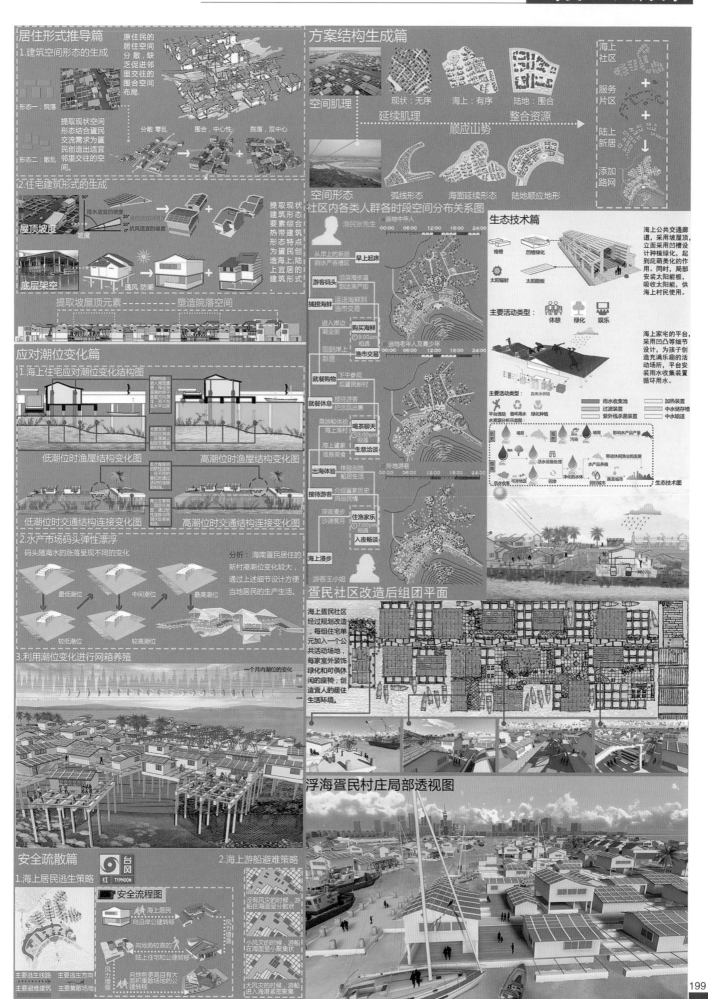

居住形式推导篇

1.建筑空间形态的生成

原住民的居住空间分散，缺乏促进邻里交往的围合空间布局。

形态一：院落

提取现状空间形态结合疍民交流需求为疍民创造出适宜邻里交往的空间

形态二：散乱

分散 零乱 ＋ 围合，中心性 院落，双中心

2.住宅建筑形式的生成

屋顶坡度

排雨适宜的坡度 90°　20° 最佳适宜的坡度 10° 抗风适宜的坡度　坡度

提取现状建筑形态要素综合热带建筑形态特点为疍民创造海上、陆上宜居的建筑形式

底层架空

通风 防潮

提取坡屋顶元素　塑造院落空间

应对潮位变化篇

1.海上住宅应对潮位变化结构图

低潮位时渔屋结构变化图　高潮位时渔屋结构变化图

低潮位时交通结构连接变化图　高潮位时交通结构连接变化图

2.水产市场码头弹性漂浮

码头随海水的涨落呈现不同的变化

最低潮位　中间潮位　最高潮位

较低潮位　较高潮位

分析：海南疍民居住的新村港潮位变化较大，通过上述细节设计方便当地居民的生产生活。

3.利用潮位变化进行网箱养殖

一个月内潮位的变化

方案结构生成篇

空间肌理

现状：无序　海上：有序　陆上：围合

延续肌理　整合资源

顺应山势

空间形态

弧线形态　海面延续形态　陆地顺应地形

海上社区 ＋ 服务片区 ＋ 陆上新居 ↓ 添加路网

社区内各类人群各时段空间分布关系图

渔民张先生　当地中年人

早上起床　从岸上的新居到水产养殖区

游客码头　沿滨海步道到达渔产店

捕捞海鲜　运送海鲜到渔市交易

进入岸边商业街　购买海鲜 9:00am 相遇　当地老年人及青少年

回到岸上新居　渔市交易

就餐购物　下午参观浏览疍民新村

就餐休息　接待游客 纪念品出售

柴油船补拍　喝茶聊天 3:00pm 歇息 生意洽谈

海上逛渔村

海上逛家常 准备美食　体验当地船居生活

出海体验

接待游客　介绍疍家历史风俗民情

深夜漫步　住渔家乐 沙滩赏月 7:00pm 歇息　入夜畅谈

海上漫步

游客王小姐

生态技术篇

格槽　凹槽绿化　太阳辐射　太阳能板

海上公共交通廊道，采用坡屋顶，立面采用凹槽设计种植槽绿化，起到庇荫美化的作用。同时，局部安装太阳能板，吸收太阳能，供海上村民使用。

主要活动类型：休憩　绿化　娱乐

海上家宅的平台，采用凹凸等细节设计，为孩子创造充满乐趣的活动场所，平台安装雨水收集装置循环用水。

主要活动类型：

平台循环用水　自来水供给 过滤装置 绿化种植　雨水收集池 加热装置 煞外线杀菌装置 中水储存池 中水输送

水资源分析图

生态技术图

疍民社区改造后组团平面

海上疍民社区经过规划改造，每组住宅单元加入一个公共活动场地，每家室外装饰绿化可供休闲的座椅，创造疍民的居住生活环境。

浮海疍民村庄局部透视图

安全疏散篇

台风 红 TYPHOON

1.海上居民逃生策略

安全流程图

海上居民　向沿岸公路转移

向地势较高的陆上住宅区公建转移

向地势更高且有大型疏散场地的公建转移

风力增强

2.海上游船避难策略

没有风灾的时候，游船在海面呈分散状

小风灾的时候，游船在海面呈小聚集状

大风灾的时候，游船以围护围堤场地的状态密集聚集

主要逃生线路　主要逃生方向　主要避难建筑　主要集散场地

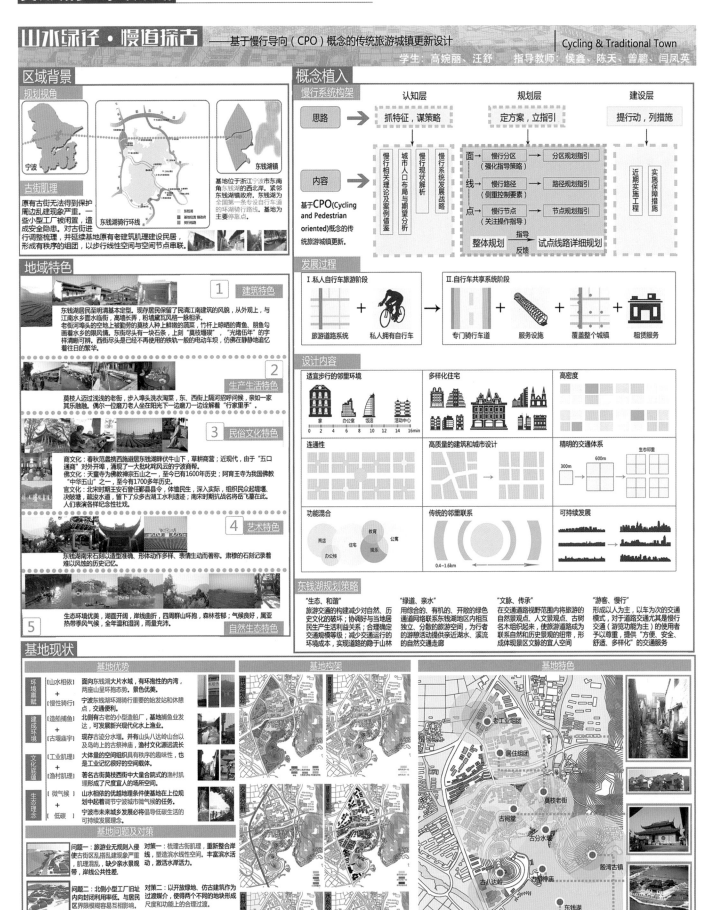

总平面图

1. 商业小高层
2. 小型工业遗址改造
3. 自行车民俗文化博物馆
4. 主题体验馆
5. 餐饮中心
6. 家庭旅店
7. 骑行休憩生态岛
8. 分层慢行广场
9. 步行骑行滨水长廊
10. 爬坡赛道骑行区
11. 覆土绿坡建筑
12. 自行车装备中心
13. 古神庙
14. 围湾长堤
15. 复建古渡口
16. 古街入口牌坊
17. 复兴古分水堰
18. 滨水戏台
19. 水上露天剧院

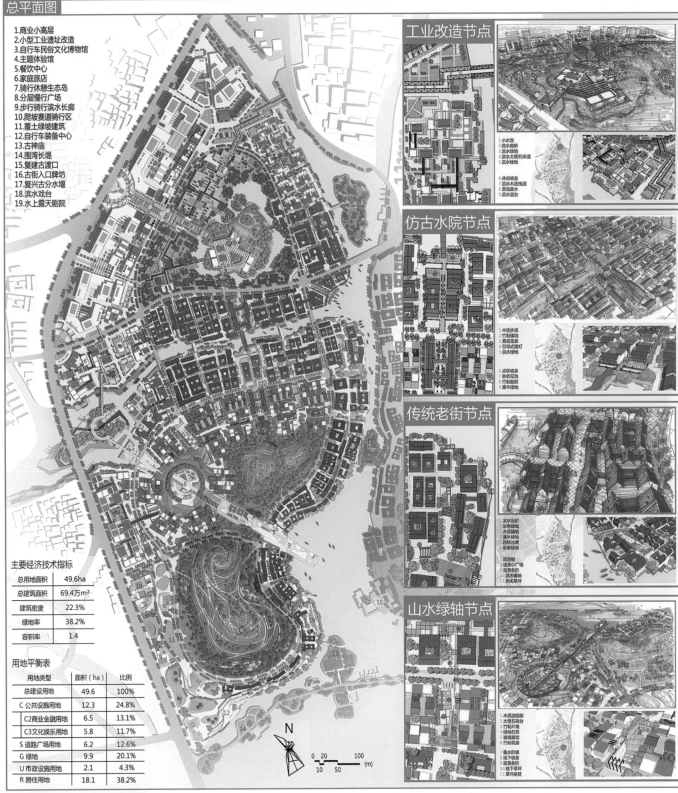

工业改造节点

1. 小水池
2. 跨水游桥
3. 滨水绿地
4. 滨水大堤石岸道
5. 滨水绿地

6. 休闲喷泉
7. 跌水水质植物槽
8. 绿岛静水
9. 滨水戏台

仿古水院节点

1. 木质步道
2. 竹制铺地
3. 鼓凝花池
4. 引导式路灯
5. 滨水绿地

6. 点状喷泉
7. 条状花池
8. 竹制廊架
9. 灌木绿地

传统老街节点

1. 滨水台阶
2. 彩色铺地
3. 木质绿地
4. 滨水绿地
5. 园林绿地
6. 彩色铺地

7. 遮荫棚
8. 景泉小广场
9. 滨水绿地
10. 滨水铺地
11. 休闲草坪

山水绿轴节点

1. 木质滨湖架
2. 大堤石台台
3. 竹制片地
4. 绿地石院
5. 景泉木铺地
6. 竹制戏台

7. 鱼鳞护坡
8. 地下草坪
9. 跌景泉台
10. 地下草坪
11. 草坪座凳

主要经济技术指标

总用地面积	49.6ha
总建筑面积	69.4万m²
建筑密度	22.3%
绿地率	38.2%
容积率	1.4

用地平衡表

用地类型	面积（ha）	比例
总建设用地	49.6	100%
C 公共设施用地	12.3	24.8%
C2商业金融用地	6.5	13.1%
C3文化娱乐用地	5.8	11.7%
S 道路广场用地	6.2	12.6%
G 绿地	9.9	20.1%
U 市政设施用地	2.1	4.3%
R 居住用地	18.1	38.2%

N

0 20   100
10 50   (m)

主要轴线与开放节点

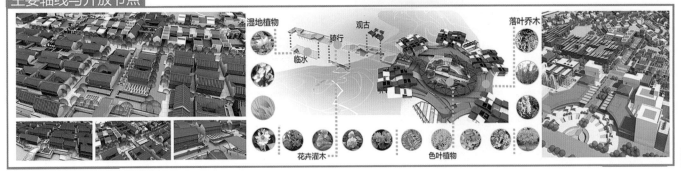

湿地植物　　临水　　骑行　观古　　落叶乔木

花卉灌木　　　色叶植物

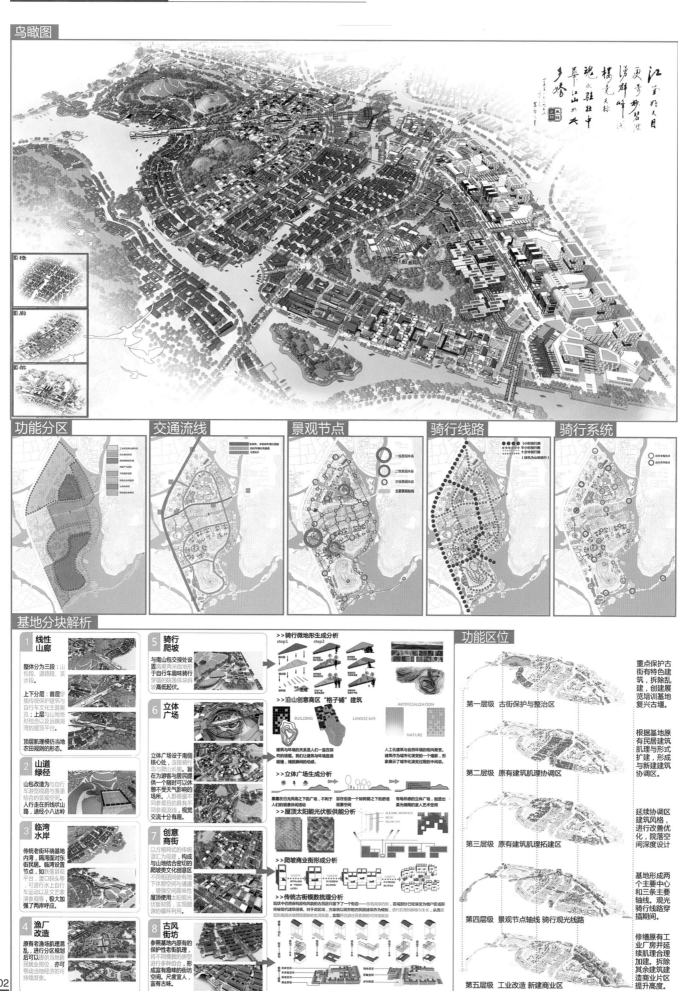

鸟瞰图

栋　廊　舫

功能分区　　交通流线　　景观节点　　骑行线路　　骑行系统

基地分块解析

1 线性山廊
整体分为三段：山包段、巷道段、滨水段。
上下分层：首层穿插传统保护建筑与自行车文化主题展览；上层与山地地形结合以及沿晾湖湾的屋顶平台。顶层肌理模仿当地农田规则的形态。

2 山道绿径
山包改造为与自行车游览线路紧密结合的景观空间。人行走在折铁状山路，途经小八达岭。

3 临湾水岸
传统老街环绕基地内湾，隔海面对东街民居。临海设置景观节点，如晾落景观平台、渡口码头等，可进行水上自行车活动以及文艺表演参观等，极大地与两岸呼应。

4 渔厂改造
原有老渔场肌理混乱，进行保护性老街规划后以绿色基地居民就业区，亦可带动当地经济的可持续发展。

5 骑行爬坡
与南山包交接处设置高差两米微地形于自行车趣味骑行穿梭的院落体块斜率高低起伏。

6 立体广场
立体广场设于南侧核心区，连接骑行岛与晾山长廊，旨在为游客与居民提供一个随时可以休憩尽受天气影响的场所。人群根据不同参观目的具有不同的参观流线，视觉交流十分有趣。

>> 骑行微地形生成分析
>> 沿山创意商区"格子铺"建筑
>> 立体广场生成分析
>> 屋顶太阳能光伏板供能分析
>> 爬坡商业街形成分析

7 创意商街
以方格网式的传统街为母题，构成与山地结合密切的爬坡度文化创意区。不同组团间设有有效立体空间加了通道屋顶使用太阳能光伏板构成的循环利用。

8 古风街坊
参照基地内原有的保护性老街肌理，将不同模数的房型进行多种组合，形成有趣的街坊空间，尺度宜人，富有生气。

>> 传统古街模数梳理分析

功能区位

第一层级　古街保护与整治区
重点保护古街有特色建筑，拆除乱建，创建展览培训基地复兴古街。

第二层级　原有建筑肌理协调区
根据基地原有民居建筑肌理与形式扩建，形成与新建建筑协调区。

第三层级　原有建筑肌理拓建区
延续协调区建筑风格，进行改善优化，院落空间深度设计

第四层级　景观节点轴线 骑行观光线路
基地形成两个主要中心和三条主要轴线。观光骑行线路穿期间。

第五层级　工业改造 新建商业区
修缮原有工业厂房并延续肌理合理加建。拆除其余建筑建造商业片区提升高度。

古街梳理与保护

慢行分区

人群慢行分析

当地村民　一般游客　骑行游客　无业人员　家庭主妇　上班族　科研人员　老年人

参与度

- ● 工业
- ● 骑行
- ● 仿古
- ● 传统

工业　仿古

活力时间　10：00am起
活力类型

活力时间　08：00am起
活力类型

活力时间　15：00am起　骑行
活力类型

传统　活力时间　16：00am起
活力类型

慢行设计

慢行系统特征

公共交通：建立公共交通系统，完善公共交通与非机动交通的换乘。公交车站设自行车存取、停车站。公交站点与非机动交通系统粗结合设计。

非机动交通系统：针对城镇低密度开发的特点以及城镇自行车出行的特色，建立非机动交通道路网，串联各公共空间，方便居民生活。

步行交通：在十字街以及特色商业街范围内创造特色步行环境，街景、街廓展现小镇风貌。

12AM-12PM	1.公交专用停靠站 2.公交站点与慢行交通统一设计 3.公共交通慢速交通换乘	公交专用停靠站	与慢行交通结合设计 与快速交通换乘
	1.设置自行车租赁点 2.计时刷卡制度，车辆循环使用 3.自行车专用停靠位	自行车租赁点	刷卡取车 专用停靠点
	1.有特色的步行体系 2.步行优先的标识系统 3.步行道路休憩设施	步行道路两侧树镇风貌	步行优先标识 步行道路设施

慢行系统设置

人行过街廊

自行车停靠点

地下通道

盘山道路

慢行路面

骑行道路断面分析

A 基地外部 机动车与非机动车混行道路

B 基地外部 机动车与非机动车混行道路

C 基地内部骑行交通线路

道路改造

主要分为四部分改造内容，包括改变原有道路的平面形式，增加步行道宽度并种植绿化，使街道更适宜步行。设计休闲广场和节点等空间。设置穿越机动车交通的立体廊道。改造采用现代的技术和方法以营造出现代步行空间。

减速带　停车位　绿化

绿化　弯曲道路

采用多种形式以限制机动车行车速度

同时道路应有明确分级：机动车、机动车慢行、骑行、骑行推行和步行道路，级别依次降低，各个级别道路进行无缝衔接。

慢行系统要与城市路网有效衔接，公交车一下来就能进入步行道，或可以有租自行车的地方，城市路网与慢行系统的连接处要有停车场，方便自驾车主快速慢速的切换。

形成：可达——连续——开放——生态——景观

交叉口设置选择

工业改造

工业要素构成

A工业肌理演化

原有建筑布局　机理融合

工业机理延续　形成围合空间秩序

B工业尺度消解

体量切分　体块连接

体块插入　机理切割

C工业要素转译

采光整体转译

屋顶要素提取　方向性立面生成

工业与居民生活关系

过去　现在　将来

当地居民依靠船厂等小型工业生产生活。

随着城镇化，当地居民开展旅游服务业等，逐渐摒弃小型工业。

休闲娱乐占生活内容较小一部分。

生活质量得到提升伴随着人们对于休闲娱乐等生活内容的增加。

改造过程

原有工厂肌理　保留结构良好的厂房设施　延续原有工业元素　结合当地老建筑将新型工业机理逆转　与商业结合生成创意娱乐区

成果展示

人群活动

活动时间分析

骑行者	a.m.6 7 8 9 10 11 12 13 14 15 16 17 18 19 20 p.m. Mon Tue Wen Thu Fri Sat Sun week 周末/节假日	自行车装卸点/租赁点 展览中心/滨水廊道 特色餐饮住宿/商业区
一般游客	a.m.6 7 8 9 10 11 12 13 14 15 16 17 18 19 20 p.m. Mon Tue Wen Thu Fri Sat Sun week 周末/节假日	滨水休闲/古街参观 滨水廊道/散步 特色餐饮住宿/商业区
上班族	a.m.6 7 8 9 10 11 12 13 14 15 16 17 18 19 20 p.m. Mon Tue Wen Thu Fri Sat Sun week 中午/傍晚/一周不定时间	商务办公/滨水休闲 商业综合体/中心广场 室外展场/散步
当地居民	a.m.6 7 8 9 10 11 12 13 14 15 16 17 18 19 20 p.m. Mon Tue Wen Thu Fri Sat Sun week 中午/傍晚/一周不定时间	服务培训/农田灌溉 商业综合体/配套设施 中心广场/社区活动

[彩墨金泽/基地研究]
江南水乡古镇永续发展的规划策略探索

学生：康弥、刘梦彬　　指导教师：张轶群、童明

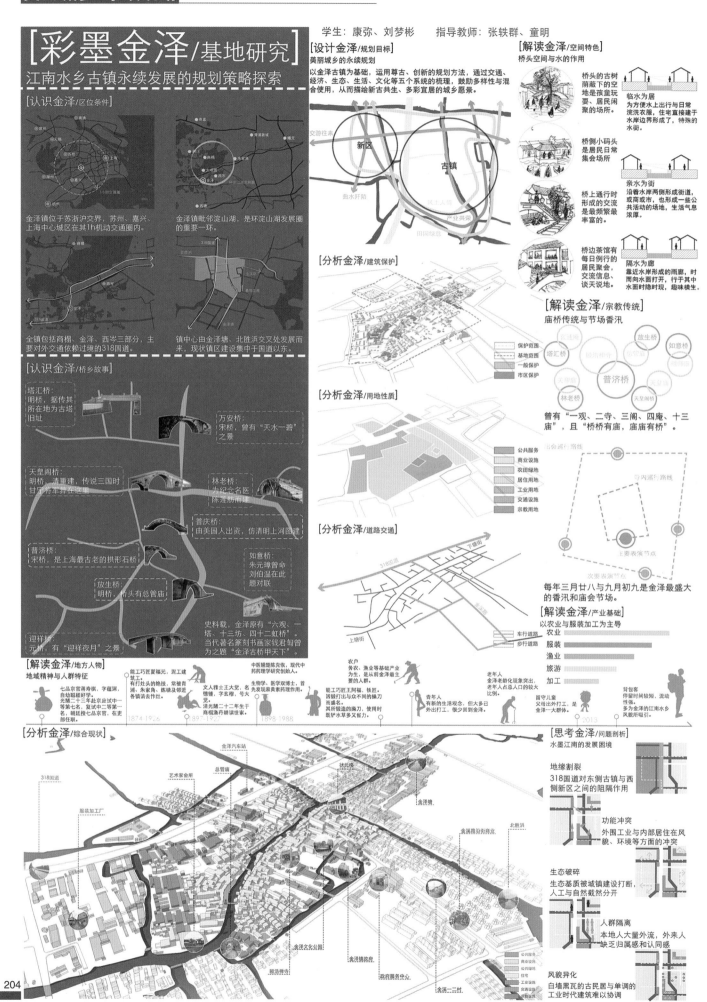

[认识金泽/区位条件]

金泽镇位于苏浙沪交界，苏州、嘉兴、上海中心城区在其1h机动交通圈内。

金泽镇毗邻淀山湖，是环淀山湖发展圈的重要一环。

全镇包括商榻、金泽、西岑三部分，主要对外交通依赖过境的318国道。

镇中心由金泽塘、北胜浜交叉处发展而来，现状镇区建设集于国道以东。

[认识金泽/桥乡故事]

塔汇桥：
明桥，据传其所在地为古塔旧址

万安桥：
宋桥，曾有"天水一碧"之景

天皇阁桥：
明桥，清重建，传说三国时甘宁将军葬在这里

林老桥：
为纪念名医陈莲舫而建

普庆桥：
由美国人出资，仿清明上河图建

普济桥：
宋桥，是上海最古老的拱形石桥

如意桥：
朱元璋曾命刘伯温在此题对联

放生桥：
明桥，桥头有总管庙

迎祥桥：
元桥，有"迎祥夜月"之景

史料载，金泽原有"六观、一塔、十三坊、四十二虹桥"。当代著名篆刻书画家钱君匋曾为之题"金泽古桥甲天下"。

[解读金泽/地方人物]
地域精神与人群特征

[设计金泽/规划目标]
美丽城乡的永续规划
以金泽古镇为基础，运用尊古、创新的规划方法，通过交通、经济、生态、生活、文化等五个系统的梳理，鼓励多样性与混合使用，从而描绘新古共生、多彩宜居的城乡愿景。

[分析金泽/建筑保护]

保护范围
基地范围
一般保护
市区保护

[分析金泽/用地性质]

公共服务
商业设施
农田绿地
居住用地
工业用地
交通设施
宗教用地

[分析金泽/道路交通]

车行道路
步行道路

[解读金泽/空间特色]
桥头空间与水的作用

桥头的古树荫蔽下的空地是孩童玩耍、居民闲聚的场所。
临水为居
为方便水上出行与日常浣洗衣服，住宅直接建于水岸边界形成的，特殊的水街。

桥侧小码头是居民日常集会场所
亲水为街
沿着水岸两侧形成街道，或商或市，也形成一些公共活动的场地，生活气息浓厚。

桥上通行时形成的交流是最频繁最丰富的。

桥边茶馆有每日例行的居民聚会，交流信息、谈天说地。
隔水为廊
靠近水岸形成的雨廊，时而向水面打开，行于其中水面时隐时现，趣味横生。

[解读金泽/宗教传统]
庙桥传统与节场香汛

玄武桥　放生桥　如意桥
塔汇桥　普济桥
天皇阁桥
林老桥

曾有"一观、二寺、三阁、四庵、十三庙"，且"桥桥有庙，庙庙有桥"。

每年三月廿八与九月初九是金泽最盛大的香汛和庙会节场。

[解读金泽/产业基础]
以农业与服装加工为主导

农业
服装
渔业
旅游
加工

[分析金泽/综合现状]

[思考金泽/问题剖析]
水墨江南的发展困境

地缘割裂
318国道对东侧古镇与西侧新区之间的阻隔作用

功能冲突
外围工业与内部居住在风貌、环境等方面的冲突

生态破碎
生态基质被城镇建设打断，人工与自然截然分开

人群隔离
本地人大量外流，外来人缺乏归属感和认同感

风貌异化
白墙黑瓦的古民居与单调的工业时代建筑难以协调

曲水阡陌

车行系统
车行道路
消防通道
汽车站
汽车旅馆

□ 主要步行道路兼作[环状消防通道]
□ 汽车站配建汽车旅馆

步行系统
步行道路
下穿通道
桥梁
特色步廊

□ 在格网基础上，尽端路作为步行系统的[第三等级]
□ 构建特色步廊

水路系统
埠头
码头

□ 实现水路[交通功能双向]步道下穿318国道，加强东西[两侧联系]

产业共荣

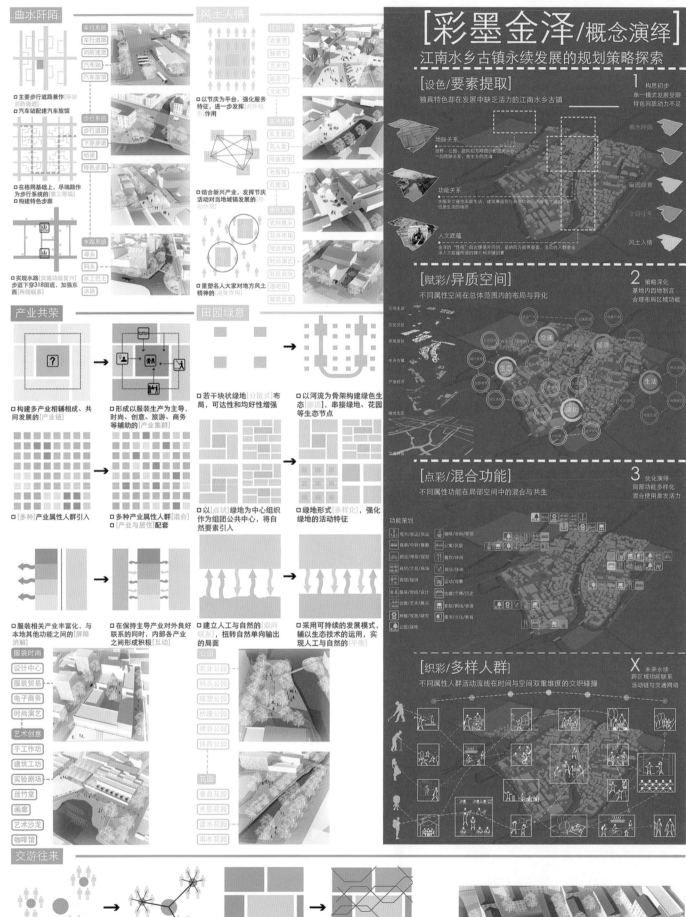

□ 构建多产业相辅相成、共同发展的[产业链]
□ [多种]产业属性人群引入

□ 形成以服装生产为主导，时尚、创意、旅游、商务等辅助的[产业集群]
□ 多种产业属性人群[混合]
□ [产业与居住]配套

□ 服装相关产业丰富化，与本地其他产业之间的[屏障消解]

□ 在保持主导产业对外良好联系的同时，内部各产业之间形成积极[互动]

服装时尚
设计中心
服装贸易
电子商务
时尚演艺

艺术创意
手工作坊
建筑工坊
实验剧场
丝竹堂
画廊
艺术沙龙
咖啡馆

风土人情

农业节
服装节
艺术节
旅游节
文化节

□ 以节庆为平台，强化服务特征，进一步发挥[对外极引]作用

天主教堂
名人堂
瓷器馆
老客栈
老酱园

□ 结合新兴产业，发挥节庆活动对当地城镇发展的[带动作用]

农科馆
花卉市场
柏合商店
时尚集市
社区会所
水上巴士
水踪

□ 重塑名人大家对地方风土精神的[形象作用]

田园绿意

□ 若干块状绿地[分散式]布局，可达性和均好性增强

□ 以[点状]绿地为中心组织作为组团公共中心，将自然要素引入

□ 建立人工与自然的[双向联系]，扭转自然单向输出的局面

□ 以河流为骨架构建绿色生态[廊道]，串接绿地、花园等生态节点

□ 绿地形式[多样化]，强化绿地的活动特征

□ 采用可持续的发展模式，辅以生态技术的运用，实现人工与自然的[平衡]

公园
农业公园
码头公园
雕塑公园
桥趣公园
禅意公园
体育公园

花园
垂直花园
光影花园
滤水花园
雨水花园

[设色/要素提取]
独具特色却在发展中缺乏活力的江南水乡古镇

1 构思初步
单一模式发展受制
特色同质动力不足

地脉关系
田野、公园、庭院相互呼应，配泽水乡一切的地脉关系，是水乡的灵魂

功能关系
水服务交通串联生活，建筑承载住与商务功能，使得生活的场所

人文底蕴
金泽的"性格"自古便是外向的，接纳四方商贾客宾，演出的人群是金泽人文底蕴传递的媒介相关键因素

曲水阡陌
田园绿意
交游往来
风土人情

[赋彩/异质空间]
不同属性空间在总体范围内的布局与异化

2 策略深化
基地内因地制宜
合理布局区域功能

公共生活
文化交往
水里居住
水乡古镇
产业经济
绿地生态
交通...

交通
经济
生态
生活
文化

[点彩/混合功能]
不同属性功能在局部空间中的混合与共生

3 优化演绎
局部功能多样化
混合使用激发活力

功能策划

观光/客运/货运
咖啡/会所/餐馆
换乘/中转/接驳
公寓/民宿
路演/停靠/接驳
商贸/交易/商场
娱乐/休闲
宾馆/接待
运动/竞赛
服装/时尚/设计
文创/文博/历史
创意/艺术/展示
影院/影视/演出
种植/养殖/研发
图书/文化/教育
公园/绿地

[织彩/多样人群]
不同属性人群活动流线在时间与空间双重维度的交织碰撞

X 未来未永续
跨区域功能联系
活动链与交通网络

交游往来

□ 塑造[分级]公共空间，增强人群的向心性

□ 以各级公共空间为中心组织人群，增强[归属感和认同感]

□ 多种公共活动空间为[丰富]的公共生活提供充足的可能性

□ 不同活动在空间和时间上的[交叉和混合]激发更强的活力

广场
城市广场
邻里广场

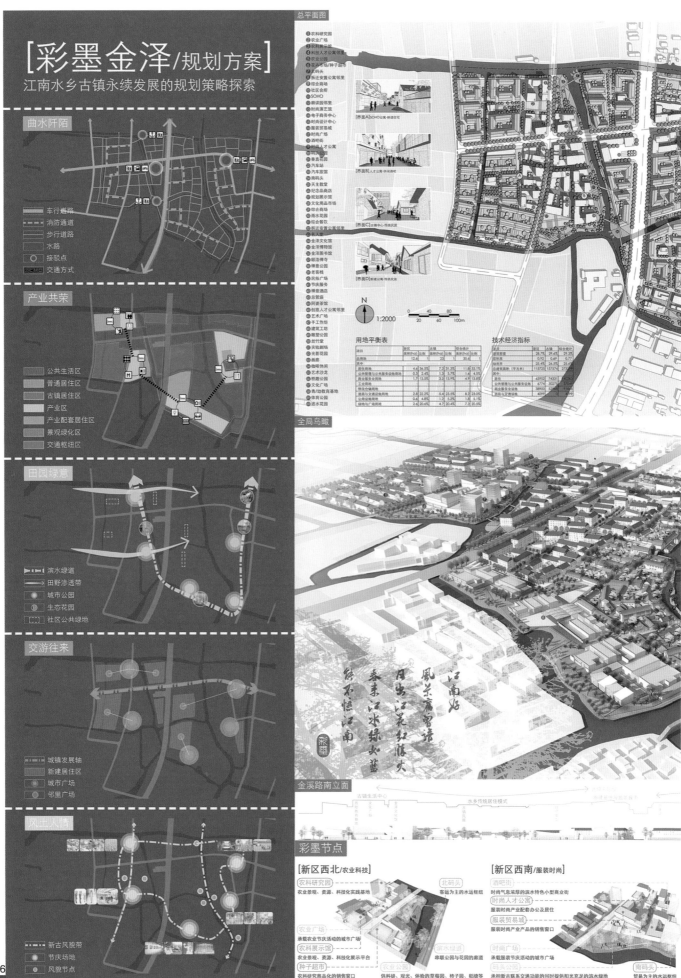

[彩墨金泽/规划方案]
江南水乡古镇永续发展的规划策略探索

曲水阡陌
车行道路
消防通道
步行道路
水路
接驳点
交通方式

产业共荣
公共生活区
普通居住区
古镇居住区
产业区
产业配套居住区
景观绿化区
交通枢纽区

田园绿意
滨水绿道
田野渗透带
城市公园
生态花园
社区公共绿地

交游往来
城镇发展轴
新建居住区
城市广场
邻里广场

风土人情
新古风貌带
节庆场地
风貌节点

总平面图

全局鸟瞰

金溪路南立面

彩墨节点

[新区西北/农业科技]
农科研究园
农业景观、资源、科技化实践基地
农业广场
承载农业节庆活动的城市广场
农科展示馆
农业景观、资源、科技化展示平台
种子超市
农科研究商品化的销售窗口

北码头
客运为主的水运枢纽

滨水绿道
串联公园与花园的廊道

[新区西南/服装时尚]
酒吧街
时尚气息浓厚的滨水特色小型商业街
时尚人才公寓
服装时尚产业配套办公及居住
服装贸易城
服装时尚产业产品的销售窗口
时尚广场
承载节庆活动的城市广场

南码头
贸易为主的水运枢纽

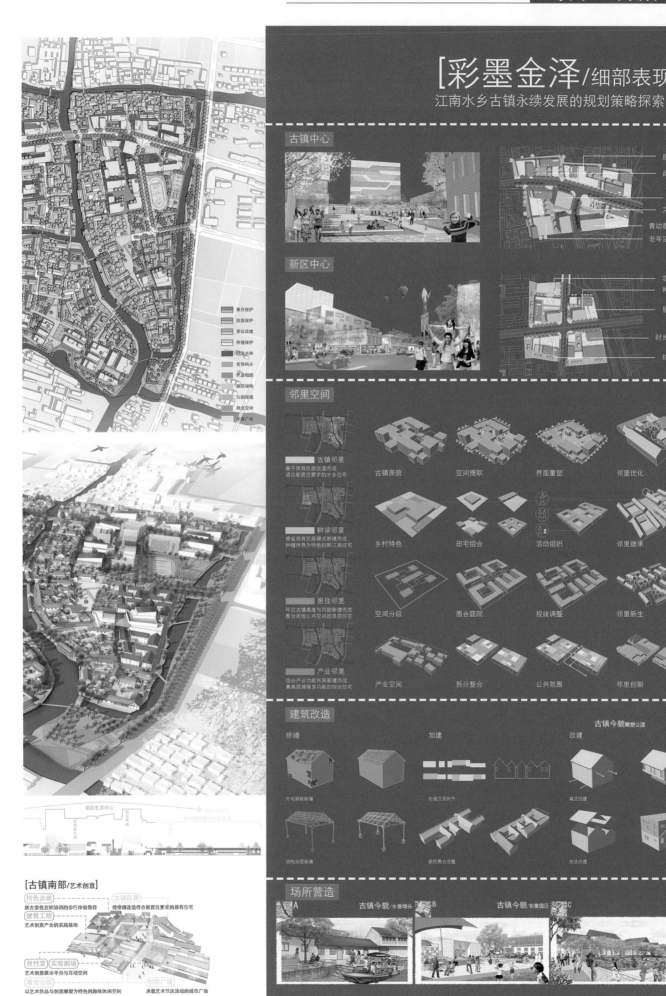

[彩墨金泽/细部表现]
江南水乡古镇永续发展的规划策略探索

古镇中心

屋顶平台
商业内街
文化馆
文化广场
青幼教育中心
老年活动中心

新区中心

农科广场
种子超市
屋顶平台
时尚演艺馆
综合商场

邻里空间

古镇邻里
基于原有民居改造而成适应新居住要求的水乡住宅

耕读邻里
借鉴原有民居模式新建而成种植体养为特色的新江南住宅

居住邻里
呼应古镇高度与风貌新建而成围合街坊公共空间的多层住宅

产业邻里
结合产业功能布局新建而成兼具居商职能的综合住宅

古镇原貌 — 空间提取 — 界面重塑 — 邻里优化
乡村特色 — 田宅组合 — 活动组织 — 邻里继承
空间分级 — 围合庭院 — 视线调整 — 邻里新生
产业空间 — 拆分整合 — 公共氛围 — 邻里创新

建筑改造

修缮 — 加建 — 改建 — 古镇今貌 雕塑公园

外观原貌修缮 — 街道立面补齐 — 减法改建
结构加固修缮 — 庭院围合完整 — 加法改建

场所营造

A 古镇今貌/水巷埠头 — B 古镇今貌/创意园区 C

重点保护
改造保护
原址改建
修缮保护
河流水体
客货码头
民宅组团
宅院绿地
公园绿地
商业空间
步行广场

新区生活中心

[古镇南部/艺术创意]

特色步廊
新古景色交织协调的步行体验廊桥

古镇民居
经修缮改造符合新居住要求的原有住宅

建筑工坊
艺术创意产业的实践基地

丝竹堂 实验剧场
艺术创意展示平台与互动空间

雕塑公园
以艺术作品与创意雕塑为特色的趣味休闲空间

创意广场
承载艺术节庆活动的城市广场

一、2012 年度城市设计作业竞赛征集公告主要内容

本次课程设计作业交流与评优围绕"人文规划,创意转型"这一年会主题展开,要求参赛者以独特、新颖的视角解析年会主题的内涵,以全面、系统的专业素质进行城市设计。

1. 设计主题

本次城市设计要求设计者围绕"人文规划,创意转型"的大会主题,自定规划基地及设计主题,构建有一定地域特色的城市空间。

2. 成果要求

(1) 用地规模:20-40 公顷。

(2) 设计要求:紧扣主题、立意明确、构思巧妙、表达规范,鼓励具有创造性的思维与方法。

(3) 表现形式:形式与方法自定,每份参评作品提交四张装裱好的 A1 图纸(84.1cm×59.4cm),一张 KT 板装裱一张图纸(不留边),以及相应电子文件(JPG 格式,分辨率不低于 300DPI),并提交一份纸质 A4 版式(29.7cm×21cm)的《教学大纲》及相应电子文件(*.doc 格式)。

3. 参评要求

(1) 参与者应为我国高等院校城市规划专业的高年级(非毕业班)在校本科生,每份参评方案的设计者以不超过 2 人为宜。

(2) 参评作品必须为参评学生所在学校本学年的一份正式规划设计的课程作业。

(3) 参评作品中不得包含任何透露参评者及其所在学校的内容和提示。

(4) 各学校根据各自的例行教学选出自己具有代表性的城市设计教学课程,以教学大纲领衔作为评选的主要内容,并带上由该《教学大纲》指导下的作业参加评选,每个学校报送的参评作品不得超过 3 份,并附遴选评价及排序。

(5) 专指委指定大会主题,不指定评选作业的题目;各学校可根据今年大会的主题,组织确定《教学大纲》及相关作业。

二、2012 年度城市设计作业竞赛获奖状况

2012 年经过高等学校城乡规划学科专业指导委员会教授组成的评审组对入围作品进行现场会评。在经过专指委全体会议的审核后,2012 年度城市设计竞赛最终评选出:一等奖 3 份,二等奖 12 份,三等奖 24 份,佳作奖 36 份。

一等奖

作品名称	院校	学生	指导教师
RE ATP——能量·激活·复苏	苏州科技学院	孙嘉麟、姜维娜	于淼、王雨村、郑皓、金英红、洪亘伟
缘波映坞　浔水而渔——多点触媒联动效应引导下的生态CRD功能区城市设计	天津大学	蒋蕊、李安博	曾鹏、蹇庆鸣、陈天、候鑫
THE C&R 廊桥遗梦——首钢工业区改造滨水区城市规划设计	北方工业大学	杨洋、张媛媛	任雪冰、梁玮男、姬凌云、王珺

二等奖

作品名称	院校	学生	指导教师
溶解城市——济南洪家楼片区城市设计	山东建筑大学	王溪溪、杨阳	范静、石晓风、倪剑波、于爱芹、赵亮、李鹏
孝·道——南京大报恩寺周边地段孝文化主题街区城市设计	东南大学	郝凌佳、夏丝飓	孙世界、阳建强
文化船承——北固山文化传承与空间改造	苏州科技学院	毕立磊、陈莉莉	金英红、王雨村、郑皓、洪亘伟、于淼
奇点——鼓浪屿内厝澳片区保护与更新规划设计	厦门大学	赖添、方泰瑜	常玮、洪文迁、张昊哲
最后1公里——蟠龙古镇保护性城市设计	同济大学	邱外山、刘苑	于一凡、高晓昱、田宝江、童明
汞都耀景、别有洞天——贵州省万山特区中国汞都资源枯竭型城市绿色复兴	天津大学	唐婧娴、曹哲静	陈天、蹇庆鸣、曾鹏、刑锡芳
蒙太奇·时空间——米轨昆明火车北站段城市更新设计	昆明理工大学	李冠元、詹绕芝	赵蕾、徐皓、翟辉、陈桔、吴松
疏密之间·紧凑社区——基于"拥挤度"理论的常州东坡公园南侧地块老社区再设计	南京工业大学	郑文雅、张漪	王江波、严铮、叶如海
蔓·步——济南商埠区更新城市设计	山东建筑大学	王鹏、徐璐	赵亮、李鹏、范静、石晓风、丁爱芹、倪剑波
梦工场——洛阳铜加工厂片区城市设计	郑州大学	姜浩、李培	曹坤梓、袁媛
深情故里　润物丰年——岵山镇和塘古街地段城市设计	华南理工大学	黄芳、陈铠楠	汤黎明、窦飞宇
混血的城（暂缺）	大连理工大学	葛梦莹、赵中杰	陈飞、刘代云、沈娜、孙晖

三等奖

作品名称	院校	学生	指导教师
异构同生——基于自由基聚合理论的窑上地区城市设计	南京工业大学	董云、宋惠慧	严铮、王江波、方遥、叶如海
"一生之城"——人居需求与社区转型背景下的居住区服务中心设计：大沽船坞地区改造更新	河北工业大学	李妍、郭伟鹏	孔俊婷、许峰、李蕊、许德宁
沽里城事　水上新声——凝结文化特质的城市公园更新改造设计	河北工业大学	康宁达、赵广宇	孔俊婷、许峰、李蕊、许德宁
脉动全城　乐在途中——运动行为引导下的天津市黄家花园地段更新设计	天津城市建设学院	范鑫鑫、古慧娜	兰旭、刘立钧、孙永青、朱凤杰、许海燕
城市肌理中的人文精神复兴——济南小清河黄台港城市更新设计	山东建筑大学	步惠棣、尹甜甜	倪剑波、于爱芹、赵亮、李鹏、范静、石晓风
破茧·蝶化——人文传承导向下十梓街北地块创意更新规划	苏州科技学院	王诗施、陆映枫	洪亘伟、郑皓、王雨村、金英红、于淼
共振效应——以城市频谱为导向的城市工业地段更新设计	天津城市建设学院	周颖、徐泰一	兰旭、刘立钧、孙永青、朱凤杰、张秀芹
公CHANG主义——北京阜成门历史街区更新规划	北京大学	熊忻恺、陈诗弘	宋峰、吕斌、汪芳
续忆·融新——三河古镇护城河滨水区城市设计	安徽建筑工业学院	杨剑雄、吴桐	李伦亮
C+城市·The Conversion of Urban PublicSpace——合肥东部组团中心区域城市空间转型设计	合肥工业大学	吕雪静、汪程	宋敏、李峻峰、张晓瑞
廛闬再兴——武昌古城南片区城市设计	华中科技大学	侯杰、于昭	龚建、刘晓晖
都市交通神经元——城市中心区公共空间与非外迁性综合交通复合转型研究	华中科技大学	帅玥、宁蝾	丁建民、郭亮
徽心雕梦——基于RMP理论的徽州雕刻博览中心城市设计	安徽建筑工业学院	王瑨伟、王立舟	李伦亮
体验城市——基于人文体验的边界空间重构	武汉大学	刘晓妮、韩婕玉	彭建东、刘凌波、徐轩轩
织转智承——上海新一棉纺织厂创意再生项目城市设计	同济大学	郭禹辰、周咪咪	匡晓明
日光之城　车师复兴——基于主被动式太阳能利用理论的维族聚居古镇更新设计	天津大学	王昕宇、徐漫辰	候鑫、刑锡芳、蹇庆鸣、曾鹏
叠化主义——城市中心区背景下的传统校园更新策略初探	长安大学	林边、马韬凯	谭静斌、井晓鹏、余侃华、郭其伟
着色普洱，添香布朗——茶马古道之茶源小寨城乡设计	云南大学	袁泽敏、陈莹莹	李晖、汪洁泉、高进、王晓云、郭建伟、李志英、杨志国、许欣、赵敏、王玲、王俊涛、王锐
"撞击"——杭州市闸口火车站机务段城市更新设计	西南交通大学	陈迪、殷振轩	左辅强、胡劲松、冯月
似曾相识燕归来——南京燕子矶地区文化保护与城市更新设计	南京大学	冯琼、武敏	朱喜刚、沈丽珍、张益峰、马晓
授人以渔——西安道北地块改造更新设计	西北大学	夏巍、康波洋	贺建雄、吴欣
空城技——苏州平江路历史街区某地块城市设计	苏州大学	卢辰、徐晔	戴叶子、钱晓冬
传统现代融合——基于织补理论的青岛中山路天主教堂片区城市设计	山东科技大学	赵川朋、赵彬、高飞	代朋、赵景伟、陈敏
动脉·触媒点——和平路老街区城市改造	河北工业大学	黄慧琳、谢寒	孔俊婷、许峰、李蕊、许德宁

学生：孙嘉麟、姜维娜　　指导教师：于淼、王雨村、郑皓、金英红、洪亘伟

RATP RE 能量·激活·复苏
REACTIVIATION ATP

02_基地背景： 镇江文化之三国文化，渡口文化，启工业文化，儒文化

历史沿革：

镇江商代为土著居民荆蛮族聚集之地，三国东吴创业地之一，六朝之重镇，南朝宋齐三朝帝王之乡，隋唐以降千年漕运之江南枢纽。

镇江第二次鸦片战争后的对外通商口岸和租界，民国时期始江苏省会，抗日战争时期著名的新四军茅山市日根据地所在地。

喜好娱乐　　　　平民性

鱼米之乡

历史文化名城　休闲之都　城市滑板

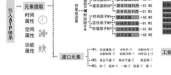

西立面图

基地区位：

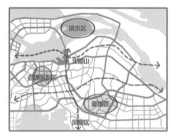

北固山地区位于镇江三山历史旅游保护区之内，具有得天独厚的文化和旅游基础，历史悠久，具有良好的自然人文条件。

地块南临城市主干道东吴路，东临江滨路，东北面是江滨支路，其中江水路从基地西部穿过，有两条规划地铁。

东区东侧江边是京口三山名胜之一，是我国著名的旅游城市，风景秀丽，与金山、焦山成犄角之势。

镇江城市主体结构成条状发展，由主城、东翼和西翼组成，北固山位于老城区，是城市主要中心区域，区位优势突出，水路交通发达。

基地现状：

长江，流经镇江69.4公里，六千年前这里是长江的入海口，地势西面高，东北及东南低。整个城市镶嵌在山水之间。铁路通车后，镇江已成为铁路、江河水路交通枢纽分为城里、城外、小码头、河北四个区域。

镇江城里虽是县政府驻地，但与其他三个区域相比较冷落。

宏观背景　＋　微观条件　＝　规划方案

外部需求　　　内部分析　　　目标定位

经济　产业转型　退二进三　过去　工业文脉的传承　SOHO型创意区
社会　公共空间　水岸开放　过去　创意产业的注入　休闲娱乐综合区
文化　创意产业　生态复兴　理念　生态滨江的回溯　立体滨江观景区

定位 生态型休闲娱乐景观　创作 居住 休闲的复合型
SOHO型文化创意产业　生活社区

概念 传承自然与城市和谐共处的智慧
创新城市的发展模式和生活方式

工业发展

后工业

空间的再定义，功能的再组织，产业的再构成，其实是促进城市滨江地段获得重生的手段——通过对滨江地段的重新定位和设计，我们传承自然与城市和谐共处，沿袭历史文脉并继承工业遗址特色，提出城市发展模式和生活方式的创新格局。

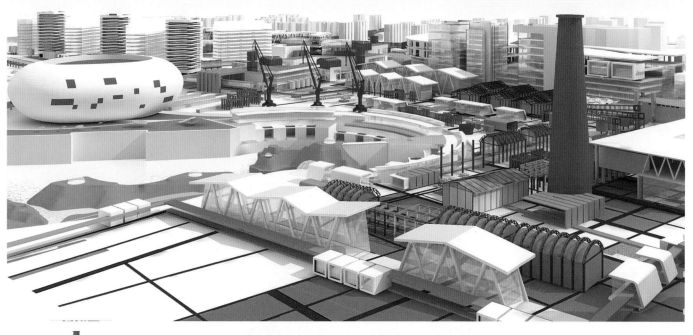

东立面图

理念生成：

ATP是生物体中的能源物质，给生物的各种活动提供所必须的能量。北固山曾经有过辉煌的历史，由于工业用地和渡口的荒废，地块失去的曾经的辉煌。追溯过去创造未来，使其重获能量。

工业遗址 ═ 文脉传承 ═ 创意转型 ═ 带动经济·改善环境 ═ RE.A

产业 ═ 功能 ═ 景观 ═ 建筑 ═ 交往 ═ 生态

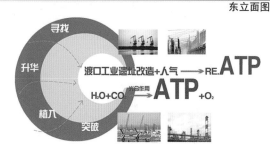

寻找

升华

渡口工业遗址改造+人气 ⟶ RE.ATP

H_2O+CO_2 ⟶ ATP $+O_2$

植八

突破

激活——工业遗址改造：

钢架厂房

保留厂房　　剥去外皮　　保留骨架添加内部　　切割

钢架廊道

保留廊架

运物料　行人道　景观廊　滑梯　休息

管道

保留管道

运物料　运循环水　添加喷泉　种植藤爬植

拆解分析

激活——塑造活力亲水带

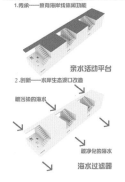

1.传承——原有海岸线休闲功能

亲水活动平台

2.创新——水岸生态渡口改造

被污染的海水

被净化的海水

海水过滤器

将码头高出江水的部分进行拆卸，形成凹陷区域，当涨潮时江水就会摸过凹陷的区域里，形成了一条长满水生**物的平台**。游客不仅可以在码头上行走观看风景，更重要的是游人与码头和海的互动，拆卸后的码头的体量感不但没削弱，更与周围的环境融为一体，从而将毫无生命的码头变成一条**生态江岸**，供人们亲近水源。江水每日两涨两退，**涨潮时**，江水没过下层平台，使得海洋生物能够在平台上生存，人在上层平台活动，更好的亲近与环境和海洋。

退潮时，海洋生物留在凹凸的下层平台，给海洋生物提供了生存的空间。人可以在下层平台活动，采集玩耍，亲近自然。

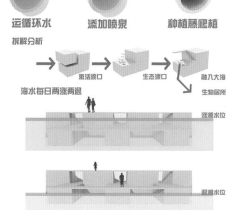

激活渡口　生态渡口　融八大海

海水每日两涨两退　　　　生物居所

涨潮水位

退潮水位

人流模式与地块分区示意图

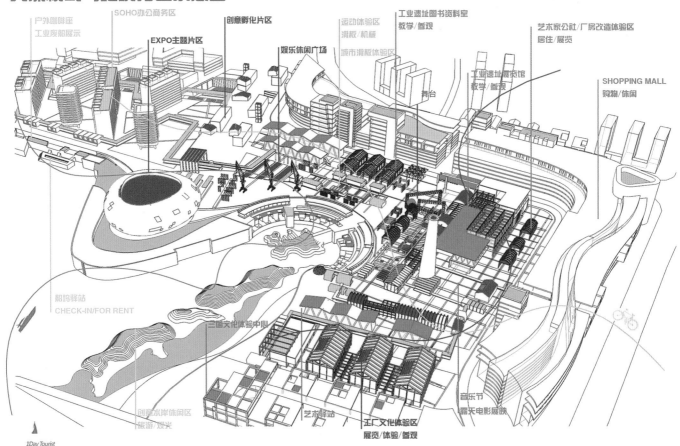

户外咖啡座
工业废船展示

SOHO办公商务区

创意孵化片区

运动体验区
滑板/机械

工业遗址图书资料室
教学/参观

艺术家公社/厂房改造体验区
居住/展览

EXPO主题片区

娱乐休闲广场
城市滑板体验区

工业遗址展览馆
教学/参观

SHOPPING MALL
购物/休闲

舞台

船坞驿站
CHECK-IN/FOR RENT

三国文化体验中心

音乐节

露天电影展映

创意水岸休闲区
旅游/观光

艺术驿站

工厂文化体验中心
展览/体验/参观

1Day Tourist

激活——地上地下土地开发利用一体化:

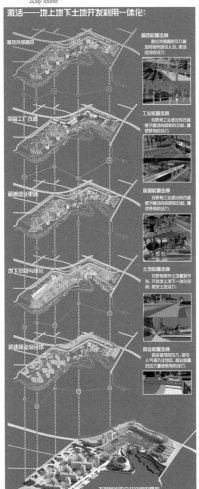

基地外部道路

保留工厂改造

管道遗址更新

地下空间与绿化

新建商业综合体

不同层次的公共空间的叠加

道路能量走廊

工业能量走廊

智能能量走廊

土地能量走廊

商业能量走廊

系统分析图:

- SOHO办公区
- 生态滨水区
- 主题商业区
- 创意孵化区

规划结构分析

- 城市主干道
- 规划车行道路
- 城市滑板
- 滨水步行体系

道路系统分析

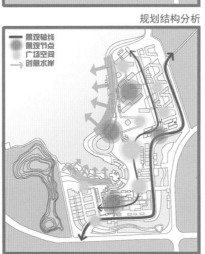

- 景观轴线
- 景观节点
- 广场空间
- 创意水岸

景观轴线分析

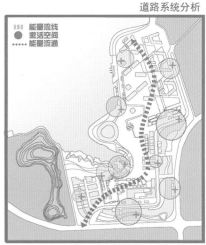

- 能量流线
- 激活空间
- 能量流通

能量激活分析

R E ATP 能量·激活·复苏
REACTIVIATION ATP

技术经济指标

项目名称	数据标准		
规划总用地	38.2公顷	绿地率	35%
建筑面积	29公顷	容积率	1.2
道路面积	4.2公顷	机动车位	3500个
建筑密度	30.2%	广场面积	4.2公顷

总平面图

设计说明：

基于基地的工业记忆，成熟的周边环境和具有创新氛围的区位优势，打造一个重塑旧城市工业记忆，连接未来创意与城市市民，连接水岸渡口的城市公共空间。将消极的工业渡口打造成多功能水岸。激发公共空间的全民创意和参与的能性，塑造滨水工业文化创意产业园。

主入口

步行入口

次入口

N

0 5 15 30 60

周边 商业区 商务区 文化交流展示区 长江 平台 北固山

滨水区与人群活动性分析

小商贩希望向外地的旅游者卖出他们的商品

家长希望他们的孩子可以在水边安全玩耍

工人们希望可以从事水上工作

213

R E ATP 能量·激活·复苏
REACTIVIATION ATP

北固山，镇江三山名胜之一，远眺北固，横枕大江，石壁嵯峨，山势险固，因"甘露寺刘备招亲"的故事就发生在北固山，以险峻著称的北固山，因三国故事而阁、山石涧道，无不与三国时期孙刘联姻等历史传说有关，成为游人寻访三国遗迹的踏峰顶，形成"寺冠山"的特色。

北固山位于市区东侧江边，高五十三米，是京口三山名胜之一，形势险要，风景椅角之势。在古代北固山更为人所乐道，故有"京口第一山"之称，远眺北固，横次设计既要体现出古人智慧的传承，又完成现代城市的创新。

滨水空间处理手法：

主题商业区　　　SOHO办公区　　　工业展示区　　　EXPO展示区

表演　　吃饭　　锻炼

码头　　活动　　停留

　更新厂房　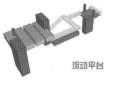　流动平台　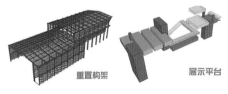　重置构架　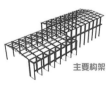　展示平台　　主要构架　屋顶平台

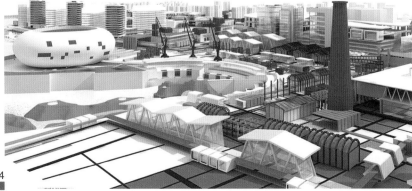

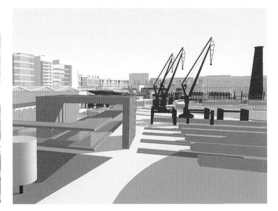

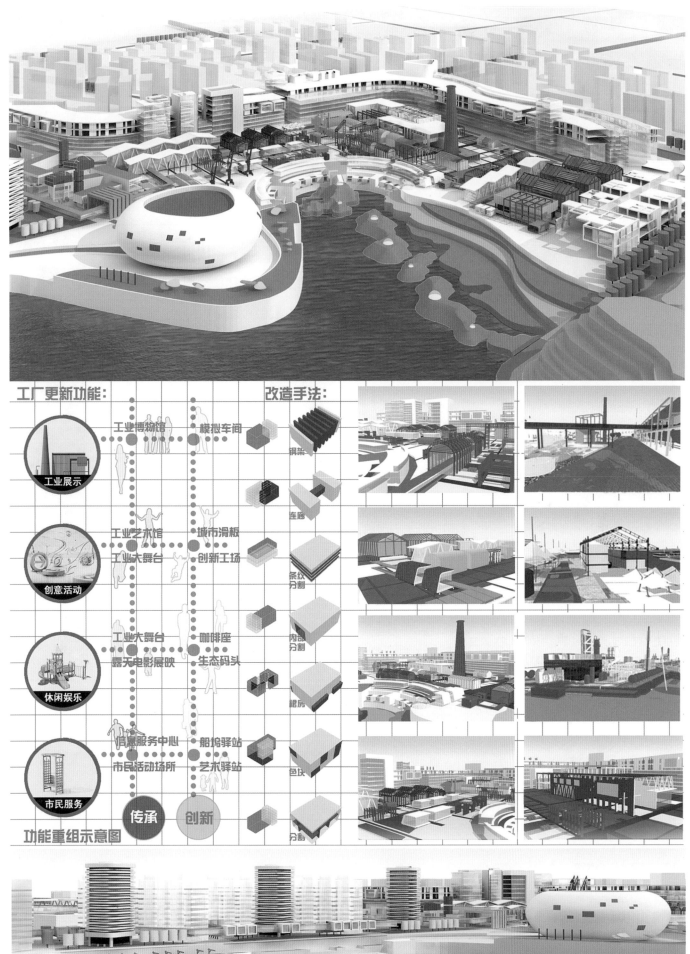

工厂更新功能：

改造手法：

工业展示
工业博物馆　模拟车间
钢架

创意活动
工业艺术馆　城市滑板
工业大舞台　创新工场
条纹分割

休闲娱乐
工业大舞台　咖啡座
露天电影展映　生态码头
内部分割
裙房

市民服务
信息服务中心　船坞驿站
市民活动场所　艺术驿站
色块
分割

功能重组示意图

传承　创新

缘波映坞 浔水而渔

多点触媒联动效应引导下的生态CRD功能区城市设计

学生：蒋蕊、李安博　　指导教师：曾鹏、覃庆鸣、陈天、候鑫

区位环境分析

基地区位分析

TIANJIN　　TANGGU　　BASE

基地位于天津市滨海新区海河沿岸，紧邻滨海新区两大中心商务区，低于位置优越，转型需求迫切。

基地周边环境分析

基地位于于家堡金融商务区对面，基地受到经济辐射影响。

紧邻滨海河，孕育了基地的修、造船文化及捕鱼文化。

南部在未来规划中将有大片高档居住区，地块升值前景良好。规划地铁B2线经过基地并在此设站点，引来大量客流。

上位规划解读

天津市城市总体规划，城市定位为"国际港口城市、北方经济中心和生态城市"。提出"双城双港、相向拓展一轴两带、南北生态"的总体战略。

基地紧邻滨海新区两大金融商务区，按照总体规划应建成具有休闲娱乐功能的生态绿地。

地域特色提取

民族记忆-船坞文化

1880年在洋务运动中李鸿章建立了北洋水师，并在海神庙周围圈地110亩建起了四厂六坞的北洋水师大沽船坞，亦称海神庙船坞。北洋水师船坞成为了中国北方民族工业的发祥地。

昔日辉煌-工厂记忆

基地内保留有部分原来船坞厂房、库房等工业建筑，价值极高的船坞，另外还穿插着斑驳的砖墙，裸露的工业部件，这些构成了基地特有的记忆，提供了重塑地域文化的方向，为改造提供了更多的机会和挑战。

传统村落-渔文化

基地东部渔村历史悠久，早在元末就以"临海捕鱼"、"罾汀煮盐"留名于历史。公元一六九四年（康熙三十三年），康熙皇帝亲临大沽海口视察，钦令在此地建造海神庙一座，数百年过去了，这座渔村展在高楼林立的城市中更显珍贵，但随着环境的变迁，尤其是水质的恶化，水产资源的重匮乏等大量转行，村落也显得破败不堪，风雨飘摇，面临被抹去的危险。如何保护和延续这里的渔文化，为基地的转型提供了更多的机会和挑战。

大沽渔文化发展历史

元末	渔村在塘沽海河两岸出现	
一六五九年（顺治十六年）	清颁布"禁海令"，渔船、商船不准出海，渔船被迫停止生产	
一六七二年（康熙十一年）	清政府宣布"开海禁"，渔民生产逐渐兴旺，渔船不断增多	
一六九四年（康熙三十三年）	康熙皇帝亲临大沽海口视察，钦令建造海神庙一座	
十七世纪	渔民出海捕鱼产量提高，最早的鱼店出现	
十八世纪（清乾隆年间）	开始离海岸较远的地方去捕鱼，渔业生产非常兴旺	
新中国成立后	工业发展迅速，水质污染愈发严重，水产资源日渐贫乏，渔民面临生存困境	

基地现状分析

1. 大沽船坞纪念馆　2. 造船厂甲坞　3. 旧渔村民居　4. 造船厂乙坞　5. 旧修制厂房　6. 轮机厂厂房

用地分析

质量分析

高度分析

		基地资源优势整合	基地问题	解决对策	方案愿景
区位资源	区位 + 交通	基地北侧是建设中的未来大型CBD于家堡金融中心，且紧邻天津港。地铁B2线在基地内，将建成的跨海大桥，使基地与河对岸的CBD紧密连接	问题一 缺少水景观景带，亲水性弱 岸线公共性差	对策一 疏通岸线，塑造滨水线性触媒，丰富滨水活动，激活水岸活力	
文化资源	造船 + 捕鱼	北洋水师船坞、船厂是天津近代工业的代表，有保存价值良好的工业遗产 地域捕鱼产业历史悠久，渔村文化源远流长，海神庙遗址就在基地内	问题二 工厂内向封闭渔village空间破碎 肌理割裂严重	对策二 以绿地、仿古建筑作为触媒介，使两地块形成设计上与功能上的合理过度	
环境资源	工业肌理 + 渔村肌理	大体量的空间组织具有秩序的趣味性，也是工业记忆很好的空间载体 大量合院式的渔村肌理形成了尺度宜人的场所空间	问题三 地块内工业区与渔村，功能单一特色贫瘠	对策三 合理改造现有遗存元素，发掘渔文化与工业文化，打造特色功能触媒点	
生态资源	微气候 + 低碳 low CO2	在上位规划中作为金融区附近少有的城市绿地有着调节城市微气候的任务 天津未来城市发展必将倡导低碳生活理念	问题四 公共空间缺乏吸引点，空间体系缺乏组织	对策四 提炼现有水资源与工业资源，塑造公共开封空间媒体系	

设计理念

多点触媒联动效应是指通过在城市改造中策略性地引进触媒元素，影响或带动其他元素发生改变，从而促进城市建设客观条件的成熟，推动城市加速发展的研究方法。

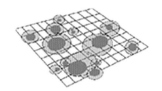

A. 多点触媒联动效应构成及作用原理

a. 构成基础—三大触媒层次

多点触媒联动效应的构成包括触媒点、线状触媒带和综合触媒体系。其中触媒点一般为原始触媒遗存，它可能以各种形式存在，有被塑造的价值；线状触媒带是由新植入的触媒点同原始触媒共同构成，二者相互影响使得辐射能力增强；最终线状触媒带再交织成触媒体系。

b. 作用原理

1. 整理分析城市构成要素，确定原始触媒点及发展策略

2. 改变既定触媒元素在条件成内在属性，植入新的触媒点

3. 新植入的触媒点与原始触媒点一起共振整合，即城市触媒带

4. 各触媒带间相互影响将辐射力渗透到基地的各个角落，形成更大的城市联动反应

B. 多点触媒联动效应的体现

a.提升现存元素价值　b.改善周围元素　c.触媒自身可辨认

d.产品优于元素总合　e.不损失其环境内涵　f.作用效果有方向性

C. 触媒点的激活转化模式

a.置换　　　　b.分裂

c.扩展　　　　d.连接

e.共享　　　　f.转换

影响多点触媒联动效应的变量：多点触媒联动效应受到多种变量的影响，其中触媒点的空间形态，时间变化，交通，功能策略为最主要的影响因素。

A.触媒点与自身空间形态的关系　B.触媒点与时间影响的关系

C.触媒点与交通的关系　　　　D.触媒点与功能策略的关系

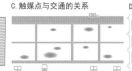

规划定位

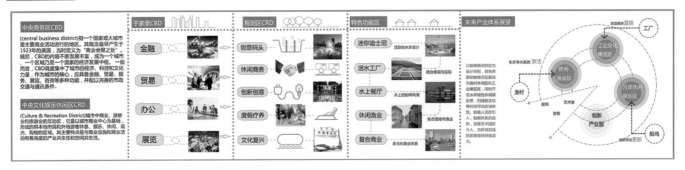

中央商务区CBD
(central business district)指一个国家或大城市里主要商业活动进行的地区。其概念最早产生于1923年的美国，当时定义为"商业集聚之处"。随后，CBD的内容不断发展丰富，成为一个城市、一个区域乃至一个国家的经济发展中枢。一般而言，CBD高度集中了城市的经济、科技和文化力量，作为城市的核心，应具备金融、贸易、服务、展览、咨询等多种功能，并配以完善的市政交通与通讯条件。

金融 / 贸易 / 办公 / 展览

于家堡CBD

规划区CRD
创意码头 / 休闲商务 / 创新创意 / 度假疗养 / 文化复兴

中央文化娱乐休闲区CRD
(Culture & Recreation District)城市中商业、游憩业和旅游业的互动区，它是以城市市中心为基础，在城市中心区和都市范围内形成富有都市品味的餐饮、娱乐、休闲、观光、购物的区域，其主要特点是与商业设施和商业活动有着高度的产业共生性和空间共生性。

特色功能区
迷你迪士尼 / 活水工厂 / 水上餐厅 / 休闲渔业 / 复合商业

未来产业体系展望
以触媒联动效应为设计的核心，首先用原始触媒激发渔村、工业遗址区，同时开发水岸线性休闲娱乐带，和延续性文化带共同带动旧城复兴。其次，触媒体为复合点介，为区域提供持续的发展提升动力。

设计策略解析

STEP1 建立设计框架体系

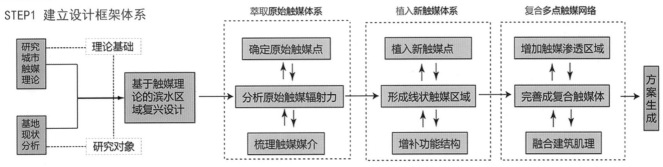

萃取原始触媒体系 / 植入新触媒体系 / 复合多点触媒网络

研究城市触媒理论 → 理论基础
基地现状分析 → 研究对象
→ 基于触媒理论的滨水区域复兴设计 →
确定原始触媒点 / 分析原始触媒辐射力 / 梳理触媒媒介
→ 植入新触媒点 / 形成线状触媒区域 / 增补功能结构
→ 增加触媒渗透区域 / 完善成复合触媒体 / 融合建筑肌理
→ 方案生成

STEP2 加载多极触媒网络——萃取、植入、复合

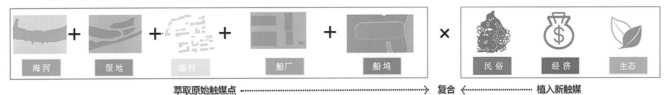

海河 + 湿地 + 渔村 + 船厂 + 船坞 × 民俗 经济 生态

萃取原始触媒点 ·········> 复合 <········· 植入新触媒

STEP3 解析辐射及联动效能

海河 / 湿地

船厂 / 渔村

民俗 / 经济

传统建筑 / 现代建筑

分析：基地处于海河的入海口是重要的交通要塞，成就了北洋船厂与北洋船坞也孕育了渔村，是基地最为重要的元素。

分析：在近代，北洋船坞让这块地繁荣一时，船文化达到顶峰；改革开放后，渔业兴盛；两者交织形成基地独特的矛盾肌理。

分析：民间风俗和经济条件的改变在极大程度上改变空间形态，并成为未来发展的重要推动力与引导因素。

分析：渔业与船业的衰败，使土地价值降低，大量居民迁出，土地开发强度低，呈现出建筑形式混杂的现状，需要进行整体结构更新。

STEP4 生成功能及空间架构

功能架构生成

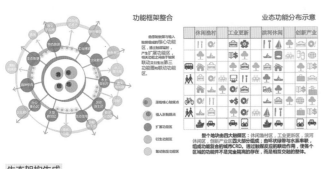

功能框架整合 / 业态功能分布示意

生态架构生成
水系统净化模式

历史 河水
现在 污染
措施 雨水收集 / 可渗透地面 / 活水工厂处理 / 净化的水体 / 水产品养殖 / 回归城市 / 惠及城市

空间架构生成

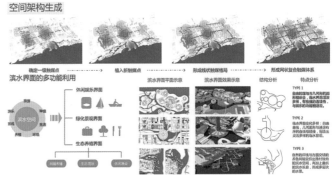

确定一级触媒点 → 植入新触媒点 → 形成线状触媒格局 → 形成网状复合触媒体系
滨水界面的多功能利用
休闲娱乐界面 / 绿化景观界面 / 生态养殖界面
滨水界面平面示意 / 滨水界面效果示意 / 结构分析
特点分析 TYPE 1 / TYPE 2 / TYPE 3

活水工厂改造

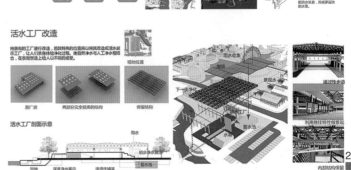

活水工厂剖面示意

空间形态解析

A 形态提取

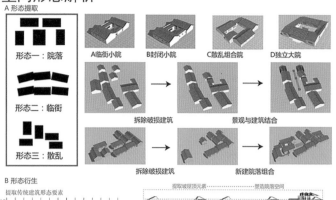

形态一：院落
形态二：临街
形态三：散乱

A临街小院　B封闭小院　C散乱组合院　D独立大院

拆除破损建筑　　景观与建筑结合

拆除破损建筑　　新建院落组合

B 形态衍生

提取传统建筑形态要素

提取破屋顶元素········塑造院落空间
廊桥景观元素应用········院落空间提取

工业区遗存触媒区

工业要素构成

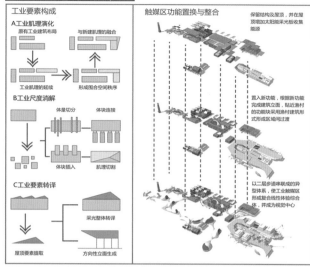

A工业肌理演化

原有工业建筑布局　与新建肌理的融合
工业肌理的延续　　形成围合空间秩序

B工业尺度消解

体量切分
体块连接
体块插入
肌理切割

C工业要素转译

采光整体转译
屋顶要素提取　方向性立面生成

触媒区功能置换与整合

保留结构及屋顶，并在屋顶增加太阳能采光板收集能源

置入新功能，根据新功能完成建筑立面，贴近渔村的功能块采用渔村建筑形式形成区域间过渡

以二层步道串联成的异型体块，使工业触媒区形成复合线性体验综合体，并成为视觉中心

生态鱼塘解析

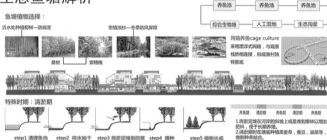

鱼塘植物选择：

近水处种植柳树一一防病害
密植池杉一一冬季防风屏障

桑树　　紫穗槐

网箱养鱼cage culture
采用漂浮式网箱，与观景栈桥相连接，形成济渎村独特景观

特殊时期：清淤期

step1 清理鱼池　step2 将水抽干　step3 将淤泥堆到田埂　step4 播种　step5 植物长成

	养鱼期	清淤期	养鱼期	清淤期	养鱼期

1.将淤泥堆在河塘的斜坡上或是堆到果林以增加肥料，便于长期养殖。
2.清淤期时在塘底种植黄麦草、蚕豆、油菜等，做到种养结合。

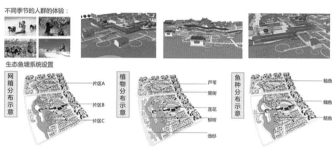

不同季节的人群的体验：

生态鱼塘系统设置

网箱分布示意 | 植物分布示意 | 鱼种分布示意

片区A　片区B　片区C

芦苇　果树　莲花　柳树　池杉

鲢鱼　鲢鱼　鲢鱼

总平面图

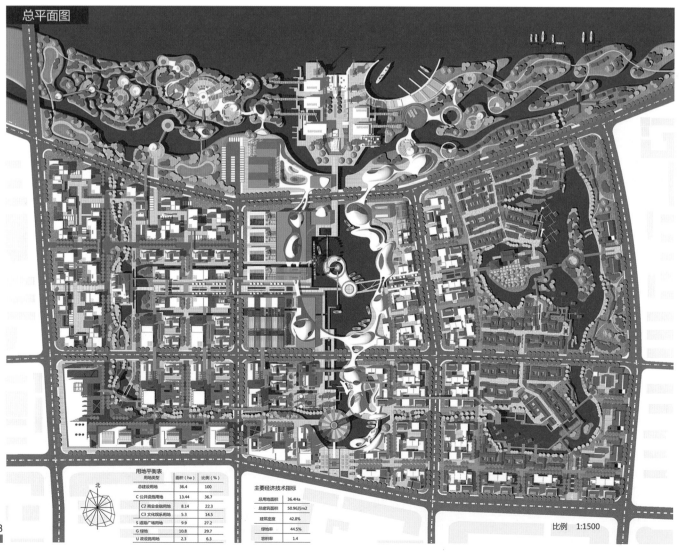

北

用地平衡表

用地类型	面积（ha）	比例（%）
总建设用地	36.4	100
C 公共设施用地	13.44	36.7
C2 商业金融用地	8.14	22.3
C3 文化观演用地	5.3	14.5
S 道路用地	9.9	27.2
G 广场用地	10.8	29.7
U 政设施用地	2.3	6.3

主要经济技术指标

总用地面积	36.4Ha
总建筑面积	50.9675m2
建筑密度	42.8%
绿地率	44.5%
容积率	1.4

比例 1:1500

开发时序分析

一期建设：梳理水网与路网，以及基地内原有触媒点，分析各触媒点的辐射力，并对其进行更新，完成第一层级的触媒体系。

二期建设：在原始触媒点基础上，根据分析植入新的触媒点，使得两个层级的触媒形成线性触媒区域，并相互影响，产生联动与共振效应，让触媒作用力达到最大。

三期建设：在线性触媒体系作用下，基地已经开始吸引大量人流，提取原有的建筑元素，使得新旧触媒的关系更加融合。根据需要逐步布全各类设施，完善现有触媒体系。

四期建设：根据发展需要，在基地有足够吸引力基础上加入衍生的触媒点，完成最终的复合触媒体系。逐步添加附属的功能块与设施，让基地能有计划的持续发展。

规划系统分析

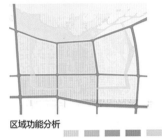  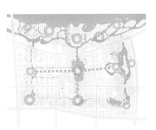 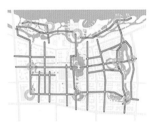

区域功能分析

渔业旅游区　创新产业区　文化娱乐区　商业办公区　绿地休闲区

机动交通分析

景观系统分析
人工景观节点：
自然景观节点：
主要景观轴线：

步行系统分析
步行线路：
景观步行节点：
娱乐步行节点：

城市主要道路：
城市次要道路：
城市支路：

 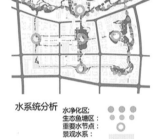 

建筑高度分析　2层以下：
3-6层：
6-20层：

水系统分析
水净化区：
生态鱼塘区：
重要水节点：
景观水系：

公共开放空间分析

主要公共空间轴线　　次要公共空间轴线　　重要空间节点

公共空间展示

分析：
片区四为商贸与创新产业园区，商贸区紧邻地铁人流量与商机巨大。创新产业园中的带状公园，给人在紧张的生活中一处呼吸之地。

主要公共活动类型：

分析：
片区三为河岸生态休闲区，在保证湿地的生态调节功能基础上，植入新的娱乐休闲功能。

主要公共活动类型：

分析：
片区二为工业更新区，对原始工业触媒进行分析，植入异型的体块，活跃整个区域，其与规划后定位的文化娱乐功能主题更加切合。

主要公共活动类型：

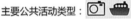

分析：
片区一为传统渔村更新区，在保留更新原有的海神庙与鱼塘触媒点外植入了采摘园与民俗风情街等新触媒区。

主要公共活动类型：

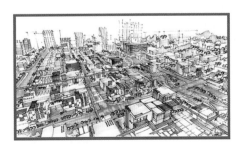  

鸟瞰图

触媒激活主轴

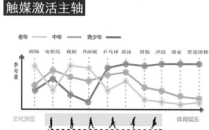

文化轴的24时活力分析 活力值最高时间 活力持续时间

主轴位置：

旅游线路推荐

A渔村体验之旅 B文化游乐之旅 C商贸办公之行

为提高文化轴的活力度，将文化与娱乐功能相结合，合理布置活力点，使各年龄段人群都能参与其中并考虑活动时间分布因素，使活力点持续相互增持达到无零点的效果。

18:00 pm

21:00 pm

23:00 pm

轮机厂改造设计

现状外观

改造后内部结构剖面图

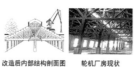
轮机厂房现状

改造后室内效果

原木 青砖 金属 红色机砖 灰色瓦片

利用3m一榀的木构架间隙设置11m×4.2m玻璃廊道以供参观者近距离欣赏屋架细节

修复屋顶，保留其双脊形屋顶形式，并依然延续其原有灰色瓦盖材质

加建部分采用玻璃作为外围护体系，以工字钢作为支撑结构。钢架形式与轮机厂房木架结构相似

在轮机厂房山墙外侧加建全玻璃体系的服务空间。在服务空间立面设计上，延续厂房原有设计语言

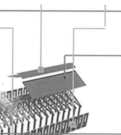

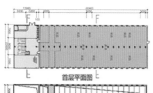

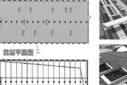

首层平面图

二层平面图

轮机厂房建于1880年，为砖木结构。是北洋水师时期的大沽船坞唯一建筑物遗存，具有极高的保存价值，改造意向为建成区域内的历史博物馆。

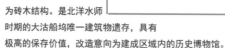

船坞改造设计

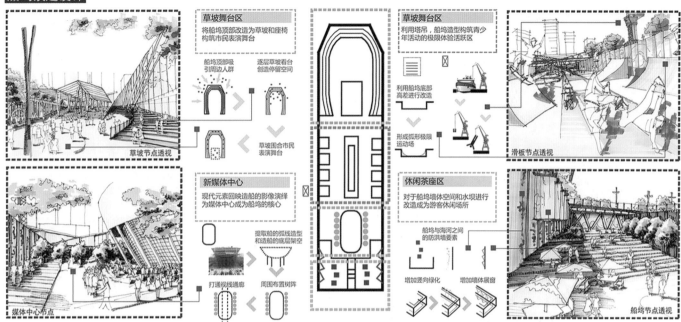

草坡舞台区
将船坞顶部改造为草坡和座椅构筑市民表演舞台

船坞顶部吸引周边人群

逐层草坡看台创造停留空间

草坡围合市民表演舞台

草坡节点透视

新媒体中心
现代元素回映造船的影像演绎为媒体中心成为船坞的核心

提取船的弧线造型和造船的底层架空

打通视线通廊

周围布置树阵

媒体中心节点

草坡舞台区
利用塔吊，船坞造型构筑青少年活动的极限体验活跃区

利用船坞底部高差进行改造

形成弧形极限运动场

滑板节点透视

休闲茶座区
对于船坞墙体空间和水坝进行改造成为游客休闲场所

船坞与海河之间的防洪墙要素

增加竖向绿化

增加墙体展窗

船坞节点透视

渔村沿河景观轴线分析

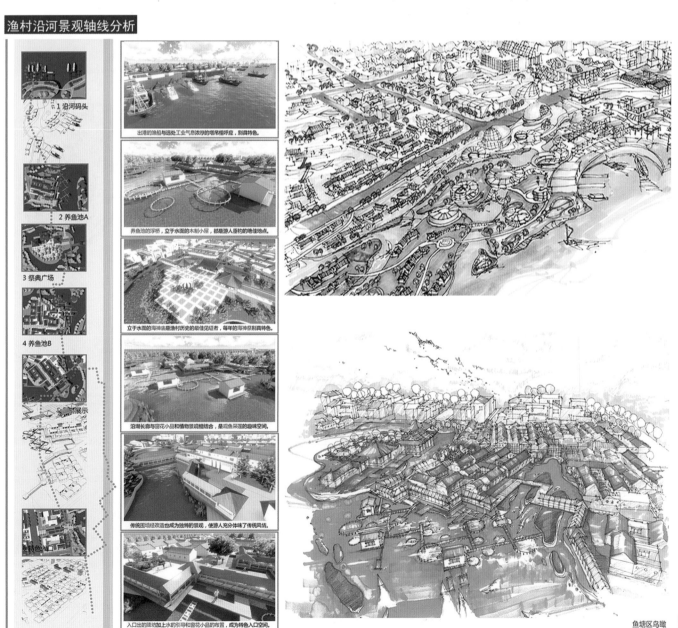

1 沿河码头

2 养鱼池A

3 祭典广场

4 养鱼池B

出港的渔船与远处工业气息浓厚的塔吊相呼应，别具特色。

养鱼池的浮桥，立于水面的木制小屋，都是游人垂钓的绝佳地点。

立于水面的海神庙是渔村历史的最佳见证者，每年的海神祭别具特色。

沿港长嘉与窖花小品和植物景观相结合，是观花采绿的趣味空间。

传统围坞经改造也成为独特的景观，使游人充分体味了传统风情。

入口出的牌坊加以水的引导和窖船小品的布置，成为特色入口空间。

学生：杨洋、张媛媛   指导教师：任雪冰、梁玮男、姬凌云、王珺

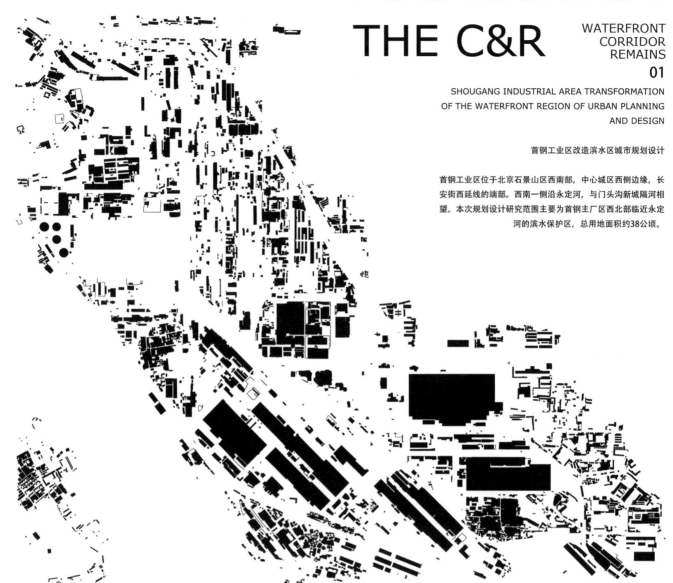

THE C&R

WATERFRONT CORRIDOR REMAINS 01

SHOUGANG INDUSTRIAL AREA TRANSFORMATION OF THE WATERFRONT REGION OF URBAN PLANNING AND DESIGN

首钢工业区改造滨水区城市规划设计

首钢工业区位于北京石景山区西南部，中心城区西侧边缘，长安街西延线的端部。西南一侧沿永定河，与门头沟新城隔河相望。本次规划设计研究范围主要为首钢主厂区西北部临近永定河的滨水保护区，总用地面积约38公顷。

[1] 历史文化

在我国现代工业每时每刻都面临着技术更新和更替、转产和现代化的大背景下，工业遗产保护带有抢救性意义。如何保护具有一定价值的工业遗产，成为建筑界共同关注的话题。越来越多的有识之士也开始关注工业遗产的再利用，并且使它们在城市更新中得以保存。

首钢首钢工业区处于西部发展带和东西文化轴相交的节点地位。具有悠久的历史，其发展历程是中国钢铁工业从无到有的缩影。

研究对象

规划范围

对首钢不同时期的发展脉络进行分析，可以看出，首钢工业区基本上遗循沿永定河从西北向东南发展的趋势。

首钢工业区拥有不少国内独创建筑结构类型及技术，如在高炉建设中首先采用钢管混凝土格构柱，为当时国内最先进的结构技术，为国家钢管混凝土设计规程编制提供了重要工程依据。

首钢随着历史的发展而变化，特别是完成整合的这些年时间里，更是发生了明显的变化：企业综合实力明显提高，主要经济指标连创新水平，"首钢建设"品牌越叫越响、企业资质成功晋级、科研技术成果频出、企业文化建设活力突显。

最关键的是在首钢进行战略性结构和搬迁调整中扮演了非常重要的角色，出色地完成了现代化的迁建和建设，改变了钢铁主业发展的历史，向全世界展现了首钢人的建设能力，参与了2008北京奥运场馆关键部位的建设，向全世纪展现首钢的建设水平。

近90年的时间，首钢工业区不仅维持了同样的功能，并且还不断发展，具有极高的史料价值。

[2] 区位分析

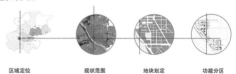

| 区域定位 | 现状范围 | 地块划定 | 功能分区 |

首钢北京市石景山区，其未来发展面临着环境与资源制约，首钢涉钢部分整体搬迁，不仅对于首钢集团自身的可持续发展意义重大，而且对于首都环境改善、国际大都市建设以及我国钢铁工业结构调整和产业升级都具有推动作用。石景山，当年是北京城的郊区，如今却成为市区，这使得首钢老厂区不可避免要继续承担一定的经济发展职能和带动首钢西部发展的城市职能。"跳出房地产、超越CBD"，将首钢厂区划分为工业主题公园区、文化创意产业区等七大功能区，对工业遗存保护和规划进行

Steel Structure

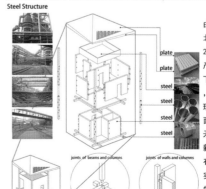

plate
plate
steel
steel
steel
steel

joints of beams and columns   joints of walls and columns

由于环境污染，节能减排及北京奥运会等原因，首钢于2010年底在背景市区全部停产，完成搬迁，主厂区内留下了大量的建构筑物及设备，这些工业遗存需要得到合理的保护与再利用；同时也面临着历史包袱沉重、社会矛盾突出等诸多问题。在更新改造过程中如何做到既能有效地保护工业遗存，又能实现地区经济、文化与环境的协调发展，是一个时代的难题。

1919—1937年，官商合营龙烟铁矿公司，龙烟铁矿石景山炼厂							工业遗产、环境治理	
北洋军阀时期	1937—1945年，制铁株式会社石景山铸铁厂						基地更新、功能重组	
						首钢停产、物底搬迁		
	1945时期的石景山钢铁厂							
日本帝国主义侵入时期			十里钢城				可以转型的新未来……	
1919	1937	1945	1949	1996	2010	2012		

北京首钢重天历史年鉴装

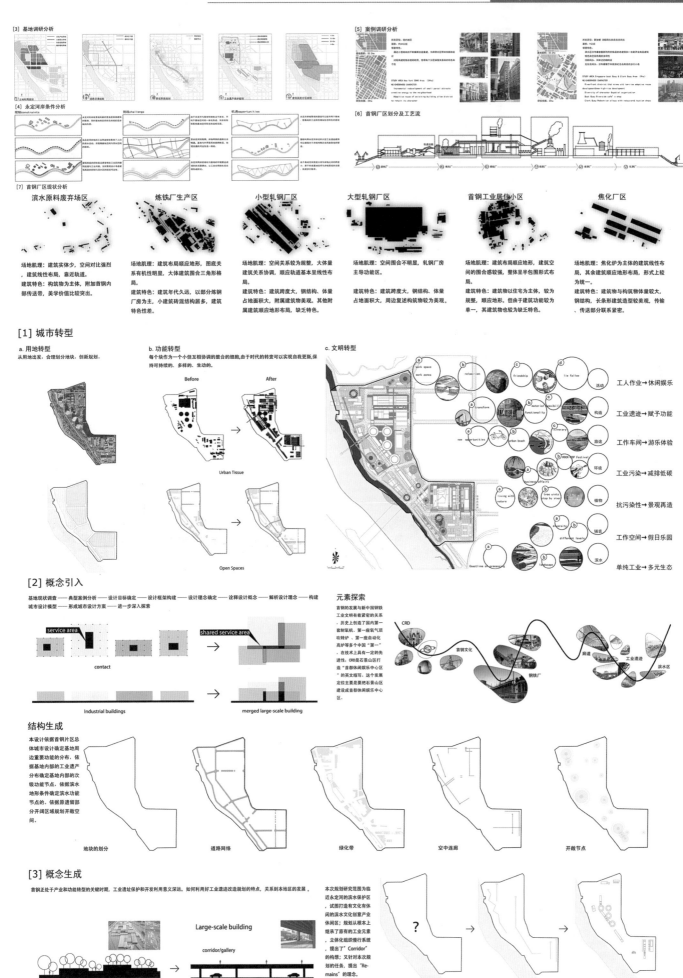

方案构思

根据工业遗产评估体系将工业遗产分为三类不同级别进行保护和改造规划利用：
重点保护的生产性建筑；具有一定价值的非重点性改建用建筑；具有一定价值的特色工业构筑物。
在此基础上进行构思初步形成方案雏形。

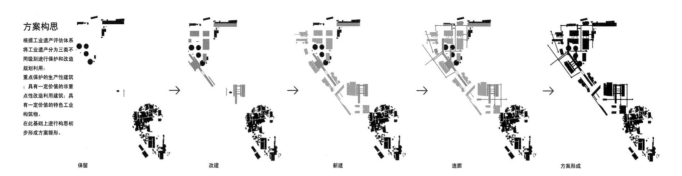

保留　　　　　　改建　　　　　　新建　　　　　　连廊　　　　　　方案形成

[4] 概念分析-Corridor 廊桥

调研时不难发现，厂区内主要的构筑物被划分为常见的管道连廊以及具有一定展示性的独立构筑物。对于构筑物的利用应根据规划设计需求进行，而对于那些连接于各原料厂之间的传送带等的传送带等的利用，进行合理的改造和利用，不仅能合理规划步行交通系统，同时也是点缀基地当中的一些景观节点。

现有廊道分布位置：

基地现状描述：

由于基地地段在基础上具备特有的工业遗迹景观特色，场地中由于各工业建筑的搭建，形成并遗留了不少强烈地体现工业遗产特色的传送带、管道等设施，为保证场地中重要的工业遗址走廊及场地内建筑结构之间的相互关系能够得到最大限度的展现，设计中着重研究现状基地中的各工业遗址廊道及传送带、管道；同时有效合理的进行了部分遗迹。

除此之外，还提出了部分假想结构构建框架。

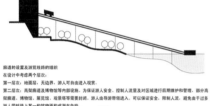

廊道的设置及游览线路的组织
在设计中也考两个层次：
第一层次：地面层，无边界，游人可自由地进入观赏。
第二层次：高架廊道及博物馆等设施，为保证游人安全、控制人流量及对区域进行后期维护和管理，部分高架廊道、博物馆、展览馆、观景桥等需要封闭，游人由专游廊带进入。可以保证安全、限制人流，避免由于过多游人同时登上某一构筑物而构成的潜在危险。

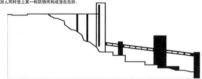

1) - 传送带：

原有廊道分布示意图

——城市文化创意生活的载体

公园内现有的工业建构筑物非常具有特色及吸引力，对其进行合理的改造和再利用，将工业文化与城市型创意文化相结合，将成为承载文化创意产业的主要载体，使遗址公园成为一个充满活力和富有吸引力的都市文化创意产业园。

2) - 煤气管道

原主要用于将生产的煤气收集到煤气罐中，由煤气罐向各类生产性厂房输送煤气，几种的分布在小火车等两侧及岸线区域，对于煤气管道的利用除了改造为步行设施以外，还作为重要的景观构筑物，是工业遗址廊道整体氛围更为浓厚。

1) - 传送带：

原用于各类原料在厂区之间的传送，多见与焦化厂及绕拉厂区，设计中主要将各改造成为重要的步行廊道。在滨水区、商务办公区及冰水塔改造核心区域将各个公共服务设施及活动区进行联系；在中心公园开敞活动区域通过新建传送带增强各区域可达性；在西部滨临永定河区域则设计为特色的观光步道。

改造利用原有传送带、管道成为特色空中步行系统，综合原有工业构筑物和新建建筑，网络化联系场地各个开敞空间。

二层空间包括皮带廊道改造的步行道，架空管道改造的步行道及部分可上人设备机器顶部步行道。二层空间系统串联各主要景观区域，设多个上下交通盒，方便游人参观。
游人可在其中体验工业流程，同时能俯瞰整个地段。

现状照片　　　　　　设计意向

Remains 遗梦

珍视工业遗迹的历史价值，尊重厂区的历史氛围和时代特征，进行妥善的保护和再利用，遵循遗址保护与开发利用相结合的原则。

工业遗产下的立体交通设计

系统划分	系统分述	现状功能	策略	规划功能
常规交通	步行	炼焦原料运输管道		交通运输
	内部小火车	首钢片区内部货运		游览观光/交通运输
体验交通	自行车	无		游览观光
	索道	炼焦原料运输管道		游览观光
	缆车	煤气运输管道		交通运输

■ 改造　■ 拆除　□ 新建

改造工业建构筑物，是物质和能源的循环再利用，既是维持场地自我的表现，也秉重了场地生态发展的过程，设计中将工业运输管道部分保留原转换站的结构，作为交通空间上下联节点，并植入功能，设计使延续管道在空间上立体穿插感。

室外防护罩　　工业构件　　连廊节点　　铺设廊道

管道构件

原有煤气输送管

工业遗迹控制引导

1：保留原有工业性质大尺度建筑
2：工业遗产走廊宽度控制在10m以内
3：保留部分工业传送带、管道
4：保护性利用滨水工业区

原有工业遗产改造意向

穿插

平插

[1] 元素分层分析

道路元素分析　　　　　　廊桥元素分析　　　　　　景观元素分析

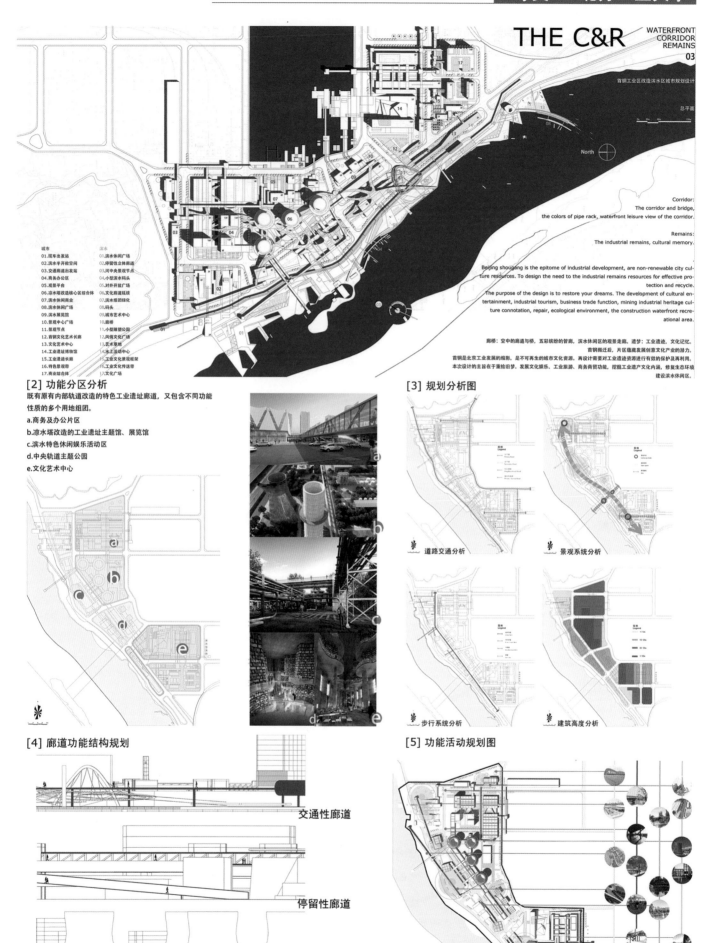

THE C&R

WATERFRONT CORRIDOR REMAINS 03

首钢工业区改造滨水区城市规划设计

总平面

North

Corridor:
The corridor and bridge, the colors of pipe rack, waterfront leisure view of the corridor.

Remains:
The industrial remains, cultural memory.

Beijing shougang is the epitome of industrial development, are non-renewable city culture resources. To design the need to the industrial remains resources for effective protection and recycle.
The purpose of the design is to restore your dreams. The development of cultural entertainment, industrial tourism, business trade function, mining industrial heritage culture connotation, repair, ecological environment, the construction waterfront recreational area.

廊桥：空中的廊道与桥，五彩缤纷的管廊，滨水休闲区的观景走廊。遗梦：工业遗造，文化记忆。
首钢搬迁后，片区蕴藏发展创意文化产业的潜力。
首钢是北京工业发展的缩影，是不可再生的城市文化资源。再设计需要对工业遗迹资源进行有效的保护及再利用。
本次设计的主旨在于重拾旧梦。发展文化娱乐、工业旅游、商务商贸功能，挖掘工业遗产文化内涵，修复生态环境建设滨水休闲区。

城市
01.观车出发站
02.滨水半开放空间
03.交通廊道出发站
04.商务办公区
05.观景平台
06.凉水塔改造核心区综合体
07.滨水休闲商业
08.滨水休闲广场
09.滨水展览馆
10.景观中心广场
11.景观节点
12.首钢文化艺术长廊
13.文化艺术中心
14.工业遗迹博物馆
15.工业遗道长廊
16.特色景观带
17.商业综合体

滨水
01.滨水休闲广场
02.停留性立体廊道
03.河中央观景节点
04.小型滨水码头
05.对外开放广场
06.滨水组道延续
07.滨水组道绿化
08.码头
09.城市艺术中心
10.廊桥
11.小型雕塑公园
12.风情文化广场
13.艺术草地
14.水上活动区
15.工业文化景观场架
16.工业文化传送带
17.文化广场

[2] 功能分区分析

既有原有内部轨道改造的特色工业遗址廊道，又包含不同功能性质的多个用地组团。
a.商务及办公片区
b.凉水塔改造的工业遗址主题馆、展览馆
c.滨水特色休闲娱乐活动区
d.中央轨道主题公园
e.文化艺术中心

[3] 规划分析图

道路交通分析

景观系统分析

步行系统分析

建筑高度分析

[4] 廊道功能结构规划

交通性廊道

停留性廊道

景观性廊道

[5] 功能活动规划图

滨水活动
体验活动
自然活动
文化活动

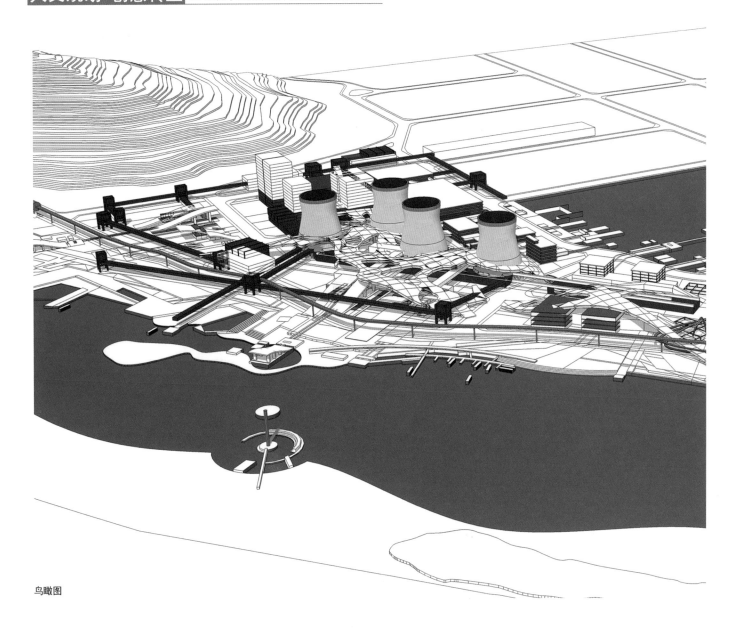

鸟瞰图

[1] 详细节点透视

选取其中的地块进行详细的节点设计，着力点在于区域功能布置、垂直等高线方向的道路营造以及区域内部场地划分。
1.功能布置上，沿主要道路和垂直等高线方向街道布置办公、滨水活动、工业遗迹等功能，其中滨水部分主要包含人群活动开敞空间广场等功能；
2.垂直等高线方向道路营造方面，主要为底层开发界面和各种连廊+小空间的运用；
3.区域内部场地地划分上，根据办公、公建等不同情况划分活动场地。

平面图中，滨水垂直等高线铺地部分为垂直等高线方向的半开敞滨水活动区，沿街配置有小型商业。

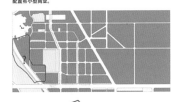
滨水休闲区 ⓐ

additional program ← Functional arrangement
← contour line
← Internal site

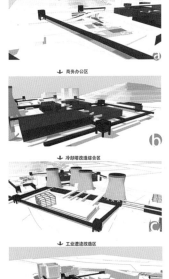
商务办公区 ⓑ
冷却塔改造综合区 ⓒ
工业遗建改造区 ⓓ

详细节点设计意向

[工业遗迹改造区]

[文化艺术展览区]

[人文生态活动区]

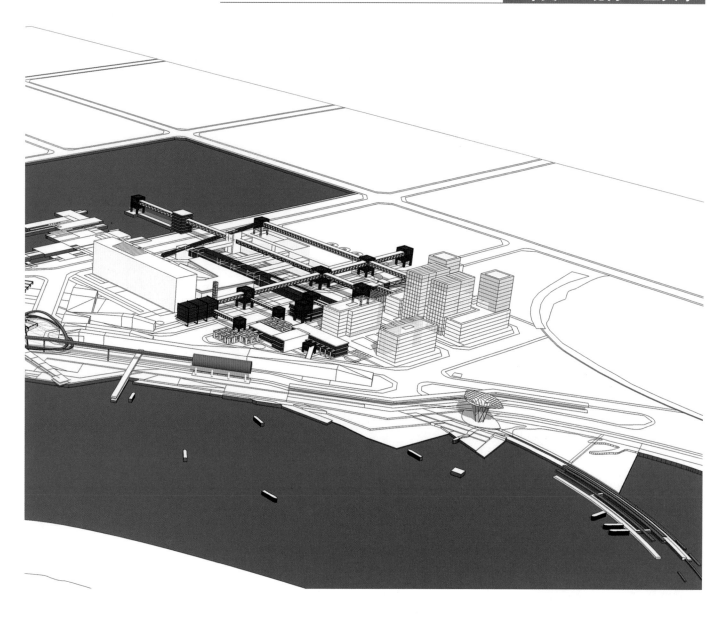

[2] 滨水岸线分析

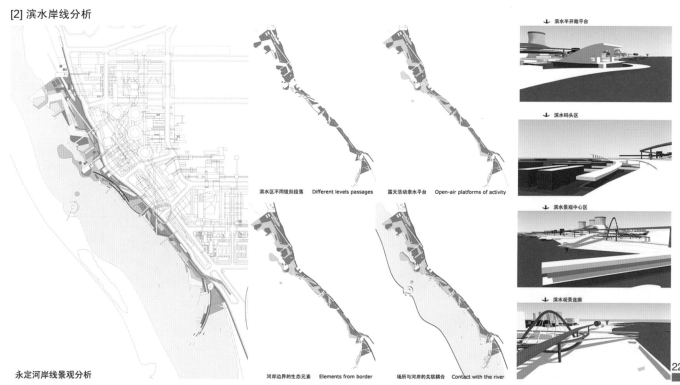

永定河岸线景观分析

滨水区不同级别段落　　Different levels passages　　露天活动亲水平台　　Open-air platforms of activity

河岸边界的生态元素　　Elements from border　　场所与河岸的关联耦合　　Contact with the river

↓ 滨水半开敞平台

↓ 滨水码头区

↓ 滨水景观中心区

↓ 滨水观景连廊

溶解城市——济南洪家楼片区城市设计

学生：王溪溪、杨阳　　指导教师：范静、石晓风、倪剑波、于爱芹、赵亮、李鹏

URBAN SOLUTION

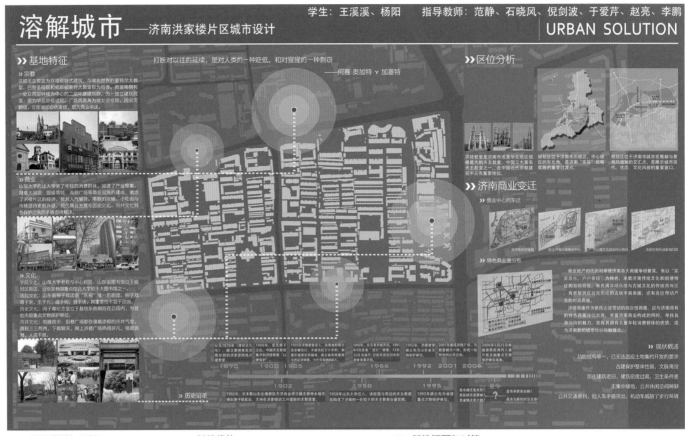

》基地特征

打断对以往的延续，是对人类的一种贬低，和对猩猩的一种剽窃
——何塞 奥加特 Y 加塞特

》宗教
洪楼天主教堂为双塔哥特式建筑，与闻名世界的夏特尔大教堂，巴黎圣母院和城郊最特大教堂皆为相像，教堂南侧有一处以四层钟楼为中心的二层环楼院落，为一独立建筑院落，原分为北部总修道院，门廊西南角为修女进修院，因火灾翻倒，立面墙体白色面砖，现为商业用店。

》商业
山东大学的迁入带来了年轻的消费群体，加速了产业繁荣，隆盛大闽家、银座商城、高新广场等商业设施的建成，激活了洪楼片区的经济，使其人馨杂、零散的店铺、小吃店与市场亟待更新升级，现代商业发展与历史文化、市井文化特色保护空间的矛盾急待解决。

》文化
学区文化：山东大学校与中心校区、山东省图书馆位于规划区周边，分别是韩国象点总会大学和十大孔府第之一。
戏剧文化：山东省柳子戏剧是"东柳"唯一的剧团，柳子戏萌于末，盛于明，清末，衰于清，其重变性生于王于谷源。
历史文化：岗子春纪念堂位于基地东侧倒白石公园内，为首批市级重点文物保护单位。
市井文化：地摊城市，街楼广场彩漫着洛的市井气，居民三三两两，下棋聊天，梭上炒场热闹用月，唱戏跳舞...人不少。

》济南商业变迁

》商业中心的东迁

》特色商业圈分布

》区位分析

洪楼天主教堂是济南市也是华北地区规模最大的天主教堂，中国三大著名天主教堂之一，在中国近代天主教建筑中占有重要地位。

规划位于济南市历城区，中心城区的东北角，是济南"东拓"战略实施的重要过渡点。

规划区位处于济南市发展主轴与景观风貌展示轴上，是展示城市现代、生态、文化风貌的重要窗口。

》历史沿革

| 1870 | 1900 | 1905 | 1966 | 1992 | 2001 | 2006 |

》现状概述

功能结构单一，已无法适应土地性质化的开发的要求
古建保护整体性差，文脉淹没
居住建筑老旧，建筑密度过高，卫生条件差
无集中绿地，公共休闲空间稀缺
公共交通便利，但人车矛盾突出，机动车威胁着了步行环境

》课题背景与目标

》都市生活现状
都市生活两点一线，单调忙碌，生存空间狭小。
强调功能复合，形成就近工作就近居住的生活社区。

》历史文脉传承
历史文化遗迹林立，其建筑群整体空间氛围被破碎的商业不断蚕食，亟待恢复近乎断层。
保护文化的氛围而非单栋建筑，与商业功能相溶解以实现人文规划。

》空间归还计划
高强度的商业与居住开发将属于市民的公共空间，流动似乎总是身份专场持存，构建立体城市空间体系，将地面空间归还给市民，而非让市民"享受"钢筋混凝土森林中"规划"的空间，真正做到创意转型。

我们的**工作、生活、游憩**空间呢

》上位规划解读

2006～2020年济南市总体规划确定洪楼片区为次级商业中心，并将再改造上开为近期重点建设项目，同时规划辛家庄子科技产业聚集地区，打造山东脑科技文化培育基地。
洪楼片区在济南市商业结构体系中级别的商种特色商业的形成为基地的发展提供了良好的契机。

规划区现为历城区政府所在地，总体规划将该区行政中心东迁至思溪新区，大量行政的机关的搬迁为为规划的更新改造和周边环境的提升带来了机遇，但同时，支撑洪楼片区发展的行政职能的缺失，也使本区的转型与重构面临巨大的挑战。

济南市总体规划中心确定中心片区为历城区政府所在地，拟将打处历史文化形态的名片，利用其发展城市特色的目标，使本区的发展转型也成为需解决的问题。

》基地优势

交通引导
二环东路引楼东新的商业蓬勃而起，交通通的隔离力强劲。
公交系发达，27条线路在此汇集，基地可达性与便捷性高。

历史积淀
洪楼天主教堂是片区的标识，是构成济南异象的重要节点，其承载风情很故事多样，其丰富历史书写了场地记忆，并具有着丰厚的群体价值。

文化牵动
多种文化元素在基地缠缠绕绕，聚集城市特色、创意城创造潜力。
大学的特色专业与集聚的年华有志的学子，使基地充满创造力。

生态先行
富头大明的永采是整治城与与山公园百园之间的开放升级与纽带系统，无法确变实现从片区到城市的拓展。

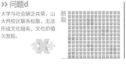

》概念初探

一种物质（溶质）以离子或分子均匀地分布于另一种物质（溶剂）中所得的稳定状态的液体叫溶液，溶液的形成过程叫溶解。

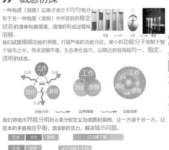

我们将城市界限分明的元素分别定义为溶质和溶剂，让一方溶于另一方，让原本的矛盾相互平衡，激发新的活力，解决城市问题。

Solution 1.a way of solving a problem or dealing with a difficult situation 解决办法；处理手段
4.the process of dissolving a solid or gas in a liquid 溶解（过程）
——《牛津高阶英汉双解词典》

我们希望通过溶解的手段来解决问题

》基地问题与对策

》问题a
土地利用粗放，盲目开发，功能单一，建筑密度及容积率过高。

》对策a
土地高效集约化利用，强调二维与三维的功能复合，并加强四维的活力策划。

》问题b
交通组织混乱，过境交通干扰严重，人车矛盾日益突出，静态交通设施严重缺乏。

》对策b
改车行优先思想为步行优先，建立立体的交通系统，开发地下空间，组织静态交通。

》问题c
居住区建设年代久远，建筑密度一般，缺乏公共绿地，安全卫生堪忧。

》对策c
提供多样的居住选择类型，增设休闲空间，改变传统规划模式，使居住相溶解。

》问题d
大学与社会缺乏共享，山大两校区联系松散，无法形成文化链条，文化价值欠发掘。

》对策d
链接山大两校区，打通文脉，使大学社会化，实现双赢。

建筑性质分析

图例

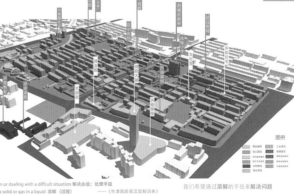

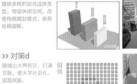

建筑现状　建筑高度分析　建筑年代分析　建筑拆改建议　道路系统　绿化景观

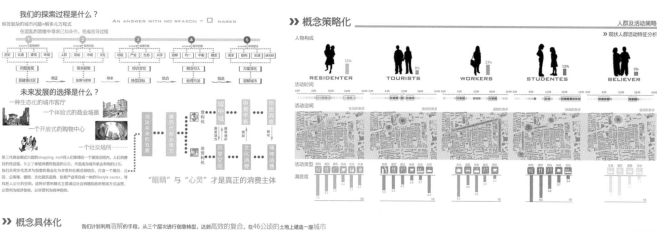

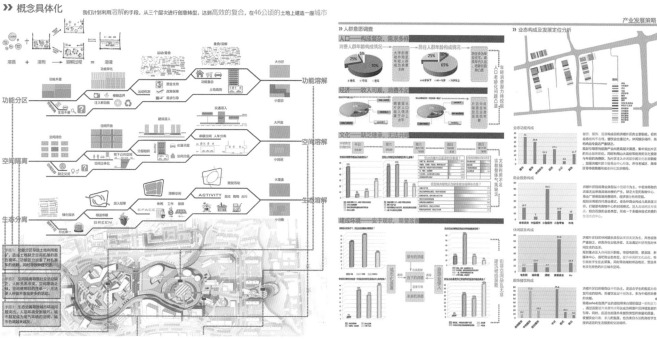

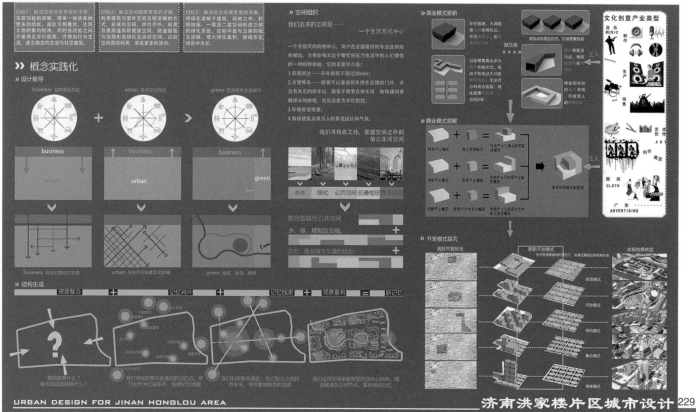

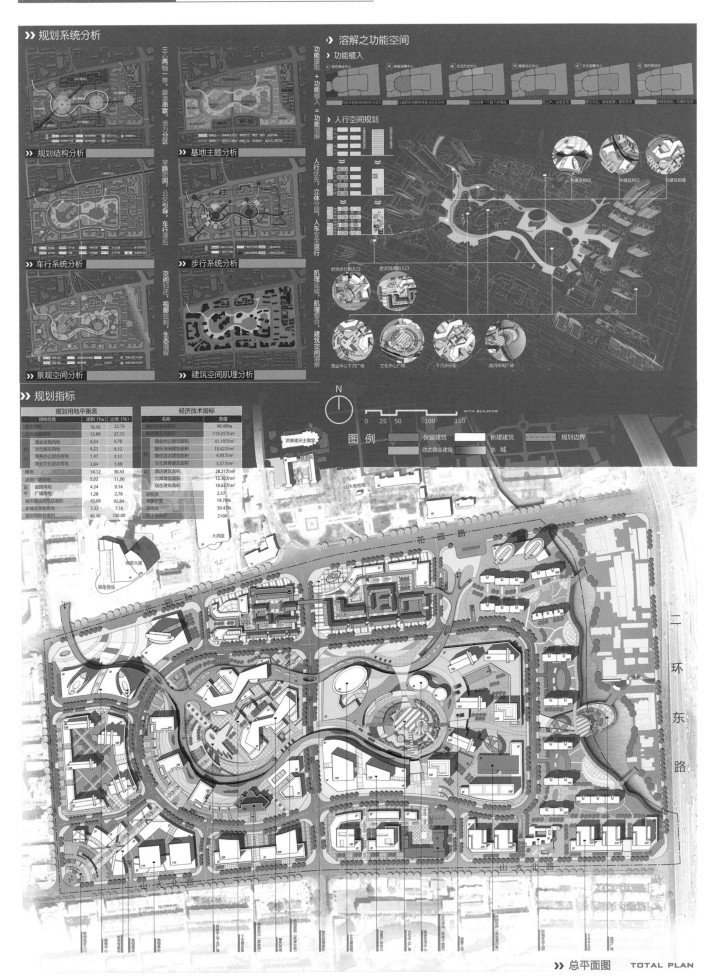

>> 规划系统分析

>> 溶解之功能空间

>> 规划结构分析

>> 基地主题分析

>> 车行系统分析

>> 步行系统分析

>> 景观空间分析

>> 建筑空间肌理分析

>> 规划指标

>> 总平面图　TOTAL PLAN

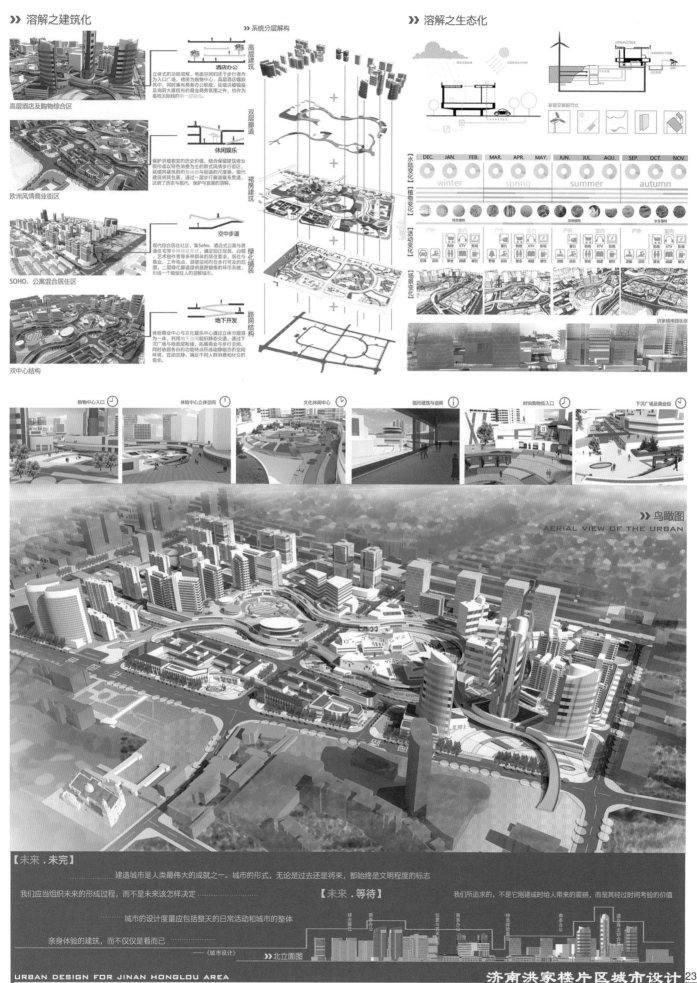

≫ 溶解之建筑化

高层酒店及购物综合区

欧洲风情商业街区

SOHO、公寓混合居住区

双中心结构

≫ 系统分层解构

高层建筑

酒店办公

双层廊道

休闲娱乐

裙房建筑

空中步道

绿化铺装

地下开发

路网结构

≫ 溶解之生态化

【水陆变化】【植物变化】【活动变化】【场景变化】

DEC.	JAN.	FEB.	MAR.	APR.	MAY.	JUN.	JUL.	AGU.	SEP.	OCT.	NOV.
winter			spring			summer			autumn		

洪家楼南路街景

购物中心入口　体验中心立体空间　文化休闲中心　弧形建筑与空间　时尚购物街入口　下沉广场及商业街

≫ 鸟瞰图
AERIAL VIEW OF THE URBAN

【未来 . 未完】

建造城市是人类最伟大的成就之一。城市的形式，无论是过去还是将来，都始终是文明程度的标志

我们应当组织未来的形成过程，而不是未来该怎样决定　　【未来 . 等待】　　我们所追求的，不是它刚建成时给人带来的震撼，而是其经过时间考验的价值

……城市的设计度量应包括整天的日常活动和城市的整体

亲身体验的建筑，而不仅仅是看而已
——《城市设计》 ≫北立面图

学生：郝凌佳、夏丝飔　　指导教师：孙世界、阳建强

孝道

南京大报恩寺周边地段孝文化主题街区城市设计

经济技术指标
用地面积：11.12公顷
容积率：0.5
建筑密度：24.37%
绿化率：32.24%
地面停车位：335辆
地下停车位：2400辆
建筑限高：<18m

总平面

基地区位

基地位于南京市**中华门**外，**明城墙**脚下，靠近夫子庙景区和1865创意园，是南京市**南向发展**的转折点

大报恩寺位于基地东北部，**大报恩寺遗址公园**的规划建设将为基地转型提供契机

基地历史区位优越，位于南京三大历史轴线之一——**南唐轴线**上

同时，基地是**秦淮河**风光带重要组成部分，但目前并没有明确功能定位

上位规划

南京市总规提出重建大报恩寺遗址公园

秦淮区规划则明确基地整体建设高度控制在**18米**以下，紧邻明城墙部分不超过**12米**

设计说明

本方案从大报恩寺遗址公园复原规划出发，在协调基地与秦淮河、明城墙、南唐轴线、中华门瓮城等历史要素的前提下，结合基地现状众多传统民居、明清时期留下的文物遗迹及原住民中大量的老年人的特点，提出建设大报恩寺周边地段孝文化主题街区设计的构想。在发扬大报恩寺的报恩文化的同时，打造一个以老年人居住为主，提供社会行孝平台、展示孝文化的综合居住片区。

将大报恩寺复原方案的两条轴线延伸，形成一条旅游、拜佛为主的"佛轴线"以及一条展示孝文化为主的"孝轴线"，同时以一条承载街区内老年人主要休闲活动的步行道将"佛"与"孝"串联，构成方案的主要骨架。

方案生成

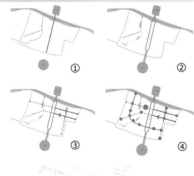

① 自然本底：
秦淮河、落马涧、中华门瓮城、雨花台对景、西街

② 自然本底利用：
秦淮河 加强两岸联系
落马涧 局部拓宽丰富水景
雨花路 拓宽，环岛交通，中间形成绿岛强化轴线
西街 沿街建筑修缮

③ 规划大报恩寺轴线延长，功能渗透

④ 步行道串联，注重节点的塑造

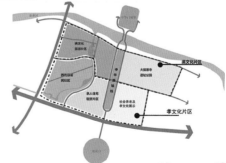

功能分区：佛文化片区、孝文化片区

佛文化片区——大报恩寺东西主轴线延长线上，包括佛学研究馆、素斋馆、宾馆等

孝文化片区——大报恩寺南北延长线与其南片区

包括保留的西街原住民社区、亲人住宅租赁片区以及社会养老和孝文化展示片区

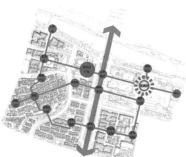

空间结构

自然绿地系统
景观通廊
景观节点
次级景观廊道

景观系统

视线分析

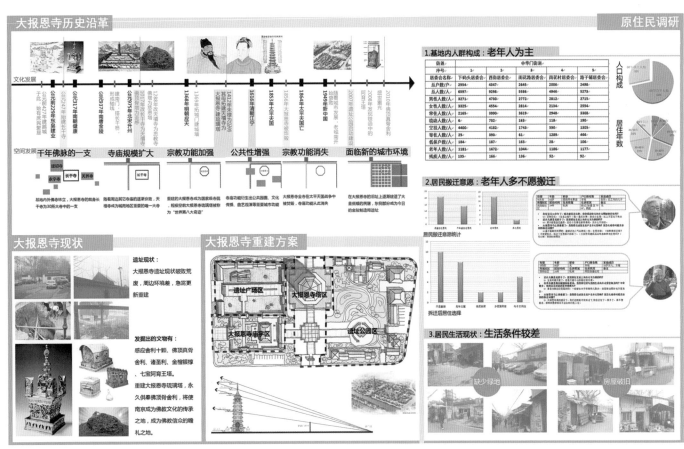

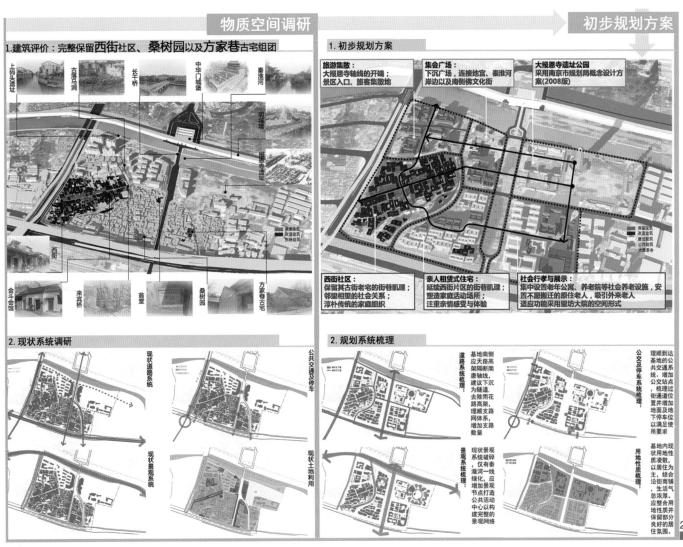

佛文化片区活动策划

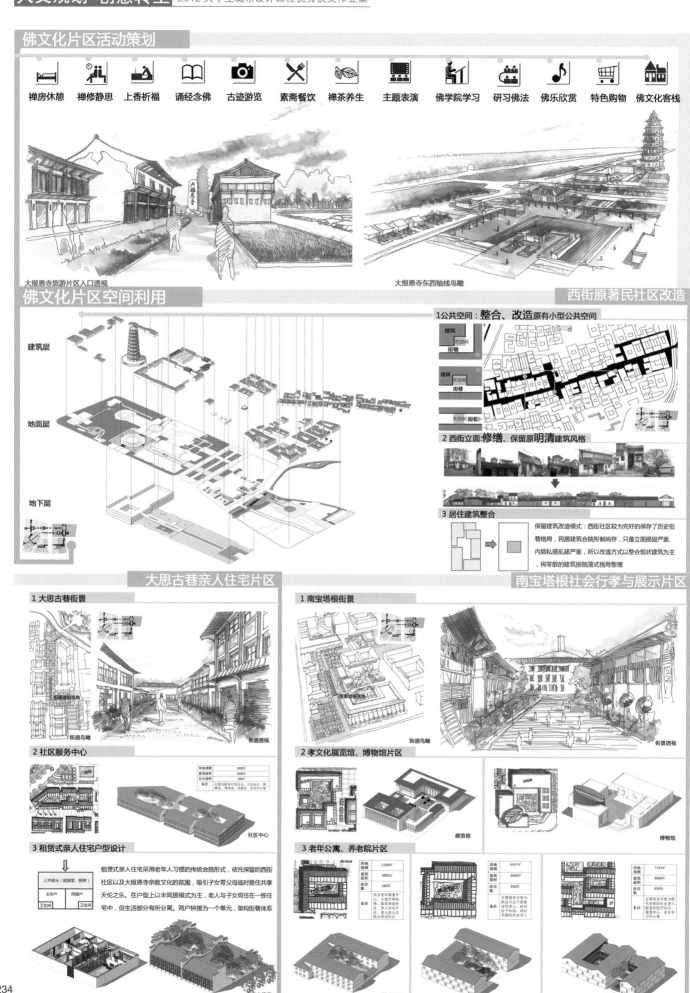

禅房休憩　禅修静思　上香祈福　诵经念佛　古迹游览　素斋餐饮　禅茶养生　主题表演　佛学院学习　研习佛法　佛乐欣赏　特色购物　佛文化客栈

大报恩寺旅游片区入口透视　　　　　　　大报恩寺东西轴线鸟瞰

佛文化片区空间利用

建筑层

地面层

地下层

西街原著民社区改造

1公共空间：整合、改造原有小型公共空间

建筑　灰空间　街巷

建筑　灰空间　街巷　　街巷

2 西街立面：修缮、保留原明清建筑风格

3 居住建筑整合

保留建筑改造模式：西街社区较为完好的保存了历史街巷格局，民居建筑合院形制尚存，只是立面损毁严重、内院私搭乱建严重，所以改造方式以整合现状建筑为主，将零散的建筑按院落式格局整理

大思古巷亲人住宅片区

1 大思古巷街景

街道游线视廊

街道鸟瞰　　　街道透视

2 社区服务中心

用地规模	2300㎡
建筑面积	3600㎡
办公面积	200㎡

备注：主要功能有行政办公、卫生站点、休憩室、棋牌室、阅览室、花鸟中心等

社区中心

3 租赁式亲人住宅户型设计

公共部分（起居室、厨卫）

| 主体户 | 同居户 |
| 卫生间 | 卫生间 |

租赁式亲人住宅采用老年人习惯的传统合院形式，依托保留的西街社区以及大报恩寺宗教文化的氛围，吸引子女带父母临时居住共享天伦之乐。在户型上以半同居模式为主，老人与子女同住在一栋住宅中，但生活部分有所分离。两户拼接为一个单元，架构街巷体系

亲人住宅

南宝塔根社会行孝与展示片区

1 南宝塔根街景

店景鸟瞰视廊

街道鸟瞰　　　街景透视

2 孝文化展览馆、博物馆片区

展览馆　　　博物馆

3 老年公寓、养老院片区

用地规模	2200㎡
建筑面积	3800㎡
床位数	160张

备注：主要是康复中心、小型门诊医院等，服务西街社区、老人居以及邻里片区周边居民

社区医院

用地规模	4247㎡
建筑面积	6600㎡
床位数	550张

备注：主要服务对象为无儿女照顾过的老人，政府可给予补贴，同时也接收社会老人

养老院

用地规模	7131㎡
建筑面积	9960㎡
床位数	450张

备注：主要服务对象为有儿女照顾的社会老人，配套有医疗站点、重要中心、老年教学中心等

老年公寓

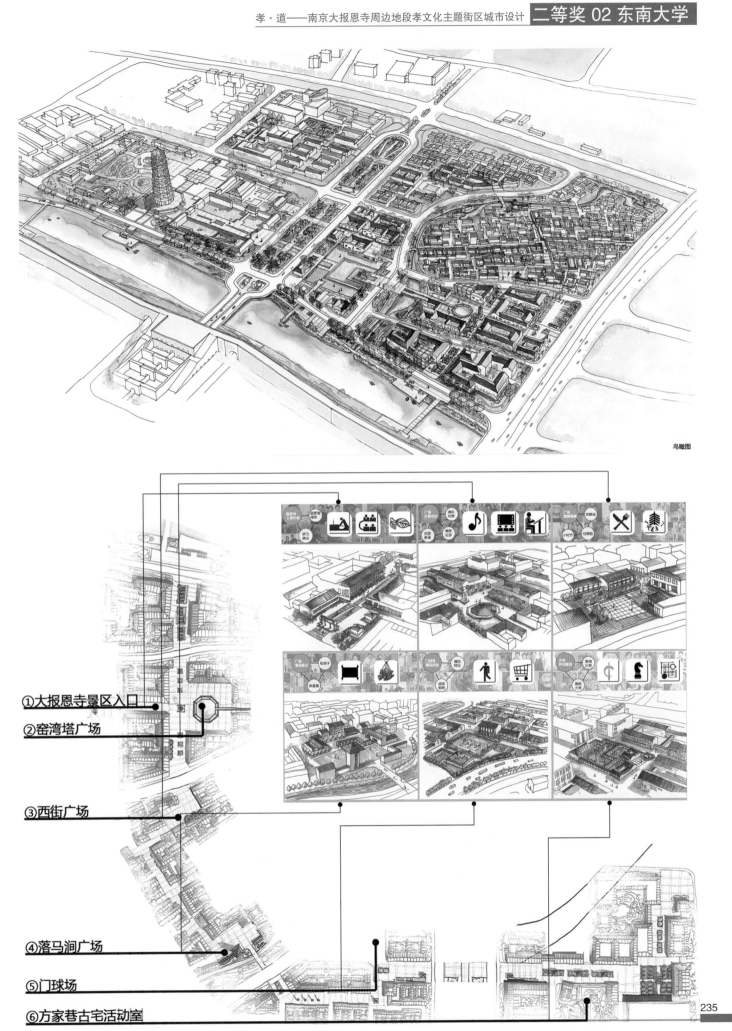

鸟瞰图

①大报恩寺景区入口

②窑湾塔广场

③西街广场

④落马涧广场

⑤门球场

⑥方家巷古宅活动室

埠

文化船承——北固山文化传承与空间改造

HERITAGE------CULTURE HERITAGE AND SPACE TRANSFORMATION 1

学生：毕立磊、陈莉莉　　指导教师：金英红、王雨村、郑皓、洪亘伟、于淼

窗含西陵千秋雪 门泊东吴万里船

分析篇

基地区位与历史文脉
Location and historical context

镇江位于长江与京杭运河的交汇处，地处长江三角洲，规划结构为"双橄榄"的城市形态，"一城两翼"的空间结构，地块就位于镇江的主城上，有三山景区包围，拥有较好的地理条件优势，旅游业的发展可能会给给地块的发展带来商机。地块北面临江，景象优美，东南侧临靠城市主干道，交通便利。

三国文化
地块内拥有丰富的文化底蕴，孙权定都、刘备招亲、蔡江亭、铁瓮城等。苏轼、米芾等书画家也在这里描绘作词

三战昌布　　扬州之战　　刘备招亲　　孙权定都

市井文化
作为江南小镇的典型意向，小巷巷坊成为一种标志，借助空间的变换将市井文化，小桥流水上显示出了精心的设计和安排，有效传达了民族文化个性

船文化
三国时期，孙权在此建铁瓮城临江设置港口，由此，镇江承由区域发展奠基，镇口以象征繁荣，船在镇江的发展上占了很重要的位置

院校扎堆人才云集　城市的文明史船承载的　船舶服务业情怀升温

三国　宋　明　清　民国

基地现状问题分析
Analysis of the status of land

金山　北固山　焦山

城市公共空间人的需求及不同尺度的感受

地块问题探究
Land problem research

地块承载了很多镇江的历史文化，如何将这些文化融汇到自己的方案，让地块的发展能带动北固山的复兴，吸引人们来北固山旅游来了解镇江的文化，是最重要的问题。

现状解读与分析
Analysis of current situation analysis

这里的尺度包含有街道尺度，河道尺度，建筑尺度，合院围合的尺度，人的伸展空间尺度，公共空间的尺度，在对基地内的这些尺度进行分析的基础上进行改造和翻新，以营造一种适宜的生活尺度。
滨江空间是大的尺度感受，而带有镇江文化的街道，庭院围合的空间又是小尺度的空间，在在这样大小穿插，文化多变的北固山地块内营造出不一样的适合人们旅游观光娱乐的公共活动空间。

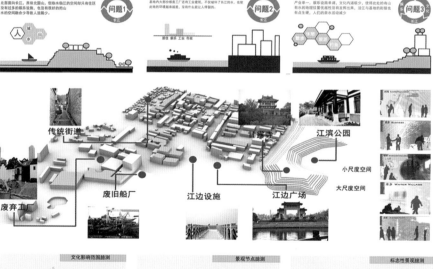

传统街道　甘露寺　江滨公园　小尺度空间　大尺度空间　废旧船厂　江边设施　江边广场　废弃工　

>> 人·自然　问题1　北固山 长江
>> 人·生活　问题2　工业 长江
>> 人·享受　问题3

文化产业分析

娱乐 教育 工厂 船厂 广告 销售
餐饮 旅游 医疗　生活 生产

文化资本

人群意向分析

儿童　旅游者　本地人　大学生　商人　打工人　自由职业　公务员　老人

地块意向提取
Block intention extraction

依据三国文化，滨江文化的影响，我们划出了可能辐射的范围，多像滨水景观根据地形，有可能在滨江周边出现很多个景观节点，将这些景观和北固山的人文紧密的联系起来，从而大致指出了我们的主轴线，这就是我们最初步对基地的设想。

文化影响范围臆测　　景观节点臆测　　标志性景观臆测

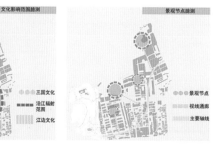
三国文化
沿江辐射范围
江边文化

景观节点
视线通廊
主要轴线

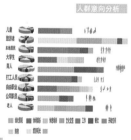
主要景观轴线
标志性建筑

沿江动静态分析

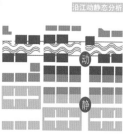
主要景观轴线
水带
动　静

概念篇

初步方案探究
research of preliminary plan

北固山的衰落

唐	宋	明	民国	当代
发展，兴盛三国文化	大力发展，增添景点	发展高峰，复合文化型景观	逐渐没落，多处景点毁	冷清

改造设计

step1：保留北固山的文化 在设计中多增加广场上的雕塑，让三国文化重回北固山，重回人们的心中

step2：保留镇江"传统街道"的格局，在街道中营造各种不同的空间感受，让人们在旅游中体验江南街道格局

step3：增加沿江的开敞性，在设计中融合山水景观，增添地块的"船泊文化"

创意人文规划

我们这次设计的主要目标是打造港湾式的旅游度假区，给人以完全新鲜的体验感觉。主要景观轴的打造是以人的空间感受为主，开辟新水路，三个体验式港湾引领三个不同的文化片区。

基地原本是以工厂为主，这样的布局造成了长江很大的污染，也使很少人来北固山旅游，我们决定把它改造成以第三产业为主，完全人性化的旅游胜地。

设计元素融入 Blend in design elements

改造前　改造后　立面示意

打破原有混乱的地上道路新开辟了一条水路，形成三个港湾注入流动的元素-船，连接各个港湾

不同的港湾承载着不同的文化，船上与船下的人不断进行着交替，让人们乘坐着船就可以交流与体验不同的文化，从而更多的感受北固山的文化

北固山三山景区因水上交通的限制，大大降低了其作用，在岸边多处设置了泊岸，曾强了三山景区的联系

重要因素提取 Extraction of important factors

基地原有工业元素　基地未来发展需求

岸线处理概念

提取滨江工业遗址和北固山的文化特色元素，并结合基地的发展需求，对滨江地段进行设计-在岸线上挂重柔水性和防洪安全的处理。营造一个具有丰富文化和充满活力的城市公共空间。

设计重要节点元素提取

传统庭院处理

传统街道处理

水上影剧院　漂浮体验港湾

柔水绿坡平台　码头处理

【商业活动】

【文化活动】

【滨江活动】

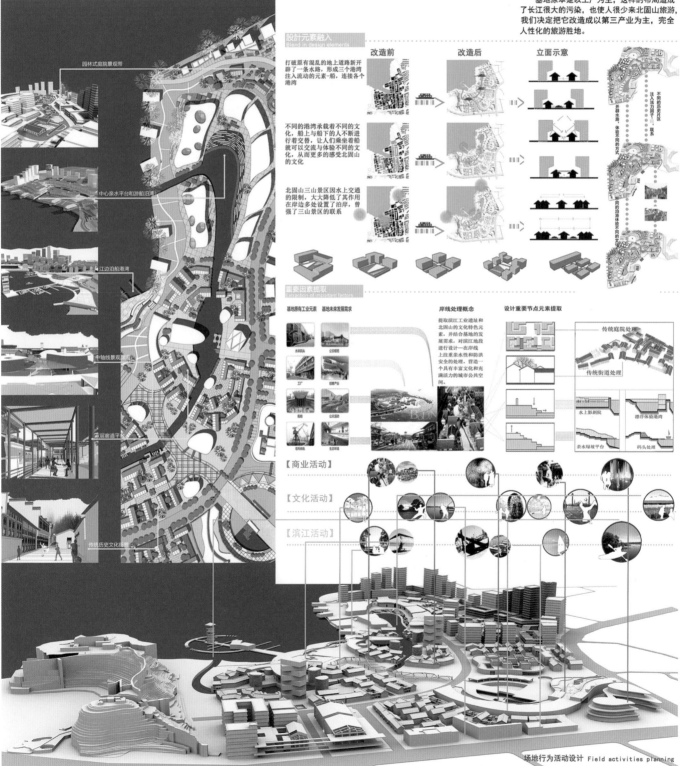

场地行为活动设计 Field activities planning

设计篇   卧桥总应合船渡，流水不与顽石争

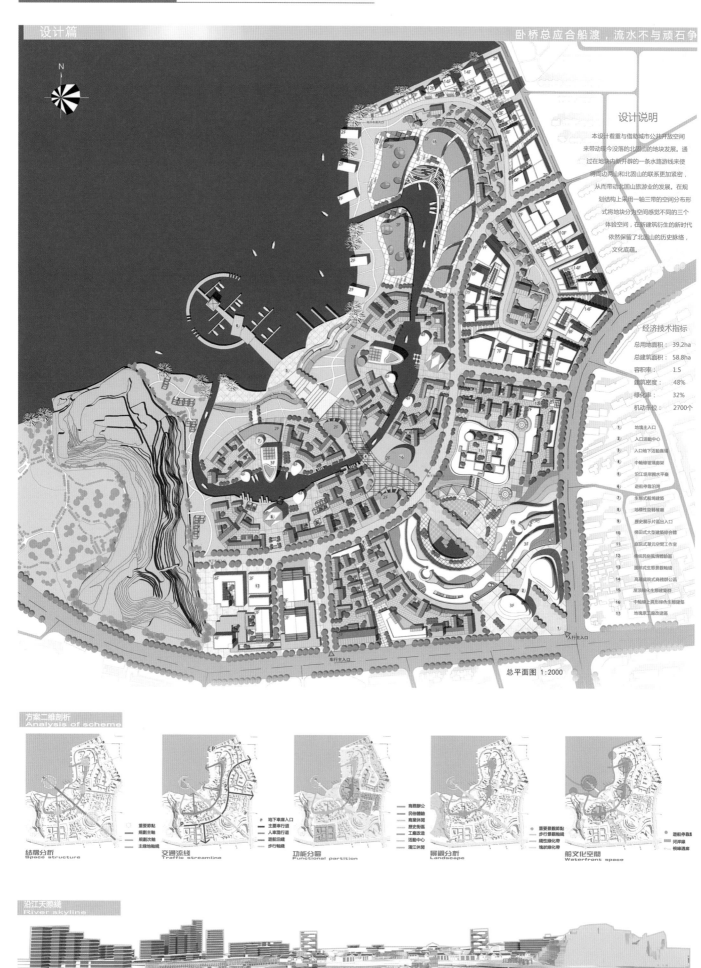

设计说明

本设计着重与借助城市公共开放空间来带动现今没落的北固山的地块发展。通过在地块内新开辟的一条水路游线来使得周边两山和北固山的联系更加紧密，从而带动北固山旅游业的发展。在规划结构上采用一轴三带的空间分布形式将地块分为空间感觉不同的三个体验空间，在新建筑衍生的新时代依然保留了北固山的历史脉络，文化底蕴。

经济技术指标

总用地面积：39.2ha
总建筑面积：58.8ha
容积率：1.5
建筑密度：48%
绿化率：32%
机动车位：2700个

① 地块主入口
② 入口活动中心
③ 入口地下活动展场
④ 中轴线玻璃廊架
⑤ 沿江堤岸亲水平台
⑥ 游船停靠泊港
⑦ 生态式船埠码头
⑧ 地标性旋梯景廊
⑨ 历史展示片区出入口
⑩ 梯田式大型建筑综合体
⑪ 茹园式星元空间工作室
⑫ 传统民俗风情博物馆群
⑬ 园林式生态景观轴带
⑭ 高层庭院式商务酒店公寓
⑮ 屋顶绿化生态建筑群
⑯ 中轴线S翼形绿色生态建筑
⑰ 地块景观改造建筑

总平面图 1:2000

方案二维剖析
Analysis of scheme

结构分析
Space structure

交通流线
Traffic streamline

功能分区
Functional partition

景观分析
Landscape

船文化空间
Waterfront space

沿江天际线
River skyline

场景篇

渔郎更觅桃源路 除是人间别有天

方案空间特构
Spatial structure of programme

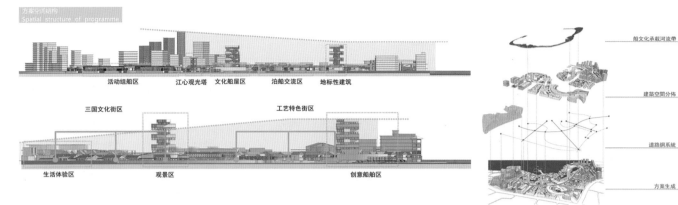

活动组船区　　江心观光塔　　文化船屋区　　泊船交流区　　地标性建筑

三国文化街区　　　　　　　　　　　工艺特色街区

生活体验区　　　　观景区　　　　　　　　　创意船船区

船文化承载河流带

建筑空间分佈

道路网系统

方案生成

局部節點透视
Perpective on local node

遊船停靠泊灣

遊船航線節點

泊船交流區

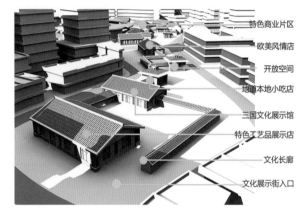

特色商业片区

欧美风情店

开放空间

地道本地小吃店

三国文化展示馆

特色工艺品展示店

文化长廊

文化展示街入口

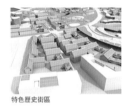

特色歷史街區

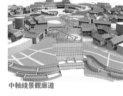

中軸綫景觀廊道

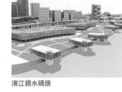

濱江親水碼頭

鳥瞰圖
Airial view

山中有客帝王师
日日吟诗坐钓矶
如今归棹如拥箭
不似来時之水艇

奇点 SINGULARITY

时空社区 → 人文为本+体验转型

遗存

学生：赖添、方泰瑜　　指导教师：常玮、洪文迁、张昊哲

BASE OVERVIEW

区位·概况·历史

历史沿革 HISTORICAL EVOLUTION

1840年之前
本土文化传播期
鼓浪屿以闽南文化为主的本土传统文化在鼓浪屿形成了深厚的积淀。

1841年——1902年
外来文化传播期
1841年英国占据鼓浪屿之后，鼓浪屿建立为一个多国共治的多元文化聚集的公共社区。

1903年——1940年
多元文化融合期
鼓浪屿近代化公共社区发展完善时期，华侨、华商为主导的华人精英群体逐渐成熟。

1941年——1945年
多元文化终结期
随着1941年日本占据鼓浪屿，多元文化性质的公共社区历史被终结，单一文化形态取代了多元文化。

1946年之后
多元文化复苏期
1945年国民政府收回了鼓浪屿，结束了日本殖民化统治。多元文化状态出现了复苏，原有别墅洋房宅院的建设活动基本停滞，转换为以普通民众使用的生活设施建设。

区位分析 LOCATION ANALYSIS

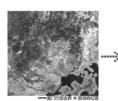
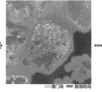

厦门行政边界 · 鼓浪屿位置　　厦门岛 · 鼓浪屿岛　　规划范围 · 规划用地红线

规划片区现状

规划滨海旅游区
龙母山隧道
笔架山
鸡母山
福州大学鼓浪屿工艺美术学院

鹭岛寻源
厦门早年是从小渔港发展而来，其建筑风格以南洋式的骑楼为主。以闽南话为传统的方言形式保留下来。厦门人以红色为吉利色，以这一特点以及红土的建筑材料，建筑色彩偏暖色。

鼓浪申遗
鼓浪屿是一座步行小岛，岛上氛围保留了万国建筑的特色。建筑色彩以黄、红、绿、白为基色调。许多艺术家安家于鼓浪屿，使这座小岛充满浓烈的文艺气息。鼓浪屿在申遗背景下，以宜居为口号，要求了鼓浪屿在人文方面重视。

内厝承脉
没有人文内涵的建筑是遗址，有人文内涵的建筑才是遗产。内厝澳是鼓浪屿的传统社区之一，依旧保持了原有古朴生活状态与和睦邻里关系，内厝澳社区折射出老厦门人平淡质朴的特征，是厦门文化的"活博物馆"。

规划片区用地面积约为23.4公顷，位于鼓浪屿西北部，是鼓浪屿较为传统和集中的生活社区。东南靠鼓浪屿景区的笔架山、鸡母山，西接福州大学鼓浪屿工艺美术学院，北部为规划的滨海旅游区。社区通过笔山洞隧道、龙山洞隧道与鼓浪屿其他区域联系，但离客运码头较远，与岛外交通联系不便。社区整体环境背山靠海，南高北低，自然环境优越。

基地概况

经济（Economy）
公平（Equity）
环境（Environment）
人类生活质量（Equality of the life）

"旧时代大都市地区规划"中指出，经济、公平、环境共同决定了人类的生活质量。本案认为旧城更新也是从经济基础、设施平等使用、环境改善三方面出发，从而提高人的生活品质。

基地现状

用地性质	地形特征

鼓浪屿隶属厦门市思明行政区，是厦门市最著名的旅游风景区。岛上用地现状以大面积居住用地性质为主，其次为商业用地，集中在岛东部和南部分布有较为密集的商业用地和公共服务设施用地。

布局特征
鼓浪屿建筑集中在本岛的中东部和中北部区域，建筑密度较大，优质历史风貌建筑散布在全岛，中南部相对较少，结构较为松散，受交通制约的较大，受地形影响较小，有较为独特历史旧居住区特点。

鼓浪屿四面环海，全岛地形较为平缓。有7座主要山体，走向以日光岩为中心，向东、向西和向北延展，呈现出"三龙聚首"的特色。最高点为日光岩，海拔93米，海岸线长6.1千米。

地形数据分析

地形分析图

图例
-8.200-0.786
0.786-9.771
9.711-18.757
18.757-27.742
27.742-36.728
36.728-45.713
45.713-54.699
规划用地红线

坡度分析图

图例
0-3.313317
3.313317-7.886425
7.886425-12.967656
12.967656-19.065113
19.065133-26.941040
26.941040-38.627872
38.627872-64.796211
规划用地红线

坡向分析图

图例
0-225（北）
22.5-67.5（东北）
67.5-112.5（东）
112.5-157.5（东南）
157.5-202.5（南）
202.5-247.5（西南）
247.5-292.5（西）
292.5-337.5（西北）
337.5-360（北）
规划用地红线

社区现状 / 交通现状

内厝社区
龙头社区

鼓浪屿三丘田码头
厦门鼓浪屿码头
钢琴码头

鼓浪屿基层社区分为龙头社区与内厝社区两个社区。相对照，龙头社区活力相对较高，有较活跃的商业与旅游服务，家庭旅馆等商业建筑较多，内厝社区多为当地住户，人气稍显不足。

鼓浪屿全岛共有4个出岛码头，集中在东部旅游客运码头为主。其余码头较偏僻，使用频率较低。
采用步行交通的通达组织形式，在主要环路上暂通电瓶车作为应急和观光车使用，小型工程由人力作为交通主要方式，大型工程由少量车代劳工。

特色分析

D=100m
3分钟步行距离——R=240m
10分钟步行距离——R=800m
片区最近服务设施平均距离
5分钟自行车距离——R=1200m

10分钟自行车距离——R=2500m
片区最远服务设施平均距离

城市印象

厦门

如今，安逸、恬淡，如亲一般的老厦门，总是藏在陈旧却醇厚的街巷里……

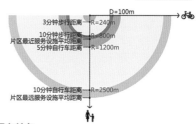

鼓浪屿

现有特色

多元文化背景下的鼓浪屿呈现在人们眼中的就是地坪之上的多样建筑，多样性的风格造就了多重的鼓浪屿风情，更是需要利用与保护难得的财富。

鼓浪屿与其他观光地相比，较有特色的地方在于全岛采用步行方式组织交通，无论大街小巷，均可以自如地步行穿梭。为此形成了大量有特色的步行尺度空间。

鼓浪屿上遍及院落空间，每一个都有其独特的特色与故事。这些院落没有单独的集中场所，却正由于这样的分散性，使每个院落都有被人发现的价值与趣味。

人口现状

鼓浪屿居民人口总数变化　　鼓浪屿居民人口组成　　常住人口年龄分布比例

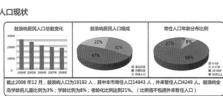

截止2008年12月，鼓浪屿人口为19192人，其中本市常住人口14943人，外来暂住人口4249人。鼓浪屿全岛学龄前儿童比例为3%；学龄比例为8%；老龄化比例达到21%。（比例值不包括外来暂住人口）

鼓浪屿内厝澳片区保护与更新规划设计

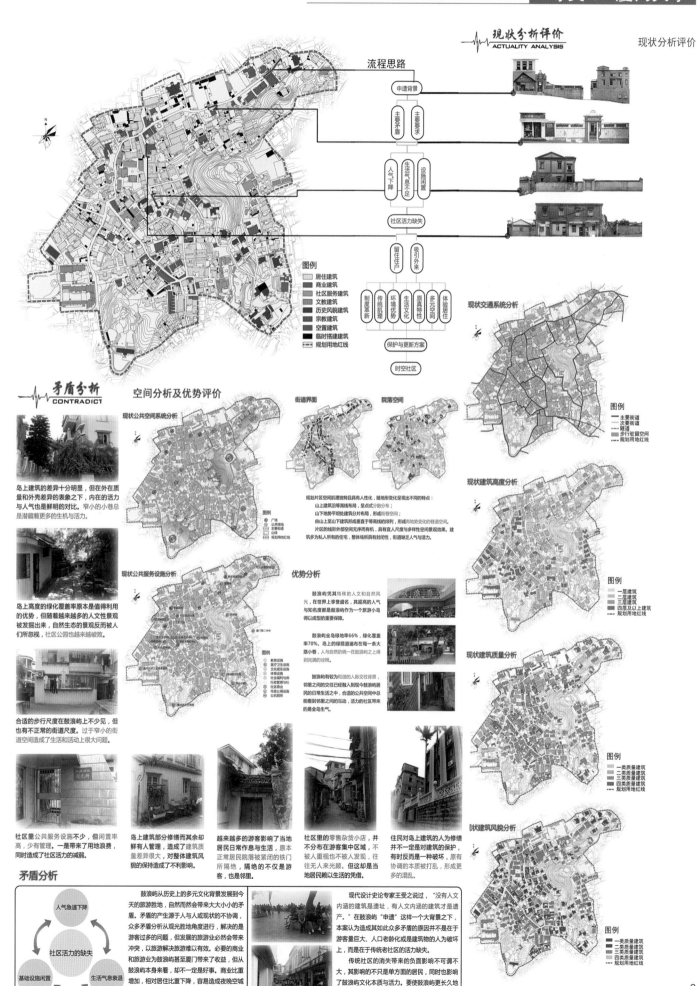

现状分析评价 ACTUALITY ANALYSIS
现状分析评价

流程思路

申遗背景 → 主要矛盾 / 主要要求 → 人气下降 / 生活气息不足 / 设施闲置 → 社区活力缺失 → 留住住户 / 吸引外来 → 制度革新 / 传统肌理 / 环境优势 / 生活文化 / 原真性 / 多元空间 / 体验居住 → 保护与更新方案 → 时空社区

图例：居住建筑 / 商业建筑 / 社区服务建筑 / 文教建筑 / 历史风貌建筑 / 宗教建筑 / 空置建筑 / 临时搭建建筑 / 规划用地红线

现状交通系统分析
图例：主要街道 / 次要街道 / 隧道 / 步行驻留空间 / 规划用地红线

现状建筑高度分析
图例：一层建筑 / 二层建筑 / 三层建筑 / 四层及以上建筑 / 规划用地红线

现状建筑质量分析
图例：一类质量建筑 / 二类质量建筑 / 三类质量建筑 / 四类质量建筑 / 规划用地红线

现状建筑风貌分析
图例：一类质量建筑 / 二类质量建筑 / 三类质量建筑 / 四类质量建筑 / 规划用地红线

矛盾分析 CONTRADICT

岛上建筑的差异十分明显，但在外在质量和外壳差异自表象之下，内在的活力与人气也是鲜明的对比。窄小的小巷总是潜藏着更多的生机与活力。

岛上高度的绿化覆盖率原本是值得利用的优势，但随着越来越多的人文景观被发掘出来，自然生态的景观反而被人们所忽视，社区公园也越来越破败。

合适的步行尺度在鼓浪屿上不少见，但也有不正常的街道尺度。过于窄小的街道空间造成了生活和活动上很大问题。

社区里公共服务设施不少，但其余却鲜有人管理，造成了建筑质量差异很大，对整体建筑风貌的保持造成了不利影响。

越来越多的游客影响了当地居民日常作息与生活，原本正常居民院落被紧闭的铁门所隔绝，隔绝的不仅是游客，也是邻里。

社区里的零售杂货小店，并不分布在游客集中区域，不被人重视也不被人发现，往往无人来光顾。但这却是当地居民赖以生活的凭借。

住民对岛上建筑的人为修缮并不一定是对建筑的保护，有时有反而是一种破坏，原有协调的本质被打乱，形成更多的混乱。

空间分析及优势评价

现状公共空间系统分析
图例：广场 / 公共绿地 / 山体 / 规划用地红线

街道界面

院落空间

规划片区空间肌理独特具有人性化，在世界上享誉盛名，其超高的人气与知名度都是鼓浪屿作为一个旅游小岛得以成型的重要保障。

规划片区空间肌理独特具有人性化，随地形变化呈现出不同的特点：
山上地建筑沿等高线布局，呈点式分布；
山下地地平坦处建筑分片布局，形成街巷；
由山上至山下建筑形成垂直于等高线的排列，形成有地势变化的巷道空间。
片区的线形外部空间无序而有机，具有宜人尺度与多层度性空间景观效果。建筑多为私人所有的住宅，整体场所具有封闭性，街道缺乏人气与活力。

现状公共服务设施分析
图例：教育设施 / 医疗卫生设施 / 文化娱乐设施 / 体育设施 / 社会福利与行政管理设施 / 社区商业 / 市政公用设施 / 公共厕所

优势分析

鼓浪屿凭其其特殊的人文和自然风光，在世界上享誉盛名，其超高的人气与知名度都是鼓浪屿作为一个旅游小岛得以成型的重要保障。

鼓浪屿全岛绿地率66%，绿化覆盖率70%。岛上的绿荫道遍布在每一条大路小巷，人与自然的统一在鼓浪屿之上得到完满的诠释。

鼓浪屿有较为和谐的人际交往背景，邻里之间的交往已经融入到现今鼓浪屿居民的日常生活之中，合适的公共空间中总能看到邻里之间的互动，活力的社区带来的是全岛生气。

矛盾分析

鼓浪屿从历史上的多元文化背景发展到今天的旅游胜地，自然而然会带来大大小小的矛盾。矛盾的产生源于人与人或现状的不协调，众多矛盾从观光胜地角度进行，解决的是游客过多的问题，但发展的旅游业必然会带来冲突，以旅游解决旅游以有效。必要的商业和旅游业为鼓浪屿乃至厦门带来了收益，但从鼓浪屿本身来看，却不一定是好事。商业比重增加，相对居住比重下降，容易造成夜晚空城的场所，传统的核心文化价值也得不到保留。

现代设计史论专家王受之说过，"没有人文内涵的建筑是废墟，有人文内涵的建筑才是遗产。"在鼓浪屿"申遗"这样一个大背景之下，本案认为造成其如此众多矛盾的原因并不是在于游客量巨大、人口老龄化或是建筑物的人为破坏，而是在于传统老社区的活力缺失。

传统社区的消失带来的负面影响不可调不大，其影响的不只是单方面的居民，同时也影响了鼓浪屿文化本质与活力。要使鼓浪屿更长久地保有下去，焕发一定的社区活力是必不可少的。

图示：人气急速下降 ↔ 社区活力的缺失 ↔ 基础设施闲置 ↔ 生活气息衰退

规划总平面
SITE PLAN

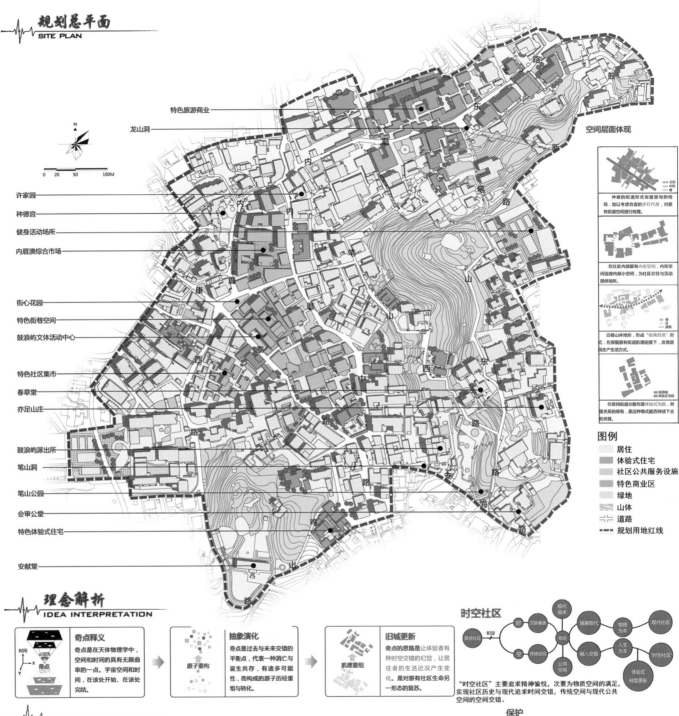

特色旅游商业
龙山洞
许家园
种德宫
健身活动场所
内厝澳综合市场
街心花园
特色街巷空间
鼓浪屿文体活动中心
特色社区集市
春草堂
亦足山庄
鼓浪屿派出所
笔山洞
笔山公园
会审公堂
特色体验式住宅
安献堂

N
0 20 50 100M

空间层面体现

伸展的街道形式保留原有的格局，加以考虑合宜的步行尺度，对原有街道空间进行梳理。

在社区内部留有内街空间，内街空间连接内部小空间，为社区交往与活动提供场所。

沿街立体布置，形成"前商后居"形式，在保留原有街道肌理提下，改善居民生活生产方式。

在居民街道分散布置体验式宅院，邻里关系的保有，是这种模式能否持续下去的关键。

图例
- 居住
- 体验式住宅
- 社区公共服务设施
- 特色商业区
- 绿地
- 山体
- 道路
- 规划用地红线

理念解析
IDEA INTERPRETATION

奇点释义
奇点是在天体物理学中，空间和时间的具有无限曲率的一点。宇宙空间和时间，在该处开始、在该处完结。

抽象演化
原子重构
奇点是过去与未来交融的平衡点，代表一种消亡与诞生共存，有诸多可能性，而构成的原子历经重组与转化。

旧城更新
肌理重组
奇点的思路是让体验者有种时空交融的幻觉，让居住者的生活近况产生变化。是对原有社区生命另一形态的复苏。

时空社区

"时空社区"主要追求精神愉悦，次要为物质空间的满足，实现社区历史与现代追求时间交错，传统空间与现代公共空间的空间交错。

CONSERVATION & RENEWAL STRATEGY

策略与分析

传统旧城街　　　　　　　　　　　革新改造街

院落　　　　　　　　　社区活力
街道肌理　　人际交往　文化背景　奇点交错　文化交融　服务设施
　　　领群关系　　　　　　　　　体验式

关键词1：社区活力

优质的环境。构建优势的自然环境和人文环境。

合宜的基础配套设施。建设居住社区基本文教、市场、医疗、娱乐、休闲设施等。

合理的步行尺度。考虑各设施和公共空间的便捷可达性。

必要的谋生方式。通过商业与居住配合的方式，将散布在岛上摆摊的居民集中布置商店街，居后置，形成"前店后居"格局。

适当的管理模式。重新通过居民自治的方式，提供多样的社区活动，提高社区的活力与融洽氛围。

关键词2：文化交融

针对艺术工作者、音乐工作者、文学工作者人群分类，原有岛上的吸引点在于其原真的生活气息、包容性的文化背景以及浓郁的艺术氛围。增加小众视角的居住文化、自然中的生活气息以及充满回忆的居住宅院。对特色多样的宅院保留和改造是一关键点，多样的体验式宅院空间有各自的主题，借由这样的体验式院落空间吸引上述人群较长时间逗留居住。

保护

继承原有"街—巷—院"的街巷形态，发展街巷肌理，对原汁原味的曲径以及不同风格、大小的院落进行保留，使传统社区有惊无险的浪漫淋漓尽致。

通过公共空间以及社区空间的营造，对鼓浪屿作为音乐之岛的艺术氛围进行保留。对原住民生活中原来我胜的相处方式和相互交融的邻里关系进行保护。

更新

服务设施更新　住宅设施更新　生活经营更新

物质层面更新的目的在于营造良好的生活条件，让社区完善同时，居民生活更便捷。同时统一建筑色彩，更新多元公共空间。

精神层面更新的目的在于让居民思想水平和文化水平提升之上，让鼓浪屿作为世界级的文化遗产名副其实，表里如一。

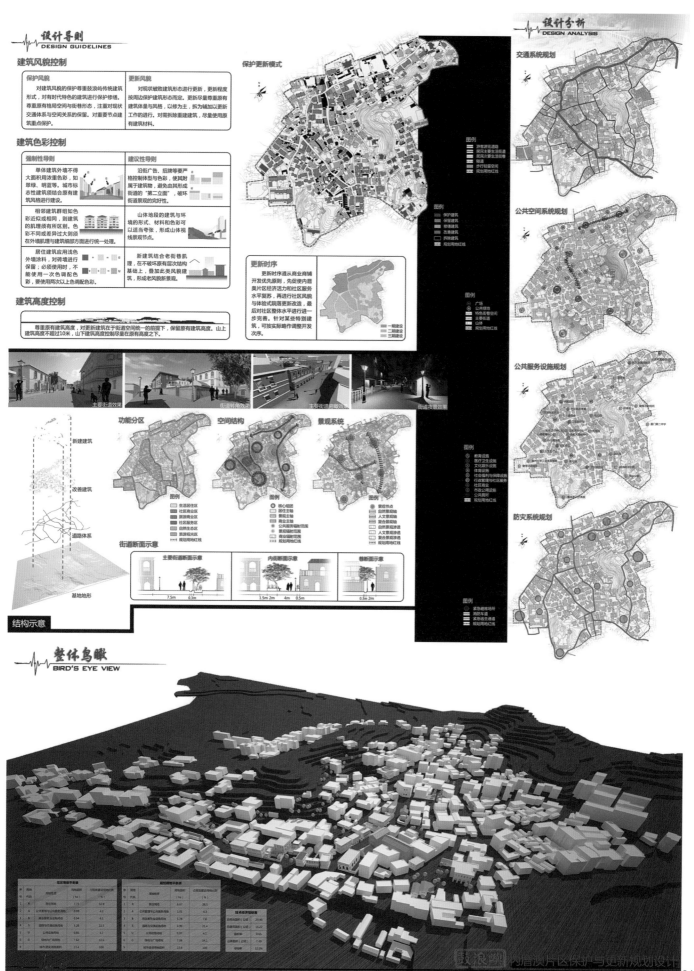

设计导则
DESIGN GUIDELINES

建筑风貌控制

保护风貌	更新风貌
对建筑风貌的保护尊重鼓浪屿传统建筑形式，对有时代特色的建筑进行保护修缮。尊重原有格局空间与街巷形态，注重对现状交通体系与空间关系的保留。对重要节点建筑重点保护。	对现状破败的建筑形态进行更新，更新程度按周边保护建筑形态而定。更新尽量尊重原有建筑体量与风貌，以修为主，拆为辅以更新工作的进行。对需拆除重建建筑，尽量使用原有建筑材料。

建筑色彩控制

强制性导则	建议性导则
单体建筑外墙不得大面积用浓重色彩，如翠绿、明蓝等。城市标志性建筑须结合原有建筑风格进行建设。	沿街广告、招牌等要严格控制体型与色彩，使其附属于建筑物，避免由其形成街道的"第二立面"，破坏街道景观的完整性。
相邻建筑群组如色彩近似或相同，则建筑的肌理须有所区别。色彩不同或差异过大则须在外墙肌理与建筑细部方面进行统一处理。	山体地段的建筑与环境的形式、材料和色彩可以适当夸张，形成山体视线景观节点。
居住建筑应用浅色外墙涂料，对砖墙进行保留；必须使用时，不能使用一次色调配色彩，要使用先两次以上色调配色彩。	新建筑结合老街巷肌理，在不破坏原有层次结构基础上，叠加此类风貌建筑，形成老风貌新景观。

建筑高度控制

尊重原有建筑高度，对更新建筑在于街道空间统一的前提下，保留原有建筑高度。山上建筑高度不超过10米，山下建筑高度控制尽量在原有高度之下。

保护更新模式

更新时序

更新时序遵从商业先导开发优先原则，先促使内厝奥片区经济活力和社区服务水平复苏，再进行社区风貌与体验式院落更新改造，最后对社区整体水平进行进一步完善。针对某些特别建筑，可按实际略作调整开发次序。

图例
■ 一期建设
■ 二期建设
■ 三期建设

主要街道效果 **街道转角效果** **主要街道夜景效果** **街道改景效果**

功能分区
空间结构
景观系统

新建建筑
改善建筑
道路体系
基地地形

街道断面示意

主要街道断面示意 **内街断面示意** **巷断面示意**

结构示意

设计分析
DESIGN ANALYSIS

交通系统规划

公共空间系统规划

公共服务设施规划

防灾系统规划

整体鸟瞰
BIRD'S EYE VIEW

● 规划背景与目标

1.区位——离开上海的"最后1公里"

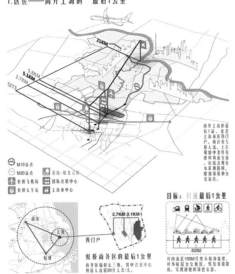

学生：邱外山、刘苑　　指导教师：于一凡、高晓昱、田宝江、童明

设计说明：
蟠龙古镇是建设中上海虹桥商务区的西门户，水乡有良好的人文自然资源，却沦为衰败的角落。规划中将古镇视为一个方圆近1公里的有机生命体，坚持人文和地域性原则，以保护古镇为核心。针对上海的高密度和快速生活节奏，利用古镇、农田和工业遗产三大特色，延续古镇空间尺度，重点发展古镇休闲旅游，结合生态农业和创意产业，通过古镇、生态和创意三者结合，驱动古镇的转型和新生，并通过该计划为原住民、外来务工者、艺术家等带来安居乐业的机遇，为市民带来绿色生态而古今交融的近郊古镇。

● 概念演绎

1.打通"最后1公里" *古镇肌理的再生长*

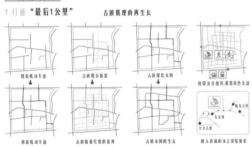

2.呼声——城市病催生对慢生活需求

3.现象——旧区改造同质化和绅士化

2.绿色"最后1公里" 整治环境，发展生态农业

3.人文"最后1公里" 以人为本，多元混合

4.趋势——体验消费经济时代的到来

5.文脉——水系孕育城镇但渐被遗忘

4.展示"最后1公里" 塑造积极的公共空间

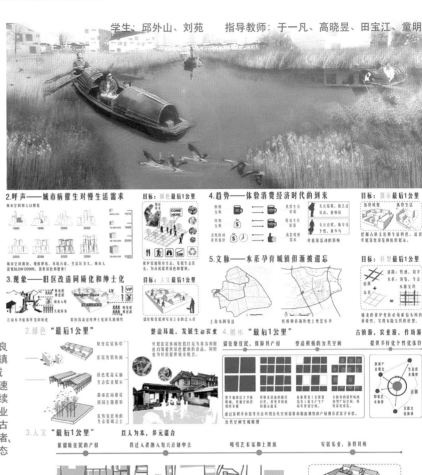

蟠龙古镇保护性城市设计 **最后1公里**
Development of THE LAST KILOMETRE

● 背景目标 ● 基地分析 >>> ● 概念演绎

● 基地分析

1.基地现状

2.现状整理

● 古镇保护策略

3.基地优势、问题及对策

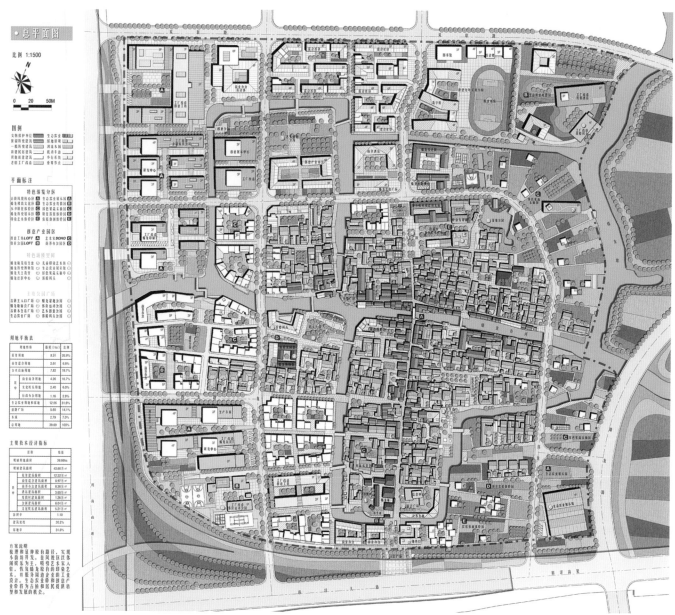

方案说明：梳理和延伸原有路径，实现小街坊开发。在风貌区以休闲娱乐为主，吸引艺术家入驻，恢复蟠龙原有的印染艺术，并服务周边企业的工业设计。生态农业带和创意产业带将为古镇和居民提供转型和发展的机会。

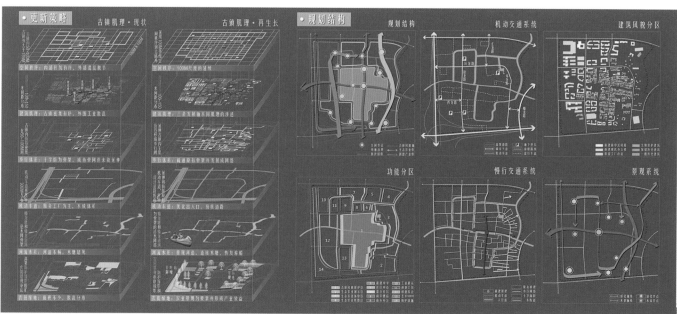

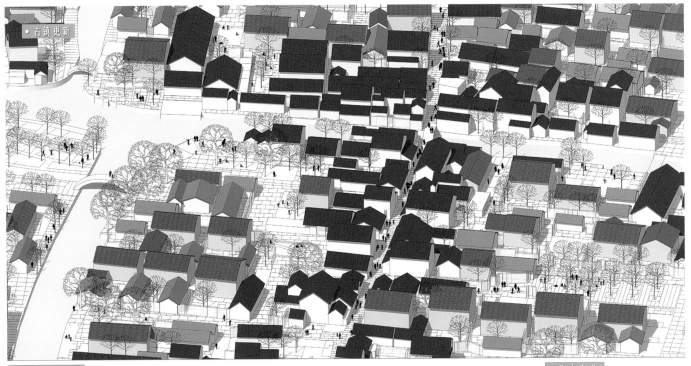

● 古镇更新

● 生态农业

● 传统要素提取

传统空间图底关系渐变

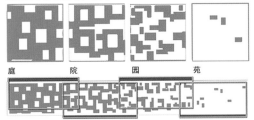

庭　院　园　苑

将传统空间尺度关系运用到基地上，处理"工业—古镇—农业"的肌理过渡

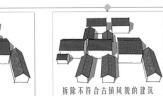

工厂改造·庭　艺术家工作室·院　古镇组团·园　农居体验·苑

院落空间·重构

现状古镇组团　　拆除不符合古镇风貌的建筑　　增添新建筑，重塑院落空间　　增加绿化，营造宜居环境

水乡公共空间生成

桥头广场　街巷交汇广场　河道岔口广场　水陆交汇广场

传统水乡居民模式

连续式　进院式　围合式　散布式

生态循环示意

生态农业带鸟瞰

● 古镇更新策略

蟠龙文化的载体

宗教场所
民居院落
街坊肌理

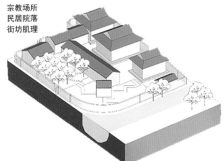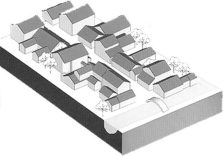

宗教场所
蟠龙庵和天主教堂是蟠龙浓郁宗教文化的物质载体，蟠龙庵已是区级文保单位。规划中将天主教堂也纳入文保单位，更有利于对古建和文化遗产的保护。

民居院落
保护原住民的土地产权，从而留住原住民，留住蟠龙地域性的文化，保护他们的院落空间，是对古镇精致的生活的尊重，也能通过院落生活来吸引城市人。

街坊肌理
对街坊肌理和街巷空间的保护，有利于做到整体性和原真性。规划中尊重街坊肌理并适当使之延伸，能够保障基地被覆盖在一个适宜慢行交通的100M网格内，

• 创意转型 功能更新

蟠龙庵是古镇历史文脉所在，采取保留的方式加以延续，其置于古镇入口处，利用广场优化门户空间，新建古镇历史博物馆。

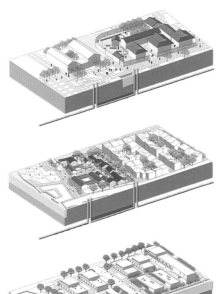

艺术家SOHO提取传统建筑的体量要素，吸引传统手工业者、艺术家等，展示创作过程，形成游览与栖居相互融合的空间形态。

随着用地功能的转换，基地内的厂房不再承担工业生产的职能。设计保留原有的工业厂房，改造成创意工坊SOHO。

采用传统村落的农宅肌理，屋宅散布于田园中，融入乡村景观。通过传统要素的再定义，农田被赋予现代功能，注入新的活力。

• 最后一公里 人文规划

——宜居古镇
商业开发时代最后1公里保存完好的古镇

当地居民

——慢生活
商业开发时代最后1公里保存完好的古镇

职员&艺术家

——文化参观
离开上海的最后1公里行程

游客

——乡村体验
当代文化冲击下的最后1公里传统田园生活

周边居民

原住体验区 　混合社区 　体育公园LOFT

古镇风貌核心区 　商务酒店 　绿色果蔬采摘区

保护蟠龙古镇历史建筑，延伸其街巷空间，延续其街坊肌理，在尊重原住民宅基地基础上，视线规划区内100m尺度的小街巷开发。整理绿化和水系，利用原有工厂改造和新建混合社区、艺术工坊等发展创意产业，期望实现绿色生态、古今交融、安居乐业的新水乡，实现这最后一公里以人为本的转型发展

从山谷看景区立面图

设计说明：

伴随着汞矿资源的枯竭，万山原有支柱产业走向衰退。本方案基于AVC旅游资源评价体系，确定转型方向。同时将生态环境修复定位为长期规划。提取当地侗族传统村寨的空间形式和特征，作为民俗文化旅游的载体，穿插进矿山遗址公园的特色，最大限度的增加游客的不同体验。

核心主题景区透视及功能设计

侗族民俗博物馆
展示侗族传统文化、服饰、节庆、风俗等，侗人们瞩观一个全面的立体的侗族风貌。

汞矿厂房遗址改造
汞都发展历史博物馆，并于作业探险入口和办公综合体，山地运动最好去基地。

黄金和晒场
以侗族特色禾晒场为景观要素，运用侗寨传统村落的布局，展现特色空间。

坡地鼟锣艺术表演场
侗族特有的鼟锣园的文化展示，游客可参与亲身体验侗鼟日常的娱乐文化。

游客接待中心
主入口接待中心，同时提以汞布为背景的报观广场，经置手工艺品售卖及餐饮休息。

传统节日庆典广场
侗式传统节庆，具有季节的多彩性及全时性，作为办综接待中心，售卖纪念品。

总平面图
1:2000

主入口
① 火红亮布接待中心　　汞矿遗址改造　　停车场　　村寨
② 黄金禾晒场　　商务综合体　　产权酒店 ⑫ 矿坑
③ 民俗博物馆　　村寨传统萨堂　　小火车环线
④ 鼟锣艺术表演区　　节庆广场　　特色花田

北

技术经济指标	
规划用地面积	39.2 Ha
建筑占地面积	9.1 Ha
总建筑面积	11.4 万㎡
建筑密度	12%
容积率	0.29
平均建筑层数	2.5
山林占地面积	30.1 Ha
停车位数	300
绿地率	79%

原汞矿工厂在倒闭后留下大量工业采矿设备其中小火车独具特色这条线路串接起除鼟锣表演中心外的主题景区让游客在短时间内体验民族特色和汞矿历史，小火车穿过原矿坑、山林、风雨桥等特色景观

特色山林景观 ……→ 主题景区活动场景 ……→ 侗族风雨桥廊道景观 ……→ 原矿坑遗址探秘 ……

小火车时间旅游环线及特色空间透视

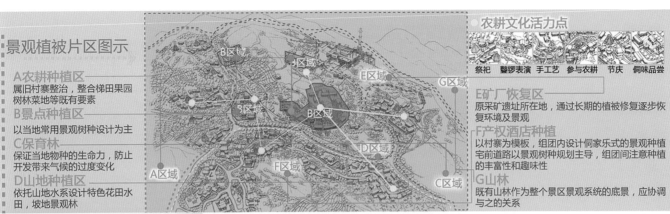

景观植被片区图示

A农耕种植区
属旧村寨整治，整合梯田果园树林菜地等既有要素

B景点种植区
以当地常用景观树种设计为主

C保育林
保证当地物种的生命力，防止开发带来气候的过度变化

D山地种植区
依托山地水系设计特色花田水田，坡地景观林

农耕文化活力点

祭祀　鼟锣表演　手工艺　参与农耕　节庆　侗味品尝

E矿厂恢复区
原采矿遗址所在地，通过长期的植被修复逐步恢复环境及景观

F产权酒店种植
以村寨为模板，组团内设计侗家乐式的景观种植宅前道路以景观树种规划主导，组团间注意种植的丰富性和趣味性

G山林
既有山林作为整个景区景观系统的底景，应协调与之的关系

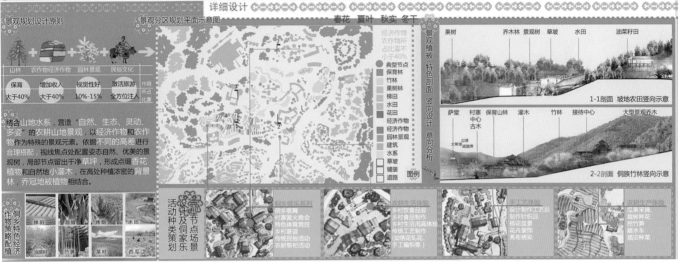

景观规划设计原则

	山林	农作物经济作物	园林景观	民俗文化
作用	保育	增加收入	视觉性好	激活旅游
所占比重	大于40%	大于40%	10%-15%	全方位注入

结合山地水系，营造"自然、生态、灵动、多姿"的农耕山地景观，以经济作物和农作物作为特殊的景观元素。依据不同的高差进行合理搭配，视线焦点处配置姿态自然、优美的景观树，局部节点留出干净草坪，形成点缀香花植物和自然地小灌木，在高处种植浓密的背景林，乔冠地被植物相结合。

景观分区规划平面示意图

春花　夏叶　秋实　冬干

经济作物农作物所占比重不小于40%

图例：经济作物节点、保育林、竹林、果树林、梯田、水田、花田、经济作物、园林景观、建筑、水系、草坡、铺装、道路

景观植被特色剖面 竖向设计 意向分析

果树　乔木林　景观树　草坡　水田　油菜籽田

1-1剖面 坡地农田竖向示意

萨堂　村寨中心古木　保育山林　灌木　竹林　接待中心　大型景观乔木

2-2剖面 侗族竹林竖向示意

侗乡特色经济作物策略配植：梯田、油菜籽、烤烟、竹林、水田、菜籽、西瓜

典型节点场景设计及侗家乐活动种类策划

侗乡娱乐系列：侗乡歌舞、村寨篝火晚会、特色体育竞技、乡村寨谣、传统民俗活动、农耕祭祀活动

农耕生活体验：乡村饮食品鉴、乡村食品制作、乡村生活用具体验

手工艺体验：设计制作工艺品、制作小饰品、花卉盆景、蜡染、亮布装饰

农耕生产体验：瓜果采摘、栽树种花、垟竹种菜、踩水车、插田种菜

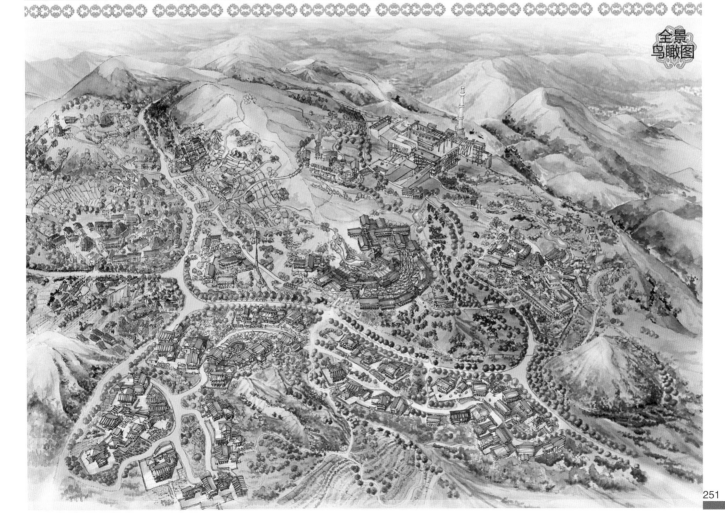

全景鸟瞰图

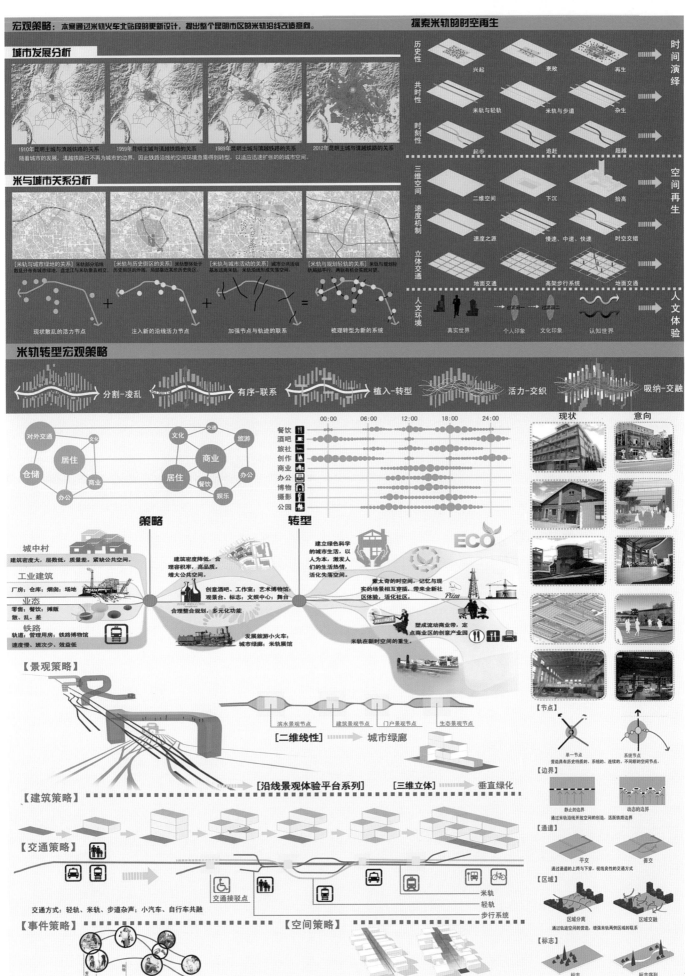

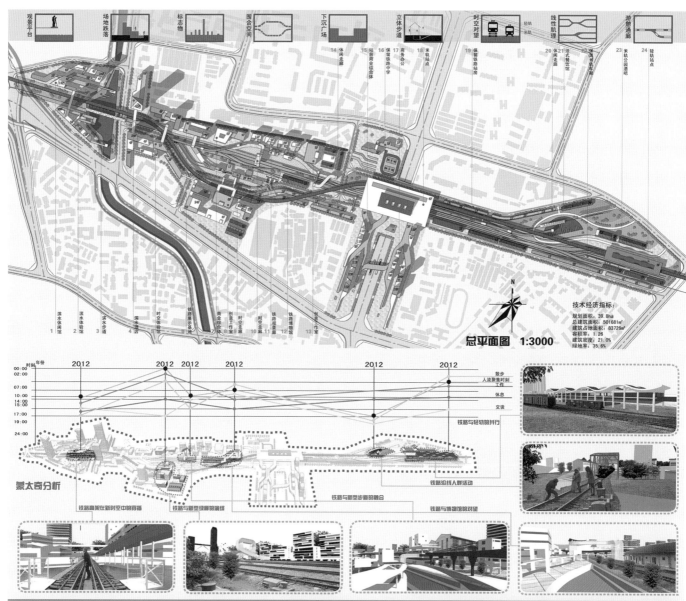

总平面图 1:3000

技术经济指标：
规划面积：39.8ha
总建筑面积：501681m²
建筑占地面积：83726m²
容积率：1:26
建筑密度：21.0%
绿地率：35.6%

蒙太奇分析

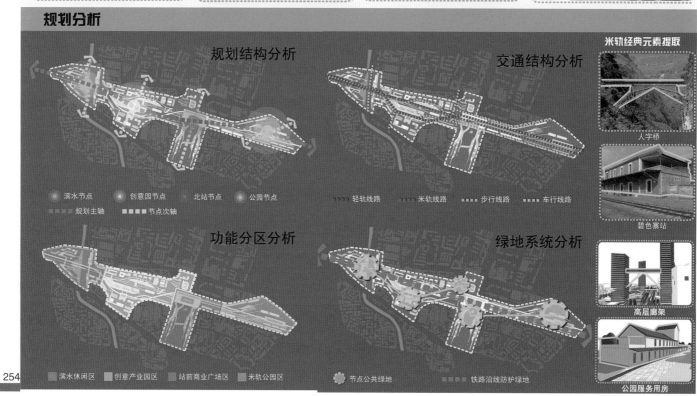

规划分析

规划结构分析

交通结构分析

米轨经典元素提取

功能分区分析

绿地系统分析

鸟瞰图

节点一：滨水休闲体验空间　　节点二：创意文化展示空间　　节点三：站前广场商业空间　　节点四：米轨公园文化空间

快速——轻轨
中速——米轨
慢速——步道

规划设计说明：
本案意向通过米轨昆明火车北站段的城市更新设计，提出整个昆明二环区内米轨沿线改造设计策略。
关键字：联系·穿越·蒙太奇·人文·转型·时空间
联系历史文脉与周边环境，通过强化蒙太奇的表现手法。展现米轨沿线空间带给人的穿越感。传承米轨人文精神，对米轨自身及周边环境提出转型策略，通过米轨、轻轨、步道的共融，实现时空差异的错觉，体现米轨城市的历时性、共时性与时刻性；通过四大节点的不同空间营造，给人不同的空间感受，再造时空间。

·米轨的时空再生

节点模式营造空间；速度机制创造时间。
米轨、轻轨、步道诉说历史，传承文脉，演绎时空之间。

时间切片下随即产生的城市行为

"时空恢复"

AM 9:25
火车继续匀速行驶，进入现代感片区，以相对的慢速表现旧物新转为观光火车的悠闲感。

AM 9:25
进入现代感强烈的盘龙江对岸新三角片区，轻轨完全超越火车呼啸而去。感受新事物引领的时代。

"时空愈合"
AM 9:20
轻轨与火车异面相遇，形成历史感与现代感的交织，轻轨在此时刻开始加速，将感官拉回现代，体验现代的高速。

火车保持匀速行驶速度。

"时空交错"

AM 9:15
轻轨减速至火车匀速行驶速度，开始与火车同速度，形成相对静止的时空交错感。

AM 9:15
火车达到匀速行驶速度。

"时空异状"

AM 9:10
在火车起步加速的过程中，轻轨开始减速，形成反向追赶，造成时空异状。

AM 9:10
火车出发，轻轨超越，火车加速。

轻轨到达火车北站，达到一个较缓速度。

火车到达火车北站，呈静止状态。

AM 9:00

"追赶"

"减速"

AM 8:55
火车减速前往火车北站停靠，边减速边进入历史时空间体验古地穿越。

AM 9:07
轻轨从站口出发，感受新文明在历史时空区间中蒙太奇穿插而来。

▲ 米轨解说　　▲ 轻轨解说

加速　　　　　减速
轻轨
米轨
人　步道

时空间

人群活动与节点关系

【活动人群】	居民	商人	游客	艺术家
【活动时间】				
【活动内容】				
【活动节点】	早　中　晚	早　中　晚	早　中　晚	早　中　晚
【空间模式】	巷弄 院落	街巷 平台	行走街 停留点	创意 趣味
【模型示意】				

米轨公园节点　　　站前节点　　　米轨公园节点　　　创意园区节点

空间模式：

滨水节点：由原来的废弃编组站转型为城市公共开敞空间。

北站节点：由原来的沿街低矮楼房转型为应道性的城市门户节点。

创意园节点：由原来的沿线割裂空间转型为可穿越交活动空间。

滨水节点：由原来的衰败城中村转型为活力滨水休闲场所。

速度机制：

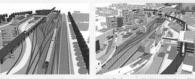
公园节点：米轨匀速行驶，轻轨减速进站点，速度差异。

北站节点：米轨已经起步，轻轨落后米轨，形成追赶。

北站节点：米轨匀速形式，轻轨后来居上，共速行驶，时间交错。

滨水节点：米轨匀速形式，轻轨后来居上超越米轨，时间恢复。

疏密之间·紧凑社区 ——基于"拥挤度"理论的常州东坡公园南侧地块老社区再设计

学生：郑文雅、张漪　指导教师：王江波、严铮、叶如海

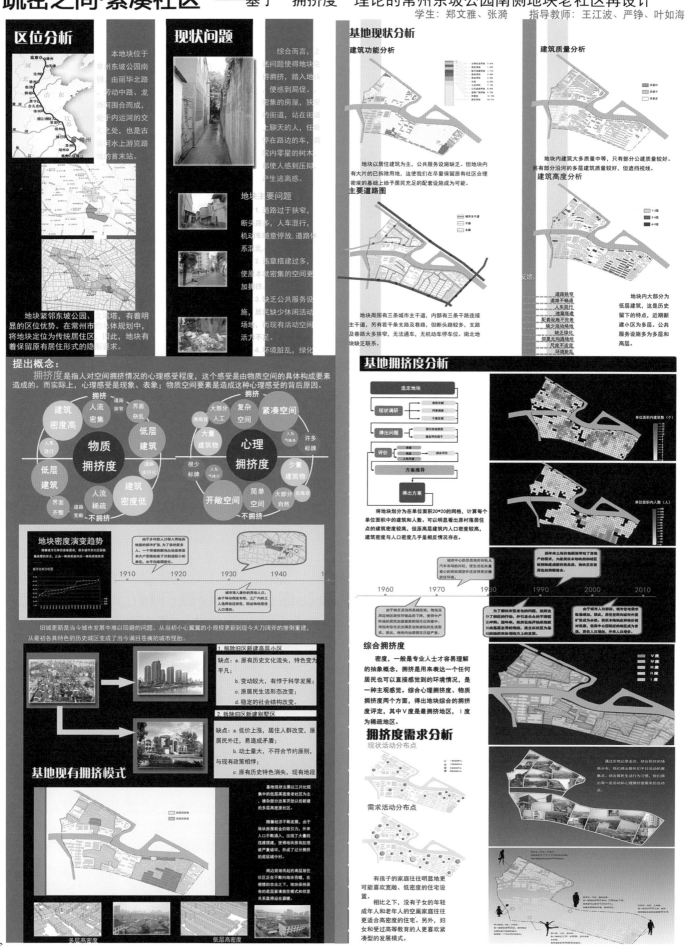

No Crowded but Compact

总平面图

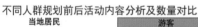

不同人群规划前后活动内容分析及数量对比

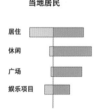

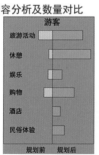

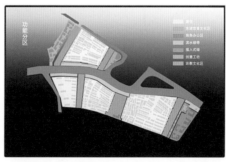

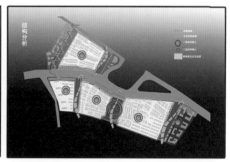

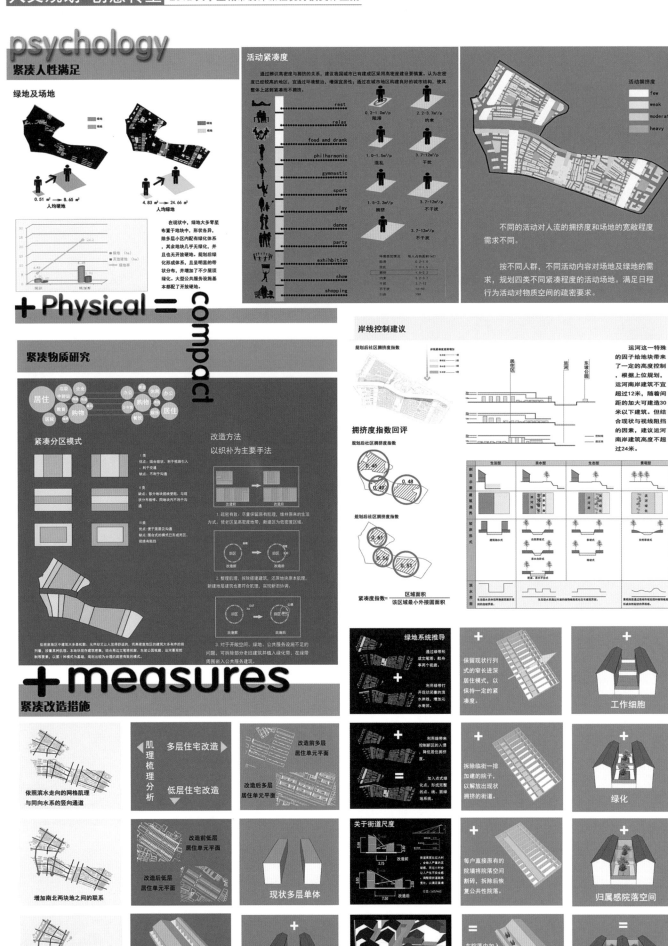

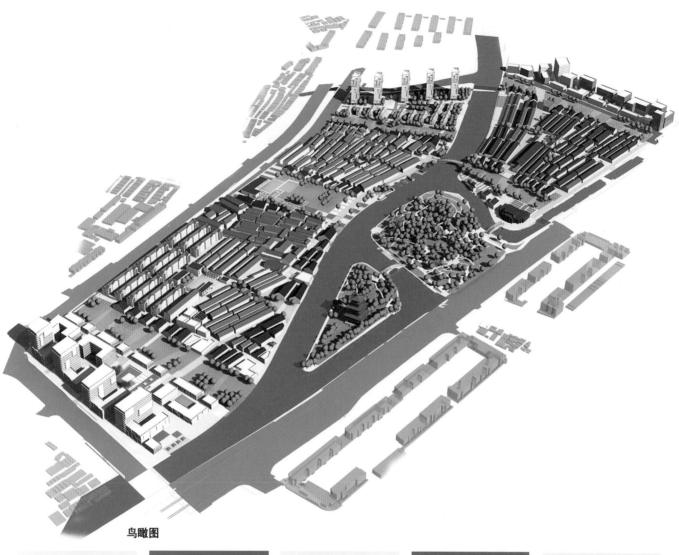

鸟瞰图

历史记忆

＋绿色空间

＋城市肌理

＋空间活力

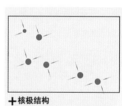

＋核极结构

创意工坊

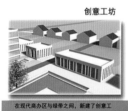

在现代商办区与绿带之间，新建了创意工坊盒子，河景和绿带景观，可以从半透明体的建筑中渗透。这里既是工作场所，更是休闲场所。

聚集广场

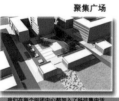

我们在每个组团中心都加入了科技集中活动的广场。广场以树木围合，既满足高密度集体活动需求，又尽量减少对周边的影响。

社区中心

在紧凑的硬地社区中心植入点式绿化，和景观建筑，满足休闲需求。中心建筑采用绿化屋顶，提供各种服务于活动者。

步行石桥

我们在每个组团中心都加入了科技集中活动的广场。广场以树木围合，既满足高密度集体活动需求，又尽量减少对周边的影响。

归属盒子

我们在社区中心设置了开敞式彩色玻璃盒子，这些盒子针对老人或者儿童设置，具有一定的活动归属感，增加社区活力。

人员流动示意图

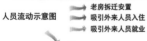
老房拆迁安置
吸引外来人员入住
吸引外来人员就业

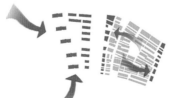

1. 对于地块内部因房屋破旧或道路拓宽等原因导致房屋拆迁的，就近安置于老区两边新建的房屋中，尽量避免外迁；
2. 新建的高层住宅及联排别墅用于安置新迁入人员，，并可根据经济情况进行选择；
3. 新建的商办区及创意工坊可以为地块内部及外来人员提供就业机会，饮食文化街既可提供消费场所吸引外来游客，也可提供岗位。

老社区边界处理

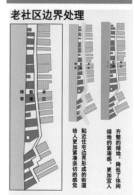

贴近住宅边界形成的街道给人更加紧凑亲切的感觉

齐整的绿地，降低了休闲绿地的紧凑感，更加宜人

现状分析

蔓步
生兴商埠
信经纬间

济南商埠区更新城市设计

学生：王鹏、徐璐　指导教师：赵亮、李鹏、范静、石晓风、丁爱芹、倪剑波

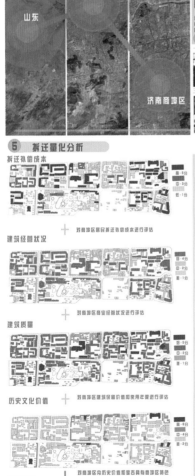

区位分析

山东　济南　济南商埠区

① 规划背景

② 历史沿革

1904年，山东巡抚周馥奏请自开济南商埠……

③ 地域特色

一：建筑特色

济南是一座拥有深厚文化底蕴的老城……

二：街巷空间特色

济南老城商埠区格局难得，在交通方面有先进性，为"小网格"城市格局。

三：民俗文化特色

商埠区多为老年群体……

四：艺术特色

济南的民间乐曲，吕剧等传统戏曲形式代表了济南文化的艺术成就，书法作品、建筑形制也在全国享有盛名。

⑤ 拆迁量化分析

拆迁补偿成本

对商埠区居民拆迁补偿成本进行评估

建筑经营状况

对商埠区商业经营状况进行评估

建筑质量

对商埠区建筑质量进行评估

历史文化价值

对商埠区建筑保护价值和使用年限进行评估

综合评价

对商埠区内历史价值评价进行评估

⑥ 规划目标

人文规划，创意转型

LIVE 生活
WORK 生产
PLAY 生态
QUALITY 生活

目标一……　目标二……

目标三……

⑦ 规划步骤

资源调查 → 潜在要素 → 确定目标 → 方案深化 → 规划实施 → 设计成果

区位分析　左邻区位（山东省）　中区区位（济南）　周边区位（周边）

SWOT分析—明确目标

WEAKNESS 劣势

(1) 各种功能的用地布局不合理，建筑空间较拥挤混乱。(2) 乱停车现象严重。(3) 绿地与公共空间严重缺乏，公共服务设施不齐全。(4) 人口老龄化，生活氛围缺乏活力。

THREATY 威胁

(1) 如何进行历史建筑的保护与改造……(2) 如何处理新建筑与其他小尺度建筑的关系……(3) 如何为本区注入新活力，形成古今结合，华洋共荣的创意街区。

愿景 (aspirations)　策略 (strategys)　方法 (methods)

④ 现状用地分析

基地中大部分为居住用地和商务办公用地，商业用地较多但是只有少数为日常服务商业，商业氛围较差。

现状道路分析

商埠区路网较密，道路间距150—250米之间，道路宽度较低但是交通状况较好……

现状绿化分析

基地内绿化较好，特别是行道树多为几十年的大树……

现状建筑高度分析

由于基地内多为居住用地和老建筑，建筑高度多为4—8层……

现状肌理分析

商埠区内现有肌理多为近三十年内的无序开发……

⑧ SWOT分析

STRENGTH 优势：

(1) 历史文化资源丰富，存在着网格推移，有历史保护价值的老建筑。(2) 独特的路网布局形式，交通状况良好。(3) 旧有建筑较多，便于拆迁改造。(4) 有一定的民俗生活氛围。

OPPORTUNITY 机遇：

(1) 根据济南市城市发展战略，市中区正萌芽出蓬勃的发展态势……(2) 划定古迹历史文化遗址名单，为历史建筑的保护提供了法律保障。

⑨ 方案生成研究分析

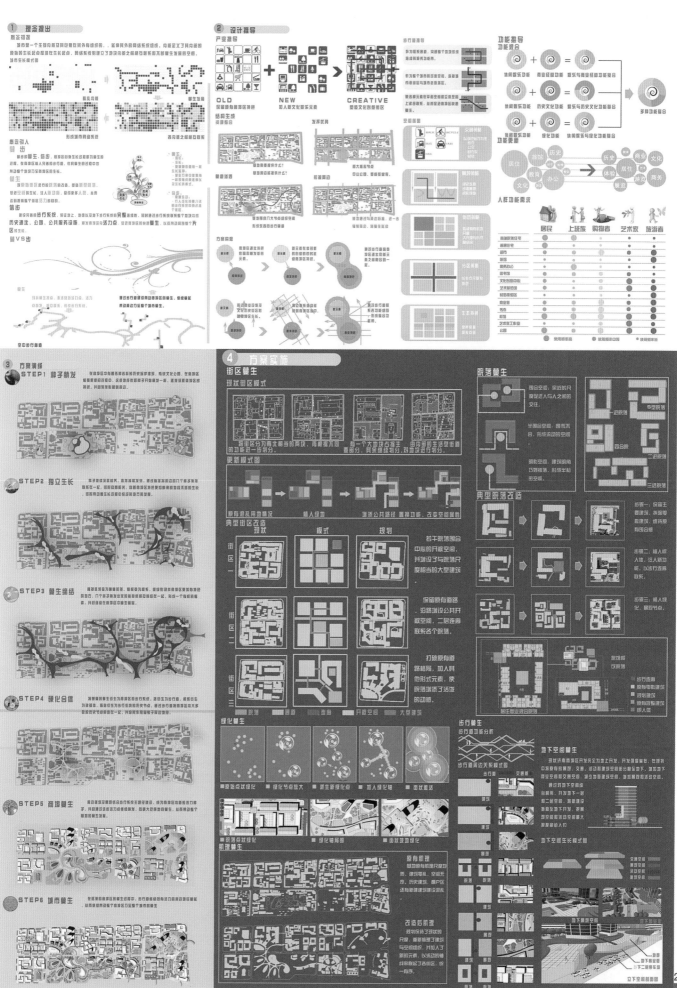

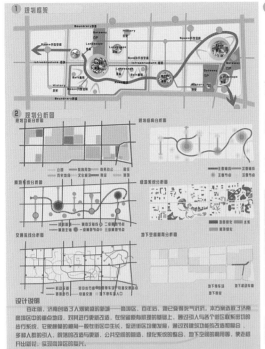

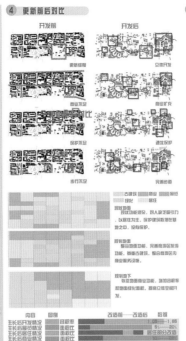

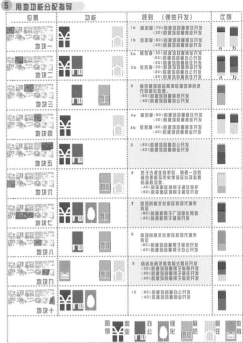

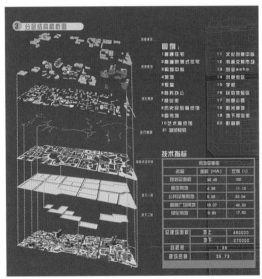

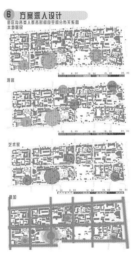

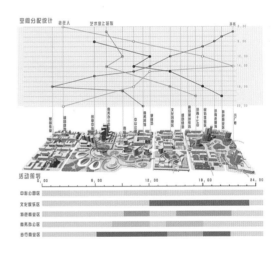

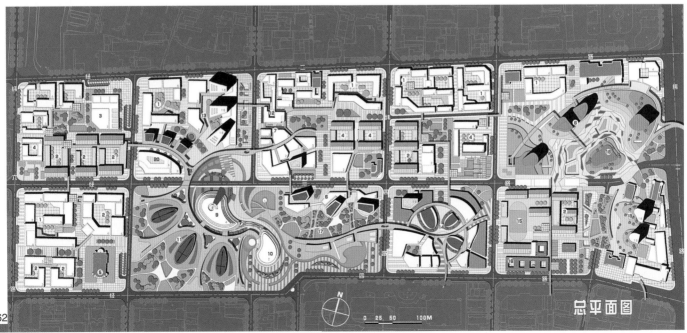

总平面图

0 25 50 100M

鸟瞰图

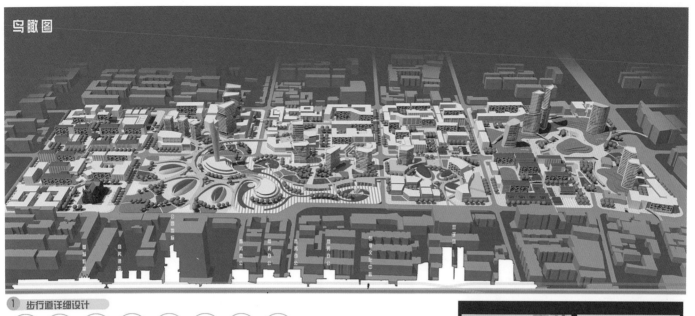

1 步行道详细设计

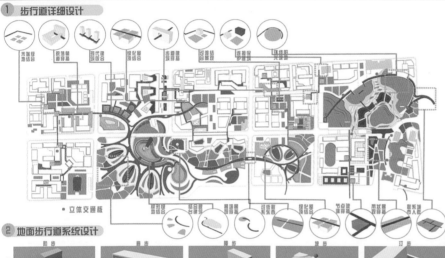

• 立体交通板

2 地面步行道系统设计

3 阳光草坡设计

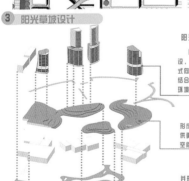

阳光草坡与建成环境结合

阳光草坡与高层高楼结合建设，并将阳光草坡的立体绿化模式向上衍生。将顶楼与绿化完美结合，达到美化建筑，提高室内环境调节能效的效果。

通过坡地地形和高差的变化，形成不同的功能场所，为人们提供更广阔的社交、表演、休憩的空间。

商业娱乐设施结合坡地绿化，并形成良好的步行空间，为在此购物，办公的人们提供高品质的服务。

通过坡地地形完成由高层高楼向地下商业和地下停车场空间的过渡，使地块多功能复合开发。

4 建筑内部空间设计

步行道主要由建筑间的顶层屋顶平台连接

进人向顶层屋顶的交替空间。也可以向下接顶层的建筑空间

一层分人流进入平台，一层分道大踏步直接到二层

踏步上的二层平台与一层庭院空间产生视线的交错，相映成趣。

局部大踏步上到建筑三层，人可以栖息在踏步上观赏商埠景色。

人们可以上到顶层露台观赏商埠

大踏步人流进人二层，踏步至二至三层踏楼

大踏步与平台空间交替出现呈现出丰富的交流娱乐空间。

步行道与对接的走道产生看与被看的动态关系。

5 节点透视

分析：
中心公园区是供本地居民和外来游客游览的文化创意公园，保留了原有中山公园内特色景观和书市，同时配有商业步行街，通过步行道将传统与现代美美交融在一起，同时这也是高商埠区蔓生的起点。

分析：
文化娱乐中心是在商埠区基地上全新建起来的文化娱乐设施，作为由历史街区到现代商业街区的转换点，创造了更大范围的文化体验空间，同时为人们的游览和交流提供了别具风情的建筑空间。

分析：
特色商业区是城市旅游商埠区的核心区域，空间上传承了整个济南市地形空间特色，其中草坡建筑和地下商业步行街丰富了商埠区的空间变化。同时也为当地居民和外来游客提供了广阔的城市公共空间。

分析：
特色商务办公区是与中心公园相配套的办公空间，为旅游管理部门和相关文化研究机构提供工作场所。主要为跟不上的旅游者和非物质文化遗产的保护提供广阔的空间。

分析：
商业步行街是提供本地居民和外来游客购物的特色文化产业步行街，结合周围中心公园及文化娱乐设施，使之成为多元功能综合的新街区，主要提升商埠区内人气与购物热点。

梦工场

学生：姜浩、李培　　指导教师：曹坤梓、袁媛

我有一个梦　我们需要什么？

城市需要什么？

最初的梦想在哪里？最真的信仰在哪里？最深的渴望在哪里？

"梦工场" 弹力空间

城市还缺什么？

营建"梦工场"：每个人追寻的聚合，就是城市的风貌，就是社会文化；每组特立城里的聚合，就是城市的灵性空间，就构成了城市的"梦工场"

居住　文化　办公　绿地
商业　行政　产业　工业

区位 + 历史沿革

洛阳位于河南省西部，因地处洛河之阳而得名，它是全国第二位中心城市。

基地位于涧西区与西工区交接处，与王城公园隔涧河相望，地处涧西区开发的重要区位，肩负提升城市功能、产业再生的重任。

在中国的区位：区位优势明显，历史文化资源丰富，自古就是河洛之都、王者之城，也是一个世界级文化区域，民俗传统丰富，环境优美。

在洛阳市的区位：基地处于涧西区与西工区的交界点上，临近历代洛阳故址，周边工业发达，气候宜爽，与王城公园隔涧河相望。

基地周边概况　　基地区位历史沿革　　基地周边城市道路网分析：基地紧邻城市主干道，交通优势非常明显，基地对外交通联系紧密，适合人流引入，有为城市公共中心的潜力。

契机 + 动力 + 优势

新中国成立以来，洛阳的城市职能由单一的工业城市发展成集现了大众的国际历史文化名城，城市职能越来越繁杂。

在这一空间形态和城市能发展的过程中，基地所处的地位越来越重要，同时所承担的功能也越来越多样化。

历史变革契机：洛阳市成为初期重点城市建设的工业重镇，重工业发展是然给城市带给经济带来了很大动力，也造就了涧西的工业属性。

城市发展契机：改革开放以来，洛阳经济正保持着"飞速发展"态，城市面前也以很大的速度向外扩张，人口也呈现了爆炸性增长。

经济转型契机：当今洛阳市的经济发展正面临着转型，由以前的资产动经济向知识经济、数字经济时代正逐步步走来。

需求改变契机：市民的生活需求也不断改变，个性的解放、自我追求的被认可，计划时代、大锅版时代成为了久远不可怀的回忆。

更新动力　　优势分析

1. 工业记忆：工业史是涧西区与城市比较重要的记忆构成，是涧西区于其他城市的重要所有，基地遗留有大量体量起者的带型地址块，苏式工业厂房块。2. 交通优势：洛阳最重要的发展轴都的带型地块。与城西相邻都的中州和中部区交叉口，位于市中心，交通优势明显。3. 滨河优势：基地临近于涧河两岸，与河涧隔着大量的住宅王城公园风光有优势。4. 区位优势：基地位于洛阳市涧西工业区和西工五生活的交接点上，并且位在城市更新的中心位置的涧王城以居区。5. 绿化优势：基地地处的涧工业区历史联起建的苏式绿城，绿化面积大、环境宜人。6. 政策优势：在适二进工的政策引导下，洛阳市周都更新，而且洛阳市政府也极其重视基地所在区域的更新发展。

风貌 + 人文

基地内部建筑风貌复杂多样，以苏式工业风貌最为显著和美观，滨河风貌可形成良好景观，而城中村和现代建筑片区的风貌有些杂乱不协调。

基地内部及周边混杂各类夹杂城市群体，由他们共同交织出市井的风情与生活。

建筑年代分析图　建筑质量分析图　建筑高度分析图　建筑保留分类　绿化景观　现状道路

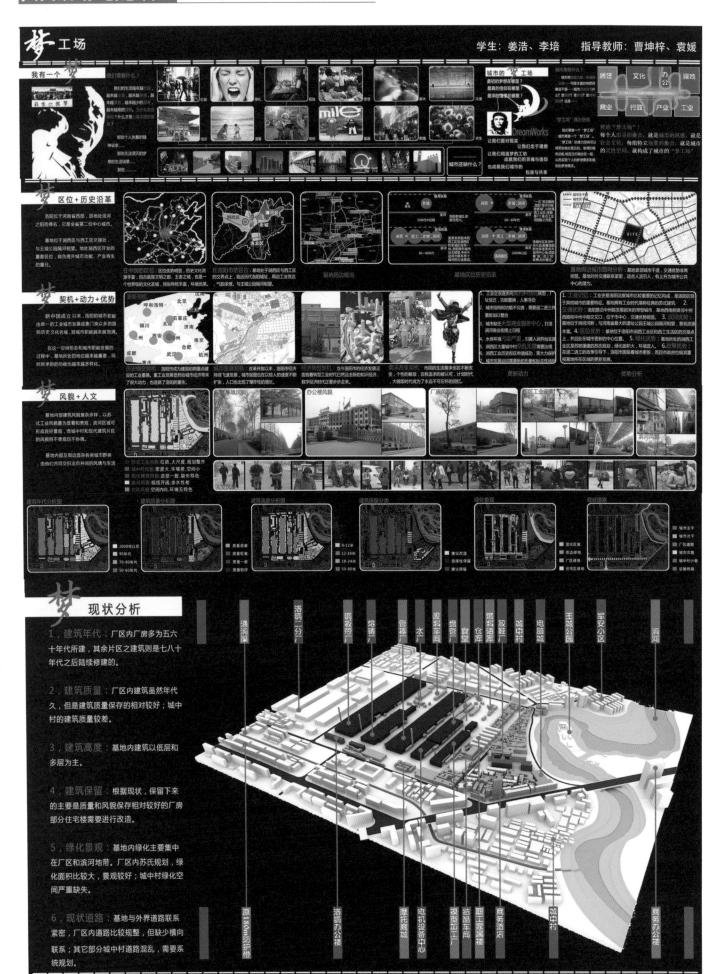

现状分析

1, 建筑年代：厂区内厂房多为五六十年代所建，其余片区之建筑则是七八十年代之后陆续修建的。

2, 建筑质量：厂区内建筑虽然年代久，但是建筑质量保存的相对较好；城中村的建筑质量较差。

3, 建筑高度：基地内建筑以低层和多层为主。

4, 建筑保留：根据现状，保留下来的主要是质量和风貌保存相对较好的厂房部分住宅楼需要进行改造。

5, 绿化景观：基地内绿化主要集中在厂区和滨河地带。厂区内苏氏规划，绿化面积比较大，景观较好；城中村绿化空间严重缺失。

6, 现状道路：基地与外界道路联系紧密，厂区内道路比较规整，但缺少横向联系；其它部分城中村道路混乱，需要系统规划。

（标注文字）通涧渠、洛铜二分厂、铜板带厂、熔铸厂、管轧厂、水厂、废料车间、搬运库、食堂、仓库、燃料油库、皮鞋厂、城中村、电脑城、王城公园、至安小区、涧河

原130m防护带、洛铜办公楼、摩托商城、电机设备中心、模型加工厂、结福车间、职工家属楼、商务酒店、城中村、商务办公楼

洛阳铜加工厂片区城市设计
COPPER PROCESSING PLANT AREA URBAN DESIGN

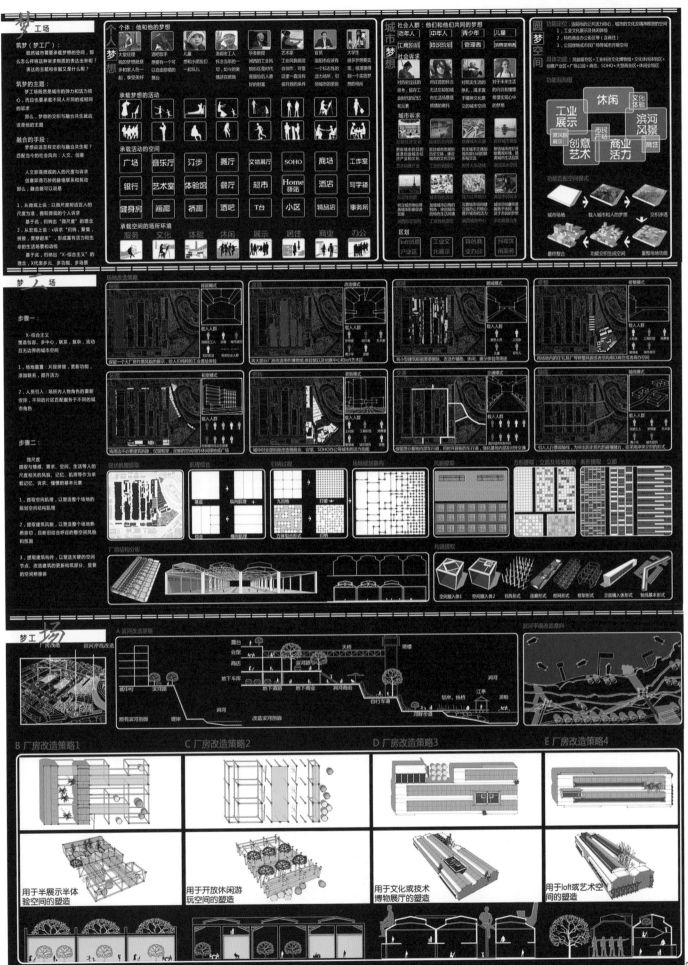

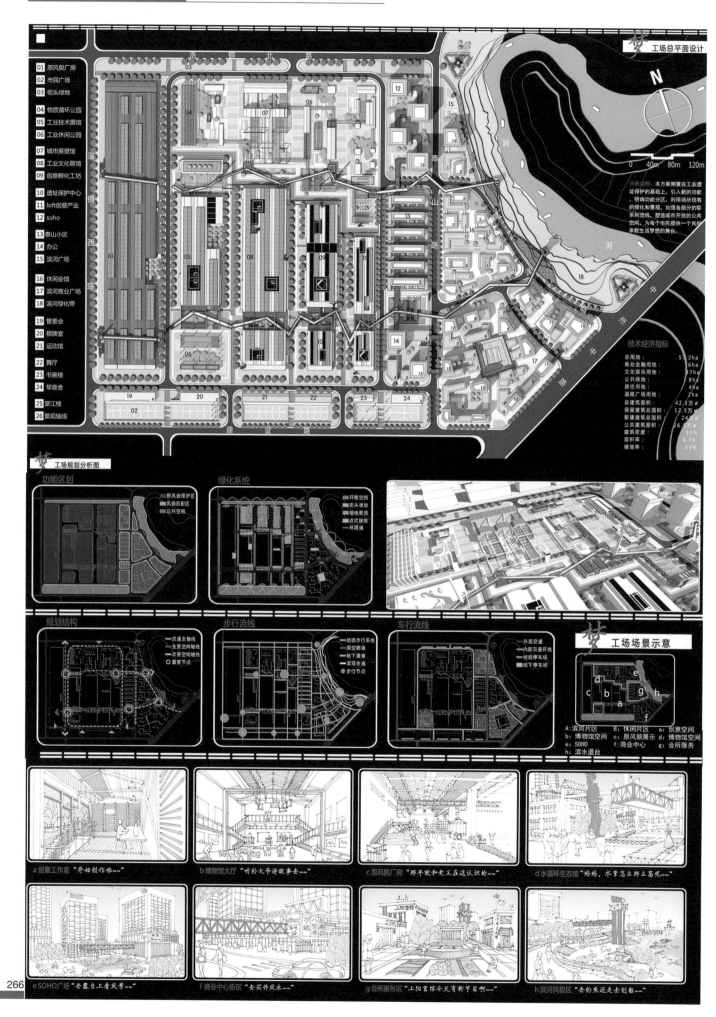

深情故里 润物丰年　峙山镇和塘古街地段城市设计 THE ECO-MUSEUM OF MINNAN CULTURE

学生：黄芳、陈铠楠　　指导教师：汤黎明、窦飞宇

区域背景分析　REGIONAL BACKDROUND

1.经济区位条件

中国划分为10个经济区和一个沿海经济带。其中海西经济带划区是福州、厦门、泉州为中心，以闽东南沿海、北部沿江腹地，南邻广东沿海的台湾海峡西岸的海域与陆地，与台湾地区一水相望，北承长江三角洲，南接珠江三角洲，是我国沿海经济带重要组成部分，在全国区域经济发展布局中占于重要位置。海西建设与对应的台商与东南亚地区的海东地区建设将形成具有巨大潜力的"海峡经济区"。

2.文化区位条件

2004年，中共福建省委、省政府提出建设对外开放，协调发展与全面繁荣的海峡西岸经济区的战略构想。

福建省在海峡西岸经济区中国主体地位，具有对台交往的特殊优势，泉州市正是位于其中间枢纽部位，直面台湾地区，这一交通优势使经济区的纽带战略中有着单足经营的地位。

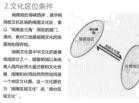

闽南地处福建西岸，属华南沿岸文化区以闽南文化区，素以"闽南金三角"闻名的厦门，漳州、泉州三地是闽南文化的发展地和摇篮地。福建省山海协作中部通道的重要承接点。

闽南文化是中华文化的重要组成部分之一，隐藏明清以来藏南人闽台大量迁移和文化传南，闽南和台湾省自然地域文化。这一文化或者命名为"闽南区域文化"或"闽台区域文化"。

海峡两岸闽南文化节，是闽南文化和闽台文化交会成的一种独特的地区文化，它具有本土文化的特色、中原文化的基因和海洋文化的性格。

区域位置分析　REGIONAL LOCATION

1.地理区位分析

中国区位：
基地位于中国东南沿海福建省，东临台湾海峡与台湾省相望。

福建区位：
基地地处福建省东南部泉州市——古代"海上丝绸之路"的起点，宋、元时期"东方第一大港"

泉州区位：
基地地处泉州市西北部、戴云山脉东南麓的永春县，属亚热带热风性湿润气候区。

峙山区位：
基地位于永春城南部峙山镇——永春南大门，场地位于峙山镇中部，茂霞村境内。

2.交通区位分析

福建省层面交通区位：
永春县地处闽东南城镇群的中部，县域距厦门约95公里，距泉州市中心约55公里，距福州市区约130公里。永春县地处海峡西岸经济区中西部的交点，是泉州湾城镇密集的边缘地带，是福建省山海协作中部通道的重要承接点。通过永春县的高速公路有泉三高速公路和莆永高速公路。

泉州市层面的交通区位：
泉三高速主要联系泉州与三明方向的主要城镇，能快速地到达泉州市区；省道203连接峙山镇周边各县，而且是通向德化县的主要通道；峙山镇周边区域内的机场主要是晋江机场和厦门机场；主要火车站是南安站；而客运海港则距离峙山镇较远。

永春县层面交通区位：
泉州高速和省道203是永春县内主要的交通要道；泉三高速承担连通泉州与三明的快速过境交通，能快速地到达泉州市中心和三明市中心，而且在峙山镇设置交通节点；省道203东西向连通永春县内各镇，峙山镇布置长途客运站，以峙山镇为中心的3小时交通圈于覆盖福建大部分经济发达地区。

基地现状分析　ANALYSIS OF THE PRESENT SITE

1.现状肌理形成过程

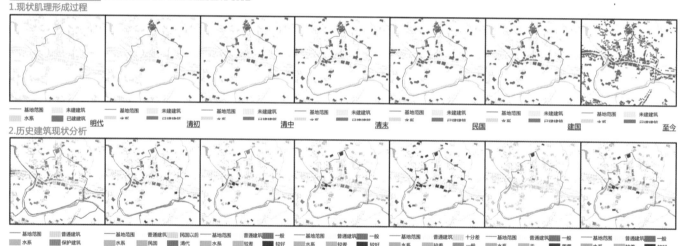

基地范围　未建建筑　　基地范围　未建建筑　　基地范围　未建建筑　　基地范围　未建建筑　　基地范围　未建建筑　　基地范围　未建建筑
水系　　　已建建筑　　

明代　　　　　　清初　　　　　　清中　　　　　　清末　　　　　　民国　　　　　　建国　　　　　　至今

2.历史建筑现状分析

基地范围　普通建筑　　基地范围　普通建筑　民国以后　基地范围　普通建筑　一般　基地范围　普通建筑　十分差　基地范围　普通建筑　一般　基地范围　普通建筑　一般
水系　　　保护建筑　　水系　　　民国　　清代　　水系　　　较差　较好　水系　　　良好　　无　重要　水系　　　较差　较好
　　　　　　　　　　　　　　　　　清以前　　　　　　　　　　　　　　　　　　　　　　完好　　　　　　　　　　　　　　

现状建筑分类评价　古厝建筑始建年代评价　古厝建筑原真性评价　古厝建筑装饰精美度评价　古厝建筑质量评价　古厝建筑历史人文意义评价　古厝建筑综合历史值评价

3.现状用地&建筑分析

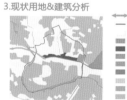

和塘街位置
基地范围
村镇居住用地
行政办公用地
商业金融用地
医疗卫生用地
教育科研设计用地
道路广场用地
对外交通用地
水系
耕地和其他用地

基地内多为用地为耕地和村镇居住用地；公共设施用地多沿和塘古街分布。基地现状经济落后，商业不发达，但保留有大量的古厝和古树，物质文化遗产丰富。

4.和塘古街现状分析

年代：民国初年　　　地段水平长度：110米
宽度：9米　　　　　两侧建筑层数：2层
竖向标高现状：街道地平高于建筑地平（历史原因）
建筑材料：红砖+各色抹灰+木制门窗
使用情况：上住下商的利用模式，其中一层商业经营日常百货以及特色民间工艺，使用率较高，改造潜力大。
和塘街历史：和林苏桥至塘溪吴坂，全长2.4KM，民国初年建设上街，民国19年（1930年）统一划地建成下街，称塘溪街。1950年起，先后在茂兴建店楼。供销社等形成茂霞街，又称"垄尊尾"。1993年铺设和塘水泥路，沿水泥路两侧有大量公共建筑和规划建设的店楼、民居，和林、茂霞、塘溪三条街道连接起来，称和塘街（和塘路）。

现状较好古厝　　　现状一般古厝　　　现状较差古厝

SWOT分析　ANALYSIS OF THE SWOT

优势分析（Strengths）	劣势分析（weaknesses）	机遇分析（opportunities）	挑战分析（threats）
1：气候条件优越	1：经济发展落后	1：闽南文化传播中心的建设	1：旅游开发的创新
2：自然景观优美	2：交通条件较差	2：生态旅游区的开发	2：当地居民文化水平较低
3：地域特色突出	3：现状建筑杂乱	3：文化保护与生态保护的热点	3：对周边环境的依赖性
4：人文氛围浓厚	4：政府政策支持	4：经济浪潮的推动作用	4：原真性的保存

设计流程分析 DESIGN FRAMEWORK

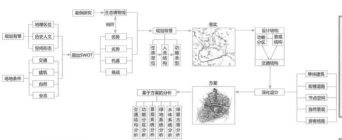

发展理念构建 DEVELOPMENT CONCEPT

发展模式研究

自然资源

人文资源

场地所处的岵山镇位于泉州市自然景点的中间位置，兼有丰富的生态资源和人文资源以及农业景观、丰富物产

基地所处的岵山镇凭借清水祖师诞生地的信仰文化、宗族文化等存在闽南文化圈中担任着极其重要的角色

闽南文化生态博物馆

什么是生态博物馆
生态博物馆是一种以村寨社区为单位，没有围墙的"活体博物馆"

为什么是生态博物馆
"活体博物馆"是在可持续发展的前提下的能对乡村风貌、自然风光、闽南传统生活风情等文化资源起到承载、保护、传承发扬的物质与社会载体

怎么做这里的生态博物馆
人文规划、文化与景观的保护和发展能够有效盈利的商业、旅游业充分结合，令这个过程通过取得经济效益与社会影响力而得到长青的生命力。

设计策略分析 DESIGN STRATEGIES

1. 传统元素应用分析

"厝-埕-田"及围式布局:

闽南民居类型多样，其中以传统的宫式大厝最为常见;大厝是闽南传统民居的典型，大多遵循"厝-埕-田"的布局方式;大量古厝呈围式布局聚集。

场地内部保留的古厝宜保留正立面前方的厝埕，标高略高于场地，铺地不同。进深为建筑总进深的1/2~1/3。

厝埕在本案上不作为通过式交通的通行场地，因此埕前有道路，路前宜为田地。都以"厝-埕-田"格局面向同一块田地的一组建筑形成围式布局。

传统街巷形象的还原:

街巷空间的基本构成要素为:建筑、人与铺地、小品、绿化。建筑构成街巷的空间界面，形成街巷的基本风格;铺地、绿化和小品是联系人与街巷的媒介，人使得空间得生动活跃，是空间的灵魂。

在方案设计中，为了更好地反映和还原原有场地人们的行为方式，将步行系统与传统街巷进行结合，形成连续的传统街巷步行系统。

尺度:4~6米　　建筑高度:1~2层
形制:和塘古街为骑楼街，南北长街为坡顶平房街
材质:采用当地石材铺地
功能:沿街多为餐饮与商业，有店面与流动摊贩
符号:流动摊贩，旗号，挑檐

传统住宅建筑形制在实践中的迎合:

朝向:建筑正立面优先朝南，此后依次为朝东、朝西、朝北。实践中，需迁建古厝建筑时，符合不朝北条件;加建的仿古厝形制的建筑符合不朝北条件。

水文:宜面水，或侧面置水，忌背水。常开凿风水塘。建筑充分利用水文条件营造良好的水景观。

"厝-埕-田"布局平面示意图

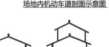
"厝-埕-田"布局剖面示意图

"围"布局示意图

改变建筑朝向策略

场地内机动车道剖面示意图

场地内非机动车道剖面示意图

通行形式

符号形式

功能形式

材质形式

建筑朝向示意图

建筑水文示意图

2. 空间开发策略分析

交通结构分析

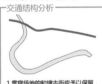

1. 贯穿场地的和塘古街应予以保留，并宜宣传传统街道的形象并作为商业街发挥交通便利带来的商业价值。

2. 和塘街以北散落较多保留建筑，保留建筑的朝向、形态与尺度不统一，总体呈现出若干的"围"的形态，暗含着还原田园风貌与"厝-埕-田"格局的设计手法。此处场地，地形略有坡度。中间拥有东西走向的长街，以福茂寨大厝为收尾，反映出场地在某性质的南北走向的轴线。

3. 和塘街以南区域建设灵活性强。保留建筑价值高，但数量最少但生态团分布。场地大部分场地为绿地，地形平缓。原有交通的通达性差，与塘溪河对岸不建立交通联系。

景观结构分析

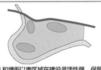

1. 在轴线上的局部进行重点的景观表现，并且由于轴线北段是交通功能性、建筑形式的，南段更可能是景观性、自然形式的。

2. 从河段上游引水入场地，串通整个场地，在下游重新注入河段，形成带状水系统，并可与之后的游览流线配合。轴线南段用人工湖、人工岛等形式对水体表现集中表现，使之与绿地系统紧密结合，成为场地的景观表现重点。

功能分区分析

1. 设计将在古街以南增设机动车道路网，连接古街进入场地的东、西两个入口，并利用原有水坝横跨至对岸。通过交通通达性的提升，令该区开发成为可能。同时新路将对和塘古街的车行过境交通起交通分流作用，并充此营造新路两端点之间的和塘古街传统风貌路段。

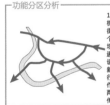

2. 古街北面保护建筑多、地形有坡度，不宜增设机动车道，不进行过多的建筑空间形态。营造"围"的空间形态，以古厝围合仿农景观绿地，再现传统乡村风貌。并将其设定为场地中的休闲与停车区，承载传统艺术与民俗活动的根据地、中低档住宿、部分中低档饮食的功能。

3. 古街西端南面南面保护建筑群为场地中保护价值最高的建筑，设定为公益性质的闽南传统文化博物馆区。

4. 古街沿线及古街南面由新路与古街围合地块，拥有最高的交通通达性，除去博物馆区的剩余部分，设定为场地中的动区，承载部分中低档饮食与商业的功能。

5. 将场地西侧面建筑群加建为传统农业体验区的服务区，周边绿地即开发为农业体验地。以新开辟的道路取得交通通达性。

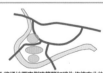

3. 业态功能系统分析

资源与条件

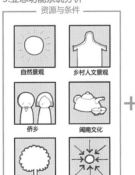

自然景观　　乡村人文景观
侨乡　　闽南文化
特色农业　　交通优势

地区性质

泉州市传统文化教育基地
泉州市休闲旅游游览景区
泉州市艺术民俗活动基地

人员结构

1 学生　消费水平低，主要进行参观学习，要求公益性质的文化教育

2 原住民　主要从事商业、低端饮食、环境维护、民俗活动组织

3 新增服务人员　城镇背景，主要从事文化场所服务、导游服务与酒店会所高端服务

4 游客　要求导游服务，要求各档次商业、饮食与住宿服务，要求景观

5 艺术家　来自本地或由外地进驻本地，要求景观、室外场地与室内场所

6 华侨　周期性，要求高端酒店会所服务，要求民俗活动场所

功能类型

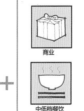

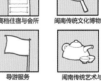

商业　　高档住宿与会所　　闽南传统文化博物馆
中低档餐饮　　导游服务　　闽南传统艺术与民俗活动根据地
中低档住宿　　闽南传统农业体验

总平面图 SITE PLAN

技术经济指标

指标名称	单位	数值	指标名称	单位	数值
规划区用地面积	ha	31.85	容积率	-	0.22
建筑基底总面积	m²	49300	绿地面积	ha	16.88
建筑密度	%	15.5	绿地率	%	53
保留建筑面积	m²	23900	地面标准停车位	个	41
新建建筑面积	m²	45700	规划常住人口	人	160
总建筑面积	m²	69600	规划服务人口	人	180

01 福茂寮大宅
02 南北长街
03 传统村围
04 和塘古街
05 商业骑楼
06 闽南文化博物馆
07 旅馆
08 小亭湖商业区
09 游线分流广场
10 传统农业体验区
11 体验区停车场
12 两仪轩景观岛
13 保留政府大楼
14 保留影剧院
15 园区入口广场
16 游客服务中心

N

1:1500

0 20m 40m 80m

方案平面分析 DRAFT ANALYSIS

交通系统分析

功能分区分析

景观系统分析

绿地系统分析

水系统分析

保留古厝分析

分区开发指引 GUIDANCES TO DEVELOPMENT

闽南民俗景观区:
1.保留场地原有场地的风格特色,使其与周边联系便捷;
2.保留并修缮场地最北端的福茂寮大宅,并修建附属建筑,以建筑界面围合出场所感较佳的广场;
3.须保留并修复场地内的古厝建筑,拆除零散的小建筑,加建符合闽南建筑特色的新建筑;
4.精心营造村围中的仿农田景观公共绿地,种植乌叶荔枝等当地树种,加入分解为鱼塘形象的带状水体,与景观水系形成良好配合。

商业区:
1.修缮骑楼建筑,使体现闽南传统商业风格,保留并发展其商业功能;
2.在和塘步行街合适的位置设置开口,并使游客能便捷地进入两侧的骑楼建筑;
3.在区域中心应设置景观湖,并与景观水系统相连接,景观湖中心设置景观半岛和合适的景观建筑;
4.以更新建筑红轴为中轴进行布局,符合传统布局形式。

入口游客接待区:
1.在其北部设置入口广场,指引游客进入游客接待中心;
2.在其中部西位置建造游客接待中心,体量化整为零,游客接待中心应有出入口与商业区的东部出入口呼应;
3.在其东部提供社会停车场,并使停车场与周边便捷的联系;
4.提供滨水步行带的用地。

景观岛:
1.设置与塘溪河相连的水体,形成一个相对于其他区域独立的小岛,不允许机动车交通介入;
2.修建两座闽南大厝,建筑体量不顶截地布局,在轴线上设置公共空间,两个建筑沿轴线大致对称;
3.保护其生态环境,构建优美的景观,使其成为场地中重要的景观节点。

酒店会所区:
1.按规划的旅游人口数量配套适宜的酒店面积和会所服务面积,并符合场地的建筑风格;
2.注重其周围的交通环境的建设,加强与周边区域的联系,方便人们的到达和离散。

传统农业体验区:
1.保护并适当地开发其生态环境,使其开发建设为具有闽南特色的农业体验区;
2.在区域内,交通便捷的位置设置服务用房,为其内部提供相关服务;
3.加强该区域与周边地的联系,滨水设置茶室、码头等。

博物馆区:
1.保留并修缮区域中的古厝,将其作为整体建造为闽南文化博物馆,展览闽南文化的精华;
2.应加强古厝之间、古厝与周边的联系,方便游客游览;
3.应注重内部环境的营造,建造良好景观环境,并契合场地的规划格局。

鸟瞰图　AIRVIEW MAP

塘溪河畔烟水绕
小洲再裹叙丰年
夏坪新酒味零用
秋凉晚荔雨仪轩

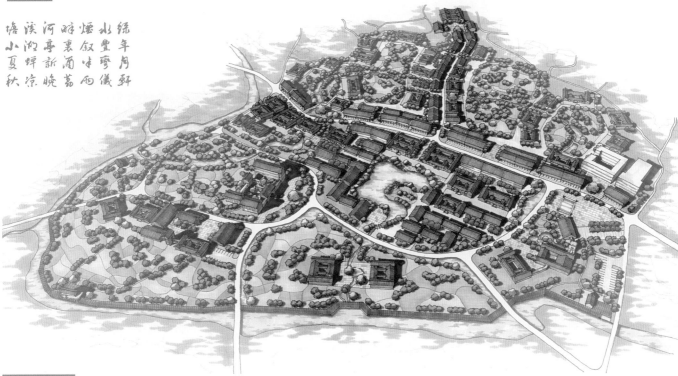

旅游开发策略　TOURISM DEVELOPMENT'S STRATEGIES

1.方案概念意向

本方案命名为"深情故里，润物丰年"，立意为再现历史对故乡的记忆片段，承载起传统乡村风貌与闽南文化精髓；以山、水、林、田的景观语汇营造田园风光，酿造出福泽桑梓、五谷丰登的田园意象。

2.分期开发策略分析

现状解析：

和塘古街北侧有较多的待拆除现有建筑，多为原住民住宅。原住民的迁居安置需要一个过程。

和塘古街南侧建筑密度低，可建设度高。

因此，在分期建设策略上，应先开发南侧，并逐步拆迁北侧。先建设景观核心并设置一部分的主要功能，使园区能够开始运作。此后再逐步将功能完善，完成园区的开发。

建设第一期：

a. 建设古街南侧地块的新道路。
b. 建设南北轴线的南线，即两仪轩景观岛和小亭湖商业区。
c. 将古街西端保护建筑改造为传统文化博物馆。
d. 沿古街建设商业骑楼。

建设第二期：

景观核心区、商业功能与博物馆功能完成，标志着园区开始运作。第二期的任务，在于令功能进一步完整。

a. 建设旅馆，以满足高端饮食与住宿功能。
b. 建设传统农业体验区及其服务建筑。
c. 建设游客服务中心。
d. 建设南北轴线的北线。

建设第三期：

功能区建设基本完善，第三期的任务主要已是景观和风貌的完善。

a. 建设古街北侧地块的四个围。
b. 建设塘溪河滨水步行道。

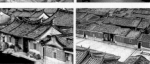

3.游览观光流线分析

○ 游览起始点　　○ 游览分流点　　○ 游览途中节点
—— 田园风光线　　—— 滨水休闲路线

方案一游览观光路线

○ 游览起始点　　○ 游览途中节点　　—— 连续游览路线

方案二游览观光路线

游客接待中心设定在场地东侧，靠近省道203，迎向游客主要来向。

在古街东端，场地入口广场提供了游客的集散场所，引导游客进入游客接待中心，享受导游服务。

游览观光方案一：

场地中的游览路线可分为：

A线（田园风光线路）以游览乡村传统田园与建筑为主；

B线（滨水休闲线路）以游览滨水自然景观为主；

以游客接待中心为起点，穿过两条线路交汇点之一——园区景观核心区小亭湖，在博物馆前节点集聚分流——向北的A线和向南B线。

两条线路穿越若干景观节点，最终回到游线起点游客接待中心。

A线的中段，可退出游线到长街尽端福茂寨大厝游览。

B线的中段，可退出游线到景观岛上的两仪轩游览，再折返游线。

游览观光方案二：

可以选择A、B线的通票。此时依然从接待中心西入口开始游线，先绕行小亭湖，再逆行A线，在分流点衔接顺行B线，最终回到接待中心。

游览观光方案一适合目标性强或赶时间游览，可选较少时间选择性地游览。

游览观光方案二适合时间充裕或则想一次性游览完场地的游客。

局部节点透视　PERSPECTIVE DRAWINGS OF POINTS

后记

2015年12月的中央城市工作会议提出"要加强城市设计，留住城市特有的地域环境、文化特色、建筑风格等'基因'"。在此之前，为响应加强"城市设计"工作，"人才先行"进行人才培育的先期铺垫——2015年7月，建筑学、城乡规划学、风景园林学三个专业指导委员会在天津联合召开了高等学校城市设计教学研讨会。2015年9月高等学校城乡规划学科专业指导委员2015年会在四川成都西南交通大学召开，结合到"城市设计"学生课程设计优秀作业交流与评优，受专业指导委员会委托，西南交通大学建筑学院组织了《2012-2015大学生城市设计课程优秀获奖作业集》的整理和汇编工作。

本优秀作业集汇集了2012-2015年间参与高等学校城乡规划学科专业指导委员会年会设置的"城市设计"优秀课程作业交流、评优的优秀作业，一共包括来自全国各地32所院校的56份作业，其中，一等奖11份，二等奖45份。由90名同学完成设计，158位教师参与指导。这四年间组织"城市设计"评优，高等学校城乡规划学科专业指导委员会、中国城市规划学会共发动了来自全国各大高校、规划设计研究院的106位专家、学者。其中多位学者、教授长期关注于"城市设计"的教学工作，多次参与竞赛的评审。毋庸置疑，这本作业集的出版凝结了上述众多师生、专家、学者共同的心力。由此应衷心感谢所有积极参与竞赛评优的师生和评委——学生的孜孜不倦、教师的积极钻研、专家的热心奉献，集细流以成江海的日积月累才有了这本集众智而分享的成果。

我本人十分荣幸地能够在这本作业集汇编工作中，为它添砖加瓦。在这一过程中，我主要负责组织了具体的编撰工作，对作业集总体风格的审定，对文字进行了初步校核。感谢唐由海、冯月、刘一杰等老师为作业集的具体编辑所进行的细致指导工作。感谢城乡规划专业的王宇、吴笛、文君、韩照同学在作业分类、整理汇总、封面设计、版面重组的过程中付出的艰辛劳动。

特别感谢2012年武汉大学城乡规划专业指导委员会年会期间城市设计学院张明教授、周婕教授领导的以城乡规划教师为主要成员的组委会在2012年组织的城市设计竞赛的作品征集、展览及评选中所做的大量工作；特别感谢2013年哈尔滨工业大学城乡规划专业指导委员会年会期间建筑学院梅洪元教授、冷红教授、赵天宇教授领导吕飞副教授、陆明副教授、董慰副教授直接组织的城市规划系教师们为2013年度城市设计竞赛征集、网络评审组织和展览会评所做的大量工作；特别感谢2014年度深圳大学城乡规划专业指导委员会年会期间建筑与城市规划学院陈燕萍教授领导的城市规划系年轻教师团队为2014年度的城市设计竞赛作品的征集、网络评审、作品展览和会评所做的大量工作；还要感谢2015年西南交通大学城乡规划专业指导委员会年会期间建筑设计学院城乡规划系崔叙教授、唐由海副教授以及城市设计竞赛作品征集、展览工作小组的志愿者为作品征集、网络评审、展览和会评工作所付出的辛勤劳动。没有上述四年四个团队的共同努力，我们将无法从四年共计来自全国各大城乡规划院校的1500份作品中遴选出这56份精品，呈现于饱含期待的读者目光之前。

感谢同济大学王兰女士在本次作业集的作品收集方面提供的额外帮助，感谢建工出版社杨虹编辑的辛勤付出。这本作业集的汇集、整理、编辑、出版工作凝聚了多方的智慧和劳动，也承载了大家对于城市设计教学工作开展的思考。它不仅是对过去成绩的总结，也是未来思想交流的平台，必然将有更多的莘莘学子从中获益。

西南交通大学建筑学院教授

高等学校城乡规划学科专业指导委员会委员